山東大學中文專刊

曾繁仁学术文集

第四卷

生态存在论美学论稿

人民出版社

2006年6月27日，在成都国际美学研讨会期间与中华美学会会长汝信合影

2007年，与山东大学文艺美学研究中心同仁开会

当代存在论美学的构成及其发展

山东大学　　曾繁仁

当代美学发展呈多元并存之势，各种观点并列，难有世界突破。但有条是学术界诸多同仁的共识，那就是在吸收各家之长的方法，将古今中外各种真知灼见加以综合吸收，才能独到卓见。正是在此综观国际的背景的指引下，我力图先以吸收古今中外各家之精粹，对当代各种真知灼见加以综合吸收，并以此基础上创建以马克思议实践观为指导的当今中国同仁的当代存在论美学。

存在论美学在西方20世纪初期即已形成，绵延发展至今。但从总体上看仍属经存在义美学与当代存在主义美学，其含义我认为①强调存在论哲学家海德格于1859年6月6日在弗莱堡②维科斯普弗剧院举办的有关荷尔德林的演讲中提及"天地神人的方形存说"，将存在认存在号为的天地神人"无限的亲密而我为也尔称你的归"。这意味着存在主义美学观从抗拒超脱着"人类中心论"扩展而"自我"的巅峰，力主"天与中的存在"、"称你的存在"，从而走向当代形态，重在联系其反映当代人类要求的精神

本卷编辑说明

本卷收录了《生态存在论美学论稿》一部著作。

《生态存在论美学论稿》，2003年10月由吉林人民出版社出版，2009年6月吉林人民出版社增订再版。本书以作者提出的生态存在论美学为中心论题，广泛论及了生态美学与生态文明、生态美学与传统生态智慧、生态美学与生态文学批评、生态美学与当代美学、文艺学学科建设等问题，既体现了作者21世纪以来的美学探索，又是作者在生态美学研究方面的代表作。

此次收入本文集，以吉林人民出版社2009年版为原本，共收录文章38篇。编者对全书重新校订，改正错字、别字，调整若干论述，同时，校核、完善全部引文和注释。

目　录

附　录

序

从 2001 年开始，鲁枢元教授就给我邮寄他所编辑的《精神生态通讯》，《通讯》内容十分丰富，引起了我对生态美学和生态文艺学的浓厚兴趣。此后，2001 年秋和 2002 年春，我又参加了两次分别在西安和苏州召开的有关生态美学和生态文艺学的学术会议。会上听到了许多中青年学者对生态美学、生态文艺学和生态批评的十分有价值的发言，受到许多启发。正是在这些中青年同行学者的推动下，从 2001 年开始直到目前，我在学习研究的基础上，先后写了一系列有关生态美学的论文，阐述我对生态美学作为当代存在论美学的看法。这些研究工作应该说都带有探索的性质，但我认为，论题本身非常重要，所以不揣浅陋，结集出版了这本《生态存在论美学论稿》，其意在引起美学界和文艺学界同行学者对这一论题的更多关注，以期更深入地进行研究和讨论。

首先我想说明，为什么我提出"生态存在论审美观"这一概念？这是因为，我认为，生态美学问题归根结底是人的存在问题。因为，人类首先并且必须在自然环境中生存。自然环境是人类生命之源，也是人类健康并愉快生活之源，同时还是人类的经济生活和社会生活之源。人类乃至人类的社会生活难道能够须臾离开自然环境吗？能够须臾离开大地、空气和水，乃至地球吗？由"人类中心主义"所导致的日渐严重的资源缺乏和环境污染直接威胁到的就是人类的生存,这是使人类生存状态非美化的重要原因之一。从环境恶化的扼止和自然环境的改善来说,最重要的不是技术问题和物质条件问题,而是必须确立一种应有的态度。态度决定一切,这一态度就是人类应该以一种"非人类中心的"普遍共生的态度来对待自然环境,同自然环境处于一种中和协调、共同促进的关系。这其实就是一种对自然环境的审美的态度。因而,生态美学问题归根结底是人类的一个生存问题。而且,生态美学问题还有更深层次的存在论美学缘由。那就是,引起环境问题的短暂经济利益的追求、农药和化肥的生产使用,乃至环境的大规模改造、资源的无度采伐与获取等等,都是属于现象界的、在场的"存在者",而我们恰恰就是要超越这些现象界的、在场的"存在者",进入不在场的"存在"的层面,营造美好的精神家园,获得高层次的情感慰藉和精神升华。这就是一种审美的超越和升华,也正是生态美学的本意和精髓。海德格尔于1959年提出的"天地神人四方游戏说"恰恰是将生态观念纳入其存在论美学之中,从而成为当代生态存在论审美观的典范表述之一。基于这种生态美学与当代存在论美学在理论上的必然性的契合,所以,我提出"生态存在论审美观"的概念,以求教于学术界同行。

我之所以特别重视生态存在论审美观,还在于我个人认为这一理论命题研究的深入必将有助于我国当代美学学科的突破。我国是一个有着悠久美学传统的文明古国,但一百多年来的美学研究却基本上是沿着西方认识论美学主客二分的路径发展的。当然,我们无可否认,一百多年来我国美学研究取得了长足的进步,出现了一批卓有成就的美学理论家。但我们也无法回避,我国当前美学研究受西方认识论美学影响至深,难有突破。甚至在马克思主义美学的研究之中,有些论者仍不免用西方古典形态的主客二分的认识论来阐释乃至曲解马克思主义美学。其实,马克思的唯物实践观恰恰就是旨在突破黑格尔和费尔巴哈的主客二分的认识论,从实践的主观能动的新的视角来阐释人类的社会活动。我们应该全面地、准确地、完整地理解马克思主义的经典,还其本来的面貌。因此,我认为,应该把马克思的《关于费尔巴哈的提纲》和《1844年经济学哲学手稿》结合起来研究,这样得出的完整结论就应该是:哲学家们只是以不同的方式解释世界,而问题在于改造世界,按照美的规律建造。从这样的马克思主义唯物主义实践观出发,所能得到的结论就不再是美是"客观性与社会性统一",就会使我们特别地注意到马克思更多地将审美同人在社会实践中的生存状态紧密相联。所以,探讨审美与唯物实践存在论的关系应该是一个十分重要的课题。正是从马克思主义实践观的深刻内涵和其他理论贡献来看,马克思主义理论尽管产生于19世纪后半期,但却超越了西方古典认识论主客二分思维模式,因而是面向新世纪的。从西方哲学史与美学史的发展来看,从19世纪后半叶开始,就有许多理论家试图突破以黑格尔为代表的主客二分的认识论思维模式,实现由认识论向存在论的转向。这一转向几乎成为20世纪以来西方哲学和美学主潮,渗透着强烈的当代色彩与浓郁的人文精神。当然,其中的非理性的、神秘的,乃至没落颓废的倾向也是难以避免,但总的来说还是有着无可否认的时代先进性与现实意义。在过去,包括我在内的不少学者,免不了总是以政治上的进步与反动、哲学上唯物与唯心,以及理性与非理性等,作为衡量理论成果的最重要维度,因而难以客观而科学地认识和评价西方当代存在论哲学—美学的价值。但是,当前提出的"与时俱进"的指导思想给我们以重要启示,从时代发展的角度来看,我们的确应该更客观地认识和反思西方当代包括深层生态学和生态批评在内的一系列有关存在论的理论成果。我们应该尽快摆脱西方古代,特别是近代以来的主客二分认识论思维模式,科学地阐释马克思主义实践观,并以此作为我国当代美学理论建设的坐标。

由此,我认为,生态存在论审美观的提出有利于我国当代美学学科的突破,即突破传统认识论的理论观念、人类中心主义的基本原则和主客二分的思维模式,实现由认识论到存在论的转化。这一转化具体包括从认识论转化到存在论;由人类中心转化到生态整体;由主客二分转化到关系性的有机整体;由主体性转化到主体间性;由轻视自然转化到遵循美学与文学中的绿色原则;由自然的祛魅转化到自然的部分的复魅;由欧洲中心转化到中西平等对话。其中有关由“人类中心”转化到“生态整体”的问题,许多学术界的同仁难以理解。他们常常将“人类中心”与“以人为本”“尊重人权”等等相提并论,由此发出疑问:“如果不以人为本,难道以物为本吗?”在这个问题上,这些朋友有所误解。我们所讲的“人类中心”与“生态整体”都是从哲学的发展阶段来说的,是属于哲学理念的问题,同日常生活中是否“以人为本”没有直接关系。最早提出这个问题的是法国理论家福柯,他于1966年在《词与物》一书中提出“人的终结”的问题。所谓“人的终结”,就是“人类中心主义”的终结,也就是有的学者所常用的比较通俗但却不太准确的“人死了”,并把它与尼采所说的“上帝死了”联系起来。其实,“上帝死了”是指理性的终结,而“人死了”是指“人类中心主义”的终结、主体性的终结,走向生态整体和人与他人、他物平等对话的“主体间性”。我们提倡“生态整体主义”,并不是主张人类什么都不能做了,食物和肉类不能吃,社会经济建设也不能搞了,而是强调人同其他万物一样享有一种在“生物环链”之中应有的生存和发展的权利和地位,只有在这样的前提下人类的生存和发展才是应该的。反过来说,如果违背了这样的前提,人类的生存与发展破坏了"生物环链"中其他物种的生存发展,那就必然造成其他物种的毁灭,导致破坏"生物环链"的有机结构,也就必然会危及人类自身的生存。因此,"生态整体主义"恰恰最能维护人类自身的权利和地位。

再者,生态存在论审美观的发展有利于改变我国目前美学研究领域"欧洲话语中心"的现实,走向中西平等对话的新时期。我国目前美学与文艺学领域的"欧洲话语中心",就是同我们长期以来片面地遵循欧洲古代、包括近代认识论美学有关。这就形成了有的学者所说的"失语症"。但由认识论到存在论的转化,特别是生态存在论审美观的提出,的确给中国传统美学以广阔的天地。因为,中国传统美学,特别是道家美学,本身就是生态存在论审美观。道家所力主的"道法自然""万物齐一""道为万物母""天倪""天道"等等观念同当代深层生态学的"普遍共生""生物环链""内在价值"等等观念恰相契合。道家的"道大,天大,地大,人亦大。域中有四大,而人属其一焉"(《老子·二十五章》)等观点曾为海德格尔"天地神人四方游戏说"所借鉴,道家提出的"坐忘""心斋""游心"等也与存在论现象学的"现象学还原"之"悬搁"相近。此外,中国传统文化中的"天人之际""位育中和""乾父坤母""己所不欲,勿施于人"等等,均包含浓郁的生态存在论审美观的内涵,并且具有极强的当代意义。这些具有生态存在论审美观内涵的理论观点早在先秦时期即已提出,较之当代西方人的认识早了2000多年,其理论的深邃、严密均达到很高的水平,成为人类文明史上的奇迹。总之,我国传统文化中有关生态存在论审美观的理论资源是极为丰富的,并已逐步得到西方学者的重视和借鉴,对其理论内涵和当代价值的研究和阐发应是我们当代中国学人义不容辞的责任。这不仅给我们当前的美学研究提出了新的重要课题，而且也为美学研究领域的中西平等对话开辟了广阔的天地。

生态美学的研究在我国还不到 10 年的时间，它本身涉及美学、深层生态学、生态哲学、生态伦理学、生态批评、经济学、社会学等诸多领域，包含许多极为敏感的问题，尚在讨论之中，但其争论的激烈程度却是空前的。本人只是一名从事美学研究的教师，学力有限，而且从事研究的时间也不长，本书中的许多篇章也只反映了自己认识的发展。之所以结集出版，就是想推动这一重要论题研究和讨论的深入，也希望能得到专家和同道的批评、指教。

本书的出版，得到张稔穰、徐振贵、薛永武、郑杰文等诸多同志的支持。书后的附录为我的博士生刘彦顺同志所写，编辑过程中也得到他的帮助。对于以上同志在此一并致谢。

曾繁仁

2003 年 9 月 5 日于济南六里山下

再 版 序 言

　　《生态存在论美学论稿》于 2003 年 10 月由吉林人民出版社出版,至今已经 5 年多了。5 年来,我一直在生态美学领域内探索,得到了许多学术界同行的帮助,知识视野与对问题的把握都有比较大的推进,先后发表了一系列文章。特别需要提出的是,2007 年 10 月 15 日,党的十七次代表大会召开,提出了建设"生态文明"的明确要求,结合我国国情将生态与环保作为经济发展的"基础",力求做到两者双赢,并将生态文明建设纳入科学发展观"以人为本"指导方针之内。这不仅使包括生态美学在内的生态理论研究具有了某种"合法性",更为重要的是,提出了一种既与国际生态理论接轨,同时又具有明显中国特色的生态文明理论,给生态美学研究以非常重要的指导,促使我们努力使新时期这种在西方生态文学批评与环境美学影响下产生的美学理论更加具有中国特色,符合中国的实际。这就是我们生态美学研究的努力方向。

　　在此指导下,我围绕生态美学的中国特色问题进行了一系列新的思考与探索。在理论指导上,坚持马克思主义生态观,特别是中国当代生态文明理论的指导,既适当吸收西方当代生态理论批判"人类中心主义"的成果,又不同于其中的某些"生态中心主义"思想观念,力主人与自然的共存、发展与环保的双赢,提倡一种新时代的生态人文主义；在理论形态上，我们倡导的生态美学与西方盛行的环境美学既具有重视美学中的自然生态维度的一致性，同时又具有适合中国国情的自身特色；在理论资源上，中国生态美学建设除了要更加大胆地吸收西方生态理论的积极成果外，还要更加着力于借鉴中国古代儒释道的宝贵生态智慧，使之具有更加明显的"中国气派"与"中国作风"，以期能够在比较大的程度上改变"欧洲中心主义"的状况；在理论特点上，生态美学一改德国古典美学以来轻视乃至完全漠视自然生态的作为"艺术哲学"的美学，将自然生态在美学中的地位提到应有的高度，从而在很大程度上改变了美学学科的面貌；在理论自身的现实性上，生态美学是在新的生态文明时代应运而生的美学形态，具有紧密结合现实、阐释现实、改造现实的价值与力量，不同于传统的脱离现实的高头讲章。

本书共收录文章 35 篇，根据文章内容，适当作了编排，共分四编，包括生态美学的发生、生态美学的基本内涵、生态美学的资源与生态美学的基础四个方面。最后附录了 3 篇有关生态问题的短文，与本书的生态美学主题密切相关。所有收录的论文此次出版时均有修订补充。

本书的编辑出版有赖于吉林大学文学院李志宏教授伉俪的联系，也有赖于吉林人民出版社与崔凯同志的支持与辛勤劳动。在此一并致以谢意。当然，本书出版后，还有待学术界同行的批评。

2009 年 1 月 23 日
于济南六里山寓所

第一编

生态美学发生论

试论我国新时期生态美学的产生与发展①

从 20 世纪 90 年代至今,生态美学成为我国美学领域一种富有生命力的新的理论形态与生长点,愈来愈引起学术界的重视。事实证明,生态美学是我国新时期美学研究的重要收获之一。本文试图全面地论述我国新时期生态美学产生与发展的历程,总结其成绩,指出其问题,并对其发展趋势做出某种勾画。这里,我要特别说明的是,本文所讲的生态美学研究,包括新时期出现的生态美学、环境美学、生态文艺学与生态批评等等方面的研究。它们尽管名目有异,但总体上都是一种包含生态维度的美学与文艺学研究,相互之间是互补与共在的,共同构成了我国新时期生态审美研究这道亮丽的风景。

一

首先需要强调的是,生态美学的产生是一种现实的需要。1894年,恩格斯在致符·博尔吉乌斯的信中指出:"社会一旦有技术上的需要,则这种需要就会比十所大学更能把科学推向前进。"②这就说

---

①原载《陕西师范大学学报》2009 年第 2 期。
②《马克思恩格斯选集》第 4 卷,人民出版社 1972 年版,第 505 页。

明,社会的现实需要是科学前进的最根本的动力。自 20 世纪 60 年代至今,现代工业革命中的负面因素唯科技主义与"人类中心主义",所造成的自然环境与生态的破坏污染愈加严重,已经直接威胁到数亿人民的安危与生存。自 20 世纪 90 年代以来,中国也为单一的经济发展模式付出了沉重的环境与资源代价。我国领导人曾说,资本主义国家 200 年间陆续发生的环境问题在我国近 20 年间集中发生了。问题的严重性已经达到触目惊心的程度。在这种情况下,生态与环境问题逐步引起国家领导层与学术界的高度重视。首先是 20 世纪 90 年代提出"可持续发展方针",近年又提出建设"环境友好型社会"与"生态文明建设"的建设目标,成为新时期有中国特色的马克思主义创新理论与和谐社会建设的重要内容。在这种形势下,以"生态文明建设"的理论为指导的当代包括生态美学在内的各种生态理论,就必然地成为与社会发展相适应的社会主义先进文化建设的有机组成部分。生态美学的发展,不仅是"环境友好型社会建设"与"生态文明建设"的必然结果,而且,其深化发展也需要从中汲取丰富的营养与强大的动力。

在我国,由于美学学科具有特殊的人文内涵,因而,一直引起学术界与广大人民,特别是青年一代的广泛关注与爱好。百余年来,我国先后产生了王国维、蔡元培、朱光潜、宗白华、蔡仪、蒋孔阳、李泽厚等一批具有独特丰采的著名美学家,其富有生命力的丰硕成果不断滋养着一代代学人,直至今天。但时代毕竟发生了巨大的变化,原有的理论形态的某些局限性愈来愈呈现出来。以新中国成立后产生的、直至今天仍具有巨大影响的实践美学来说,在其具有深厚理论积累的前提下就暴露出明显的理论弊端。具体表现为,在哲学基础上一定程度地局限于机械的认识论。实践论美学的主要代表就曾多次表明其美学思想是以认识论为指导的,较多地关注审美的认识功能,因而相对忽视了更深刻地揭示人的生存状况与价值的意义;在美学理论本身,过分地强调了审美是一种"自然的人化",而相对忽视对象,特别是自然本身的价值,表现出明显的"人类中心主义"倾向;在美学研究的对象上,固守西方古典美学的"美学是艺术哲学"的传统命题,将非常重要的"自然"排除在审美之外。这是既往美学研究最主要的失误之一;在自然美的问题上,受黑格尔轻视自然美的观点与马克斯·韦伯"祛魅"论的影响,在一定的程度上无视自然美特有的价值以及自然在审美中特有的地位;在思维方式上,实践美学总体上没有完全摆脱启蒙主义以来主客、身心二分思维模式的影响。总之,实践美学总体上是一种以"人化"为其核心概念的,忽视"生态维度",并具有明显的"人类中心主义"倾向的美学形态。在当前的形势下,应该说已经一定程度地落后于时代。对这种美学形态的改造与超越已成为历史的要求。生态美学的提出就是对实践美学的一种改造与超越,是美学学科自身发展的时代需要。

同时,生态美学的提出,也是全球化语境下弘扬中国传统文化的需要。当今世界,经济正面临全球化的新的形势,在实际生活中,交通的便捷、网络通信的发展也大大地拉近了国与国、人与人的距离。正是在这种新的形势下,民族文化的发展与交流成为一个国家能否以其特有的面貌自立于世界民族之林的独特标志。我国有着5000多年悠久的发展历史,形成了历久不衰、彪炳于世的独具风采的中华文化,成为中华民族的象征与骄傲。在中华传统文化之中,包括生态审美观的生态智慧是一种独特的财富与文化遗产。儒家的"天人合一""民胞物与",道家的"道法自然""万物齐一",佛家的"万物一体""普度众生"等思想,都是极为珍贵的古典形态的生态智慧,早已引起世界学术界的重视与借鉴。因此,加强包括生态美学在内的中国形态的生态理论的建设,有利于在世界上弘扬中国传统文化,传播中华民族精神,从而为21世纪中期的中华民族伟大复兴做出应有的贡献。

回顾和总结我国新时期生态美学的发展历程,总体上,我们可将其分为这样三个阶段:

第一,萌芽期,从1987年到2000年。

我国学术界第一次与生态美学有关的,是1987年鲍昌主编的《文学艺术新术语词典》对"文艺生态学"的介绍。该《词典》从文艺学和生态观相结合的角度对"文艺生态学"进行了界定,指出"文艺生态学则是研究人类生存的自然环境、社会环境及其他各种因素同文学进行交互作用的科学",强调人类与自然环境、社会环境的"共生关系",是"人类从事文学艺术活动的背景和条件"①。第一篇题名为"生态美学"的文章,是1992年由之翻译的俄国曼科夫斯卡亚所写《国外生态美学》一文,发表在《国外社会科学》1992年第11期和第12期。该文译自俄国《哲学科学》第2期。作者较为详尽地介绍和评述了欧美正在兴起的生态美学(实际是环境美学),主要介绍了瑟帕玛与卡尔松等人的生态美学观,认为这种生态美学"已远远超出了就艺术中的自然问题进行传统研究的范围","生态美学从概念上说已经建立起来了"。当然,文章也指出了生态美学发展中的一些问题。1994年,李欣复教授在《南京社会科学》1994年第12期发表《论生态美学》一文。此文可以说是我国第一篇具有一定理论深度的生态美学学术论文,文章论述了生态美学的产生、基本原则及发展前景。在论述生态美学的产生时,文章指出,生态美学"是伴随着生态危机所激发起的全

①鲍昌主编:《文学艺术新术语词典》,百花文艺出版社1987年版,第14页。

球环保和绿色运动而发展起来的一门新兴学科。它以研究地球生态环境美为主要任务与对象，是环境美学的核心组成部分，其构成内容包括自然生态、社会物质生产生态和精神文化生产生态三大层次系统"，并指出生态美学所必须树立的"生态平衡是最高价值美""自然万物的和谐协调发展"与"建设新的生态文明事业"三大美学观念，以及"道法自然""返璞归真"与"适度节制"三大原则方法等。在论述生态美学的前途时，文章指出，"作为一门年轻的新兴学科，生态美学在知识理论内容构成上有自己独特的系统、标准及原则，尽管它目前尚没定型成熟，但其蕴含的科学性、先进性决定了它有强大生命力和发展前途，我们应该为它的诞生和建设欢呼，与贡献绵薄之力"。这篇文章在20世纪90年代初期就运用了大量中国传统生态智慧资源论述生态美学问题，其价值与地位非常重要。上述两篇文章的发表，可以看作是我国生态美学研究的萌芽。1999年10月，海南省作协召开了《生态与文学》国际学术研讨会。这是我们目前所知道的我国第一个生态文学方面的国际学术研讨会，反映了我国文学界与学术界高度的生态自觉性。1999年，鲁枢元教授创办《精神生态通讯》，成为我国生态文学研究的特有阵地。该刊一直延续至今，其重要贡献有目共睹。

第二，发展时期，从2000年到2007年。

这一时期，生态美学以及与之关系密切的生态文艺学、环境美学研究呈现出不断发展的良好态势。2000年12月，陕西人民教育出版社出版了徐恒醇的《生态美学》、鲁枢元的《生态文艺学》。同年，人民文学出版社出版了曾永成的《文艺的绿色之思——文艺的生态学》一书。2001年1月，在武汉召开了"21世纪生态与文艺学"学术研讨会。此后，"全球化与生态批评专题研讨会"在北京召开。2001年11月,中华美学学会青年美学会与陕西师大学文学院在西安联合召开了"首届全国生态美学研讨会"。此后,分别在贵州、南宁、武汉分别召开了第二、三、四届会议。在新时期生态美学的发展中,中华美学学会青年美学会起到了非常重要的推动作用。2002年6月,苏州大学文学院发起召开"中国首届生态文艺学学科建设研讨会"。同年12月,江汉大学与武汉大学在武汉联合主办"全国文化生态变迁与文学艺术发展研讨会"。2002年6月,张皓出版了《中国文艺生态思想研究》,系统阐释了中国古代儒、道、佛、禅的生态审美智慧。2002年11月,袁鼎生等出版《生态审美学》一书,论述了"生态审美场""生态美""生态审美效应"与"生态美育"等一系列有关生态审美的问题。2002年6月,曾繁仁在《陕西师大学报》第3期发表《生态美学:后现代语境下崭新的生态存在论美学观》一文,提出生态美学是后现代语境下对现代性工业革命进行反思与超越的产物,其基本理论内涵是一种生态存在论的美学观,从生态存在论哲学观的角度为生态观、人文观与审美观的统一奠定了基础。该文被同年《新华文摘》大部分转载。2003年8月,王诺在北京大学出版社出版《欧美生态文学》一书,该书是作者在美国哈佛大学访学期间及此后的研究成果。2003年10月,曾繁仁在吉林人民出版社出版了《生态存在论美学论稿》一书,全书分"生态美学论"与"当代存在论美学论"二编,收录了作者2001年以来有关生态美学与生态存在论美学14篇论文。2004年5月,武汉大学哲学系陈望衡教授在武汉大学主持召开了的"美与当代生活方式"国际学术研讨会。2005年11月,北京大学彭锋出版《完美的自然——当代环境美学的哲学基础》一书。同年3月,上海复旦大学出版社出版了章海荣的《生态伦理与生态美学》一书,该书将当代生态伦理学与生态美学结合,在强烈的社会语境中审视生态美学的建设与意义。2005 年 8 月,山东大学文艺美学研究中心在青岛主办了"人与自然:当代生态文明视野中的美学与文学"国际学术研讨会,共有 170 多名海内外学者参会。会议围绕"生态观、人文观与审美观"的关系,就"中国当代生态文学与生态美学研究态势""西方生态批评与环境美学""中国生态智慧与生态文化"与"生态伦理与生态美学"等重要问题展开了比较深入的开放式的研讨与对话。会议论文集《人与自然:当代生态文明环境中的美学与文学》,2006 年 7 月由河南人民出版社出版。2006 年 3 月,湖南科学技术出版社开始陆续出版美国著名环境美学家阿诺德·伯林特与武汉大学陈望衡教授联合主编的"环境美学译丛",先期出版了由阿诺德·伯林特的《环境美学》和芬兰约·瑟帕玛的《环境之美》。同年 6 月,四川人民出版社出版了加拿大卡尔松的《环境美学》一书,作为中国社会科学院哲学所滕守尧教授主编的"美学·设计·艺术教育丛书"之一种。至此,国际上三位著名的当代环境美学家的主要著作均已译介到国内。2006 年 7 月,四川大学胡志红的博士论文《西方生态批评研究》一书在中国社会科学出版社出版。该书持生态中心主义立场,从思想基础、理论建构、文学研究、跨文化研究、比较文学视野等不同角度对西方生态批评进行了较为深入的阐发,具有独特的立场与较强的理论价值。2006 年 7 月,鲁枢元教授在华东师大出版社出版了《生态批评的空间》,从生态时代、精神生态、生态视野等视角阐发了作者对生态文学与生态批评的一系列新的见解。2007 年 4 月,中国社科院哲学所刘悦笛等翻译出版了阿诺德·伯林特教授主编的《环境与艺术:环境美学的多维视角》,该书收录了国际上 12 位颇具影响力的当代美学家有关环境美学的最新成果,内容丰富新颖,颇具理论价值。2007 年 7 月,武汉大

学出版社出版陈望衡教授的《环境美学》一书，这是我国第一本以
"环境美学"为书名的论著。2007 年 12 月，商务印书馆出版曾繁
仁近年来的美学论文集《转型期的中国美学》，其中的第三编"生
态美学论——由人类中心到生态整体"收录有关生态美学的 17
篇文章。中华美学学会会长汝信教授在为该书所写的"序"中指
出："我以为生态美学的提出是我国学术界的首创，正好填补了生
态研究的一个空白，无论是在理论上或是在实践上都是具有现实
意义的。"中华美学学会副会长、北京大学哲学系叶朗教授于 2007
年 11 月 15 日在《光明日报》发表《建设中华民族共有精神家园》
一文，指出："和这种生态哲学和生态伦理学的意识相关联，中国
传统文化中也有一种生态美学的意识。"

第三，新的建设时期，从 2007 年 10 月开始至今。

2007 年 10 月，我国最高决策层与胡锦涛同志第一次在建设
社会主义物质文明、精神文明与政治文明之后，明确提出了"建设
生态文明"的重要论断，并将其作为建设社会主义和谐社会的重
要目标，同时，对"生态文明"的内涵进行了深入的阐释。这一论
断对于我国包括生态美学在内的生态理论建设具有极为重要意
义，使之由边缘发展为主流，从而开始了新的建设时期。所谓"新
的建设"，应该包括反思总结与建设两个方面。从反思总结来说，
我们要回顾从 1987 年以来生态美学与生态文艺学所走过的 20
年曲折的道路，其成绩与收获是十分明显的。首先是翻译介绍与
梳理了中外有关生态美学与生态文学的成果与资料。从国外来
说，重要的当代生态美学与环境美学理论家的成果几乎都作了翻
译介绍。从我国自身来说，主要深入发掘梳理了中国古代儒道佛
各家的生态与生态审美智慧，对古代、现代与当代某些文学作品
中所包含的生态审美智慧与资源也作了初步的研究。其次，召开

了 10 次左右有关生态美学、生态文艺学与生态文学学术研讨会，出版了 10 多部有关生态美学与生态文学的论著，提出了一系列重要学术观点，理论研究在逐步地走向深入。再次，从生态美学与生态文学影响来说，由不被理解到逐步得到适度认可。目前从国家社科项目来说，已有 5 位中青年学者的有关生态文学与生态批评的项目获得批准立项，并正在进行当中。以生态文学、生态批评与生态美学为题目进行硕士、博士论文研究的研究生有近 20 名。最后，从队伍建设来说，目前从事生态美学、生态文艺学与生态文学的学者不断扩大。2005 年 8 月，在青岛召开的"人与自然：当代生态文明视野中的美学与文学"国际学术研讨会，是目前我国规模最大的一次生态美学与生态文学学术研讨会。国内学者出席会议的大约 150 人，说明研究队伍在不断扩大。在这个领域中辛勤耕耘的美学家与文艺学家有李欣复、聂振斌、滕守尧、鲁枢元、徐恒醇、曾永成、张皓、袁鼎生、陈望衡、章海荣、刘恒健等。此外，还涌现了王诺、王晓华、王耘、刘悦笛、彭锋、宋丽丽、韦清琦、张敏、胡志红、刘蓓、程相占、李庆本、盖光、覃新菊、王茜、韩德信、李晓明、邓绍秋等一批中青年生态美学与生态文学的研究者，并已取得初步成果。

二

为了全面了解我国新时期生态美学建设的成绩，需要将其主要成果作一个简要评述，以便回顾总结我们已经取得的成果。我国当今的成果主要集中在生态美学、生态文艺学与生态文学三个方面。

在生态美学方面，主要代表作是徐恒醇的《生态美学》，该书是徐恒醇研究员于 20 世纪 80 年代与 90 年代两次访学德国时,受到德国优良的生态环境与《生态心理学》一书的影响,并经长期酝酿而写成的一本论著,2000 年 12 月陕西人民教育出版社出版。作为我国第一部比较完备的、自成体系的生态美学论著,该书的贡献很多:首先是明确提出了对工业文明进行反思与超越的"生态文明时代的到来"的观点。作者指出:"一种新的人类文明的曙光已经呈现,这便是人与自然和谐共生的生态文明时代。"①其次是提出建立生态美学的两个理论前提,一个是生态世界观,一个是中国古代的生命意识。关于生态世界观,作者认为,这是与机械世界观相对立的包括有机整体、有序整体与自然整体进化三大思想原则。②关于生命意识,作者指出:"生态美学对人类生态系统的考察,是以人的生命存在为前提的,以各种生命系统的相互关联和运动为出发点。因此,人的生命观成为这一考察的理论基点。"③其三是提出了十分重要的有关"生态美"的核心范畴。作者指出:"所谓生态美,并非自然美,因为自然美只是自然界自身具有的审美价值,而生态美却是人与自然生态关系和谐的产物,它是以人的生态过程和生态系统作为审美观照的对象。生态美首先体现了主体的参与性和主体与自然环境的依存关系,它是由人与自然的生命关联而引发的一种生命的共感与欢歌。它是人与大自然的生命和弦,而并非自然的独奏曲。"④在这里,作者强调了生态美学以人的生态系统作为审美对象,以参与性及依存性

---

① 徐恒醇:《生态美学》,陕西人民教育出版社 2000 年版,第 7 页。
② 徐恒醇:《生态美学》,陕西人民教育出版社 2000 年版,第 44 页。
③ 徐恒醇:《生态美学》,陕西人民教育出版社 2000 年版,第 14 页。
④ 徐恒醇:《生态美学》,陕西人民教育出版社 2000 年版,第 119 页。

为特点,以人与自然的生命共感与和弦为表征。这些都说明,"生态美"就是一种人的审美的生存之美。其四是进一步阐释了生态美的意义,包括推动现代美学理论的变革、确立健康的生存价值观、有利于克服技术的生态异化、有利于变革不合理的生产与生活方式等等。① 其五是作者以自己的"生态美"的理论具体地对人的生活环境、城市景观与生活方式等提出具有实践价值的建设与发展的意见,十分难能可贵。

在生态文艺学研究方面,第一部论著是鲁枢元所著的《生态文艺学》,2000 年 12 月由陕西人民教育出版社出版。该书是鲁枢元教授用他所擅长的且特有的散文诗的笔法写就的,具有理论著作少有的可读性,当然也形成了观点的某种含蓄性。该书分上下两卷,共十四章。上卷带有总论性质,下卷则带有理论的应用性质。其主要观点可归纳如下:其一是提出了"试图探讨文学艺术与整个地球生态系统的关系,进而运用现代生态学的观点来审视文学艺术"②的主旨。其二是论述了生态文学所赖以产生的"生态文明"新时代。作者提出:"我们赞同这样一种提法:即将来临的时代是一个人类生态学的时代。"③他又将这一时代表述为"'后现代'是生态学时代"④,并从审美的角度提出:"走向审美的生态学时代。"其三是该书对生态文艺学的研究对象与内容作了一个简要的概括:"一门完整的生态文艺学,应当面对人类全部的文学艺术活动,并对其作出解释。而作为人类重要精神活动之一

---

① 徐恒醇:《生态美学》,陕西人民教育出版社 2000 年版,第 150 页。
② 鲁枢元:《生态文艺学》,陕西人民教育出版社 2000 年版,第 2 页。
③ 鲁枢元:《生态文艺学》,陕西人民教育出版社 2000 年版,第 24 页。
④ 鲁枢元:《生态文艺学》,陕西人民教育出版社 2000 年版,第 169 页。

的文学艺术活动,必然全部和人类的生存状况有着密切的联系,优秀的文学艺术作品更是如此,因而都应当归入生态文艺学的视野加以考察研究。"①其四是提出了地球是生态系统、自调节的生命体,是地母盖亚,以及有机联系的生命圈、自然的部分复魅、女性自然与艺术的天然同一性、怀乡是对栖息地的眷恋、栖居是作为生态诗学的重要命题等一系列新的观点。其五是提出了著名的生态学三分法:自然生态学、社会生态学与精神生态学。② 其六,提出了艺术家作为自然有机体在自然、家族、社会、文艺土壤中生长的问题。③ 其七,提出生态文艺学批评的内涵:大自然是一个有机的整体;人类对于维护自然在整体上的完善、完美承担着更多的责任;人类目前面临着的即将到来的生态灾难是人类自己造成的;生态危机的解救要求人类从根本上调整自己的价值观与生活方式;人类精神与自然精神的协调一致是生态的和审美的;诗与艺术是扎根于自然土壤之内,开花于精神天空的植物;真正的艺术精神等于生态精神;生态文艺批评把艺术哲学当作乌托邦的精灵;生态文艺批评是一种更看重文艺内涵的文艺批评;生态文艺批评不排斥包括形式批评在内的其他批评类型,其基本原则是"多元共存";等等。其八,关于自然美的新理解:自然美不是"人化的自然",它既是自然生成的,客观存在的,同时又是人类审美机制中固有的,而有时候又是被个人的意识、经验、心境所强化的,"人与自然是共处一个'有机团体'之中的"④。曾永成在人民

---

①鲁枢元:《生态文艺学》,陕西人民教育出版社 2000 年版,第 28 页。
②鲁枢元:《生态文艺学》,陕西人民教育出版社 2000 年版,第 132 页。
③鲁枢元:《生态文艺学》,陕西人民教育出版社 2000 年版,第 203 页。
④鲁枢元:《生态文艺学》,陕西人民教育出版社 2000 年版,第 90 页。

文学出版社 2000 年 5 月出版的《文艺的绿色之思——文艺生态学引论》,是一部自觉地以马克思主义的生态观为指导与主线展开论述的生态文艺学论著。诚如作者所说,"文艺的绿色之思,理应从马克思主义的生态观念中吸取智慧,为自己寻求最坚实也最有生命力的理论基础"。作者将马克思主义,特别是马克思在《马克思 1844 年经济学哲学手稿》中的生态观概括为人本生态观、实践唯物主义人学及生命观、美学的生态学化、文艺思想中的生态思维等,然后从文艺审美活动的生态本性、文艺生态思维的观念、文艺审美活动的生态功能、文艺活动与生态问题,以及社会主义市场经济与文艺生态等层面进行论述。作者的立足点是将生态学作为一种新的思维和方法来研究文艺问题,提出要"把本来诞生于自然科学中的'生态'观念引入文艺研究",指出长期以来人们对马克思有关人的本质"是社会关系总和的理解,常常将社会性孤立起来,轻视自然对人的实践的基础性制约作用",又提出文艺的意识形态性质"是以这个生命生态为基础,并在其中实现的"[1]等等观点,在对马克思主义文艺思想的阐释中强化了生态的维度,并力图使之渗透于文艺审美活动的各个方面。这是该书的贡献所在。但因成书较早,该书对国内外最新的生态理论与生态批评、环境美学等成果吸收借鉴不够。

在环境美学方面,最主要的代表作为 2007 年 7 月武汉大学出版社出版的陈望衡的《环境美学》。这是我国第一部环境美学论著,既总结概括了国内外的有关研究成果,又提出自己的看法,具有较强的概括性与完备性,是我国新时期生态美学研究的重要

---

[1]曾永成:《文艺的绿色之思——文艺生态学引论》,人民文学出版社 2000 年版,"前言"第 1、8 页。

成果。现将其主要观点概括如下。其一，有关本书的基本内容，
作者在"自序"的最后作了一个概括：在这本书中，我提出"景观"
概念。如果说，艺术美的本体是意境，环境美学的本体就是景观。
它们是美的一般本体的具体形态。景观的生成由主体与客体两
个方面的作用。自然、农村、城市是环境美学研究的三大领域，生
态性与人文性、自然性与人工性的矛盾与统一是环境美学研究的
基本问题。环境是我们的家，故环境美最根本的性质是家园感。
在环境美学的视域内，"宜居"进而"乐居"是环境美学的首要功
能，"乐游"只能是它的第二功能。环境的功能当然不只是"居"与
"游"，环境作为人的生存之本、生命之源，关涉到人的一切生活领
域，人类改造环境的任何事业都包含有美学的成分，将环境变成
景观也就是按照美的规律创造世界。在我们的居住环境的建设
中，园林的概念具有重要的美学价值，建设园林式的城市和农村
是我们居住的最高境界。其二，关于环境美学与传统美学的区
别。作者指出："美学研究的重心从艺术转移到自然，其哲学基础
由传统人文主义和科学主义扩展到人文主义、科学主义和生态主
义；美学正在走向日常生活并应用于实践。不难预见，环境美学将
成为美学研究的鲜血，也势必为人类的实践指出一条通往人与环境
的和谐美的道路"，"环境美学的出现，是对传统美学研究领域的一
种扩展，意味着一种新的以环境为中心的美学理论的诞生"。① 其
三，关于什么是环境，作者指出："环境只能是人化的自然。从存在
论意义来看，人与环境是同时存在的，没有适宜于人生存的环境，人
不能存在；而没有人存在的环境，也就不能称之为环境。"②其四，关

---

①陈望衡：《环境美学》，武汉大学出版社 2007 年版，第 10 页。
②陈望衡：《环境美学》，武汉大学出版社 2007 年版，第 17 页。

于环境与艺术的关系,作者不完全同意西方环境美学家将两者严格加以区别的观点,而是主张两者的结合。他说:"因此,环境美学的任务不在于区别艺术与环境,而恰恰在于将艺术与环境结合起来,走环境艺术化或艺术环境化的道路。"① 其五,作者认为,"家园感是环境美学的基础","它侧重的是感性的维度,包括感性观赏和情性的融合"。② 其六,关于环境美学的视界,作者认为,将自然、农村、城市"这三种环境类型间的相互关系进行阐述,将使我们获得研究环境美学的一个全新的视界"③。其七,关于环境美学与生态美学的关系,作者认为,"这两种美学都研究环境,但是,它们是不一样的,生态的问题不只是出现在环境之中,生态学作为一种维度,一种理论体系,或者说一种观察世界的视角,它与美学的结合,的确开辟了美学的新局面,但它不能归属于环境美学,这两种美学都有存在的价值,它们相互配合,共同推动美学的发展"④。其八,关于环境美学的哲学基调,作者从生态的,文化的,伦理的与哲学的四个层面加以阐释。其九,环境美本体是"景观"。所谓"景观",作者认为主要由两个方面的因素构成:一是"景",它指客观存在的各种可以感知的物质因素;二是"观",它指审美主体感受风景时种种主观心理因素。这些心理因素与作为对象的种种物质因素相互认同,从而使本为物质性的景物成为主观心理与客观影响相统一的景观。环境之美在景观,景观是环

---

① 陈望衡:《环境美学》,武汉大学出版社 2007 年版,第 22 页。
② 陈望衡:《环境美学》,武汉大学出版社 2007 年版,第 24—25 页。
③ 陈望衡:《环境美学》,武汉大学出版社 2007 年版,第 26 页。
④ 陈望衡:《环境美学》,武汉大学出版社 2007 年版,第 44—45 页。

境美的存在方式,也是环境美的本体。① 其十,关于环境美欣赏,作者认为对环境美的欣赏是多角度感知的综合,同时也是一种整体化的欣赏,不仅五官都要参与,而且还包含某种功利的价值判断。其十一,作者有力地批评了"自然全美论",认为这是一种主客二分的,反人本主义观点。那么,什么是自然美呢? 作者认为"归根结底是人的活动使自然之美展现出来,但人类并不是将所有的自然都归结为审美对象,并不是所有的自然都可以被化为审美对象的,作为审美对象的自然,必须是肯定人的生存、生活、人的情感的那部分自然"②。其十二,提出"自然至美说",其原因是自然是人类生命之源、美的规律之源、审美创造之源等,其结果是带来美学的哲学基础,研究重点和理论形态的重大变化等。其十三,作者还探讨了农业环境美、园林美与城市环境美等,是美学理论走向应用于实践的重要尝试,十分可贵。

北京大学出版社 2005 年 1 月出版的彭锋的《完美的自然——当代环境美学的哲学基础》一书,是另一部环境美学专著。该书是一位具有深厚哲学学养的青年学者从哲学本体论的角度对自然美问题的反思,从一种崭新的角度论述了"自然全美"问题。首先,作者从哲学本体论的角度提出当代生态理论家有关"自然全美"论述的理论缺陷,那就是产生一种生态科学的联系性与审美的孤立性、独特性的矛盾。他说:"按照这种美学方式,自然物之所以是美的,因为自然物完全是与自身同一的存在,它们是不可重复、不可比较,不服从任何依据既有概念的理解。这种美学方式与生态学家的普

---

①陈望衡:《环境美学》,武汉大学出版社 2007 年版,第 136 页。
②陈望衡:《环境美学》,武汉大学出版社 2007 年版,第 222 页。

遍联系方式刚好相反,因此可以被适当地称之为完全孤立方式。"①
其次,作者提出了对于"生态美学"建立的怀疑。他说:"如果说生
态科学用普遍联系的观点能够较好地解释自然物的价值的话,它
并不容易解释自然物的美。正是在这种意义上,我们可以很恰当
地说有一种新的生态伦理学,但很难说有一种新的生态美学。"②
同时,作者对他的从哲学本体论的角度反思自然的基本观点作了
自己的陈述。他说,这种研究让我们对美有了新理解,"审美经验
是人生在世的本然经验,审美对象是事物的本然样态,审美中的
人与对象关系是一种前真实的(pre-real)肉身关系","审美就处于
这种解构和建构的张力之中"。③　那么,什么是"自然全美"呢?
作者指出,"自然物之所以是全美的,并不是因为所有自然物都符
合同一种形式美,而是因为所有自然物都是同样的不一样的美。
就自然物是完全与自身同一的角度来说,它们的美是不可比较、
不可分级、完全平等的"④。为此,作者还列举了庄子、禅宗与儒
家的有关思想,以及康德、阿多诺、杜夫海纳的有关理论加以论
证。作者的论述是独特的,但也不是不存在矛盾。问题在于:"自
然全美"这个美学命题本身就是西方环境美学理论家从"生态中
心主义"出发提出的一个并不正确的命题,因为自然之美只能在
其与人的生态审美关系中存在,而不可能"自美"与"全美"。

　　在生态文学研究方面,目前主要成果是 2003 年 8 月北京大

①彭锋:《完美的自然——当代环境美学的哲学基础》,北京大学出版社 2005
　　年版,"前言"第 4 页。
②彭锋:《完美的自然》,北京大学出版社 2005 年版,"前言"第 2 页。
③彭锋:《完美的自然》,北京大学出版社 2005 年版,"前言"第 3、4 页。
④彭锋:《完美的自然》,北京大学出版社 2005 年版,"前言"第 5 页。

学出版社出版的王诺的《欧美生态文学》。该书是我国第一部研究欧美生态文学的学术专著，其"引言"部分对有关生态文学的基本问题阐述了自己的看法。作者认为："生态文学是以生态整体主义为思想基础、以生态系统整体利益为最高价值的，考察和表现自然与人之关系和探寻生态危机之社会根源，并从事和表现独特的生态审美的文学。生态责任、文化批判、生态理想和生态预警是其突出特点。"①该书明晰地勾勒了从 1974 年以来欧美生态文学的基本发展历程。第一章主要论述作为生态文学思想基础的欧美生态哲学与生态伦理学的发展概况。从上古一直到 20 世纪，从施韦策的"敬畏生命"论、利奥波德的"生态整体观"到威斯特灵的"生态人文主义"、辛格的动物解放主义、生态社会主义的"生态正义论"等等，几乎涉及与评述了西方近代以来所有重要的生态思想。第二章，生态文学的发展，主要研究了欧洲各个时期生态文学的发展，代表性作家作品。第三章，深入分析了欧美生态文学的思想内涵，包括"征服、统治自然批判""工业与科技批判""生态整体观""重返与自然的和谐"等等。本书是我国学者对欧美生态文学进行研究的重要成果，作者的判断建立在先进的生态观的理论立场和对大量生态文学与生态理论原著细读的基础之上。

以上评述的目的在展示 20 世纪 90 年代中期至今短短的不到 20 年的时间中生态美学所取得的骄人成果。但因主要着眼于著作，而且是从本人的一得之见出发，因此难以全面。

---

① 王诺：《欧美生态文学》，北京大学出版社 2003 年版，第 11 页。

三

一种理论形态是否有其生命力，不是看其名目与提法的新颖别致，最重要的是看其是否适应社会历史发展的需要及其成果的水平。

近 20 年来我国生态美学研究的发展，尽管取得了很大成绩，但也存在许多问题与差距。从理论水平来看，无论在广度还是在深度上，目前还处于初步阶段。无论对国外，还是对国内有关生态审美资源的掌握与研究都还有相当差距。与此相应，迄今为止还没有出现高水平的具有较高理论阐释力，并具有明显中国特色的生态美学论著。特别是对中国传统文化中的丰富的生态审美智慧的发掘、整理、研究深度还很不够。因此，在国际生态美学与环境美学、生态文学学术界，中国学界还没有发出自己引人注目的特有的声音。

生态美学要真正站得住，关键是要拿出高水平的、有理论阐释力的成果。当前，我国生态美学研究的欠缺还表现在，到目前为止，它与我国实际的结合还远远不够。首先，要紧密联系中国现实，结合我国正在如火如荼进行着的现代化建设的实际，结合我们中华民族多少代人梦寐以求的中华民族伟大复兴事业。再就是，如何在生态美学建设中有机地注入中国元素与中国资源。当然，一种理论形态的成立主要是其特有的理论范畴的确立，生态美学的生命力就应表现在它具有与传统美学，或者说与传统艺术美学不同的范畴体系，这方面的探索尽管许多学者都在进行，但尚未取得既具有理论阐释性又具有广泛认同感的成果。从学者队伍来看，尽管近 20 年来，特别是近 5 年来，研究者的队伍在不断扩大，但数量不多，还有待于进一步扩大。从对外交流的情况看，新世纪以来，在生态美学方面的国际交流对话有了很大进展，不仅召开了2—3次有关国际学术研讨会，而且有学者到国外进行考察、学习，也有不少中国学者到国外参加国际学术研讨会。但总的来说，交流的深度和广度还不够。而从学术影响来说，目前生态美学、生态文艺学与生态文学在国内学术界仍然遭到更多质疑。这些质疑的存在恰恰说明，我们的研究工作还有很大差距，缺乏更加充分的说服力，有待于进一步深入和提高。好在，现在有了良好的文化学术氛围，更有作为国家意识的"生态文明建设"和"环境友好性社会建设目标"的重大决策，在这种有利的形势下，我们的努力要向更加深入、更加全面、更加中国化的方向前进。

我们要在总结过去的基础上争取有新的突破。我认为，主要应该从以下三个方面着手。第一个方面，是在前段研究的基础上进一步的综合提高。主要是从当代生态美学产生的经济社会、文化哲学与文学背景，我们所必须坚持的马克思主义理论的指导，生态美学建设所凭借的主要中西方资源，生态美学基本范畴，以及生态美学对中西方作品的解读等方面，对现有的中西方研究成果进行尽量的综合、消化与吸收。第二方面，努力探索确立生态美学特有的审美范畴，主要是确立最基本的生态存在论审美观，以及其他有关的审美范畴，从而论证生态存在论审美观与传统美学的区别，及其独立存在的必要性。第三方面，是努力将中西方有关生态审美智慧交融在一起，进行生态美学范畴建设的思考。例如，将中国古代"生生之谓易"的生态审美智慧与生态存在论审美观相结合；将生态美学的特有对象与中国古代"天地有大美而不言"的观念相结合；将生态现象学研究与中国古代"心斋""坐忘"等特有的审美体验观念相结合；将生态审美本性论与中国古代生命哲学美学相结合；将"天人合一"与"四方游戏"相结合；将中国古代的"宜居"之说与"诗意地栖居"相结合；将中国古代的"归乡主题"与家园意识、场所意识相结合；将气韵说、境界说与"参与美学"结合；将"比兴"之说与生态想象相结合；将中国古代生态"时令"观念与实践与生态审美实践相结合；等等。通过以上努力，努力建设比较新颖，又具有中西交融特征的生态美学理论体系。

　　同时，要探索运用新的研究方法。首先是坚持马克思主义历史唯物主义与生态观的指导。马克思主义理论为我们正确认识自然社会与人的精神生活提供了科学的理论指导与最重要的立场、观点与方法，我们在生态美学的研究中必须自觉地坚持马克思主义的理论指导。其一，是坚持马克思主义历史唯物主义的理论指导，从社会存在决定社会意识以及经济基础与上层建筑关系等重要的理论视角来认识、探讨当今生态问题的最根本的经济与社会动因，探讨生态问题的出现、解决与一定社会制度的必要联系。由此，进一步明确生态审美观进一步确立的经济社会根基。其二，应认真学习马克思主义有关人与自然关系的一系列重要论述，以之为生态审美观建设的重要理论指导。马克思与恩格斯所生活的19世纪中期，尽管还处于工业革命的最兴盛时期，"人类中心主义"占据着压倒的优势，但马克思与恩格斯的科学世界观决定了他们以其深邃的唯物辩证思维来观察人与自然的关系，批判资本主义制度与资产阶级对于自然与人的双重的无限制的掠夺，从而导致人与自然以及人的"异化"。这种历史唯物主义与辩证唯物主义的自然观应该成为我们今天研究生态美学观的重要理论指导与思想资源。

其次是坚持当代生态整体论与生态存在论的生态哲学观。生态美学最重要的特点，就是它是一种包含着生态维度，并坚持以当代生态哲学为指导的崭新的美学观。所谓"当代生态哲学"，内容是非常复杂的，包括"人类中心主义""生态中心主义"与"生态整体主义"等多种不同的生态哲学派别。"人类中心主义"生态观坚持人对自然的绝对控制，只不过在此前提下主张有所节制，而"生态中心主义"生态观又过分强调自然万物的绝对价值、自然与人的绝对平等，其结果必然导致与现代社会发展的对立。我们坚持的是一种"生态整体论"的更加全面与更具包容性的生态哲学观，强调人与自然的共生，人类相对价值与自然相对价值的统一。这样的生态哲学实际上就是一种"生态存在论"哲学，是当代的"生态人文主义"。只有在这样的生态哲学观的指导下，生态美学建设才能走上科学健康的轨道。

最后是坚持"后现代"的反思与超越的方法。生态美学是一种"后现代"语境下产生的新的美学观念。所谓"后现代"语境，就是说生态美学是"后工业文明"即"生态文明"的产物。因此，在生态美学的研究中就应坚持"后现代"理论所必具的对现代性进行反思与超越的基本品格。从现在看来，所谓"后现代"有"解构"与"建构"两种内涵，当然，其基本品格都是对"现代性"的反思与超越。但"解构"的"后现代"更侧重在批判与打碎，而"建构"的"后现代"则更侧重在扬弃与建设。生态美学就是一种以扬弃与建设为其基本品格的美学形态。对现代社会成果、哲学与美学理论从历史的角度充分肯定其成绩，但又结合新的时代进行超越与发展，继承原有价值体系的合理因素，建设新的思想与话语体系。在哲学观上克服机械认识论，实现由传统认识论到当代存在论的转型；在研究对象上，克服长期占统治地位的"美学是艺术哲学"

的观念,将包含自然与人的"生态系统"作为生态美学的研究对象;在研究方法上,克服主客二分思维模式,在坚持马克思主义的前提下,运用当代现象学方法,突破德国古典美学的"静观"论审美观,适当借鉴当代"参与美学";在美学观念上,充分揭示人与自然的生态审美关系是一种人的本性的表现,从而明确提出"生态审美本性论";在美学内涵上,与传统的"美是感性认识的完善"相对,提出生态存在论审美观、家园意识、场所意识、诗意地栖居等一系列崭新的美学观念;在理论特性上,适度超越传统美学对审美"无功利"的过分夸大,强调生态美学的实践特性,将生态审美批评、生态审美教育与生态审美实践提到突出的位置。

　　总之,尽管生态美学迄今还不具备构成一个独立学科的条件,但它却是一个具有强大生命力的新的美学理论形态。我们相信,它一定会愈走愈远,愈走愈完备。

当代生态美学的发展
与美学的改造①

古典美学以主体与客体、理性与感性的对立统一为其主线,发展到 19 世纪中叶,以黑格尔的"美是理念的感性显现"为其顶峰。但也从这时起,美学领域以叔本华为起点开始走上了突破古典美学、开创现代美学的美学学科改造的艰难而漫长的道路。可以说,整个 20 世纪至今都是以突破这种主客二分的美学范式为其主要任务。20 世纪 60 年代以来,一种以生态批评为先导的生态美学伴随着时代的脚步悄然兴起,并逐步呈现迅速发展之势。所谓生态美学,即在生态危机愈来愈加深重的历史背景之下产生的一种符合生态规律的当代存在论美学,包括人与自然、社会及人自身的生态审美关系。它的产生与发展标志着古典的认识论美学到现代的存在论美学的转型所具有的现实紧迫性与理论完备性,因而,意义深远。本文试图在目前所掌握的材料的基础上,尽量从理论的广度与深度的结合上对生态美学这一新型的美学理论形态的产生、基本内涵、主要原则及其重要意义进行论述,以期引起更多的美学工作者的重视,并投入这一逐步在国内外成为热点的生态美学(或称生态批评)的探索与讨论之中。但论题本

---

① 原载《中国美学》2004 年第 1 期。

身的重要及困难,特别是材料的缺乏,决定了本文仍然是一种带有某种冒险的探索,只是希望它同时成为一种有意义的探索。

一

　　生态美学的产生是一种时代的需要,是同人与自然的矛盾日趋尖锐深重、生态危机极大地威胁到人类的生存这一现实状况相伴随的。其实,在漫长的岁月中,人同自然是处于较为和谐的状态的。只是在进行大规模工业化的近三百多年的时间内,人类借助空前发达的科学技术对自然进行了强有力的开发与改造,包括化学农药与肥料的施用、运用机械对森林与草原的砍伐与开发、工业废水与汽车废气的污染,以及带有毁灭性的战争和核武器的试验运用等等。这些,都对自然造成极大的破坏,对人类的生态造成极大的威胁,已逐步引起有识之士严重的关注。正是在这样的背景下,围绕美国海洋生物学家、著名作家蕾切尔·卡逊(Rachel Carson,1907—1964)于1962年出版的《寂静的春天》一书展开了一场历时数年的争论。蕾切尔·卡逊曾写过《在海风下》《环绕着我们的海洋》《海洋边缘》等著作。从1958年开始,卡逊把全部注意力转到了危害日益严重的杀虫剂使用问题的调查研究上来,她花费了四年的时间遍阅美国官方和民间关于杀虫剂使用和危害情况的报告。在详细的调查研究的基础上,她于1962年写成了《寂静的春天》一书。卡逊以严格实证的科学态度和激情澎湃的艺术家的情怀无情地揭露了美国农业、商业为追逐利润而滥用农药的事实,对不分青红皂白地滥用DDT等杀虫剂而造成的生物与人体的危害进行了有力的抨击。卡逊并没有就事论事地披露杀虫剂的滥用,而是将其笔触深入环境的破坏对人的生存的极大危害，以及人与自然的关系等社会的、价值的和哲理的层面。书名《寂静的春天》就有深刻的寓意。本来，春天的到来，万物复苏，百鸟争鸣，鲜花怒放，应当是喧闹的、灿烂的、充满生气的。但正是因为 DDT 等杀虫剂的滥用，导致了鸟类和昆虫的死亡，牲畜和人类的患病，因而喧闹的春天成为寂静而毫无生气的春天。这是一种多么可悲而又惊人的现实啊！卡逊在书中的开头虚构了美国中部的一个村镇，这个村镇坐落在繁荣的农场中间，曾经是一种美不胜收的景象。"春天，繁花像白色的云朵点缀在绿色的原野上；秋天，透过松林的屏风，橡树、枫树和白桦闪射出火焰般的彩色光辉，狐狸在小山上叫着，小鹿静悄悄地穿过了笼罩着秋天晨雾的原野。"①但从某一天开始，一个奇怪的阴影遮盖了这个地区，一切都开始变化，一些不祥的预兆降临到村落，到处是死神的幽灵，喧闹的春天变成了寂静的春天。她写道："这是一个没有声息的春天。这儿的清晨曾经荡漾着乌鸦、鸫鸟、鸽子、鸟、鹪鹩的合唱以及其他鸟鸣的音浪；而现在一切声音都没有了，只有一片寂静覆盖着的田野、树林和沼泽。""不是魔法，也不是敌人的活动使这个受损害的世界的生命无法复生，而是人们自己使自己受害。"②这就是为了达到所谓征服自然、消灭害虫的目的而滥用 DDT 等杀虫剂所导致的严重后果。卡逊十分激愤地写道："当人类向着他所宣告的征服大自然的目标前进时，他已写下了一部令人痛心的破坏大自然的记录，这种破坏不仅仅直接危害了人们所居住的大地，而且也危害了与人类共享大自然的

---

① ［美］R.卡逊：《寂静的春天》，吕瑞兰译，科学出版社 1979 年版，第 3 页。
② ［美］R.卡逊：《寂静的春天》，吕瑞兰译，科学出版社 1979 年版，第 4—5 页。

其他生命。"①最后，卡逊从人类面临生存抑或灭亡的存在论的高度指出，人类正处于保护自然与破坏自然的十字路口上，并大声喊出了，为人类提供生存的最后唯一的机会是"让我们保住我们的地球"②。这就是蕾切尔·卡逊这位将自己的一生都奉献给了环保事业的伟大女性在生态危机已经十分严峻的时刻从生死存亡的高度向人类发出的警告。因此，可以毫不夸张地说，《寂静的春天》是划世纪的经典之作，是一本改变了世界的书，它开拓了生态学的新纪元，也是生态批评的发轫之作。正如美国记者小弗兰克·格雷厄姆(Frank Graham)在1970年出版的《〈寂静的春天〉续篇》中所说，"《寂静的春天》以其文学上的成就，问世后的影响和在全世界享有的盛誉而受到评论界异口同声地推崇，从而跻身于经典著作的行列"③。蕾切尔·卡逊是一位不平凡的女性，她为了自己所挚爱的科学与环保事业而终身未婚。从1958年春天她就开始了写作《寂静的春天》的计划，一开始定名为《人类与地球作对》。她与欧美各国科学家广泛接触，并从事规模庞大的研究工作，阅读了几千篇论文和文章。在书籍的撰写过程中，卡逊经历了老母辞世的悲哀和自己从1960年就发现恶性肿瘤并接受化疗的痛苦。卡逊以坚韧的毅力和巨大的奉献精神终于完成了全书的写作，并于1962年6月16日开始在《纽约客》杂志分三次登完该书的缩写本，全书由霍顿·米夫林公司于1962年9月份出版。但缩写本的发表在政府、化学工业界和农业界引起轩然大

①［美］R.卡逊：《寂静的春天》，吕瑞兰译，科学出版社1979年版，第87页。
②［美］R.卡逊：《寂静的春天》，吕瑞兰译，科学出版社1979年版，第292页。
③［美］小弗兰克·格雷厄姆：《〈寂静的春天〉续篇》，罗进德、薛励廉译，科学技术文献出版社1988年版，"前言"第8页。

波,其猛烈程度出乎人们意料。《纽约时报》于 1962 年 7 月 22 日的一条消息的标题称:"《寂静的春天》现在成了嘈杂的夏日。"①该书的出版也受到某些利益集团的直接阻拦。一些颇具影响和权力的科技界与企业界人士对蕾切尔·卡逊及其《寂静的春天》大加挞伐。轻则说卡逊是在编造一部"科幻小说",重的则攻击该书"科学上错误,事实上失真,方法不科学,倾向有害"。② 甚至无耻地对卡逊女士进行人身攻击。在书稿出版不久,联邦害虫控制审查委员的一次会议上,一位颇有名气的委员竟说:"她是个老处女,干吗那么关心遗传问题?"③一时间,有关《寂静的春天》与杀虫剂问题的辩论成为美国全国性的热点问题,不仅报刊讨论,而且成为国会辩论的议题。哥伦比亚广播公司的电视记录系列节目 CBS 于 1963 年 4 月 3 日专门安排了一项题为"蕾切尔·卡逊的《寂静的春天》"的节目。肯尼迪总统的科学顾问委员会花了 8 个月调查杀虫剂的应用情况,并于 1963 年 5 月 15 日在《基督教科学箴言报》发表调查结果,大字标题是"蕾切尔·卡逊被证明正确"。④ 但斗争并没有止息,工业界、企业界与某些科学家被经济利益所驱动仍在干着攻击诋毁卡逊的勾当。但这位伟大的女性却从未动摇过,也从未屈服过。令人遗憾的是,可怕的癌症终于

---

① [美]小弗兰克·格雷厄姆:《〈寂静的春天〉续篇》,罗进德、薛励廉译,科学技术文献出版社 1988 年版,第 48 页。

② [美]小弗兰克·格雷厄姆:《〈寂静的春天〉续篇》,罗进德、薛励廉译,科学技术文献出版社 1988 年版,第 54 页。

③ [美]小弗兰克·格雷厄姆:《〈寂静的春天〉续篇》,罗进德、薛励廉译,科学技术文献出版社 1988 年版,第 49 页。

④ [美]小弗兰克·格雷厄姆:《〈寂静的春天〉续篇》,罗进德、薛励廉译,科学技术文献出版社 1988 年版,第 79 页。

在 1964 年 4 月 14 日夺去了她的生命。但她的事业和精神却是永恒的。正是在她及其《寂静的春天》的推动下,1969 年,美国国会通过了《国家环境政策法》,并建立了专门环境保护机构"改善环境质量委员会"。1971 年 1 月,尼克松总统在国情咨文中指出,保护环境"是美国人民在 70 年代必须关注的一个主要问题"。表面上看,卡逊及其《寂静的春天》所引发的争论是有关杀虫剂利弊的争论,实际上这是一次人类应取何种生存方式之争。也就是说,人类应该采取同自然对立的生存方式还是应该采取同自然协调的生存方式? 卡逊认为,由杀虫剂所引起的环境污染灾害完全是由人类所采取的同自然对立的生存方式决定的。她说:"今天,我们所关心的是一种潜伏在我们环境中的完全不同类型的灾害——这一灾害是在我们现代的生活方式发展起来之后由我们自己引入人类世界的。"①从更深的层面上看,《寂静的春天》所引发的还是一场哲学的革命。也就是说,以其为开端出现了一种足以更新人们的思想观念和改变人类生活状态的深层生态学。生态学是德国博物学家海克尔(Ernst Heinrich Haeckel,1834—1919)于 1866 年提出的,是一种研究生物之间及生物与非生物环境之间关系的学科,属于自然科学范围。以卡逊的《寂静的春天》为开端,将生态问题引向社会的、价值的领域,即对人与自然的关系进行"为什么""是什么"等深层的哲学与伦理的追问,从而出现了主要属于社会科学领域的深层生态学。卡逊通过人类对杀虫剂的滥用所引起的严重的生态危机认识到,人与自然不应该是一种敌对的关系,而应该是一种和谐共生的关系。她认为,生物学问题同时也是一个哲学问题。她说,"控制自然"这个词是一个妄

---

① [美] R. 卡逊:《寂静的春天》,吕瑞兰译,科学出版社 1979 年版,第 193 页。

自尊大的想象产物,是当生物学和哲学还处于低级幼稚阶段时的产物,并且明确提出:"我们必须与其他生物共同分享我们的地球。"①人与其他生物共生共享,就是卡逊提出的一个新颖的极富哲学意味的存在论命题,成为后来逐步兴起的深层生态学的开端与有机组成部分。1973年,挪威哲学家阿伦·奈斯(Arne Naess)在《探索》(Inqutry)杂志上发表了《浅层生态运动和深层、长远的生态运动:一个概要》一文,正式提出"深层生态学"的概念。所谓"深层生态学",就是一种深层追问的生态学,它强调的是"问题的深度"。奈斯提出,"形容词'深层'强调了我们问'为什么……'、'怎样才能……'这类别人不过问的问题","这是一类价值理论、政治、伦理问题"。② 奈斯的深层生态学思想包括哲学观和实践观两个方面,前者面向学术,后者面向大众,其思想体系分四个层次。第一层次为"上帝与宇宙是一体的";第二层次为"自然自身有价值";第三层次为由以上原则引出的"有机农业""废品回收""多步行"等具体结论;第四层次为更实际的决定,如"骑车上班""回收办公用纸""参加荒野协会的保护行动"等。在以上推演的基础上,奈斯建立起称之为"生态智慧 T"的深层生态学思想体系,诸如自我实现、生命多样性、复杂性、共生等等。③ 1984 年 4月,在美国自然保护主义者约翰·缪尔(John Muir)生日那天,深层生态学的两位重要人物奈斯和乔治·塞欣斯(George Sessions)在美国加利福亚州的死亡谷(Death Valley)做了一次野

---

① [美]R.卡逊:《寂静的春天》,吕瑞兰译,科学出版社 1979 年版,第 313、312 页。

② 雷毅:《深层生态学思想研究》,清华大学出版社 2001 年版,第 25 页。

③ 雷毅:《深层生态学思想研究》,清华大学出版社 2001 年版,第 38—39 页。

外宿营,并对十多年来深层生态学的发展进行了总结性的长谈。在此基础上,他们共同起草了深层生态学运动应遵循的 8 条原则纲领:①地球上人类和非人类生命的健康和繁荣有其自身的价值(内在价值,固有价值)。就人类目的而言,这些价值与非人类世界对人类的有用性无关。②生命形式的丰富性和多样性有助于这些价值的实现,并且它们自身也是有价值的。③除非满足基本需要,人类无权减少生命形态的丰富性和多样性。④人类生命和文化的繁荣与人的不断减少不矛盾,而非人类生命的繁荣则要求人口减少。⑤当代人过分干涉非人类世界,这种情况正在迅速恶化。⑥因此我们必须改变政策,这些政策影响着经济、技术和意识形态的基本结构,其结果将会与目前大有不同。⑦意识形态的改变主要是在评价生命平等(即生命的固有价值)方面,而不是坚持日益提高的生活标准方向。对数量的大(big)与质量上的大(great)之间的差别应当有一种深刻的意识。⑧赞同上述观点的人都有直接或间接的义务来实现上述必要的改变。① 他们认为,这 8 条纲领并不是一种系统的哲学,而只是深层生态学的一种共同的立场与基础。但我们认为,这 8 条纲领的确是较全面地概括了深层生态学的基本内容和新的发展。奈斯是一位十分谦逊和宽容的哲学家,他把自己的深层生态学称作"生态智慧 T",说明他将自己有关深层生态学的理论完全看成仅仅是个人的一种见解(T),其他人也可以提出自己有关生态学的见解(生态智慧 A、B,C……)。

在 20 世纪后半期,深层生态学成为后现代思潮的重要组成部分。后现代主要有两种派别,一是以法国的福柯、德里达、拉康

---

① 雷毅:《深层生态学思想研究》,清华大学出版社 2001 年版,第 53 页。

为代表的解构的后现代，二是以美国的大卫·雷·格里芬与大卫·伯姆等人倡导的建设性的后现代。后一种建设性的后现代更多地赞成对现代性的批判继承，对其反思超越，并创造新的经济文化形态。这种建设性的后现代思想就包含着丰富的深层生态学的思想。诚如美国圣巴巴拉后现代的研究中心主任和过程研究中心执行主任大卫·雷·格里芬（D. R. Griffin）所说，"后现代思想是彻底的生态主义的，它为生态学运动所倡导的持久的见识提供了哲学和意识形态方面的根据。事实上，如果这种见识成了我们新文化范式的基础，后世公民将会成长为具有生态意识的人。在这种意识中，一切事物的价值都将得到尊重，一切事物的相互关系都将受到重视。我们必须轻轻地走过这个世界、仅仅使用我们必须使用的东西、为我们的邻居和后代保持生态的平衡，这些意识将成为'常识'"①。他还十分深刻地把这种深层生态学原理概括为"生态论的存在观"。他说，"现代范式对世界和平带来各种消极后果的第四特征是它的非生态论的存在观。生态论的观点认为个人都彼此内在地联系着，因而每个人都内在地由他与其他人的关系以及他所做出的反映所构成"②。这就将深层生态学作为当代存在论哲学的重要资源和组成部分。从哲学或世界观的维度来说，深层生态学是进一步地由认识论到存在论的跨越。在当代，我们可以说，人们不仅仅要认识世界和改造世界，更重要的是要在同世界的和谐平等的对话中获得审美的生存。这

---

① [美]大卫·雷·格里芬编：《后现代精神》，王成兵译，中央编译出版社1998年版，第227页。
② [美]大卫·雷·格里芬编：《后现代精神》，王成兵译，中央编译出版社1998年版，第224页。

就是时代所给予我们的深刻启示。

　　与深层生态学的发展相应，一种新颖的文学批评形态逐步兴起，这就是生态批评（ecocriaism）。生态批评出现于 20 世纪 70 年代，1974 年，美国学者密克尔出版专著《生存的悲剧：文学的生态学研究》，提出"文学的生态学"这一术语，主张文学批评应当探讨文学所揭示的"人类与其他物种之间的关系"，要"细致并真诚地审视和发掘文学对人类行为和自然环境的影响"。同年，美国学者克洛伯尔在《现代语言学会会刊》发表文章，将"生态学"和"生态的"概念引入文学批评。1978 年，鲁克尔特在《衣阿华评论》冬季号上发表题为《文学与生态学：一项生态批评实验》的文章，首次使用了"生态批评"一词，明确提倡"将文学与生态学结合起来"，强调批评家"必须具有生态学视野"，认为文艺理论家应当"构建出一个生态诗学体系"。1985 年，现代语言学会出版弗莱德里克·威奇编写的《环境文学教学：材料、方法和文献资源》。1991 年，英国利物浦大学教授贝特出版专著《浪漫主义的生态学》。在这部书里，贝特使用了"文学的生态批评"（Literaryecocriticism）。有学者认为，这一著作的问世标志着英国生态批评的开端。同年，现代语言学会举办议题为"生态批评：文学研究的绿色化"的研讨会。1992 年，"文学与环境研究会"（简称 ASLE）在美国内华达大学成立，这是一个国际性的生态批评学术组织。1994 年，克洛伯尔出版专著《生态批评：浪漫的想象与生态意识》。1995 年，ASLE 首次学术研讨会在科罗拉多大学召开，会议收到两百多篇学术论文。同年，第一家生态批评刊物《文学与环境跨学科研究》出版发行。人们一般把 ASLE 的这次会议看作生态批评倾向和潮流形成的标志。同年，哈佛大学英文系的布伊尔教授出版专著《环境的想象：梭罗、自然、自然文学和美国文化的构成》,这部书被誉为"生态批评的里程碑"。1996 年,第一本生态批评文学论文集《生态批评读本》出版,这是生态批评入门的首选文献。1998 年,英国第一本生态批评论文集《书写环境:生态批评和文学》出版。同年,ASLE 第一次大会的会议论文集出版。1999年夏季的《新文学史》是生态批评专号。2000 年 6 月,在爱尔兰科克大学举行多学科学术研讨会"环境的价值"。同年 10 月,在台湾淡江大学举办议题为"生态话语"的国际生态批评讨论会。2000 年,多种生态批评专著和论文集出版。2001 年,布伊尔出版的新著,麦泽尔主编的《生态批评的世纪》,ASLE 第四届年会,都对生态批评进行了全面的回顾与总结。2002 年初,弗吉尼亚大学出版社推出了"生态批评探索丛书"。2002 年 3 月,ASLE 在英国召开题为"生态批评的最新发展"的研讨会。①

　　以上,我以相当的篇幅介绍了生态批评在西方,特别是美英的发展历程。现在我们应该进一步弄清楚生态批评到底是一种什么样的批评。英国批评家理查德·克里治在《书写环境:生态批评和文学》的前言中指出,生态批评是"一门新的环境主义文化批评"。美国文艺理论家加布理尔·施瓦布指出:"现在有新发起的批评理论,我们一般称之为'生态批评',它主要研究关系到环境保护问题的全球化的政治设想。生态批评理论包含了一系列在环境危机和环境灾难研究之外的与生态有关的话题。它包括对生态政治运动的批评分析、全球化和生态破坏对人类以及更广泛意义上的物种的健康的影响,对生态基因多样性和自然资源的保护,以及针对生态问题的国家和超越国家的集团的政治的发

---

① 王诺:《生态批评:发展与渊源》,载鲁枢元主编《精神生态与生态精神》,南方出版社 2002 年版,第 239—244 页。

展。从另一种意义上说,生态批评理论是对哲学意义上的人类和自然概念的历史批评,包括它们对种族和性别社会建构的巨大影响。"①总之,生态批评实质上是一种文化批评,即以深层生态学的理论为指导,通过文学艺术这种形式对人类社会与生态有关的问题进行评价或者是通过理论批评的形式对文学艺术中涉及生态的问题进行评价。但无论如何,这是审美的物化形态——文艺与深层生态学的一种结合,从而为生态美学的产生奠定了实践的基础。

从我们目前所能掌握到的材料来看,迄今未止未见有国外学者论述生态美学的专著与专文。生态美学这一理论问题是我国学者从 20 世纪 90 年代中期开始提出的,此后逐步引起较多关注。2000 年以来有更多的论著出版和发表,并有多次专题的学术讨论会。徐恒醇的专著《生态美学》于 2000 年在陕西教育出版社出版。与此相关的,还有鲁枢元的《生态文艺学》、曾永成的《文艺的绿色之思——文艺生态学引论》。本人也于 2002 年发表专论《生态美学:后现代语境下崭新的生态存在论美学观》,并被《新华文摘》转载。本人在文章中明确提出,生态美学即"是一种人与自然和社会达到动态平衡、和谐一致的处于生态审美状态的崭新的生态存在论美学观"。② 生态美学之所以在我国产生并发展,除了我国古代有着丰富的深层生态学理论资源之外,更重要的是我国当前美学理论建设的需要。长期以来,我国当代美学受苏联的

---

① [美]加布理尔·施瓦布:《理论的旅行和全球化的力量》,《文学评论》2002 年第 2 期。

② 曾繁仁:《生态美学:后现代语境下崭新的生态存在论美学观》,《陕西师大学报》2002 年第 3 期;《新华文摘》2002 年第 9 期。

教条主义美学和德国古典美学影响至深。大家所熟知的"典型论"美学更多地受到苏联客观论美学影响,而"实践论"美学则更多受到德国古典美学影响。二者均未摆脱传统的主客二分的认识论模式,难有突破。在这样的情势下,以倡导人与自然融合和谐为其主旨的深层生态学犹如一股春风,给中国美学带来了活力与希望,从而催生了生态美学的产生与发展。

二

　　美学作为艺术哲学,从学科的发展来说,最重要的突破是作为美学的理论基础的哲学观的突破。从美学学科的发展来说,生态美学最重要的突破,也可以说最重要的意义和贡献就在于:它的产生标志着从人类中心过渡到生态中心、从工具理性世界观过渡到生态世界观,在方法上则是从主客二分过渡到有机整体。这可以说是具有划时代意义的,标志着一个旧的美学时代的结束和一个新的美学时代的开始。有人问:生态美学最基本的原则是什么? 我们的回答是:生态美学的基本原则就是不同于传统的人类中心的生态中心哲学观。还有人问:我们人类考虑问题就应该以人为本,怎么会以生态为中心呢? 他们把这种"生态中心"看作是一种乌托邦。我们的回答是:由人类中心到生态中心的过渡是一个宏观的哲学观的转向(我们姑且将其称作哲学观点的"生态学转向"),是历史时代发展的必然结果,与具体工作和生活中是否"以人为本"不是一个层次的问题。

　　生态美学之所以难以被人接受,首先就在于这种"生态中心"的哲学观难以被人接受。其实,这是十分必然的事情。因为,人类中心的哲学观已经统治人类几千年了,而且西方美学的产生与发展又与人类中心的哲学观紧密相联。早在古希腊时期,智者的代表人物普罗泰戈拉就有一句脍炙人口的名言:"人是万物的尺度。"古希腊最重要的理论家柏拉图则在《理想国》第七章中提出著名的"洞穴理论",把包括自然在内的可见世界统统比喻为洞穴囚室。① 亚里士多德则在《政治篇》中认为,动植物都是为人类而存在的。他说:"动物出生之后,植物即为了动物而存在,而动物则为了人类而存在,其驯良是为了供人役使或食用,其野生者则绝大多数为了人类食用,或者穿用,或者成为工具。如果自然无所不有,必求物尽其用,此中结论便必定是:自然系为了人类才生有一切动物。"② 作为西方文化源头之一的基督教也是主张"人类中心"的,《圣经》中《创世纪》:"神说:我们要照着我们的形象,按着我们的样式造人,使他们管理海里的鱼、空中的鸟、地上的牲畜和全地,并地上所爬的一切昆虫。神就照着自己的形象造人,乃是照着他的形象造男造女。神就赐福给他们,又对他们说:要生养众多,遍满地面,治理这地,也要管理海里的鱼、空中的鸟和地上各样行动的活物。""神说:看哪! 我将遍地上一切结种子的蔬菜,和一切树上所结有核的果子,全赐给你们作食物。至于地上的走兽和空中的飞鸟,并各样趴在地上有生命之物,我将青草赐给他们作食物,事就这样成了。"文艺复兴时期是人性复苏时期,是以人道主义为旗帜反对宗教禁欲主义的重要时期,在人类历史上创造了辉煌的文化成就。但文艺复兴时期也是"人类中心"哲学观进一步发展完善时期。请看莎比亚在《哈姆雷特》中所写的有关对人的歌颂的一段著名的独白:"人是一件多么了不得的杰

---

①柏拉图:《理想国》,郭斌和、张竹明译,商务印书馆1986年版,第276页。
②转引自冯沪祥《人、自然与文化》,人民文学出版社1996年版,第532页。

作！多么高贵的理性！多么伟大的力量！多么优秀的外表！多么文雅的举动！在行为上多么像一个天使！在智慧上多么像一个天神！宇宙的精华！万物的灵长！"西方近代哲学的代表培根写出《新工具》一书,将作为实验科学的工具理性的作用推到极致,不仅可以认识自然,而且能够支配自然。这就是培根的"知识就是力量"的重要内涵。德国古典哲学的开创者康德则提出了著名的"人为自然界立法"的著名观点。康德认为,"范畴是这样的概念,它们先天地把法则加诸现象和作为现象的自然界之上"①。黑格尔之后,哲学和美学领域就开始了对主客二分哲学思潮方法的突破,但"人类中心主义"的突破却仍要待以时日。因此,西方现代哲学在很长的时间内仍是人类中心主义。现象学以其现象学还原方法突破了主客二分的思维模式。但早期现象学却仍是"人类中心主义",其现象学还原方法所"悬搁"的是包括自然在内的各种实体,而保存的则是以"自我"为核心的"意向性",是一种自我的构造性。因而,"自我"是世界的本原,从而成为"自我创造非我"。这仍是"自我本原"的"人类中心主义"。存在主义沿用现象学方法,将包括自然在内的一切实体都看成"虚无",极力膨胀人的自由、自我设计、自我选择、自我规定本质,仍然是人类中心主义。正如萨特所说,"世界从本质上说是我的世界。……没有世界,就没有自我性,就没有人;没有自我性,就没有人,就没有世界"②。

20世纪60年代以来,由于"二战"对人类所造成的巨大破坏、

---

① 转引自赵敦华《西方哲学简史》,北京大学出版社 2000 年版,第 273 页。
② 转引自赵敦华《现代西方哲学新编》,北京大学出版社 2000 年版,第 205 页。

环境灾难的加剧以及深层生态学思想的逐步产生等等原因,工具理性世界观与主客二分思维模式的极大局限得到突出显露,从而促使法国著名哲学家福柯(Michel Foacoult)于1996年在《词与物》一书中宣告工具理性主导的"人类中心主义"的哲学时代的结束,并将迎来一个新的哲学时代。福柯指出,"在我们今天,并且尼采仍然从远处表明了转折点,已被断言的,并不是上帝的不在场或死亡,而是人的终结"①。这里所谓"人的终结",就是"人类中心主义"的终结。他进一步阐述说:"我们易于认为:自从人发现自己并不处于创造的中心,并不处于空间的中间,甚至也许并非生命的顶端和最后阶段以来,人已从自身之中解放出来了;当然,人不再是世界王国的主人,人不再在存在的中心处进行统治……"②这个新的哲学时代是什么样的时代呢? 福柯仅以"考古学"这一解构的特质予以初步说明,美国神学家托马斯·贝里(Thomas Berrry)则给予了明确界定。他认为:"现代社会需要一种宗教和哲学范式的根本转变,即从人类中心主义的实在观和价值观转向生物中心主义或生态中心主义的实在观和价值观。"③生态中心主义的实在观与价值观就是深层生态学。它的产生其实是一场哲学的革命。正如著名的"绿色和平哲学"所阐述的那样,"这个简单的字眼——'生态学',却代表了一个革命性的观念,与哥白尼天体革命一样具有重大的突破意义。哥白尼告诉我们,地球并非

---

① [法]米歇尔·福柯:《词与物》,莫伟民译,上海三联书店2001年版,第503页。

② [法]米歇尔·福柯:《词与物》,莫伟民译,上海三联书店2001年版,第454页。

③ 转引自雷毅《深层生态学思想研究》,清华大学出版社2001年版,第121页。

宇宙中心，生态学同样告诉我们，人类也并非这一星球的中心。生态学并告诉我们，整个地球也是我们人体的一部分，我们必须像尊重自己一样，加以尊重。"①因此，生态中心主义哲学观或深层生态学的产生是对传统哲学观与价值观基本范式的一种颠覆，它必然会引起巨大的震动。长期以来，围绕着生态中心主义究竟是反人类中心主义(mis anthropocentric)的还是反人类(mis anthropic)的问题，一直存在着激烈的争论。对生态中心主义所谓潜在的反人类倾向的指责始终没有停止。即使像前美国副总统阿尔·戈尔那样的具有强烈环保意识的政治家，也认为生态中心主义具有反人类的倾向。他的一本名为《濒临失衡的地球》的著作在大力宣传环保意识的同时，也指责深层生态学(生态中心主义)具有反人类的倾向。他说："有个名叫'深层生态主义者'的团体现在名声日隆。它用一种灾病来比喻人与自然的关系。按照这一说法，人类的作用有如病原体，是一种使地球出疹发烧的细菌，威胁着地球基本的生命机能。深层生态主义者把我们人类说成是一种全球癌症，它不受控制地扩张，在城市中恶性转移，为了自己的营养和健康攫取地球以保证自身所需的资源。深层生态学的另一种说法是，地球是个大型生物，人类文明是地球这个行星的艾滋病毒，反复危害其健康和平衡，使地球不能保持免疫能力。""他们犯了一个相反的错误，即几乎完全从物质意义上来定义人与地球的关系——仿佛我们只是些人形皮囊，命里注定要干本能的坏事，不具有智慧或自由意志来理解和改变自己的生存方式。"②在这里，戈尔有着许多偏见。生态中心主

---

① 转引自冯沪祥《人、自然与文化》，人民文学出版社1996年版，第44页。

② 转引自雷毅《深层生态学思想研究》，清华大学出版社2001年版，第136、137页。

义恰恰不是从物质意义上来定义人与地球的关系，而是从地球和人类共同持续生存的高度来理解人与地球的关系。而且，它也不是一种消极的"灾病观"，而是立足于向前和建设发展的一种"建构的后现代主义"。当然，更重要的是这种"生态中心主义"哲学观有其充分的理论合理性，是从一种全新的，同时也是科学的意义上来阐释人类与地球的关系，以此说明不是什么"人类中心"而应是人与地球的共荣共存。首先，地球与人的关系，不是什么"人类中心"而是地球对于人类具有一种本源性的地位。也就是说，人类是由地球所构成的自然系统中产生出来的，地球是人类之母。自然史证实，地球的历史在 45 亿年之上，而生命的出现只有 3 亿年左右。人类是地球之上生命演化的过程中产生的，人类的生命得以维持也要完全依赖地球所提供的空气、食物与环境。正是从这个意义上，我们认为，绝不是人类主宰地球、控制自然，而恰恰是地球与自然是人类的本源。恰如蕾切尔·卡逊在《寂静的春天》中所说，"人是大自然的一部分"，"假若没有能够利用太阳能生产出人类生存所必需的基本食物的植物的话，人类将无法生存"，"人类忘记了自己的起源，又无视维持生存最起码的需要"。① 由此可知，地球与自然对于人类的本源性就是"生态中心"哲学观的重要内涵。其次，人对于地球和自然具有一种依存性。这就是生态学中的生命链的客观规律，使之提高到哲学和价值论的高度。正如卡逊在《寂静的春天》中所说，这是一种生命环链，"这个环链从浮游生物的像尘土一样微小的绿色细胞开始，通过很小的水蚤进入噬食浮游生物的鱼体，而鱼又被其他的鱼、鸟、

① [美] R.卡逊：《寂静的春天》，吕瑞兰译，科学出版社 1979 年版，第 64、194 页。

貂、浣熊所吃掉,这是一个从生命到生命的无穷的物质循环过程。"①这种生命环链应该是生态学的一个客观规律,但从深层的哲理上理解却可揭示出人同地球自然的依存性是这种生命链意义上的依存。它说明:(1)这个生命环链是一种客观规律,人类只能遵从,无法随意控制,更不能加以破坏;(2)人只是这个生命环链之一环,他不能代替其他环链,也不可能离开其他环链;(3)人类只有尊重并维护这个生命环链才能得以生存。正如卡逊在《寂静的春天》出版后在为全国妇女书籍协会准备的一篇报告中所说,"我的每一本书都试图说明,地球上的一切生物都是互相关联的;每一物种都与其他物种联系着;而所有物种又与地球相关。这是《我们周围的海洋》和其中几本关于海洋的书的主题,也是《寂静的春天》的主题。"②其三,人类与地球及自然不是相互对立的,而是一种有机的整体构成。这是生态中心主义哲学观最重要的理论观念,是其区别于主客二分的传统思维模式最基本之点。正如美国环境哲学家 J. B. 科利考特所说,"我们生活在西方世界观千年的转变时期——一个革命性的时代,从知识角度来看,不同于柏拉图时期和笛卡尔时期。一种世界观,现代机械论世界观,正逐渐让位于另一种世界观。谁知道未来的史学家们会如何称呼它——有机世界观、生态世界观、系统世界观……?"③美国著名物理学家卡普拉认为,"新范式可以被称为一种整体论世界

---

①[美]R.卡逊:《寂静的春天》,吕瑞兰译,科学出版社 1979 年版,第 48 页。
②[美]小弗兰克·格雷厄姆:《〈寂静的春天〉续篇》,罗进德、薛励廉译,科学技术文献出版社 1988 年版,第 53 页。
③[美]J. B. 科利考特:《罗尔斯顿内在价值:一种解构》,载《哲学译丛》1999年第 2 期,第 25 页。

观,它强调整体而非部分。它也可以称为一种生态世界观,这里的'生态'一词是深层生态学意义上的"①。这种有机整体生态世界观的重要特点是将"主体间性"(inter-sub-jecttvetat)的观点引入整体论哲学观之中,使得人与自然的关系不是自我与他者的对立的、分裂的关系,而是我和你两个主体间平等对话的关系。人与自然事物一样都是生命环链这一关系之网中的一个点,是一种处于平等地位的"关系中的自我"(Self-in-relation)。但生态论有机整体世界观中的平等又不是绝对的平等,而是每个存在物在生命环链所处位置中所具有的生存、繁衍和充分体现自身的应有的权利。人类和动、植物在生命环链中所处的位置不同,因而都应充分具有生存、繁衍和体现自身的权利。人类当然应有自己的权利,但人类的这种权利应以尊重其他物种的权利为其前提。诚如奈斯于 1984 年同塞欣斯所起草的深层生态学 8 条行动纲领之三所说,"除非满足基本需要,人类无权减少生命形态的丰富性和多样性"。因此,这种生态整体论世界观包含了对人的基本权利的充分尊重,同时又将这种尊重扩大到生命环链中的其他物种。由此可见,这种生态世界观不仅不是反人类的,而且实际上是一种更宽泛的人道主义——普世性的仁爱精神。

　　生态中心主义哲学观的产生还得到了自然科学的支持,那就是从 20 世纪 60—70 年代以来在地球科学中产生了一个分支学科——地球生理学(Geophysiology)。地球生理学是于 1968 年由海洋生物学家、美国加州火箭推进实验室月球与行星研究太空计划的生命科学顾问詹姆斯·拉伍洛克(James Loletock)首次提出

①转引自雷毅《深层生态学思想研究》,清华大学出版社 2001 年版,第 122—
　　123 页。

的。这就是著名的盖亚（Gaia）假说——地球女神：地球医学的实证科学（Gaiaiihepractical Scienceofplanetaig Medicine）。地球生理学是用大气分析的方法探测行星是否存在生命所得出的结果。也就是通过大气分析的方法，发现地球是完全不同于火星与金星的具有强大生命力的球体。因此，拉伍洛克视地球为一个地理的体系，犹如活的生物。因此，这是一种对大型生命系统，如地球的一种整体论科学。同时，它也是一种严谨的科学，针对地球这个大型生命体系的特性进行研究，从而成为实验科学——行星医学的基石。这门科学所探测的范围是：地球生物圈作为一个生命体，这个生命体健康吗？以此为出发点，对这颗行星步入中年之际做一番彻底的检视。其结果让人既迷惘又恐惧，就像其他步入中年的生命形态，地球也曾遭受一些打击，甚至是一些严重的打击，但已达到了完全的复原，而现在地球却生病了，并且病得很重，人类的活动应该是造成问题的一个因素。地球生理学就应该对地球所得疾病进行探测，并研究其前途、疗救的措施等等。拉伍洛克的工作从 20 世纪 60 年代初期即已开始，但第一篇讨论地球为一个自我调整体系的论文较晚才得以发表。直到 1988 年美国地球物理联合会（AGU）才选择地球女神盖亚（Gaia）作为会议的主题之一。拉伍洛克认为，所谓生命，决不仅仅指通常意义上的生殖，而是指一个能够进行能量与物质交流并使之内部维护稳定的体系。按照这样一种观点，地球恰恰是这样一个有机生命体，它利用太阳的能量并且照行星的尺度进行一种新陈代谢作用。地球从太阳光吸取高等级的自由能，并排出低等级的能量于太空，同时地球在其内部的内太空里也交换其化学物质。这就使地球上大气圈处于不寻常的化学不平衡状态，其还原与氧化气体是以高度反应混合的方式并存。与此相对，在金星与火星之上，大气层则接近平衡状态,仅具有惰性气体。而要维护地球大气圈的还原与氧化的稳定状态,必须通过生物每年通过光合作用补充充足的甲烷和氧气。假如地球上的生物突然不见了,所有构成地圈、水圈与大气圈的上百种元素将会彼此共同反应,直到没有任何更进一步的反应发生,从而达到一种平衡的状态。那么,地球这颗星球将会成为一个炽热、无水气的一片死寂之地,不再适合人类的居住。正如著名的生态学家何塞·卢岑贝格所说:"我们的地球还远未达到一种化学平衡状态,如果地球上没有生命,那么这里很有可能会发生与金星相似的情况。我们的海洋也会蒸发枯竭,水会从这个世界上消失,虽然我们比之金星距离太阳要远一些,但是地球表面的温度也会远远高出 200 摄氏度。"[1]试想,这是一种多么可怕的景象啊!地球生物圈得以存在,又与海洋、河流、岩石、土壤等等非生物密切相关,因而地球的生物与非生物系统构成一个有机整体的体系。这就使地球生理学将研究岩石圈演化过程的地球科学与研究生物圈演化过程的生命科学结合了起来,从而形成一种新的地球生理学这一分支学科。地球生理学使地球成为一个有机整体的生命体系,而人类只是这生命体系的一种,既不能成为中心,也不能成为主宰。正如拉伍洛克所说,"关键的是星球的健康,而不是个体有机物种的利益,它既不与广泛的人类中心主义也不与已建立的科学相一致;在盖亚,人类只是另一物种,而不是这种星球的所有者与管理者;人类的未来取决于与它的适当关系,而不是自身利益无休止的满足"[2]。由此

①[巴西]何塞·卢岑贝格:《自然不可改良:经济全球化与环保科学》,黄凤祝译,生活·读书·新知三联书店 1999 年版,第 57 页。
②转引自郇庆治《欧洲绿党研究》,山东人民出版社 2000 年版,第 229 页。

可知,拉伍洛克所提出的地球生理学——盖亚假说实际上已经在自然科学的基础上提升到科学哲学的高度,成为生态中心主义哲学思想的重要支撑。

三

　　生态美学从根本上来说还是一种存在论美学,即生态存在论美学观。这一美学观的提出应该归功于德国当代哲学家海德格尔(Martin Heidegger)。他首先于1943年提出人"诗意地栖居"这一著名命题。海德格尔于1943年为纪念诗人荷尔德林逝世一百周年写了《追忆》一文,对荷尔德林的诗歌《追忆》进行阐释。他借用荷氏的一句诗"充满劳绩,然而人诗意地,栖居在这片大地上",对其加以阐释:"一切劳作和活动,建造和照料,都是'文化'。而文化始终只是并且永远就是一种栖居的结果。这种栖居却是诗意的。"[①]这里提到了人类"诗意地栖居"的目标,但却将其同劳作和建造等人的活动相联系,仍在"人类中心主义"的思想体系之中。在此前的1936年前后,海氏在《艺术作品的本源》的演讲中,将真理的敞开即诗意地栖居归之于"世界与大地的争执",所谓"作品建立一个世界与制造大地,同时就完成了这种争执。作品之作品存在就在于世界与大地的争执的实现过程中"。[②]虽然从古典美学的感性与理性的矛盾置换成真理遮蔽与敞开的矛盾,在摆脱主客二分的思维模式上有了突破性的进展,但真理的遮蔽与敞开仍依赖于"世界与大地的争执",

①[德]马丁·海德格尔:《荷尔德林诗的阐释》,孙周兴译,商务印书馆2000年版,第107页。
②《海德格尔选集》,孙周兴选编,上海三联书店1996年版,第270页。

而世界对大地仍处于统治地位,"人类中心主义"的思想禁锢仍未突破。因此,"诗意地栖居"和"真理的敞开"等重要的具有当代性的美学观念的提出,仍未达到生态世界观的高度。只是在海氏的晚期的1959年6月6日在慕尼黑库维利斯首府剧院举办的荷尔德林协会上作的演讲报告中,才提出了具有生态思想的"天地人神四方游戏说"。他说:"于是就有四种声音在鸣响:天空、大地、人、神。在这四种声音中,命运把整个无限的关系聚集起来。但是,四方中的任何一方都不是片面地自为地持立和运行的。在这个意义上,就没有任何一方是有限的。若没有其他三方,任何一方都不存在。它们无限地相互保持,成为它们之所是,根据无限的关系而成为这个整体本身。"①这就说明,当代美学的发展仅仅突破主客二分的思维模式、由认识论进入存在论还是远远不够的,还必须进一步突破"人类中心主义"哲学观,进入"生态中心主义"的哲学高度。海氏的"天地神人四方游戏说"就不仅是存在论的,而且是生态论的,是一种崭新的生态存在论美学观。从目前我们接触到的材料来看,海氏的"天地神人四方游戏说"应该是首次表述了有关生态审美观的思想,同时也是最完备的表述。对于海氏的这一表述,目前理论界包括西方的生态批评界都重视的不够,西方生态批评学界过于就事论事,而文学的生态批评尚未能上升到生态存在论审美观的高度。海氏的生态存在论审美观包含着极为丰富的内涵。他首先无情地批判了西方现代由技术的"促逼"所形成的人类中心主义。他说:"这种关涉在今天普遍地以一种依然鲜有思索的促逼触及人。也就是说,这片大地上的人类受到了现代技术之本质连

---

① [德]马丁·海德格尔:《荷尔德林诗的阐释》,孙周兴译,商务印书馆2000年版,第210页。

同这种技术本身的无条件的统治地位的促逼，去把世界整体当作
一个单调的、由一个终极的世界方式来保障的、因而可计算的贮
存物（Bestand）来加以订造。向着这样一种订造的促逼把一切都
指定入一种独一无二的拉扯之中。这种拉扯的谋制（Machens-
chaft）把那种无限关系的构造夷为平地。那四种'命运的声音'的
交响不再鸣响。"①所谓现代技术的"促逼"，就是人类滥用技术、
无限制地掠夺和破坏自然所造成的"支配性暴力"，即强大的压
迫。其结果是把人与自然之间和谐的"无限关系的构造夷为平
地"，而"天地神人四方游戏"的"那四种'命运的声音'的交响不再
鸣响"。这就必然导致人类试图对宇宙空间加以"订造"的"人类
中心主义"。海氏指出，"欧洲的技术—工业的统治区域已经覆盖
整个地球。而地球又已然作为行星而被算入星际的宇宙空间之
中，这个宇宙空间被订造为人类有规划的行动空间。诗歌的大地
和天空已经消失了。谁人胆敢说何去何从呢？大地和天空、人和
神的无限关系似乎被摧毁了。"②在这里，海德格尔作为哲学家的
远见的确让人佩服，他在四十多年之前就已经预见到某些超级大
国不仅妄图称霸地球，进而妄图称霸宇宙空间的事实。但这种称
霸或曰"支配性的暴力"，其后果即是对人与自然和谐统一的生态
协调关系的破坏。海氏的生态存在论审美观恰以此为其哲学起
点。他所依据的恰恰就是"天地神人四方游戏说"和"大地与天空
的亲密性之整体"的观念。他形象地将这种状况比喻为婚礼式的

_____

① ［德］马丁·海德格尔：《荷尔德林诗的阐释》，孙周兴译，商务印书馆2000
　　年版，第221页。
② ［德］马丁·海德格尔：《荷尔德林诗的阐释》，孙周兴译，商务印书馆2000
　　年版，第218页。

节日和庆典。他说:"婚礼乃是大地与天空、人类与诸神的亲密性之整体。它乃是那种无限关系的节日和庆典。"①这就是说,海氏认为,既不是人类中心,也不是生物中心,而是天空和大地结成亲密的整体,只有这样的整体才具有无限发展的空间。而大地和天空、人类与诸神,人与自然的亲密结合就犹如盛大的婚礼,将给人类带来幸福和美好前途的节日和庆典。这里所谓"大地和天空的亲密性之整体"就是"人与自然和谐协调的生态整体",恰好说明海氏力倡"生态中心",拒斥"人类中心",正是海氏美学思想中生态观的深刻内涵。海氏的生态存在论美学观作为存在论美学所遵循的乃是存在论现象学的方法,即是将美归结为真理的显现,而其过程则是由存在者到存在、由在场到不在场、由遮蔽到解蔽(澄明)。他说,"美乃是以希腊方式被经验的真理,就是对从自身而来的在场者的解蔽,即对 $\psi\upsilon\sigma\iota\delta$(自然、涌现),对希腊人于其中并且由之得以生活的那种自然的解蔽"②。这里所说的"解蔽"具有"悬搁"与"超越"之意,即将外在杂芜的现实和内在错误的观念加以"悬搁",从而显露出事物本真的面貌;同时,也是对功利主义和物质主义的一种"超越",进入思想的清明之境,从而把握生活的真谛。在海氏已经摆脱"人类中心"、接受"生态中心"的情况之下,他的美学思想中的"悬搁"与"超越"当然包含着环境保护和生态中心的新的内涵。这一点可从他对艺术家和艺术的要求中看出。海氏认为,"但对希腊人来说,有待显示的东西,亦即从它本

①［德］马丁·海德格尔:《荷尔德林诗的阐释》,孙周兴译,商务印书馆2000年版,第214页。

②［德］马丁·海德格尔:《荷尔德林诗的阐释》,孙周兴译,商务印书馆2000年版,第197页。

身而来闪现者,也就是真实(das Wahr),即美。因此之故,它就需要艺术,需要人的诗意本质。诗意地栖居的人把一切闪现者,大地和天空和神圣者,带入那种自为持立的、保存一切的显露之中,使这一切闪现者在作品形态中达到可靠的持立"①。在海氏看来,作为真理显现的美,必须借助于艺术,而艺术创造又有赖于"诗意地栖居的人"及"人的诗意本质"。只有这样,才能将一切闪现者,包括大地和天空和神圣者带入艺术作品之中。这就要求艺术家应具有"人的诗意本质",即大地和天空"结成亲密的整体"的生态意识,这样才能在艺术作品中体现出大地和天空和神圣者协调和谐的生态观念。

四

　　生态美学既然是一种由人与自然的关系生发出来的美学思想,那么,除了我以上谈到的生态中心、生态存在论审美观等具有高度哲理性的原则之外,它还有些什么样的同自然有关的绿色原则呢?在这个问题上可以有许多不同的概括,但我们认为还是稍微宏观一点为好,同时,也不能从一个极端直到另一个极端。最近,美国所编《新文学史》中介绍了杰·帕理尼对生态批评原则的阐释。他指出,生态批评是"'一种向行为主义和社会责任回归的标志';它象征着那种对于理论的更加唯我主义倾向的放弃。从某种文学的观点来看,它标志着与写实主义重新修好,与掩藏在符号汪洋之中的岩石、树木和江河及其真实宇宙的

---

①〔德〕马丁·海德格尔:《荷尔德林诗的阐释》,孙周兴译,商务印书馆2000年版,第198—199页。

重新修好"①。也许帕理尼这段概括在一定程度上反映了美国当代生态批评的现实,但从理论上来说却未免具有某种明显的片面性。上述论述中所倡导的"社会责任回归"和"对于理论的更加唯我主义倾向的放弃",无疑是正确的,十分重要的,但其对抹杀人与动物区别的行为主义心理的全盘肯定、对传统写实主义的弘扬,以及对现代派艺术夸张变形技巧的否定等等都未必全面正确。因此,帕理尼的上述五原则很难说就是具有科学性的生态批评原则。

　　我个人认为,生态美学包括生态批评除了要遵循上述生态中心、生态存在论审美观的基本理论指导之外,从稍微宏观的角度来说,从人与自然的关系的角度还可概括为尊重自然、生态自我、生态平等与生态同情四原则。是否可以将它们视为生态美学四个重要的绿色原则呢? 这里作为个人的一得之见,提出来供学术界同仁参考。所谓"尊重自然",这是生态美学或生态批评的首要原则。针对长期以来人类对自然的轻视与掠夺,从自然是人类生命与生存之源的角度,人类也应对自然保持十分尊重的态度。有了尊重,才会热爱,才会自觉的保护珍惜。这也应该成为生态美学与生态批评的重要组成部分。当代著名环境伦理学家泰勒(Paul Taylor)所著的当代西方环境伦理学中理论架构最为完整的一部书的书名就是《尊重自然》。荷兰植物保护工作者布里吉博士认为,"生命是一个超越了我们理解能力的奇迹,甚至在我们不得不与它进行斗争的时候,我们仍需要尊重它"②。所谓"生态

①[美]但纳·菲利普:《生态批评,文学理论与生态学的真实性》,见王宁编译《新文学史》,清华大学出版社 2001 年版,第 289 页。

②转引自 R.卡逊《寂静的春天》,吕瑞兰译,科学出版社 1979 年版,第 288—289 页。

自我"（Ecologicalself），是当代深层生态学的一个十分重要的理论观点，即是将"自我"从狭义的局限于人类的"本我"扩大到整个生态系统的"大我"，说明人和其他生物具有同样的实现自我的权利，成为"主体间性"理论在生态理论的具体体现。雷毅在评述奈斯的深层生态学时说，"他用'生态自我'（Ecological Self）来表达这种形而上学的自我，以表明这种自我必定是在与人类共同体、与大地共同体的关系中实现。自我实现的过程是人不断扩大自我认同对象范围的过程，也是人不断走向异化的过程。随着自我认同范围的扩大与加深，我们与自然界其他存在的疏离感便会缩小，当我们达到'生态自我'的阶段，便能'在所有存在物中看到自我，并在自我中看到所有的存在物'"①。所谓"生态平等"，也是深层生态学"普遍共生"的一个重要原则，即指所有生物都享有自己在生命环链中所应有的平等发展的权利。正如德维（Bill Devall）与雷森（George Lessions）在 1985 年讨论深层生态学时所说，深层生态学的"基本深义即在肯定以生命为中心的平等性，认为所有在此地球上一切万类都有平等的生存权利、平等的发展权利，乃至于平等的机会，以充分自我实现其潜能"。② 要承认生态万物的多样性，正是这多种多样、相生相济的生物群落构成了环环相扣、紧密依存的生命环链。而每一个物种都在自己所处的生命环节上有其特殊的位置与作用。因此，"生态平等"就是尊重这种生命环节中的位置与作用，使之享有自己的生存与发展的权利。所谓"生态同情"，即指深层生态学的生态智慧中所包含的对万物生命所怀有的一种仁爱精神。因为，深层生态学所面对的不

①雷毅：《深层生态学思想研究》，清华大学出版社 2001 年版，第 46—47 页。
②转引自冯沪祥《人、自然与文化》，人民文学出版社 1996 年版，第 71 页。

是冷冰冰的毫无知觉的客观事物,而是活生生的生命,不仅动物、植物,甚至连岩石、土壤、海洋和河流也是生命体系不可缺少的有机组成部分。因此,深层生态学不仅是一种客观的哲理,而且包含终极关怀的情怀和悲悯同情的博爱精神。正如奈斯所说,"深层生态学的另一个基本准则是:随着人类的成熟,他们将能够与其他生命同甘共苦。当我们的兄弟、一条狗、一只猫感到难过时,我们也会感到难过;不仅如此,当有生命的存在物(包括大地)被毁灭时,我们也将感到悲哀"①。

那么,这种生态美学或生态批评中的绿色原则应如何在文学艺术中体现呢?从广义的生态存在论审美观的角度说,这是一种审美观念与文艺观念的更新,一个新的艺术精神的重铸。而从更为具体的绿色文艺的意义上来说,我认为可以从这样三个方面界定。首先,从题材上来说,应以人与自然友好和谐的关系为其题材。例如泰戈尔《园丁集》:

　　我常常思索,人和动物之间没有语言,他们心中互相认识的界线在哪里?

　　在远古创世的清晨,通过哪一条太初乐园的单纯的小径,他们的心曾彼此访问过。

　　他们的亲属关系早被忘却,他们不变的足印的符号并没有消灭。

　　可是忽然在那无言的音乐中,那模糊的记忆清醒起来,动物用温柔的信任注视着人的脸,他用嬉笑的感情下望着它的眼睛。

　　好像两个朋友戴着面具相逢,在伪装下彼此模糊地互认着。

---

① 转引自雷毅《深层生态学思想研究》,清华大学出版社 2001 年版,第 44 页。

泰戈尔在诗中以感人的笔触描写了人与动物的亲缘历史与友好相处的现实关系,在题材上就是选择的人与自然友好和谐的题材。

其次,从态度上应取对自然歌颂的态度。中国当代作家徐刚在其《伐木者,醒来!》中写道:

> 我要趁此机会告诉亲爱的读者,我正努力用诗的语言来进行我现在的写作,不是为了证明我是诗人,而是因为大自然太美妙、太神奇了。我相信:如同没有一支画笔可以绘出秋日森林的景致一样,也没有一首诗能够深邃地抒发自然之美,我们能做的,只是点点滴滴。

徐刚在书中以诗歌的语言歌颂了葱郁的天目山、武夷山,奔腾的黄河、长江,神奇的戈壁,但也无情地鞭挞了那些大自然的破坏者,爱憎分明,反映了作者自觉的环保意识。

最后,也是更为重要的是,作者应通过作品的描述引发读者有关人与环境的哲思。蕾切尔·卡逊在《寂静的春天》的最后写道:

> "控制自然"这个词是一个妄自尊大的想象产物,是当生物学和哲学还处于低级幼稚阶段时的产物。当时人们设想中的"控制自然"就是要大自然为人们的方便有利而存在。应用昆虫学上的这些概念和作法在很大程度上应归咎于科学上的蒙昧。这样一门如此原始的科学却已经被用最现代化、最可怕的化学武器武装起来了;这些武器在被用来对付昆虫之余,已转过来威胁着我们整个的大地了,这真是我们的巨大不幸。①

---

① [美]R.卡逊:《寂静的春天》,吕瑞兰译,科学出版社1979年版,第313页。

这一段可说是全书的点睛之笔,将杀虫剂之争提升到了人与自然的关系是控制还是顺应这样的哲学的高度,给世人以深刻的警示。而"'控制自然'这个词是一个妄自尊大的想象产物"也成了一个著名的哲理名言。

五

生态美学所涉及的一个重要的,同时又是引起诸多争论的问题,就是"世界的复魅"问题,以及与之有关的自然美与宗教美学问题。所谓"魅",即是远古时代科技尚不发达之时人们将自然现象都看作是"神灵凭附""万物有灵"。远古的神话传说就同这种"魅"紧密相关,使人们领略到人类童年时代的生活与精神风貌。但随着科技的发展,人们对于自然现象有了更多的了解,不再存有神秘之感,古代神话传说似乎也失去其应有的魅力。这就是所谓"世界的祛魅"。20世纪初,马克斯·韦伯(M. Weber,1864-1920)就曾提出"世界的祛魅"(disenchantment of the world)这一概念。但20世纪后期,随着人类社会进入"后工业时代",由于深感自然界的许多神奇的规律远未、甚至永远不可能被人类发掘,而深层生态学的出现又使人感受到大自然无穷的魅力,所以,又有人提出"世界的复魅"(reenchantment of the world)。"世界的复魅"也是深层生态学的有机组成部分,并同生态美学与生态批评紧密相关。由上述可见,实际上人类经历了"魅—祛魅—复魅"这样一个曲折的历史发展过程。当前所提倡的"世界的复魅",实际上是后现代思潮对科技时代主客二分、人与自然对立的思维模式的一种批判。它当然并不是要求回到远古的神话时代,而是要求恢复对自然的必要的敬畏、重新建立起人与自然的亲密和谐关系。正如 J.华勒斯坦（J.Wallerstein）所说，"世界的复魅是一个完全不同的要求。它并不是在号召把世界重新神秘化。事实上，它要求打破人与自然之间的人为界限，使人们认识到，两者都是通过时间之箭而构筑起来的单一宇宙的一部分。'世界的复魅'意在更进一步地解放人的思想"①。

　　"世界的复魅"的具体内容是什么呢？我以为，主要是针对后工业时代工具理性主义对人的科学认识能力的过度夸张，对大自然的伟大神奇魅力的完全抹杀，从而力主恢复自然的神奇性、神圣性和潜在的审美性。所谓"大自然的神奇性"，就是指大自然和地球是十分复杂的生命体，人们的科技再发展也无法穷尽其秘密。因而，大自然永远对人有一种神奇之感，这就是它的一种无穷的魅力。蕾切尔·卡逊曾多次讲到"生命是一个奇迹"。她说，"譬如说，相信自然界的大部分是人类永远干涉不到的，这是很愉快的。人可能毁坏树林，筑坝拦水，但是，云、雨和风都是上帝的。生命之流古往今来永远按着上帝为它指定的道路流淌，不受人类的干扰，因为人类只不过是那溪流中的一滴水而已"②。所谓"大自然的神圣性"主要是从大自然是人类的生命之源的角度来说，人类不仅来自大自然，而且人类今天的繁衍、生存与发展也都依赖于大自然。大自然、地球是人类的母亲！难道对于生我、养我的母亲不应充满神圣的敬意吗？诚如卢岑贝格所说，"这也就意味着，对于美丽迷人、生意盎然的盖亚，我们必须采取一个全新的

---

①转引自鲁枢元《文艺生态学》，陕西人民教育出版社 2000 年版，第 82 页。
②转引自［美］小弗兰克·格雷厄姆：《〈寂静的春天〉续篇》，罗进德、薛励廉译，科学技术文献出版社 1988 年版，第 14 页。

态度来重新看待她。我们需要对生命恢复敬意"①。至于"大自然潜在的审美性",这是一个争议性颇大的问题。当代深层生态学家从生命的具有独自的"内在价值"出发,认为大自然也具有自己的美学价值,从而否定了审美是人类特有的情感判断的观念。例如,卡逊认为,"我们继承的旷野的美学价值就如同我们继承我们山丘中的铜、金矿脉和我们山区森林一样多"②。"和平绿色宣言"也认为,"生态学广阔无边之美,真正提醒我们,应如何去了解和欣赏众生之美"③。我们认为,大自然特具的蓬勃的生命、斑斓的色彩、对称的比例的确具有无限的美的魅力。但作为自然美,这还只是人的一种审美价值判断。大自然的美的魅力是一种潜在的审美性,是需要给予承认并充分重视的。

　　"世界的复魅"问题同原始宗教和当代宗教息息相关,因此,涉及宗教与生态美学的关系问题。本来,宗教所特具的终极关怀精神就同生态理论有着密切关系,特别是东方宗教,力主"普度众生",因而,将其仁爱精神扩大到万物众生。天台宗《法华经》称:"一切众生皆成佛道,若有闻法者,无一不成佛。"印度教认为,"什么叫做宗教?悲悯一切万物生命,就是宗教"。伊斯兰教主张万物同一,指出:"它们不只是地球上的动物,也不只是用双翼飞的生物,它们如同你们一样,也是人类。"奈斯深层生态学的形成就深受东方佛教和甘地哲学的影响。基督教因其源自西方,颇多人类中心主义影响。对基督教的人类中心主义,赫胥黎(A. Huxley)

---

①[巴西]何塞·卢岑贝格:《自然不可改良:经济全球化与环保科学》,黄凤祝译,生活·读书·新知三联书店1999年版,第57—58页。
②[美]R.卡逊:《寂静的春天》,吕瑞兰译,科学出版社1979年版,第74页。
③转引自冯沪祥《人、自然与文化》,人民文学出版社1996年版,第532页。

较早地提出过批判。他说:"比起中国道教与远东佛教,基督教对自然的态度,一直是令人奇怪的感觉迟钝,并且常常出之以专横与残暴的态度。他们把《创世纪》中不幸的说法当作暗示,因而将动物只看成东西,认为人类可以为了自己目的,任意剥削动物而无愧。"①1966年12月,美国科学史家林恩·怀特在题为《我们时代生态危机的历史根源》的演讲中,把生态危机的根源直接归因于基督教,对基督教的教义提出了严厉的批评,要求人们重新考虑《圣经》教义和确定基督教信仰中人与自然的关系,由此引发了一场基督教与生态危机关系的激烈争论,并导致生态神学的兴起。不少基督教人士开始了将基督教信仰同生态学相联系的探索。英国教会全国大会1970年宣言:"我们让动物为我们工作,为我们载重,为我们娱乐,为我们赚钱,也为我们累死。在很多地方,我们利用它们,却毫无感念与悲悯,也毫不关心,真是充满自大与自私。人类常常把快乐建筑在其万物痛苦之上,人道精神因而荡然无存。"这样的反思应该说还是比较深刻的。不仅如此,基督教还从正面提出要求,他们借用启示录第七章的一段名言"地与海,并树木,你们不可伤害",并加以发挥。基督教奎克教会宣示:"让仁慈的精神能够无限伸展,让仁慈能够对上帝创造的一切万物,均表示至爱与体贴。"德国神学家莫尔特曼(Jurgen Molt-Mann)更是提出"生态创造论"这一较为系统的生态神学理论体系。他否定了人类的中心地位,提出人类处于上帝与万物之间的中介地位,"是以人既不具有决定万物存有的能力,也不可以视万物仅为满足自己的手段和工具,一方面因为人不是绝对的,另一方面因为万物各自有其本性,正因如此,人于受造的自然界乃有

---

① 转引自冯沪祥《人、自然与文化》,人民文学出版社1996年版,第418页。

这一器重的角色需要扮演"①。深层生态学本身也具有某种宗教
倾向。卡普拉就认为,深层生态学"将要求一种新的哲学和宗教
基础"②。但我们认为,深层生态学并不是宗教世界观,而是在科
学和社会学基础之上的一种哲学和价值论的思考,它同生态神学
还有着明显区别。对于神学家们的生态学研究,总的来说,基督
教神学的生态学转向,将基督教的普世精神延伸到有关人类前途
命运的生态危机上,应该是给予肯定的。许多神学家超越宗教范
围的生态学研究成果,更可看作当代生态学研究的宝贵资源
之一。

六

　　生态美学的提出与发展有利于在新的世纪中国美学进一步
走向世界,形成中西美学平等对话的良好局面,从而结束美学领
域长期以来的欧洲中心主义的态势。众所周知,无论是奈斯所提
出的深层生态学,还是海德格尔"天地神人四方游戏说"都受到东
方哲学、美学,特别是中国美学的重要影响,吸收了中国传统文化
资源。生态美学的进一步发展必将为中国传统哲学、美学走向世
界开辟更加广阔的天地。中国古代的确有着极为丰富的生态哲
学、美学资源,已为世界各国理论家所重视,我们完全应该进一步
对其进行研究,使之实现现代转化,成为新世纪中国美学发展的

①[德]莫尔特曼:《创造中的上帝》,隗仁莲等译,汉语基督教文化研究所
　1999年版,中译本"导言"。
②转引自雷毅《深层生态学思想研究》,清华大学出版社2001年版,第
　124页。

重要资源与机遇。中国古代长期的农业社会生产与生活环境,以及特有的文化传统,形成了不同于西方主客二分的"天人合一""位育中和"的哲学与伦理学思想传统。这是中国传统文化的主线。在漫长的岁月中,中国传统文化对宇宙人生、伦理道德的探索就没有离开过人与自然和谐协调这样一条主线。《礼记·中庸》将这种"天人合一""位育中和"提到宇宙人生之根本的高度。所谓"中也者,天下之大本也;和也者,天下之达道也。致中和,天地位焉,万物育焉"。要做到"天人合一""位育中和",就必须顺应人和自然万物的规律,从而促进天地的化育发展。这就是"唯天下至诚,为能尽其性;能尽其性,则能尽人之性;能尽人之性,则能尽物之性;能尽物之性,则可以赞天地之化育;可以赞天地之化育,则可以与天地参矣"。同时要求"万物并育而不相害,道并行而不相悖",才能达到"此天地之所为大也"之境界。中国传统文化正因为主张"天人合一",所以是反对"人类中心",力主"生态中心"的。老子指出:"故道大,天大,地大,人亦大。域中有四大,而人居其一焉。人法地,地法天,天法道,道法自然。"(《老子·二十五章》)人只是域中"四大"之一,最后归之为"自然"。中国古代文化顺应自然,不要违逆天时,所谓"夫大人者,与天地合其德,与日月合其明,与四时合其序,与鬼神合其吉凶。先天而天弗违,后天而奉天时。"(《周易·文言》)中国古代历来对天地自然怀抱着敬畏亲近的情感。将天地比作自己的父母,将万物比作自己的同胞,对自然赐予自己的食物都怀着深深的感恩之情。北宋哲学家张载在《西铭》篇中说:"乾称父,坤称母,予兹藐焉,乃混然中处。故天地之塞,吾其体;天地之帅,吾其性。民吾同胞,物吾与也。"这里提出的"乾父坤母"与"民胞物与"的思想都是十分有价值的古代生态智慧。中国古代有着历史久远的仁爱精神,这是中国特有的人文精神,这种人文精神不同于西方文艺复兴以来的人文精神之处在于,前者将仁爱的范围扩大到自然万物,而后者仅仅局限于人,是典型的人类中心主义。孔子说:"己所不欲,勿施于人。"(《论语·颜渊》)这里的"人"包含自然万物,只要将仁爱精神施与宇宙万物,就是在国在家都不留遗憾。中国古代传统文化由"道"之本体论出发,派生出"道在万物"的思想,从而得出宇宙万物平等的结论。《庄子·知北游》中记述了庄子与东郭子有"道在何处"的一段对话:"东郭子问于庄子曰:'所谓道,恶乎在?'庄子曰:'无所不在。'东郭子曰:'期而后可。'庄子曰:'在蝼蚁。'曰:'何其下邪?'曰:'在稊稗。'曰:'何其愈下邪?'曰:'在瓦甓。'曰:'何其愈甚邪?'曰:'在屎溺。'"在庄子看来,道存在于蝼蚁、稊稗、瓦甓、屎溺之中,因而这些事物都应是平等的。庄子还主张一种万物循环的"天均论"。他在《寓言》篇指出:"万物皆种也,以不同形相禅,始卒若环,莫得其伦,是谓天均。天均者,天倪也。"这种"以不同形相禅,始卒若环"的看法,已具有生态学中生物环链和生物圈的思想雏形。老子还对一旦打破了人与自然的和谐所造成的生命危机的严重情形作了预测。他说:"昔之得一者:天得一以清,地得一以宁,神得一以灵,谷得一以盈,万物得一以生,侯王得一以为天下贞。其致之,天无以清将恐裂,地无以宁将恐发,神无以宁将恐歇,谷无以盈将恐竭,万物无以生将恐灭,侯王无以贵高将恐蹶。"(《老子·三十九章》)老子在这里描述的天崩地倾,神歇谷竭,物灭国败的生态危机景象够触目惊心了,的确是以最简洁的语言向我们预示了几千年后的"寂静的春天"。

　　综上所述,生态美学的兴起与发展意义至为重大。它标志着美学学科的发展结束了一个旧的时代,进入了一个新的时代。也就是说,美学学科由工具理性主导的认识论审美观时代进入以生态世界观主导的生态存在论审美观时代。其内涵极为丰富,包含了由人类中心到生态中心、由主客二分思维模式到有机整体思维模式、由主体性到主体间性,由认识论审美观到存在论审美观、由对自然的轻视到绿色原则的引入,由自然的祛魅到新的返魅,由欧洲中心到中西平等对话等一系列极为重大的转化。生态美学的发展也标志着美学学科将进一步从学术的象牙之塔进入现实生活,开始关注人类的前途命运。但这只是一个新的开端。由于生态哲学与生态伦理学本身尚有许多不成熟之处,以及美学研究的艰难,我们还会面对诸多难题与挑战,需要在马克思主义基本理论的指导之下,以开拓创新的精神去攻克难关、取得新的进展。同时,我再次声明,有关生态存在论审美观的看法只是我个人的一得之见,浅陋之处在所难免,其意在抛砖引玉,求教于同道,以期促进美学学科的改造与发展。

生态美学的产生及其意义

生态美学是生态学与美学的有机结合，实际上是从生态学的方向研究美学问题，将生态学的重要观点吸收到美学之中，从而形成一种崭新的美学理论形态。生态美学，从广义上来说，包括人与自然、社会及人自身的生态审美关系，是一种符合生态规律的当代存在论美学。它产生于 20 世纪 80 年代以后生态学已取得长足发展并渗透到其他学科的情况之下。1994 年前后，我国学者提出生态美学论题。2000 年以来，我国学者开始出版有关生态美学的专著，标志着生态美学在我国进入更加系统和深入的探讨阶段。

生态美学产生于后现代经济与文化背景之下。迄今为止，人类社会经历了原始部落时代、早期的农耕文明时代、科技理性主导的现代工业时代，信息产业主导的后现代。所谓后现代，在经济上以信息产业、知识集成等为标志；在文化上又分解构与建构两种。建构的后现代是一种对现代性反思基础之上的超越和建设。对现代社会的反思的结果，是认识到现代化利弊同在。所谓"利"，是现代化极大地促进了社会的发展。所谓"弊"，则是现代化的发展出现了危及人类生存的严重危机。从工业化初期"异化"现象的出现，到第二次世界大战的核威胁，再到 20 世纪 70 年代之后的环境危机，再到当前"911"为标志的帝国主义膨胀所造成的经济与文化的剧烈冲突。总之，人类生存状态已成为十分紧迫的课题。我国在经济上处于现代化的发展时期，但文化上是现代与后现代共存，已出现后现代现象。这不仅由于国际的影响，而且我国自身也有市场拜物、工具理性泛滥、环境严重污染、心理疾患蔓延等等问题。这样的现实呼唤关系到人类生存的生态美学诞生。

生态美学以当代生态存在哲学为其理论基础。生态学尽管是1866年由德国生物学家海克尔提出，但属于自然科学范围。1973年，挪威哲学家阿伦·奈斯提出深层生态学，实现了自然科学实证研究与人文科学世界观的探索的结合，形成生态存在论哲学。这种新哲学理论突破主客二元对立机械论世界观，提出系统整体性世界观；反对"人类中心主义"，主张"人—自然—社会"协调统一；反对自然无价值的理论，提出自然具有独立价值的观点。同时，提出环境权问题和可持续生存道德原则。

生态美学的产生具有重要意义。首先，是形成并丰富了当代生态存在论美学观。这种美学观同以萨特为代表的传统存在论美学观相比，在"存在"的范围、内部关系、观照"存在"的视角、存在的审美价值内涵等方面均有突破，是一种克服传统存在论美学各种局限和消极方面，并更具整体性和建设性的美学理论。它将各种生态学原则吸收进美学，成为美学理论中著名的"绿色原则"。其次，是派生出著名的文学的生态批评方法。从20世纪90年代中期以来，这种生态批评方法得到长足发展。它倡导系统整体观点，反对"人类中心主义"；倡导社会责任，反对环境污染；倡导现实主义，反对对自然的扭曲与施虐，成为文学批评的重要视角。再次，促进了生态文学的发展。所谓生态文学即绿色文学，以人与自然的关系为题材、歌颂人与自然的协调和谐、共生共存。

　　最后，是有利于继承发扬中国传统的生态美学智慧，主要是道家的"天人合一"思想和易学的"一阴一阳之谓道"的理论等。

　　当然，生态美学目前尚在形成过程中，只是一种发展中的美学理论形态，还不具备作为一个学科的必要条件。对于西方当代的生态存在论哲学，也需进一步清理批判。特别是某些理论家将"存在"引向神秘的"上帝"的倾向，以及"世界的复魅"问题、自然的"内在精神"与独立的审美价值问题，以及如何正确对待现代化与现代化科技问题，都需要慎重对待。我们需要坚持马克思主义的辩证唯物主义与历史唯物主义为指导对其加以分析清理、批判地继承。

　　　　　　　　　　　　　　　　（写于 2002 年 4 月 24 日）

我们为什么提出生态审美观
以及什么是生态审美观?

马克思主义的最基本的实践品格决定了它是不断发展的、革命的、与时俱进的,马克思主义美学也同样具有这样的特性。我们正是在马克思主义美学这一基本特性的鼓励下从事当代生态审美观的研究的。国际上有关生态批评的实践可以1962年蕾切尔·卡逊出版《寂静的春天》为其开端,生态诗学则可以追溯到1978年鲁克尔特发表《文学与生态学》一文。我国的生态美学研究则以1994年李欣复发表《论生态美学》一文为其肇始。目前,国内已经出版生态美学研究相关专著10部左右,大约有10名博士生选择生态审美观或生态批评为论文题目。虽然近年来国内生态美学研究发展得较快,但还需要,也希望学术界同行给予更多关注与参与。

我们为什么提出生态审美观?如果让我用一句话概括这一问题,那么,我的回答就是为了适应现实的需要。目前,生态问题已经非常紧迫地提到整个人类以及我们每一个人面前,我们作为人文学者必须给予必要的关注。西方许多学者认为,这是人类的一种"生态责任"。面对如此严峻的环境问题,作为人文学者不应缺席与沉默。当然,这也是我们中国广大美学工作者的态度。

具体来说,生态审美观的提出适应了以下四个方面的现实需要。

首先，是为了适应当代社会由工业文明到生态文明转型的需要。20世纪60年代前后，人类社会开始由工业文明向生态文明转型。1972年联合国发布《人类环境宣言》，将环境问题提到了全人类面临的最紧迫的共同课题的高度。我国也于20世纪90年代提出可持续发展方针。2004年4月30日，我国学者更加明确提出："人类文明正处于由工业文明向生态文明的过渡。"对于我国来说，环境与资源问题显得更加紧迫。我国以世界9％的土地养活世界22％的人口，森林覆盖率不到14％，淡水为世界人均的四分之一。当前，我国环境污染的严重性也是空前的。用温家宝同志的话说，就是"发达国家上百年工业化过程中分阶段出现的问题在我国已经集中出现"。在这种情况下，我们必须立即改变我们的发展模式和文化态度，走环境友好型发展之路，以审美的态度对待自然。

其次，是为了适应20世纪以来哲学领域从主客二分向主体间性以及由人类中心向生态整体转型的需要。19世纪中期，黑格尔逝世之后，特别是20世纪以来，西方古典哲学走向终结，开始了西方现代哲学探索之路，逐步发生了由主客二分向主体间性，以及由人类中心向生态整体的转型。以尼采的"酒神精神"的提出为开端，以胡塞尔与海德格尔的现代现象学与存在论哲学为标志，其后，德里达提出"去中心"，福柯提出"人的终结"，阿伦·奈斯提出"深生态学"等等，都反映了这一转型的发生与进行。美学是与哲学紧密相连的，哲学的转型必将引起美学的转型。

再次，是为了适应美学与文学自身从20世纪60年代以来逐步发生的由无视生态维度向充分重视生态维度的转型的需要。20世纪60年代以来，生态批评、生态文学、生态诗学与环境美学逐步在国际学术界成为"显学"。1984年,日本美学家今道友信邀请杜夫海纳与帕斯默聚会东京,探讨新的生态伦理学及其与美学的关系,为美学界提出了十分重要的生态审美观的课题。此后,鲁克尔特在论述生态批评与生态诗学时则指出,对于生态问题"人们必须有所作为"。这是一位人文学者在面对严峻的生态问题现实时对同行的激励,我们也应响应这一激励,在同样严峻的中国生态问题面前"必须有所作为"。

最后,是为了适应新的经济全球化背景下振兴中国优秀传统文化的需要。在当前经济全球化的背景下,西方强势文化对我们的压力日益增强,而我国的现代化也需要新的中华文化的伟大复兴,我国人民在现代化的过程中也需要从优秀传统文化中寻找自己的精神家园。在这种情况下,优秀的中华传统文化的振兴成为历史发展的需要与必然要求。在中国优秀传统文化中,古代生态智慧是极为宝贵的思想财富。从传统的"天人合一"思想,到老子的"道法自然"观念、儒家的"民胞物与"思想、佛家的"善待众生"思想等等,都各有其值得借鉴的价值,并为国际学术界所看重,成为开展国际学术对话的极好领域。正如罗马俱乐部中国分部所说,老子几千年前所提出的"无欲"与"天人合一","正是人类正'道'的基本前提。并且老子的思想提供的价值观念真正切中了以西方文化为主体的现代文明异化的种种问题与要害,正是医治现代文明病的良方"。

那么,什么是生态审美观呢?

首先,生态审美观是一种当代生态存在论审美观。生态审美观是1994年由中国学者首次提出来的一种崭新的审美观。它有广义与狭义两种理解。狭义的理解,指建立一种人与自然达到亲和、和谐的生态审美关系;广义的理解,指建立人与自然、社会、他人、自身的生态审美关系,是一种符合生态规律的当代生态存在论生态审美观。我们主要在广义上理解和阐释生态审美观。

其次,生态审美观在一些重要的理论问题上有新的发展。从目前看,生态审美观还不能构成一个新的美学学科分支,而是美学学科在当代新的发展、新的延伸、新的丰富和新的立场。其发展主要表现于如下四点:其一,从美学学科的哲学基础来看,它标志着我国美学学科的哲学基础将由认识论过渡到当代存在论、从人类中心主义过渡到生态整体。我们认为,只有从当代存在论的立场才能理解人与自然的一致性,而传统认识论的立场无法理解这种一致性的。因为,传统认识论是"主体与客体二分对立"的在世结构,而当代存在论则是"此在与世界"的在世结构,人与包括自然在内的世界的关系是人的当下的生存状态,人与自然的统一成为必有之义,从而建构当代的生态人文主义。其二,从美学理论本身来看,它标志着我国美学理论将由无视生态维度、过分强调"人化的自然"过渡到重视并包含生态维度。其三,从人与自然的审美关系看,将从自然的完全"祛魅"过渡到自然的部分"复魅",也就是部分地恢复自然的神圣性、神秘性和潜在的审美性。其四,从审美研究的思维方式来看,将从传统的主客二分的思维模式过渡到消解主客的生态现象学方法。这是一种对过度膨胀的工具理性与极端私欲的"悬搁",达到人与自然的"平等共生"。

再次,生态审美观的具体内涵。对于生态审美观的具体内涵,我们可以从四个方面概括:第一,是生态审美观的文化立场。美国批评家施瓦布说,生态批评是一种文化批评。这就说明,生态美学观的提出首先是哲学与文化立场的重要转变。所以,有关哲学与文化的范畴成为生态美学观的最重要范畴。当然,这方面涉及的问题很多,只能举其主要的列出:1."生态存在论"——由美国的大卫·雷·格里芬首先提出,针对传统认识论与人类中心主义;2."有机世界观"——由美国环境哲学家J.B.科利考特提出,包含有机整体的内涵,与笛卡尔的机械论世界观相对立;3."共生"理论——由挪威的阿伦·奈斯提出,包含人类与自然的相对平等、共生共荣,与人类战胜自然的传统观念相对立;4."生态环链理论"——由英国的汤因比与美国的蕾切尔·卡逊等提出,包含人类是生态环链之一环以及享有生态环链之相对平等,也是与传统的人与自然对立理论相对立;5."盖亚定则"——由英国科学家拉伍洛克提出,将地球比喻为古代神话中的地母"盖亚",包含着敬畏自然与自然是有生命的理念,与传统的掠夺自然理论对立;6."复魅"——由大卫·雷·格里芬提出,包含对于自然部分神秘性的恢复与对自然的适度敬畏,与工业革命的完全"祛魅"相对立。

第二,是西方生态美学范畴。西方生态美学范畴主要由海德格尔提出,当然还有一些理论家也作了贡献。其主要内容为:1."诗意地栖居"——海氏提出,包含人的审美的生存之意,与工业社会完全凭借技术的栖居相对立;2."家园意识"——海氏提出,包含人要回归最本真的与自然和谐相处的精神与生活家园之意,与当代工业社会人失去家园的茫然之感相对;3."四方游戏"——海氏提出,包含"天地神人"四方自由平等相处之意,与人类中心相对立;4."场所意识"——美国生态批评家格罗特费尔蒂提出,包含人赖以生存的地方以及对其记忆,针对工业化与城市化对于人的原生态的栖居地的破坏;5."参与美学"——美国环境美学家阿诺德在《环境美学》一书中提出,这是一种环境现象学美学,指出在自然环境审美中人与自然的机缘性关系与意识的构成作用,与以康德为代表的静观的美学相对立,认为静观美学导致人与自然的二律背反。

　　第三，是中国古代生态美学范畴。中国古代有着丰富的生态美学智慧，有待我们深入发掘。现列举几点：1."天人合一"观念——《周易》中提出并阐发，包含天与人、人与自然有机统一的古代生态观念。2."风体诗"——《诗经》之主要文体，《说文》云："风，从虫，凡声，风动虫生，故虫八日而化。"因此，"风体诗"即为反映人之生命律动以及与自然关系的"原生态"之艺术。3."比兴"——《诗经》主要艺术创作手法。《说文》云："比，密也"，"从两大也，两大者，二人也"；"兴"，"兴者，举也，谓两人共举一物"。由此可见，所谓"比兴"表达的是人与自然亲密、合作之意，是一种东方式的与自然平等的特有艺术表现手法，后来发展到"比德""意境"等艺术表现手法。4."饥者歌其食，劳者歌其事"——后汉何休所言"男女有所怨恨，皆相从而歌。饥者歌其食，劳者歌其事"，说明中国古代来自民间的艺术特别是民歌主要反映人的生命生存状况，其诗意集中于古代的生态存在论美学方面。如"怨诗""桑间濮上诗""思夫诗""怀归诗""乐诗"等等。

　　第四，是审美批判的生态维度。当代美学以席勒为开端对资本主义开展了审美的批判，这正是美学的重要功能之所在。生态审美观在对现实的审美批判中增加了生态的维度，意义重大。《寂静的春天》对人类使用农药破坏土地与自然进行了有力的批判；美国作家赫尔曼·梅尔维尔在19世纪后期所写《白鲸》，也是对人类有意与自然为敌的批判。他以形象的笔触深刻地描写了"披谷德号"船长埃哈博向一只曾经咬掉他一条腿的名叫莫比·迪克的抹香鲸誓死复仇，并与自然为敌的行动，最后导致人鱼双亡。中国作家徐刚的《伐木者，醒来》是对滥伐森林的声讨，加拿大阿特伍德《羚羊和秧鸡》则是以反乌托邦的形式对人类滥用科技的批判,她以科学狂人秧鸡企图通过生物技术控制人类,最后在自己制造的病毒暴发时造成人类文明和自己的毁灭,从而有力地批判了违背自然规律的严重后果。

　　(本文是作者在中国社会科学院 2006 年 10 月于北京西山召开的"马克思主义美学与和谐社会"学术研讨会上的发言,后以《论生态审美观》为题发表于《中国社会科学院院报》2006 年 11 月 30 日第 8 版)

新时期与新的生态审美观①

我国从 1978 年党的十一届三中全会后开始了以"改革开放"为标志的新的历史时期。同时,也开始了我国文艺学与美学的新的历史时期。新时期 30 年来,我国经济社会发生了巨大的变化与重要的转型,由此也直接影响到文艺学与美学的变化与转型,出现了诸如网络文艺学、消费文化文艺学、生态美学等一系列新的文艺学与美学的理论形态。我这里着重谈一下新时期之"新"与当代生态审美观之"新"的必然联系。

首先,新时期为生态美学的产生提供了新的时代的需要。恩格斯曾经指出:"社会一旦有技术上的需要,则这种需要就会比十所大学能把科学推向前进。"②在这里,恩格斯明确地指出了学术发展的最大动力是经济社会与时代的需要。新时期生态美学的产生就是时代需要的产物,具体地讲,就是新的生态文明时代的产物。新时期 30 年,特别是从 20 世纪后期开始,我国发生了重要的经济社会转型。尽管对于这种转型如何理解与阐释还有不同的看法,但我国已经由传统的工业文明转向新的生态文明,这已经成为绝大多数学者的共识。早在 20 世纪 90 年代,我国政府

---

①原载《文艺争鸣》2008 年第 9 期。
②《马克思恩格斯选集》第 4 卷,人民出版社 1972 年版,第 505 页。

就提出可持续发展方针;2004年4月,我国学者又明确提出"人类文明正处于从工业文明向生态文明过渡的阶段";2007年10月,党的十七大进一步将"生态文明建设"与物质文明、精神文明与政治文明一起作为我国未来建设发展的重要目标。生态文明的提出不仅是经济社会转型的标志,而且是国家经济社会发展指导原则与思想观念的重大转变。它意味着我们的思想观念与指导原则将逐步地从人类中心转向生态整体,由"战天斗地"转向"环境友好型社会建设",由单纯的经济发展转到发展与环保的双赢等等。正是这种重要的经济社会与理论原则转型的背景,才使得传统的以"人化的自然"为其特点的美学观愈加显示其局限性,从而促使新的生态审美观得以应运而生。

更为重要的是,新时期为生态美学建设在内涵上的创新开辟了广阔的天地。新时期是有中国特色的社会主义理论探索与创新的重要历史时期,这一时期提出了包括"生态文明""科学发展观""以人为本"以及"建设和谐社会"等一系列十分重要的理论观念。十分重要的是,党的十一届三中全会所确立的"解放思想,实事求是"的思想路线为突破一切"左"的禁锢开辟了道路,为我们的包括美学与文艺学在内的学术领域的创新与借鉴开辟了空前广阔的天地。正是在这样的形势下,理论界的同仁共同努力,大胆探索,不断丰富和更新生态审美观的内涵。事实证明,生态审美观的确具有不同于以往美学观的崭新内容。其最基本的特点在于,"它是一种包含生态维度的美学理论",以此区别于传统的"美学是艺术哲学"的美学理论。事实证明,人与自然生态的关系是最基本的关系,对于这一关系在认识上的突破与调整必将导致包括美学在内的其他理论的突破与创新。

生态美学的突破与创新,具体表现在如下六个方面:第一,在哲学观上,实现了由机械认识论到现代存在论以及由人类中心到生态整体的转型。生态美学深入发掘马克思、恩格斯唯物实践论中的生态内涵并对其进行唯物实践存在论的阐释,并借鉴海德格尔等西方存在论哲学家有关人与世界的机缘性在世关系的理论,代替长期占统治地位的人与自然对立的在世关系理论,以此克服长期以来人类中心主义、主客二分思维模式与绝对的"人化自然"的理论对美学的束缚。第二,在美学的研究对象上,克服长期占统治地位的以黑格尔为代表的将自然审美排除在外的"美学是艺术哲学"的传统观念,而将"生态系统"作为美学的研究对象。这里的"生态系统",不是孤立的与人对立的"自然",而是充满生命的包括人在内的"生态整体"。这样的研究对象既不同于以艺术为研究对象的美学,也与传统的"自然美"不同。同时,又与西方环境美学中有可能外在于人的"环境"有着明显的区别。第三,在研究方法上,在坚持马克思主义辩证唯物主义与历史唯物主义指导的前提下,运用生态现象学的方法。这种方法要求将人类中心主义观念与对自然过度掠夺的物欲加以"悬搁",回到人的精神的自然基础这个事情本身,扭转人与自然的纯粹工具理性关系,并强调对自然的"内在价值"的适度承认,从而走向人与万物平等对话、共生共存的审美境界。而且,这种生态现象学方法强调了人的主体能动的构成作用,在生态审美中力主人的所有感觉系统都参与审美的"参与美学",与古典的"静观美学"相区别。第四,在美学观念上,明确提出生态审美本性论,一改完全从认识的角度对审美的阐释,认为人对自然的亲和与审美是人的生态审美本性的表现。它包括:人的生态本源性,正视人来自自然并最终回归自然、自然是人类的母亲,以及人有亲近自然的天性这样的事实;人的生态环链性,说明人只有在生态环链中才得以生存,人与自然万物生态环链须臾难分;人的生态自觉性,也就是人是生态环链中唯一有自觉意识的物种,人应该具有维护生态环链平衡与稳定的自觉意识。而且,也只有人类具有破坏与保持生态环链平衡的能力。这实际上是一种新的人与自然共存的生态人文主义。这种生态人文主义是对传统人文主义的继承与发展,是一种包含生态维度的新的人文主义,是生态文明新时代的产物,是人类得以与自然生态和谐相处并长期美好生存的法宝。第五,在美学内涵上,与传统的"美是感性认识的完善"相对,提出一系列崭新的美学观念。诸如,诗意地栖居,四方游戏,家园意识,场所意识,参与美学,生态美学批评,生态审美教育等等。这些美学观念的特点在于:主要不是从认识论的角度来阐释人与对象的审美关系,而是从生态存在论的角度来阐释人与对象的审美关系;不是以认识的完善而以人的美好生存来界定审美,因而将人与自然的和谐协调放在十分突出的位置。所以,在美学范畴上是富有新意的。第六,生态美学强烈的实践性特色。所有的现代生态理论的一个重要特点就是具有强烈的实践性品格,绝不是离开实际的坐而论道。这是生态美学区别于传统美学的重要特点之一。生态美学的实践性品格首先表现在它将生态审美教育放在十分突出的位置,认为生态美学的首要任务就是改变人们的文化立场,使人们确立以审美的态度对待自然的观念,确立爱护自然就是爱护人类自身的观念。诚如罗马俱乐部创始人贝切伊所说,环境问题归根结底是一个文化态度问题。因而,生态审美教育作为环境教育的重要组成部分具有其特殊的作用。众所周知,环境教育是1972年联合国确认的具有国际法律地位的教育形式,由此彰显生态审美教育的特殊地位与作用。同时,生态美学吸收环境美学的某些内容,努力对于人类的生产实际,特别是在城乡生存环境的建设方面积极提出某些有价值的理念。

新时期使中国生态美学建设逐步形成自己的鲜明特色。我国的生态美学肇始于 20 世纪 90 年代中期,逐步发展于新世纪,目前仍然处于建设发展阶段。它尽管吸收借鉴了大量西方资源,但总体上还是产生于中国自己的土地之上,因而具有十分明显的中国特色。最近,美国著名环境美学家伯林特指出,生态美学主要是中国学者所使用的学术话语。当然,生态美学具有国际对话的通约性,这是没有任何问题的。但通约性与特色性的共存正是生态美学的特色和我们的努力方向。其特色性具体表现如下两个方面。

第一,紧密结合中国现实生活。我国是一个发展中国家,经济与社会的发展具有十分突出的地位,是通常所说的"硬道理"。而且,我国也是一个资源紧缺型国家,人均"生态足迹"十分有限。因此,我国的生态美学建设必须面对这样的现实。为此,我们在生态美学建设中始终坚持社会主义生态文明理论与生态整体观的指导,力求人与自然的共生、发展与环境以及资源的利用与保护的双赢。我们放弃传统的人类中心主义,放弃"战天斗地"与"人定胜天"的口号,走环境友好之路。同时,我们也不同意生态中心主义,不同意无限制地夸大自然的"内在价值"。在对待西方的"荒野哲学"的态度上,我们承认它的价值意义,力争"辅万物之自然而不敢为"(《老子·六十四章》)。但具体到中国环境资源空前紧缺的情况下,"荒野哲学"一般只具有哲学理论的借鉴意义,难以指导现实。在生态美学的理论建设中,我们认为,"生态美学"的提法更加符合中国的实际,因而,一般不使用西方盛行的"环境美学"的提法。因为,"生态美学"更加强调其研究对象为人与自然万物共存的"生态系统",而不是简单的有可能外在于人并与人对立的"自然"或"环境"。事实证明,环境美学是一种内涵非常丰富同时也比较复杂的美学理论形态,既对西方当代美学建设做出了重要贡献,也是我们建设当代生态美学的重要资源。但它也有值得推敲之处。首先,"环境"一词的模糊性容易产生其外在于人的主客对立的理解。而且,"环境美学"也有"如画风景论"的人类中心主义倾向与"自然全美"论的生态中心主义倾向。这两种倾向的美学理论都是理论上不完善的,也是不适合于我国的国情的。"如画风景论",完全将自然环境看作人观赏与游玩的对象,甚至可以任意破坏。目前,国内许多著名景点在所谓"度假黄金周"所遭到的难以修复的破坏,就是明证。这是典型的人类中心主义的倾向。"自然全美论"从任何自然存在物(包括艾滋病毒)都是合理的着眼,论证自然的都是美的。这当然是对于自然"内在价值"的全面肯定,但自然全美与内在价值都应该置于保持生态环链稳定平衡的前提之下,并非是无条件的,这才是真正的生态共生理论,否则,就将走向生态中心主义。即使如此,这种"自然全美论"在已经完成现代化并且资源丰富的发达国家或许还可以付诸实践,在我国则是行不通的。我们的立场是生态整体论。包括人类在内的自然万物只有在维持生态环链稳定平衡的意义上才有可能是合理的与美的。

第二,努力吸收融合中国古代丰富的生态审美智慧。首先应该对于中国古代的生态审美智慧给予足够的认识与充分的估价。应该说,我国是一个有着十分丰富的生态审美智慧的文明古国。作为具有五千年文明史的农业大国,我国古代对于人与自然关系的认识,对于生态审美的体悟的确积累了非常丰富的资源,并逐步形成我国古代独具特色的美学形态。在我国古代,难以找到西方那样以"模仿"与"感性认识的完善"为其特点的美学对话,却独具以"天人之际""生生之谓易"为其主要内涵的生存论与生命论美学,其中包含着非常丰富的生态审美资源。《周易》的"元亨利贞"四德、"居位正体"之至美;儒家的"天人合一""民胞物与""位育中和";道家的"道法自然""万物齐一";佛家的"法界缘起""善待众生"等等,都包含十分丰富的生态审美内涵。这些可以作为当代生态美学建设的重要资源。当然,我们也需要清醒地认识到,这些生态审美智慧毕竟是前现代的产物,没有经过工业革命的洗礼,需要现代的改造与扬弃。

我们相信,只要我们立足于中国的大地之上,同时又以更加开放的态度参与到国际与国内的学术对话当中,生态美学的建设一定会更加健康,并逐步走向繁荣。

第 二 编

生态美学基本内涵论

生态美学：后现代语境下崭新的
生态存在论美学观①

一

生态美学已在我国应运而生，并正在成为学术热点。对于生态美学，目前有狭义与广义两种理解。狭义的生态美学着眼于人与自然环境的生态审美关系，提出特殊的生态美范畴。广义的生态美学则包括人与自然、社会以及自身的生态审美关系，是一种符合生态规律的存在论美学观。我个人赞成广义的生态美学，认为它是在后现代语境下，以崭新的生态世界观为指导，以探索人与自然的审美关系为出发点，涉及人与社会、人与宇宙以及人与自身等多重审美关系，最后落脚到改善人类当下的非美的存在状态，建立起一种符合生态规律的审美的存在状态。这是一种人与自然和社会达到动态平衡、和谐一致的处于生态审美状态的崭新的生态存在论美学观。

生态美学是在 20 世纪 80 年代中期以后，生态学学科已经取得长足发展并逐步渗透到其他各有关学科的情况之下逐步形成的。法国社会学家 J.M.费里于 1985 年指出，"生态学以及有关的一切，

---

①原载《陕西师范大学学报》2002 年第 3 期。

预示着一种受美学理论支配的现代化新浪潮的出现"①。正如费里所预见的那样,从 20 世纪 80 年代后期开始,作为生态美学应用形态的生态批评在美国文学界悄然兴起。也正是在生态批评的发展中,生态美学理论也得以实践与发展。1994 年前后,我国学者提出生态美学论题,并先后组织多次学术讨论。2000 年,陕西人民教育出版社出版徐恒醇的《生态美学》和鲁枢元的《生态文艺学》,标志着生态美学不仅引起了学术界更加广泛的关注,而且已经开始对其进行更加深入系统的理论探讨。

　　生态美学同一切理论论题一样,其产生与发展都有一定的历史文化背景。生态美学恰恰就是产生在后现代的经济与文化背景之下。目前,学术界在后现代问题上分歧颇多,一时难以统一,甚至连对这一概念的内涵的理解都难一致。我想首先阐明自己对"现代"与"后现代"的基本看法。

　　我认为,所谓"后现代"是指"现代"之后,而不是现代的"后半期"。但现代与后现代两者又并非截然分开,而是在"现代"之后,现代与后现代特性共存。这种情况需要持续漫长的融合与过渡时期。而从"后现代"的内容来看,它又不仅是对现代性的批判与解构,更是对新的经济与文化形态的建设与重构。实质上,"后现代"可以说是对"现代"的一种反思。这种反思的重点恰恰就集中于人的生存状态之上。"现代性"的极度扩张导致了人的生存状态不可遏止地恶化,甚至威胁到整个人类的生存。后现代着重从根本上扭转这一局面,改善人的生存状态。这已经成为关系到整个人类命运的时代课题。正是从扭转人类生存状态恶化,并从根本上加以改善这一时代课题出发,生态美学不

①转引自鲁枢元《生态文艺学》,陕西人民教育出版社 2000 年版,第 27 页。

仅应运而生,而且走到学术与社会的前沿,显现其极为重要的地位与作用。我们正是从这样的立足点上来思考生态美学的产生的。

第一,现代化弊端的充分暴露及其对人的生存的巨大威胁,呼唤新的存在论美学出现。近200多年来,人类社会所进行的现代化取得了辉煌的成就,物质丰富,科技进步,社会繁荣,标志着人类社会进入一个新的文明阶段。但由于现代化常常同资本主义剥削制度相伴随,因而,可以说,现代化的发展也就是剥削与侵略的加剧。作为现代化支柱的市场经济与工业化本身又因其固有的缺陷,导致了盲目追求经济效益与工具理性统治的严重问题,由此导致地球南北之间、社会内部贫富之间,以及人与大自然之间出现尖锐的矛盾。由于资本主义发展到帝国主义,因掠夺与侵略导致了两次世界大战。特别是在第二次世界大战中,人类不仅制造了核武器,而且使用了核武器。核武器的毁灭性的威力与后果给人类以巨大震动,使人类第一次意识到现代化过程中由经济利益的追逐与科技的发展所制造的核武器,原来足以毁灭整个人类! 此后,现代化过程中的工业化与农业化肥以及农药的滥用所造成的严重环境污染,在20世纪70年代之后也凸显了出来。臭氧层的破坏,沙尘暴的袭击,可用土壤与水资源的严重匮乏,污染所形成的癌病与艾滋病的蔓延……又使人类面临着另一个重大的生存危机。总之,现代化给人类社会带来巨大进步的同时又不可避免地带来巨大灾难,而这些灾难又都归结到最根本的一点:直接威胁到人类的生存。正如法国夏尔-雷奥波·马耶人类进步基金会发布的《建设一个协力尽责多元的世界的纲领》中所说,"简言之'西方现代性'的构成因素引起的后果,或对于某些人而言,就是'现代性'的后果。"①总之，对现代化的冷静总结与思考使我们认识到，当前对于现代化的利弊应更侧重于充分认识其弊端，特别是其对人类生存所构成的严重威胁，并采取积极的措施加以克服。这方面的重要措施之一，就是在观念上呼唤一种充分反映人类当前生存状况的新的存在论哲学与美学问世，作为指引人类前行的灯火。这就是现实对生态美学及其研究所提出的强烈要求。美国后现代理论家大卫·雷·格里芬指出："现代性的持续危及我们星球上的每一个幸存者。随着人们对现代世界观与现代社会中存在的军国主义、核主义和生态灾难的相互关系的认识的加深，这种意识极大地推动人们去查看后现代世界观的根据，去设想人与人、人类与自然界及整个宇宙之间关系的后现代方针。"②新的存在论哲学与美学就是人与自然、社会后现代方式的理论表现，旨在克服现代性的种种弊端。

　　第二，后现代经济与文化形态的形成为生态美学的产生创造了必要的条件。谈到后现代，人们常常将其同对现代性的批判、否定、解构相联系，因而认为不可取。事实上，存在着解构与建构、否定与建设两种不同的后现代思想体系。正如我国生态哲学家余谋昌所说，"后现代主义具有极其丰富的思想和理论内涵，'是人类有史以来最复杂的一种思潮'。它主要有两种派别，一是以法国的福柯、德里达、拉康为代表的后现代主义，它把对现代性的批判定位于摧毁、解构和否定性的维度上，对现代世界观和启

---

①［法］夏尔-雷奥波·马耶人类进步基金会：《建设一个协力尽责多元的世界》，见乐黛云等主编《跨文化对话》(8)，上海文化出版社2002年版，第2页。
②［美］大卫·雷·格里芬：《和平与后现代范式》，见［美］大卫·雷·格里芬编《后现代精神》，王成兵译，中央编译出版社1998年版，第238页。

蒙认识论持彻底的取消和否定态度,故称为'解构性后现代主义'。二是以美国的大卫·格里芬、大卫·伯姆等人倡导的富于'建设性后现代主义',它对现代性的批判不是要解构现代性,而是要超越现代性,并试图通过对现代前提和传统观念的修正,来构建一种后现代世界观"①。在这里,我们更赞成以美国大卫·格里芬为代表的"建设性后现代主义"。这种理论主张对现代性进行批判的继承,保留其优点,克服其弊端,并创造新的经济与文化形态,从而实现对现代性的超越。这些建设性的后现代理论家们把这种创造性的后现代文化说成是一种"生态时代的精神"。②此前,人类经历了三个早期的文化—精神发展阶段:首先是具有萨满教(Shamamic)宗教经验形式的原始部落时代,其次是产生了伟大的世界宗教的古典时代,再次是科学技术成了理性主义者的大众宗教的现代工业时代。直到现在,在现代的终结点上,我们才找到了一种具体的生态精神的时代。这些理论家们在这里主要是从文化与宗教的角度来划分时代。如果加上经济因素的话,我们可以将迄今为止的人类社会划分这样四个阶段:以狩猎与采集为主的原始部落时代;处于早期文明的农耕时代;科技理性主导的现代工业时代;倡导生态精神的信息经济时代。由此可见,后现代社会作为对科技理性主导的现代工业时代的超越,实际上形成了一种新的经济与文化形态。在经济上以信息产业作为其标志,以知识集成作为其特色,实际上是一种后工业经济,而在文化精神上,则是对科技理性主导的一种超越,走向综合平衡

---

① 余谋昌:《生态哲学》,陕西人民教育出版社 2000 年版,第 39 页。
② [美]乔·霍兰德:《后现代精神和社会观》,见[美]大卫·雷·格里芬编《后现代精神》,王成兵译,中央编译出版社 1998 年版,第 81 页。

和谐协调的生态精神时代。这就说明，后现代在精神与文化上的特色就是对生态精神的倡导，这就为生态美学的产生与发展提供了土壤，创造了条件。现在有一个问题，那就是中国目前还是发展中国家，现代化还没有完成，更谈不上已经进入信息经济时代，因此，从经济的角度中国谈不上后现代。那么，生态美学为何在中国仍有其广泛的基础呢？我们认为，从单纯的经济形态看，中国的确谈不上后现代；但从现代性的负面影响以及精神文化的角度看，中国已经有了浓厚的后现代思想文化。因此，我们将"后现代"主要定位于对现代性的一种反思与超越。从这样的角度，中国同样存在市场拜物、工具理性盛行、生态恶化等严重问题，对现代性的反思与超越同样必要。这就是中国的后现代文化和生态美学产生的基础。正如格里芬在为《后现代科学》中文版所写序言中所说，"我的出发点是：中国可以通过了解西方世界所做的错事，避免现代化带来的破坏性影响。这样做的话，中国实际上是'后现代化了'"①。

　　第三，新时代生态学的发展为生态美学提供了理论的营养。所谓生态美学，就是生态学与美学的一种有机的结合，是运用生态学的理论和方法研究美学，将生态学的重要观点吸收到美学之中，从而形成的一种崭新的美学理论形态。生态学概念尽管是1866年由德国生物学家海克尔（E.Haeckel）最早提出，但生态学的成熟发展却是20世纪中期以后的事情。也就是说，只有在后现代经济与文化语境中，环境问题日益突出，由此引起的理论论题十分尖锐的情况之下，才形成了现代生态学。正如格里芬所

①［美］大卫·格里芬：《别一种后现代主义（代序）》，见［美］大卫·格里芬编《后现代科学》，马季方译，中央编译出版社1995年版，第16页。

说,"后现代思想是彻底的生态学的",因为"它为生态运动所倡导的持久的见解提供了哲学和意识形态方面的根据"。① 现代生态学的发展,大体在 20 世纪 60—70 年代的第一次环境革命中得到丰富充实,而在 20 世纪 80 年代末 90 年代初的第二次环境革命中得到进一步发展。现代生态学同传统生态学相比,其重要特点在于超越了纯粹自然科学研究的范围,成为自然科学与社会科学的结合,不仅以自然科学的实证研究为基础,而且形成自身具有普遍世界观价值的理论观点。这种理论观点就是整体性的理论观点,是对传统的笛卡尔—牛顿的二元论、机械论世界观的突破。余谋昌指出:"生态系统整体性,是生态系统最重要的客观性质,反映这种性质的生态系统整体性观点,是生态学的基本观点,也是生态哲学的基本观点。运用生态系统整体性观点观察和理解现实世界,是把生态学作为一种方法,即生态学方法。"②这种后现代语境中产生的现代生态学,又称作"深层生态学"。它是 1973 年挪威哲学家阿伦·奈斯提出的,指在生态问题上对"为什么""怎么样"等问题进行"深层追问"。深层生态学坚决抵制"人类中心主义"观点,不仅反对传统的二元论,主张人与自然的和谐协调,而且反对自然离开人就不具有价值的传统观点,主张自然具有自己独立的"内在价值",并反对盲目的经济效益论和科技决定论,力主生态效益和再生能源技术。虽然深层生态学尚有一些理论问题需要进一步探讨,但它对"人类中心主义"的批判和提出"关爱自然"的命题无疑具有极为重要的意义,是对传统世界观根

①王治河:《后现代主义与建设性(代序)》,见〔美〕大卫·雷·格里芬编《后现代精神》,中央编译出版社 1998 年版,第 16 页。
②余谋昌:《生态哲学》,陕西人民教育出版社 2000 年版,第 33 页。

基的动摇，也是对新时代新型世界观的一种奠基。正是从这个意义上，深层生态学的基本观点恰恰代表了生态精神时代或后现代的基本观点，是这个时代具有代表性的世界观。当然，还有一个明显特点，就是这种"深层生态学"以及在其指导下的当代波澜壮阔的环保运动，都无例外地围绕着人类的生存问题展开。首先，现代生态学中"人—自然—社会"的系统整体论就包含着可贵的人与自然、社会共生共存的生存论思想。而且，1972年联合国环境会议发布《人类环境宣言》中从人权的高度第一次提出人所应该享有的环境权问题。《宣言》指出："人类有权在一种能够过尊严和福利的生活环境中，享有自由、平等和充足的生活条件的基本权利，并且负有保护和改善这一代和将来的世世代代的环境的庄严责任。"①此后，有关环保组织及理论家们又进一步提出"可持续生存"以及与之有关的道德原则。1991年，世界自然保护组织、联合国环境规划署和世界野生动物基金会提出《保护地球——可持续生存的战略》报告。报告制定了可持续生存的九项原则，其中第一项原则就是："人类现在和将来都有义务关心他人和其他生命。这是一项道德准则。"②这是新的世界道德原则——人类可持续生存的道德原则。上述这些都是现代生态学——深层生态学所提供的极为宝贵的理论资源，为生态美学的产生与发展提供了极为丰富的营养，注入了许多新鲜的内容。这

①联合国人类环境会议：《人类环境宣言》，见万以诚、万岍选编《新文明的路标——人类绿色运动史上的经典文献》，吉林人民出版社2000年版，第3页。

②世界自然保护同盟、联合国环境规划署、世界野生生物基金会编：《保护地球——可持续生存战略》，国家环境保护局外事办公室译，中国环境科学出版社1992年版，第7页。

些内容包括系统整体性的生态学方法,"人—自然—社会"和谐一致的整体性观点,反对"人类中心主义",力主一切自然现象都具有"内在价值"的价值观,以及同环境相关的生态"生存论"原则等等。这一切都使生态美学具有了不同凡响的崭新面貌与内涵。

　　第四,美学学科的特性及其发展趋势为生态美学的产生提供了必要的前提。生态美学产生于20世纪后半期,除了有其客观的时代土壤之外,还同美学本身的特性及其在新时代的发展分不开。众所周知,尽管自古以来人们对美与美学的界定众说纷纭,莫衷一是,但美所特具的和谐性、亲和性与情感性却是被大多数学者所接受的。美所具有的这些特色恰恰同现代生态学系统整体性的基本观点相吻合。这就为美学与生态学的结合,也就是为生态美学这一新的美学理论形态的产生与发展提供了最重要的前提。所以,许多生态学家在论述其生态理论时都情不自禁地运用美学的理论与方法。J.M.费里就曾指出,"未来环境整体化不能靠应用科学或政治知识来实现,只能靠应用美学知识来实现"①。在这里,费里将环境整体化十分自然地同美学相结合,并对美学在生态学中的作用给予极高评价。美国另一位后现代理论家C.迪恩·弗罗伊登伯格在谈到后现代农业的奋斗目标时,就借用了美学领域中"完整、美丽、和谐"的理论观点。他说,"后现代农业按照有助于而且促进同它发生相互作用的自然体系的思路来设计和运转。它能使自然体系变得更完整、美丽、和谐"②。著名的生态学者、诺贝尔生存权利奖获得者何塞·卢岑贝格则将

①转引自鲁枢元《生态文艺学》,陕西人民教育出版社2000年版,第27页。
②[美]C.迪恩·弗罗伊登伯格:《后现代世界中的农业》,见[美]大卫·雷·格里芬编《后现代精神》,王成兵译,中央编译出版社1998年版,第193页。

地球称作是"美丽迷人、生意盎然"的地母盖亚。他说,这是一种"美学意义上令人惊叹不已的观察与体悟"。① 当然,生态美学的产生还同20世纪70年代末、80年代初欧美美学与文学理论领域所发生的"文化转向"密切相关。众所周知,西方20世纪以来的美学与文学理论领域始终存在着科学主义与人文主义两条发展线索。从20世纪初期形式主义美学的兴起开始,连绵不断地出现了分析美学、实用主义美学、心理学美学等科学主义浪潮,侧重于对文学艺术内在的、形式的与审美特性的探讨。从70年代末、80年代初开始的文化的转向,表现出对当前政治、社会、制度、文化、经济、性别、种族、新老殖民主义的浓厚兴趣。正如美国美学者加布里尔·施瓦布所说,"美国批评界有一个十分明显的转向,即转向历史的和政治的批评。具体来说,理论家们更多关注的是种族、性别、阶级、身份等等问题,很多批评家的出发点正是从这类历史化和政治化问题着手从而展开他们的论述的,一些传统的文本因这些新的理论视角而得到重新阐发"②。美学在新时代的这种"文化转向"恰恰是后现代美学的重要特征,这就使关系到人类生存的问题必然地进入美学研究领域并成为其极其重要的课题,从而产生了生态美学。生态美学在中国的提出也同20世纪90年代开始的美学转向有关。众所周知,中国在20世纪50—60年代和70—80年代曾两度出现过"实践美学"的讨论热潮,但从90年代开始,学术界有些人感到实践美学的局限,开始

① [巴西]何塞·卢岑贝格:《自然不可改良》,黄凤祝译,生活·读书·新知三联书店1999年版,第63页。
② 转引自钱中文《全球化语境与文学理论的前景》,《文学评论》2001年第3期。

探讨"后实践美学"。另一方面,中国美学与文艺学从 1978 年以来又经历了"从外到内,再由内到外"的历程。20 世纪 90 年代以来,不少学者试图突破偏重审美的"内部研究",进而探索历史、文化等外部规律。生态美学正是在这种由"实践美学"转向"后实践美学",以及由"内部研究转向外部研究"的过程中诞生的。

二

　　生态美学的产生无论对生态学还是对美学都有着极其重要的意义。对于生态学来说,生态美学的产生为其增添了新的视角和具有宝贵价值的理论资源,使其更具人文精神。这一方面的论述不是本文的任务,不拟展开,这里只打算对生态美学的产生对美学与文艺学学科的意义深入进行探讨。

　　第一,生态美学的产生进一步促进了新时代美学观念的转向,形成并丰富了生态存在论美学观。生态美学的产生,从美学学科来讲,最重要的意义在于促进了新时代美学观念的转向。可以这样说,从 20 世纪 90 年代以来,"实践美学"与"后实践美学"的讨论一直未取得突破性进展。目前仍处于胶着状态,难以突破。但是,生态美学的产生却可以说是对这场讨论的突破。它作为一种生态存在论美学观,对于"实践美学"的超越和"后实践美学"的形成都具有决定性的意义。实际上,在西方美学史上,美学的"存在论转向"从康德即已开始。康德以前的西方美学大多围于认识论范围,美与审美离不开"摹仿""对称""典型"等范畴。康德第一个将"本体论"引入美学,不仅探索此岸世界中的"真",而且追求彼岸世界中的"善"。美成为沟通真与善、认识与存在、此岸与彼岸的无目的的合目的性形式，最后使美成为"道德的象征"。① 也就是说，在康德看来，美是一种既合规律又合目的的"存在方式"。席勒力倡美育，用以克服资本主义生产的"异化劳动"，也是将"存在"放在非常突出的位置。但在存在论美学的发展中，黑格尔却有很大倒退，他将美看成是绝对理念自发展、自认识的一个阶段，提出"美就是理念的感性显现"②命题，仍是在总体上将美局限于认识论范围。20 世纪以来，资本主义的内在矛盾愈加尖锐，人的生存问题更加紧迫，尼采以其具有强大冲击力的"酒神"精神，强力冲击传统的机械论和虚伪的理性主义，将艺术作为人的一种存在方式，提出艺术"是生命的伟大兴奋剂"③的著名观点。20 世纪 30—40 年代以来，特别是第二次世界大战之后，著名的存在主义理论家萨特针对人类愈加严重的存在危机，提出了一系列存在主义哲学与美学理论，包括"存在先于本质""人是绝对自由的"等著名观点。在美学领域，萨特将艺术作为人的一种自由的存在方式，提出著名的艺术是"由一个自由来重新把握世界"④的观点。海德格尔进一步从艺术与存在关系的角度探索美学问题，他借用荷尔德林的诗句提出"充满才德的人类，诗意地栖居于这片大地"⑤的著名观点。所谓"诗意地栖居"，就是"审美的生存"。它表明了一代哲人对人类当下非美的生存状态的忧虑，对未来审美的生存所寄予的无限期望。上

---

① ［德］康德：《判断力批判》，宗白华译，商务印书馆 1985 年版，第 201 页。
② ［德］黑格尔：《美学》，朱光潜译，商务印书馆 1979 年版，第 142 页。
③ ［德］尼采：《悲剧的诞生》，周国平译，生活·读书·新知三联书店 1986 年版，第 385 页。
④ 朱立元：《现代西方美学史》，上海文艺出版社 1993 年版，第 542 页。
⑤ 胡经之：《西方文论名著选编》下，北京大学出版社 1986 年版，第 582 页。

述对西方存在论美学发展脉络的简要勾勒旨在说明,西方存在论美学始终是同资本主义的发展与现代化的进程紧密相联的,是一个具有极强现实意义的现代课题。而且,存在论美学作为现代西方人文主义美学的主要派别,始终绵延不断,发展充实。在 20 世纪前半期,虽因受到科学主义美学思潮的冲击没有占据主导地位。但到 20 世纪 60—70 年代之后,随着后现代经济与文化形态的产生,存在论美学就逐步成为西方当代美学的主流。生态美学的产生,更是使存在论美学获得丰富的营养,更具强大的生命力,发展成影响巨大的生态存在论美学观。格里芬在《和平与后现代范式》一文中批判现代性的非生态论的生存观,倡导后现代的生态论生存观。他说,"现代范式对世界和平带来各种消极后果的第四个特征是它的非生态论的存在观"。① 生态存在论美学就是在生态论存在观哲学基础上产生的新型美学思想。

　　那么,这种生态存在论美学观同传统存在论美学相比有什么区别,增添了多少新的内容呢? 首先,生态存在论美学观同传统存在论美学相比,丰富了"存在"的范围。存在论美学的基本范畴是"存在",这里的"存在"并不是抽象的处于静态的人的本质,而是此时此地人的"此在",也就是人的当下的生存状态。生态存在论美学观无疑接受了人的这种当下的"此在"内涵,但却将这种内涵不仅局限在人,而是扩大到"人—自然—社会"这样一个系统整体之中。也就是说,生态存在论美学观中人的"此在"包含着自然与社会当下对人的影响,甚至这个"此在"就同时包含着自然与社会当下的生存状态。其次,生态存在论美学观同传统存在论美学

---

① [美]大卫·雷·格里芬:《后现代精神》,王成兵译,中央编译出版社 1998 年版,第 224 页。

相比，改变了"存在"的内部关系。传统存在论美学虽然借助现象学的理论与方法，试图摆脱二元论与机械论观点，但却没有完全做到。因此，它所说的"存在"是指处于孤立状态的人。人同他人的关系是敌对的，所谓"他人是地狱"。人的现实状况是"被抛弃的"，因而孤独与焦虑成为"此在"的主要状态。这种处于孤独与焦虑状态、把他人看作地狱的人，肯定也是对自然与社会持敌对态度的。但生态存在论美学观却与此相反，从系统整体性与建设性出发，提出"主体间性"的概念，力图抛弃现代哲学中主体无限膨胀的理论和个人主义观点，从人与他人的平等关系中来确定"自我"的位置，消除人我之间的对立。正如王治河在《后现代精神》一书中文版的代序中所说，"在人与人的关系上，后现代主义则屏弃现代激进的个人主义，主张通过倡导主体间性来消除人我之间的对立。在后现代思想家看来，'个人主义已成为现代社会中各种问题的根源'。对'自我'的坚执往往是以歪曲、蔑视、贬低他人为条件的，其结果是导致人我的对立（萨特的'他人是地狱'），而周围都是地狱又哪里有自我的自由可言？后现代主义将人不是看作一个实体的存在，而是关系的存在，每个人都不可能单独存在，他永远是处在与他人的关系之中的，是关系网络中的一个交汇点。在这个意义上，他们称人为'关系中的自我'（Self-in-relation），因此，'主体间性'内在地成为'主体''自我'的一个'重要方面'"①。在人与自然的关系中，生态存在论美学观摒弃了传统存在论美学中"人类中心主义"的观点，不是把人看成主宰，对自然可以任意的宰割和处置，而是将人与自然放在平等和

---

① 王治河：《后现代主义与建设性（代序）》，见［美］大卫·雷·格里芬编《后现代精神》，中央编译出版社1998年版，第10—11页。

谐的关系之中,如同朋友和对话者。再次,生态存在论美学观同传统存在论美学相比,进一步拓宽了观照"存在"的视角。在传统存在论美学之中,"存在"被界定为人的此时此地的"此在",时空界限明确。而生态存在论美学观,对"存在"的观照视野则大大拓宽了。从空间上看,生态存在论同最先进的宇宙科学相联系,从太空的视角来观照地球与人类。自从 20 世纪 60 年代人造宇宙飞船升天并环绕地球航行之后,从广袤的宇宙空间观看地球,地球只是一个小小的蓝色发光体,似乎顷刻之间就会像一颗流星那样消逝,显得如此脆弱。人类只是这个宇宙间小小星体的一个极其微小的"存在"。因此,从如此辽阔的空间观照人的存在,不是更加感到人与地球的共生存同命运的休戚与共的关系吗? 不是更加感到人的"此在"不可能须臾离开地球吗? 从时间上看,生态存在论坚持可持续发展的观点,认为人的存在尽管是处于当下状态的"此在",但这个"此在"是有历史的,既有此前多少代人的历史积存,又要顾及后代的长远栖息繁衍。这样的时空观照就改变了传统存在论美学中"此在"的封闭孤立状态,拓宽其内涵,赋予其崭新的含义。还有,生态存在论美学观同传统存在论美学相比,进一步完善与丰富了它的审美价值内涵。传统存在论美学所包含的审美价值取向是比较消极与负面的,他们所说的"存在"是一种被抛入的焦虑、忧愁等一系列低沉消极的心理状况,尽管在其审美观中增加了"自由选择"的主体活动空间,给这种低沉心理增添了些许亮色,但也并没有根本改观。正如美国后现代理论家理查·A.福尔柯所说,"让-保罗·萨特把现代存在同面对现实时的恶心感相联系,以此来说明其荒谬性。现代性从其深层的、最终的意义上讲是无根的,因为它给我们的存在赋予了超出我们的必死性之外的意义"。"从这种更广泛的意义上看,后现代意味着去重新发现能够给人类存在赋予意义的合理的精神基础。"①这就说明,从生态存在论美学观来看,作为后现代的重要思潮之一,它更立足于建设与重构。也就是说,它以"人—自然—社会"构成系统整体的理论为指导,着力于建设一个人与自然社会和谐协调发展的、人与其他生命共享的美好物质家园与精神家园。正是基于以上情况,我们认为,生态存在论美学观在价值观上同传统存在论美学相比更加积极和正面。不仅如此,传统存在论美学受传统的二元论与机械论哲学思想影响,只承认人具有独立的审美价值,而否定自然界具有独立的审美价值,自然界的美是由人的主体决定的。于是,在传统美学中,出现了"移情""外射""偷换"等等理论观点。传统存在论美学只承认主体的"自由选择"的审美能力,甚至梵·高的名画《鞋》的美学特性也由主体的理解产生。但生态存在论美学观却打破了这样的理论樊篱,坚持认为自然界万事万物,无论是动物、植物等有生命的物体,乃至于山脉、大河、岩石等无生命的物体统统具有自身的"内在价值",包括自身内在的"审美价值"。也就是说,在他们看来,自然界本身也有"美感"。这是一个十分敏感的问题,有待于进一步讨论。但无论如何,在自然具有自身独有的内在审美价值这一点上,生态存在论美学观是对传统存在论美学的一个重要突破。最后,生态存在论美学观将一系列生态学原则吸收到自己的理论体系之中,从而同传统存在论美学相比,极大地丰富了美学理论的范围。传统存在论美学纯粹从人的"存在"这一现代人本主义的角度来阐发自己的美学思想,而生态存在论美学观则将生态学的

---

① [美]理查·A.福尔柯:《追求后现代》,见[美]大卫·雷·格里芬编《后现代精神》,王成兵译,中央编译出版社 1998 年版,第 127 页。

一系列原则借鉴吸收到美学理论之中,极大地拓展了美学理论的范围。前已说到,现代生态学的最基本的原则就是系统整体论的观点,在此前提下,又有平衡规律、对立统一规律、反馈转化规律与物质循环代谢规律等。正如我国著名生态学家马世骏教授所说,"基本生态规律有:一,作用与反作用,即输出与输入平衡的规律;二,排斥与结合,即对立统一规律,是自然界生物群落中的普遍现象;三,相互依赖与制约,即反馈转化规律,又称数量极限规律;四,物质生生不已和循环不息的再生,即互生规律,又称物质循环的代谢规律"①。这些生态学原则经过融合、加工,被吸收进生态存在论美学观之中,成为美学理论中的"绿色原则"。总之,生态存在论美学的提出在我国当前美学领域具有极为重要的作用。我个人认为,它标志着由"实践美学"到"后实践美学"的过渡初步完成。当然,我并不主张直接地全盘地将西方生态存在论美学观拿过来运用,而是强调要经过必要的改造,并吸收"实践美学"的有价值成分,也就是其能动的唯物主义哲学基础,从而使之成为建立在社会实践基础之上的生态存在论美学。这就终于找到了一种符合当代特点的、同时又具相当科学性的美学理论形态。

　　第二,生态美学的实际应用派生出文学的生态批评,进一步丰富了文学批评的视角。生态批评是当代西方正在兴起的一种新的批评方法,是生态美学的实际应用。生态批评的发展充分说明生态美学的重要作用与意义。据有关学者提供的资料显示,在文学领域中最早介入生态批评的学者,是1925年美国一位博士

---

① 转引自余谋昌《生态哲学》,陕西人民教育出版社2000年版,第43—44页。

生的博士论文,但直到 1978 年一篇题为《文学与生态学:一种生态批评主义的实验》发表,文学生态批评才正式提出。生态批评真正引起了人们的重视并成为热点,则要到 20 世纪 90 年代中期以后。美国学者但纳·菲利普指出:"对某些人来说,生态批评的反理论精神,似乎是完全值得赞赏的,因为它给批评界吹入了一股新鲜的空气(虽然这一说法在本文中过于武断)。1995 年《纽约时代杂志》上发表的一篇文章中,杰·帕理尼对这种新批评方式的正式登台亮相表示了欢迎;同年夏季在科罗拉州举行了一次会议,则成为生态批评开始的标志,有数百名未来的生态批评家们出席这次会议,其中有我本人。杰·帕理尼解释了生态批评的起源,指出它是'一种向行为主义和社会责任回归的标志';它象征着那种对于理论的更加唯我主义倾向的放弃。从某种文学的观点来看,它标志着与写实主义重新修好,与掩藏在符号海洋之中的岩石、树木和江河及其真实宇宙的重新修好。"①这一段论述基本上阐明了文学生态批评在美国的发展与内涵。菲利普将 1995 年夏作为文学生态批评开始的标志,而对其内涵,他则概括了五点:一是"向行为主义的回归",强调人与动物具有更多共同性。因为行为主义是兴起于 20 世纪初期的一种心理学理论,以"刺激—反应"的公式作为行为的解释原则,后因否定人与动物的质的差别而受到批判。向行为主义的回归即强调动物与人两者的同一性,反对"人类中心主义"。二是"向社会责任的回归",是对工业化所造成严重环境污染的一种谴责,认为它不仅戕害当代,而且遗患后代,必须呼唤社会责任,呼唤社会良知。三是"对理论

---

① [美]但纳·菲利普:《生态批评,文学理论与生态学的真实性》,见王宁编《新文学史》,清华大学出版社 2001 年版,第 289 页。

的更加唯我主义倾向的放弃",是反对由机械论与个人主义所导致的对人类利益和主体欲望无限膨胀的趋势,进一步反对"人类中心主义"。四是"标志着与写实主义的重新修好",是对现代派艺术扭曲自然,大量描写暴力、黑暗、丑陋与污秽的一种鞭挞,要求持现实主义的歌颂自然的态度。五是"与掩藏在符号海洋之中的岩石、树木和江河及其真实宇宙的重新修好",这是对文学创作中将自然看作"他性"、自然与人对立、大肆描写人类施虐自然的一种批判,要求把自然看作人类的朋友,人类的家园。实际上,生态批评的方法对其他批评方法也产生巨大的影响,有着十分密切的关系。因为,生态批评坚持一种系统整体论的观点,主张和谐、均衡、适度的原则,因此给阶级、性别、种族等十分流行的文学批评视角注入了新的内容。这也是生态批评方法得到迅速流行的重要原因。生态批评方法的兴起同文学批评中业已流行的社会批评、精神分析批评、神话—原型批评与格式塔心理学批评等方法一起为文学批评增添了新的批评武器和视角。同时,也可以运用文学批评的阵地宣传生态理论,推动环保运动,改善人类的生存环境。

　　第三,在生态美学的影响与引导下,必然极大促进生态文学的发展,从而拓展文学创作的题材、观念和内容。生态美学的产生必然极大地影响文学创作,有力促进生态文学的发展。生态文学又称"绿色文学",也分狭义与广义两种。狭义的生态文学纯以人与自然的关系为题材,或对自然进行讴歌,或对生态破坏进行有力控诉,或者表达对大自然的一种依恋之情。广义的生态文学则是以生态存在论美学观为指导,按照系统整体、生态平衡的哲学—美学观念来进行创作,题材不局限于人与自然的关系,而可以更为广泛。但目前在通常的意义上还多是持狭义生态文学的观点。因为,广义生态文学有难以把握的困难。只是目前无论在世界范围,还是在我国,真正的生态文学还为数不多。说起生态文学,人们便会马上想起生态文学的发轫之作,即美国女记者蕾切尔・卡逊的长篇报告文学《寂静的春天》。这部书出版于1962年,作者以感人的笔触、生动的事例、高尚的情怀描写了农药给天空、大地和海洋所带来的严重污染,给无数生命所造成的戕害,使一个有声有色的春天变成了荒凉死寂的春天。这部书以其独特的生态学视野,强烈的人文关怀精神,产生了巨大的震撼作用,成为西方生态文学的开路先锋。我国作家徐刚于20世纪80年代中期所写长篇报告文学《伐木者,醒来》,以及此后结集出版的有关生态保护的六卷本《守望家园》,都贯穿着热爱自然、关怀人类的"绿色的情感纽带"。其他,如张承志、张炜、史铁生等人的作品也都不同程度地体现着"生态学含义"。总之,生态文学正是生态美学所开出的鲜艳花朵,是一个方兴未艾的文学园地,有待于大力推进,使之繁荣发展。这不仅能为文学园地增光添彩,而且从文学特有的视角,宣传生态生存论观念,促进可持续发展战略,协调人与自然的关系,造福子孙后代,造福人类。

第四,生态美学的发展有利于进一步继承发扬中国传统的生态美学智慧。中国先秦时代有着极为丰富和宝贵的反映我国先民智慧的哲理思想,包括大量的生态学智慧。特别集中地反映于以老庄为代表的道家学派的思想理论之中。这一点受到西方许多学者的一致肯定。澳大利亚环境哲学家西尔万(Richard Sylvan)和贝内特(David Bennett)认为,"道家思想是一种生态学的取向,其中蕴含着深层的生态意识,它为'顺应自然'的生活方式提供了实践基础"①。

---

① 转引自余谋昌《生态哲学》,陕西人民教育出版社2000年版,第212页。

众所周知,道家的"天人合一"理论,是力主人与自然宇宙和谐协调的。其"道法自然""无为"等理论,主张顺应自然规律,不可强不为而为之,以至于违背天时。正如老子所说,人应"辅万物之自然而不敢为"。也就是说,人应克制个人欲望,顺应万物本来的情形,不要破坏万物本来的状态。庄子的理论则是一种人类早期的存在论诗性哲学。他不满于人的现实生存状态,追求自身与自然自由统一的"逍遥游"的审美生存状态,具有极高价值。即使是《周易》的阴阳变易的理论,也是主张人应遵循自然规律,做到与自然和谐统一。所谓"一阴一阳之谓道",就是阐明了天地、阴阳对立统一和谐一致的普遍规律。这些早期人类的生态学智慧都是极其宝贵的精神财富,中华民族的文化瑰宝。生态美学的发展可以使我国早期的这些生态学智慧同当代结合,重新放射出夺目的光辉。当然,对中国传统的生态美学智慧在评价上也还有不同。有人以为,道家"天人合一"思想是小农生产状态下的产物,带有某种蒙昧和迷信色彩;而且,中国历史上严重的生态破坏恰从反面证实了这些生态智慧的软弱无用。在我看来,这些看法虽不能不说有一定道理,但我们所说的生态智慧是特指先秦时代对先民们早期智慧的某种哲学理论反映形态,同东汉以后道家学说的迷信化、封建化无关。而且,这些理论智慧还须经过认真的清理、改造,结合当代现实适当加以吸收,并非全盘搬来使用。

三

　　生态美学作为一种后现代语境下的生态存在论美学观,从目前的情况看,还只是一个重要的理论问题,并没有形成一个独立的学科。因为,作为一个独立的学科,要有独立的研究对象、研究内容、研究方法、研究目的及学科发展的趋势这五个基本要素。目前,生态美学在这些方面还不完全具备条件。目前,我们应更好地将生态学与美学相结合,使之更加紧密地统一起来,科学地确定自身的逻辑起点。从目前看,这一逻辑起点到底是什么?是否可将其定为"生态存在美"呢?又如何确定其内涵及发展轨迹?这些都需要进一步探讨。

对于格里芬等人所提出的后现代思想与生态存在论理论,我们也要进行必要的批判吸取与清理。因为格里芬等人大都是神学教授,他们的后现代思想带有浓郁的宗教倾向。应该说,他们是一批有见解的宗教改革派。因为,在西方基督教中,特别是在《圣经》中,是主张人与自然对立的。但格里芬等人紧跟时代发展,将系统整体性等后现代思想引进基督教之中,使之更好地适应现实。当然,我们不能因为他们的信仰而漠视其敏锐的见解、深刻的分析,以及有价值的理论成果。但也不可否认,其理论成果中伴随着宗教色彩。他们在论述中,常常自觉或不自觉地将其生态存在论引向"万能"的上帝和神秘的天国。而且,由其宗教立场决定,他们常常情不自禁地批判否定唯物主义理论,并进而提出使一切事物都具有"神圣性"的"世界的复魅"。格里芬指出:"由于现代范式对当今世界的日益牢固的统治,世界被推上了一条自我毁灭的道路,这种情况只有当我们发展出一种新的世界观和伦理学之后才有可能得到改变。而这就要求实现'世界的返魅'(the enchantment of the world),后现代范式有助于这一理想的实现。"①所谓"世界的返魅"是针对"世界的祛魅"的。因为,在

---

① [美]大卫·雷·格里芬:《和平与后现代范式》,见[美]大卫·雷·格里芬编《后现代精神》,王成兵译,中央编译出版社1998年版,第222页。

远古时代，人类社会早期，人们对世界的认识处于初始阶段，对许多自然现象难以理解，只能借助于原始宗教。原始宗教大多是"万物有灵论"，认为天地运行、动植物生长都被神灵左右，具有深厚的神秘的宗教色彩。到了现代社会之后，随着科技发展，人们逐渐掌握了天地万物运行生长的规律，揭去其神秘的面纱，进入唯物主义无神论的道路，这就是"世界的祛魅"。但格里芬等人却把这种唯物主义无神论的"祛魅"看作是一种机械唯物主义，是导致"人类中心主义"的直接原因。相反，他们所倡导的"后现代"世界观却要实行"返魅"，回到宗教统治的有神论时代，以为只有这样自然才会丢弃"他性"，具有独立于人类的"内在价值"。我个人尽管赞成后现代生态存在论世界观的确立，但却不赞成"世界的返魅"。也就是说，不同意回到宗教的时代。当然，我也不赞成"人类中心主义"，这种"人类中心主义"也的确同主客对立的机械唯物主义有关。但我认为，马克思主义的实践唯物主义同这种机械唯物主义迥然不同。因为，马克思主义的实践唯物主义既承认世界的客观性，同时更重视人类的能动实践作用。在实践中，不仅有"人化的自然"，同时自然也反作用于人类，成为"人的对象化"。因此，笼统地对唯物主义加以否定批判是不正确的。至于自然是否具有独立于人类的"内在价值"，这是一个比较复杂的问题。一方面，"人类中心主义"确实偏颇，自然决不仅仅是"他性""工具""被宰割的对象"，自然同样也具有自己独立于人类的运行规律，并成为地球这个大家园的不可缺少的有机组成部分。人类的任何价值都不能离开自然，人类的生死存亡也都离不开自然。这就是后现代"人—自然—社会"的系统整体性观念，是一种崭新的生态存在论世界观。但自然是否同人类一样具有独立的"内在价值""内在精神"，却是又同"返魅""万物有灵"等宗教神学观相联系，显得十分敏感，须谨慎对待。目前，还是以坚持"人类与自然整个生态系统构成中心"这样的观点为宜。与此相关的，还有一个自然美的客观性问题。许多生态理论家认为，既然自然具有独立于人类的"内在价值""内在精神"，那么自然就有独立于人类的美与美感。有的论者将我们过去看作生物本能的动物因求偶尔进行的啼鸣与展翅等都看作动物独有的美与美感。这种自然的客观美又同机械唯物主义从对象的典型性的角度认为自然具有不以人的意志为转移的客观美的观点不同。这种自然美同自然的"内在价值""内在精神"的观点紧密相联。我个人一方面不同意"实践美学"完全以"人化的自然"来解释自然美的理论，同时也难以接受从自然的"内在价值""内在精神"的角度来理解"自然美"。我认为，还是从生态存在论美学观的角度来理解自然美。也就是说，凡是符合系统整体性，有利于改善人的生态存在状态的事物就是美的，反之，则是丑的。

再一个十分敏感的问题，就是生态美学的发展如何正确对待现代化及现代科技的问题。有的论者由于看到环境与生态的破坏是现代化的恶果之一，也同科技活动中工具理性的泛滥有关，因而走到否定现代化和科技的道路，主张抛弃科技，回到现代化之前的时代。实际上，这是对现代化与现代科技的一种片面的理解。因为，尽管现代化和现代科技的发展造成了严重的生态恶化后果，但现代化与现代科技同时也给人类社会生活带来巨大进步，对社会的前进发展起到了巨大的推动作用。而人类社会的未来发展，也还要借助于科技的巨大动力。更为重要的是，这种回到过去的观点实际上是一种非历史主义态度。因为，历史主义不仅承认历史的事实，而且承认历史发展的规律，反对历史的倒退。正是从这样的角度，我们认为，没有现代性，也就没有后现代性;没有现代化过程中的生态系统的破坏,也就没有现代生态学理论及生态存在论美学观的产生。这恰是一个历史发展的必然过程,不可能颠倒或倒退。正如美国理论家但纳·菲利普所说,"但是,假定对环境危机的解决意味着回归过去——'从都市的梦境里醒过来'——却忽视这样一个事实,即我们对环境的理解是通过农业、工业化以及相伴随的科学之兴起从而引起自然的解体而发生的。换句话说,如果没有环境危机,可能就不会存在'环境想象',顶多将只是一种不经意的意识而已。亦将不会需要生态学家们意欲去理解和修复自然世界这个遭到了损坏的机械装置"①。

　　生态存在论美学观的提出还使我们面对一个这样的问题:生态存在论美学观与实践美学的关系。前文已经谈到,生态存在论美学观是在我国美学由"实践美学"到"后实践美学"以及由"内部研究转到外部研究"的美学转向的过程中产生的。众所周知,"实践美学"有其不可磨灭的历史功绩,至今仍有其有价值的积极成分,但它又的确难以适应当前社会与学术发展的趋势。目前需要出现一种新的美学理论形态,既可保留实践美学的有价值的积极成分,又突破其局限,从而实现真正的超越。这样的理论,我个人认为就是生态存在论美学观。我认为,我们所建立的生态存在论美学观当然要吸收西方当代生态存在论的许多重要理论、概念,但又要对其批判地借鉴。那就是一方面要使其适合中国国情,同时又要以马克思主义的实践唯物主义为基本指导。为此,我们提出建立以社会实践为基础的生态存在论美学。这是一个比较复

①[美]但纳·菲利普:《生态批评,文学理论与生态学的真实性》,见王宁编《新文学史》,清华大学出版社 2001 年版,第 310 页。

杂的理论课题,我将另有专文阐述。

　　总之,生态存在论美学观的提出只是对实践美学超越的一种探索,还需要进一步丰富、展开与发展。我期望这样的探索能给众多的理论研究者以某种启发,包括正面的,也包括反面的。

当代生态文明视野中的
生态美学观①

生态美学是 20 世纪 90 年代中期,在世界范围内由工业文明到生态文明转型和各种生态理论不断发展的情况下,由中国学者提出的一种崭新的美学观念。它以人与自然的生态审美关系为基本出发点,包含人与自然、社会以及人自身的生态审美关系,是一种包含着生态维度的当代存在论审美观。实际上,它是美学学科在当代的新发展、新延伸和新超越。

一

20 世纪中期以来,工业文明所造成的生态危机日益严重,对人类的生存构成极大威胁,于是一种崭新的对工业文明进行反思和超越的生态文明应运而生。《光明日报》2004 年 4 月 30 日发表的《论生态文明》一文指出:"目前,人类文明正处于从工业文明向生态文明过渡的阶段。"又说:"生态文明是人类文明发展的一个新的阶段,即工业文明之后的人类文明形态。"我国对生态文明的肯定与强调恰是建设有中国特色社会主义现代化道路的重要表

①原载《文艺评论》2005 年第 4 期。

征之一，是对资本主义工业文明的重要超越。人类社会对传统工业文明的批判和新的社会文明的转型早在 20 世纪 60 年代即已开始。1962 年，美国著名海洋生物学家蕾切尔·卡逊在其具有里程碑意义的名著《寂静的春天》中说："现在，我们正站在两条道路的交叉口上。这两条道路完全不一样……。我们长期以来一直行驶的这条道路使人容易错认为是一条舒适的、平坦的超级公路，我们能在上面高速前进。实际上，在这条路的终点却有灾难等待着。这条路的另一条岔路——一条很少有人走的岔路——为我们提供了最后唯一的机会让我们保住我们的地球。"①卡逊在这里所说的舒适的路，即我们习以为常的工业文明所坚持的经济无限增长、最后引起生态危机的灾难之路。而她所说的另一条路，则是唯一可选择的保住地球环境的生态文明之路。1973 年，英国著名历史学家阿诺德·汤因比在《人类与大地母亲》的第八十二章"抚今追昔，以史为鉴"的最后写道："人类将会杀害大地母亲，抑或将使它得到拯救？如果滥用日益增长的技术力量，人类将置大地母亲于死地，如果克服了那导致自我毁灭的放肆的贪欲，人类则能够使她重返青春，而人类的贪欲正在使伟大母亲的生命之果——包括人类在内的一切生命造物付出代价。何去何从，这就是今天人类所面临的斯芬克斯之谜。"②汤因比以其历史学家的远见卓识，从当代生态哲学"生态圈"的理论高度，又一次提出了人类面临何去何从的问题，给人类以深刻的警示。

---

① [美]R.卡逊:《寂静的春天》，吕瑞兰译，科学出版社 1979 年版，第 292、48 页。

② [英]阿诺德·汤因比:《人类与大地的母亲》，徐波莱译，上海人民出版社 2001 年版，第 529 页。

　　社会经济的转型必然要求包括美学在内的文化也随之转型。著名的罗马俱乐部发起人贝切伊认为人类对于自然的无限扩张实质上是"人类文化发展的一个巨大过失"①。而著名环保组织塞拉俱乐部的前任执行主席麦克洛斯基则明确指出，随着社会转型需要一场价值观和世界观的革命。他说："在我们的价值观、世界观和经济组织方面，确实需要一场革命。因为，文化传统建立在无视生态地追求经济和技术发展的一些预设之上，我们的生态危机就根源于这种文化传统。工业革命正在变质，需要另一场革命取而代之，以全新的态度对待增长、商品、空间和生命。"②生态文明的到来对美学也提出了一系列新的课题，要求工业文明时代理性主导下的美学理论进行必要的转型，以适应生态文明新形势的要求。1984 年 12 月 10 日，当代法国著名美学家杜夫海纳与澳大利亚著名哲学家帕斯默应日本著名美学家今道友信之邀聚会东京，就生态文明时代的生态伦理学以及与之有关的美学问题交换了意见。正如今道友信在开场白中所说："20 世纪后半叶，由于科学技术的发展，人类的生活环境与以前相比，发生了截然不同的变化。过去，说到环境，在公共方面，主要只是指自然；此外，也多少涉及个人的文化环境。然而今天，技术关联已经成为环境。因此，我认为有必要根据这种生活环境的激变而树立新的伦理，提倡 eco—ethics（生态伦理学）。Eco 是 ecology（生态学）的 eco，是希腊语中的家、住处一词的引申，也就是生存环境。因此，生态伦理学就意味着适应人的生存环境的伦理学，它是包含着解决在

---

① 转引自徐崇温《全球问题与"人类困境"》，辽宁人民出版社 1986 年版，第165 页。
② 转引自王诺《欧美生态文学》，北京大学出版社 2003 年版，第 69 页。

现代科学技术的环境中产生的新问题的思考。——与此相同,在美学上也产生了极大的问题。"①而格林·洛夫则在《重新评价自然》一文中提出"承认自然的优先地位,承认建立包括人类与自然在内的新伦理学和美学的必要性"②。在西方,生态批评作为生态美学的实践形态从20世纪70年代以来开始蓬勃发展,逐渐成为显学。英国《卫报》发表的影响很大的文章《在绿色团队里》就认为,结合了社会批评、女性主义批评和后殖民批评的生态批评必将成为文学批评的主流③。与此同时,生态哲学、生态伦理学、生态政治学等生态方面的各种理论也繁荣发展起来了。就是在这样的形势下,我国美学工作者结合我国的实际情况,借助于丰富的传统生态智慧,提出了生态美学这一崭新的美学理论观念,成为了我国美学和文艺学领域的一个新亮点。

二

西方文学生态学和生态批评的哲学基础是西方当代生态哲学。主要代表是挪威哲学家阿伦·奈斯的"深层生态学"和德国哲学家海德格尔的当代生态存在论哲学。阿伦·奈斯主要通过对生态问题的深层追问,深入价值论与社会层面,探索"怎么样""为什么"等深层根源,并由此提出"生态自我""生态平等"与"生

①[日]今道友信编:《美学的将来》,广西教育出版社1997年版,第261—262页。

②[美]切瑞尔·格罗费尔蒂、哈罗德·弗罗姆编:《生态批评读本:文学生态学的里程碑》,美国乔治亚大学出版社1996年版,第239页。

③转引自王诺《生态批评:发展与渊源》,见鲁枢元主编《精神生态与生态精神》,南方出版社2002年版,第48页。

态共生"等生态智慧。海德格尔则立足于人与自然的平等游戏，由遮蔽走向澄明之境，实现人的"诗意地栖居"。他们的思想都是对传统的主客二分思维模式与主体性观念的突破，包含着有机整体和"主体间性"的当代哲学内涵，成为当代哲学转型的重要表现。但它们又都具有浓厚的唯心主义倾向和神秘主义色彩。因此，我们在吸收以上理论有价值成分的前提下，将我们的生态美学观奠定在马克思的唯物实践存在论的哲学基础之上。马克思与恩格斯于1845—1846年在《德意志意识形态》中将共产主义者称作"实践的唯物主义者"①。这种唯物实践观迥异于当代西方包括生态哲学在内的各种哲学形态。它不是从抽象的观念和意识出发，而是从活生生的社会生活出发。诚如马克思所说，"不是意识决定生活，而是生活决定意识"②。这一理论作为对于传统机械唯物认识论的突破进入当代存在论的更深层面是十分明显的。马克思首先对于"存在"作了不同于西方现代存在主义哲学的唯物主义阐释。他认为，"存在"不是一种观念的精神状态，而是人的实际生活过程。他说："意识在任何时候都只能是被意识到了的存在。而人们的存在就是他们的实际生活过程。"③马克思指出，对于包括事物、现实和感性在内的人的存在不能像主客二分的旧唯物主义那样只是从客体的或主观的形式去理解，而必须"把它们当作人的感性活动，当作实践去理解"④。十分重要的是，马克思还把通过社会实践对私有财产的积极扬弃作为人的一

①《马克思恩格斯选集》第1卷，人民出版社1972年版，第48-页。
②《马克思恩格斯选集》第1卷，人民出版社1972年版，第31页。
③《马克思恩格斯选集》第1卷，人民出版社1972年版，第16页。
④《马克思恩格斯选集》第1卷，人民出版社1972年版，第16页。

切感觉和特性获得彻底解放的必要前提。他说:"因此,私有财产的扬弃,是人的一切感觉和特性的彻底解放;但这种扬弃之所以是这种解放,正是因为这些感觉和特性无论在主体上还是在客体上都变成人的。"①而所谓"人的一切感觉和特性的彻底解放"就是同"非人"的生存状态相对立的人的审美的生存。在这里,十分重要的是我们对于马克思唯物实践存在论应该给予完整的准确理解,也就是应该将其前后相关的论著结合起来理解。当然,我们在研究马克思的唯物实践存在论时应持一种与时俱进的发展态度,吸收20世纪以来哲学发展、特别是生态哲学发展的崭新成果,将其补充进马克思的唯物实践存在论之中。以这种理论作为当代生态美学的哲学基础就将生态美学奠定在科学的哲学理论根基之上,从而避免了西方当代生态理论诸多唯心和神秘的消极因素。

　　更为重要的是,这一点在我国具有特别重要的意义,它可以成为新的生态美学与传统的实践美学相衔接的桥梁。实践美学是新中国成立后美学研究的重要成果,在当时具有重要的理论价值和时代先进性。但随着社会文化与哲学的转型,实践美学必然要随之发展并被新的理论观念所超越。当代生态美学观的提出就是对实践美学的一种超越,但这种超越又不是对实践美学的抛弃,而是建立于对实践美学继承的基础之上。其超越之处主要表现于以下四个方面:其一,是由美的实体性到关系性的超越。众所周知,实践美学力主美的客观性,将美看作不以人的意志为转移的客观实体,而生态美学观却将美看作人与自然之间的一种生态审美关系。这就突破了对美的主客二分的僵化理解,将其带入

────────

① 《马克思恩格斯全集》第42卷,人民出版社1979年版,第124页。

有机整体的新境界。其二,是由主体性到主体间性的超越。实践美学特别张扬人的主体力量,人对自然的驾驭应有其正确之处,但其不当之处在于完全将美看作"人的主体性的最终成果"①。这就完全抹杀了自然的价值,表现出明显的人类中心主义色彩。而生态美学观则将主体性发展到"主体间性",强调人与自然的"平等共生",这是一种新的哲学转型在美学研究领域的反映。其三,在自然美的理解上由"人化的自然"到人与自然平等共生亲和关系的超越,也是由"自然的祛魅"到部分的"自然的复魅"的过渡。实践美学关于自然美完全是用通过社会实践,人对自然的"人化"来加以解释的,这实际上同工业革命以来所力倡的"自然的祛魅"相一致,而完全抹杀了自然所特具的不完全为人所了解的魅力。关于自然美,李泽厚说道:"自然美的崇高,则是由于人类社会实践将它们历史地征服之后,对观赏(静观)来说成为唤起激情的对象。所以实质上不是自然对象本身,也不是人的主观心灵,而是社会实践的力量和成果展现出崇高。"对于诸多未经人类改造的自然对象如何会成为审美对象,李泽厚解释道:"只有当荒漠、火山、暴风雨不致为人祸害的文明社会中,它们才成为观赏对象。"②这就完全抹杀了自然对象本身特有的包括其潜在审美价值在内的魅力,应该说这种观点是不全面的。而生态美学观则在承认自然对象特有的神圣性、部分的神秘性和潜在的审美价值的基础上,从人与自然平等共生的亲和关系中来探索自然美问题,这显然是美学领域的一种突破和超越。其四,是由美的单纯认识论考察到存在论考察的超越。实践美学过于强调审美的认识层

①《李泽厚哲学美学文选》,湖南人民出版社1981年版,第161页。
②李泽厚:《批判哲学的批判》,人民出版社1979年版,第404页。

面,而相对忽视了审美归根结底是人的一种重要的生存方式与审美所必须包含的生态层面。而生态美学观却将审美从单纯的认识领域带入崭新的存在领域,并将不可或缺的自然的生态维度带入审美领域,这不能不说是一个重要的超越。

三

生态美学观最重要的理论原则是生态整体主义原则,它是对"人类中心主义"原则的突破和超越。长期以来,特别是欧洲 17 世纪开始的理性主义的兴起,导致了人类中心主义的兴盛。培根力倡"新工具论",鼓吹"工具理性"和"人类中心",他坚信人类是"自然的主人和所有者",声称自己"已经获得了让自然和它的所有儿女成为你的奴隶,为你服务的真理"。这个真理就是:"如果我们考虑终结因的话,人可以被视为这个世界的中心;如果这个世界没有人类,剩下的一切将茫然无措,既没有目的,也没有目标,……整个世界一起为人服务;没有任何东西人不能拿来使用并结出果实。"[1]法国的勒内·笛卡尔提出著名的"我思故我在",则把具有理性精神的人推到决定包括自然在内的一切事物的极端。康德则提出著名的"人为自然立法"的观点。他说:"范畴是这样的概念,它们先天地把法则加诸现象和作为现象的自然界之上。"[2]这种传统的理性主义的"人类中心主义"理论,从 20 世纪中期以来就受到当代各种哲学理论的挑战。1961 年雅克·德里达

---

[1]《马克思恩格斯选集》第 1 卷,人民出版社 1972 年版,第 16 页。
[2] 转引自赵敦华《西方哲学简史》,北京大学出版社 2000 年版,第 436—437 页。

在《书写与差异》之中提出了著名的"去中心"的理论观点,他运用结构主义方法最后得出"去中心"的解构主义理论。他在文中揭示出一个中心既可在结构之内又可在结构之外因而并不存在的悖论,并由此得出结论说:"这样一来,人们无疑就得开始去思考下述问题:即中心并不存在,中心也不能以在场者形式去被思考,中心并无自然的场所,中心并非一个固定的地点而是一种功能、一种非场所,而且在这个非场所中符号替换无止境地相互游戏着。"①米歇尔·福柯则于 1966 年在《词与物》中明确提出了"人的终结",即"人类中心主义的终结"的观点。他说:"在我们今天,并且尼采仍然从远处表明了转折点,已被断言的,并不是上帝的不在场或死亡,而是人的终结。"他又说:"我们易于认为:自从人发现自己并不处于创造的中心,并不处于空间的中间,甚至也许并非生命的顶端和最后阶段以来,人已从自身之中解放出来了;当然,人不再是世界王国的主人,人不再在存在的中心处进行统治。"②这其实是一场哲学的革命,即从人类中心主义转向生态整体主义。诚如美国环境哲学家 J.B.科利考特所说,"我们生活在西方世界观千年的转变时期——一个革命性的时代,从知识角度来看,不同于柏拉图时期和笛卡尔时期。一种世界观,现代机械论世界观,正逐渐让位于另一种世界观。谁知道未来的史学家会如何称呼它——有机世界观、生态世界观、系统世界观"③。这种新

① [法]雅克·德里达:《书写与差异》,张宁译,生活·读书·新知三联书店 2001 年版,第 505 页。
② [法]米歇尔·福柯:《词与物》,莫伟民译,上海三联书店 2001 年版,第 503 页。
③ [法]米歇尔·福柯:《词与物》,莫伟民译,上海三联书店 2001 年版,第 454 页。

的生态世界观就是突破"人类中心主义"的生态整体主义世界观。它的产生具有重大意义,正如著名的"绿色和平哲学"所阐述的那样:"这个简单的字眼:生态学,却代表了一个革命性观念,与哥白尼天体革命一样,具有重大的突破意义。哥白尼告诉我们,地球并非宇宙中心;生态学同样告诉我们,人类也并非这一星球的中心。生态学并告诉我们,整个地球也是我们人体的一部分,我们必须像尊重自己一样加以尊重。"①

　　生态整体主义最主要的表现形态就是当代深层生态学,其核心观点就是"生态平等",也就是主张在整个生态系统中包括人类在内的万物都自有其价值而处于平等地位。长期以来,围绕生态整体主义中之"生态平等"观是反人类中心主义还是反人类,展开了激烈的争论,对生态平等观之反人类倾向的指责始终没有停止。美国前副总统阿尔·戈尔是一位具有强烈环保意识的政治家,但他也认为生态整体主义之生态平等观具有反人类倾向。他说:"有个名叫深层生态学的团体现在名声日隆。它用一种灾病来比喻人与自然关系。按照这一说法,人类的作用有如病原体,是一种使地球出诊发烧的细菌,威胁着地球基本的生命机能。——他们犯了一个相反的错误,即几乎从物质主义来定义与地球的关系——仿佛我们只是些人形皮囊,命里注定要干本能的坏事,不具有智慧或自由意志来处理和改变自己的生存方式。"②在这里,戈尔表现出了许多偏见。首先,生态整体主义之生态平等观恰恰不是从物质的意义上来定义人与地球的关系,而是超越

---

①转引自冯沪祥《人、自然与文化》,人民文学出版社1996年版,第532页。
②转引自雷毅《深层生态学思想研究》,清华大学出版社2001年版,第136—
　137页。

了当前的物质利益,从人类与地球持续美好发展的高度着眼来界定两者的关系。更为重要的是,生态整体主义之生态平等观是对人类中心主义的抛弃,而决不是什么反人类。因为生态整体主义所主张的"生态平等",不是人与万物的绝对平等,而是人与万物的相对平等。如果是绝对平等那当然会限制人类的生存发展,从而走上反人类的道路,而相对平等即为"生物环链之中的平等",人类将会同宇宙万物一样享有自己在生物环链之中应有的生存发展的权利,只是不应破坏生物环链所应有的平衡。正如阿伦·奈斯所说,生态整体主义之生态平等则是"原则上的生物圈平等主义,亦即生物圈中的所有事物都拥有的生存和繁荣的平等权利"①。蕾切尔·卡逊在《寂静的春天》中具体论述了这个生物环链。她说:"这个环链从浮游生物的像尘土一样微小的绿色细胞开始,通过很小的水蚤进入噬食浮游生物的鱼体,而鱼又被其它的鱼、鸟、貂、浣熊所吃掉,这是一个从生命到生命的无穷的物质循环过程。"②这种生命环链本来是生态学的一个客观规律,但从生态整体主义深层生态学的哲学高度理解却揭示出一系列当代性的有关人的生态本性和新的生态人文主义的哲学思想。

　　本来,人文主义就是一个历史的范畴,它产生于欧洲14—16世纪文艺复兴时代,旨在摆脱经院哲学和教会束缚,以人道主义反对封建宗教统治,提倡关怀人、尊重人、以人为中心的世界观。我国民主革命和社会主义革命时期对其进行改造,倡导革命的人道主义和社会主义人道主义。生态美学所贯彻的生态整体主义

① 转引自雷毅《深层生态学思想研究》,清华大学出版社2001年版,第49页。
② [美]蕾切尔·卡逊:《寂静的春天》,吕瑞兰、李长生译,科学出版社1979年版,第48页。

哲学观虽然突破了传统的人类中心主义,但却不是对人文主义的抛弃。它实际上是生态文明时代的一种新的人文精神,是一种包含了"生态维度"的更彻底、更全面、更具时代精神的新的人文主义精神,也可将其叫做生态人文主义精神。首先,它突破了"人类中心主义",从人类可持续发展的崭新角度对人类的前途命运进行一种终极关怀。因为,只有人与自然处于和谐协调的生态审美状态,人类才能得到长久的审美生存。所以,佩西倡导一种把人类同其他生命带到更紧密联系的"新人道主义"。这种"新人道主义"是"从人的总体性和最终性上来看人,从生活的连续性上来看生活"①。其次,它是对人的生态本性的一种回归。长期以来,人们在思考人的本性时,涉及人的生物性、社会性、理性与创造语言符号的特性等,但从未有人从生态的角度来考察人的本性。生态哲学与美学则从生态的独特视角,揭示出人所具有的生态本性。包含人的生态本源性、生态环链性和生态自觉性,其中主要是人的生态环链性。人类只有自觉地遵循生态本性,保持生态与生物环链之平衡,才能获得美好的生存。而且,人的生态本性决定了人具有一种回归与亲近自然的本性,人类来自自然、最后回归自然,自然是人类的母亲。因此,回归与亲近自然是人类的本性。近代资本主义工业化过程中出现的人对自然的掠夺破坏是人的回归与亲近自然本性的异化。而以生态整体主义哲学为其支撑的生态美学恰是对人的亲近自然本性的一种回归,其本身就是最符合人性的。再次,它是对环境权这一最基本人权的尊重。在良好的环境中享有自由、平等和充足的生活条件,过一种有尊严和福利的生活是基本人权所在。而以生态整体主义哲学为支撑的

---

①转引自王诺《欧美生态文学》,北京大学出版社2003年版,第69页。

生态美学就是力倡在良好的环境中人类"诗意地栖居"。同时,以生态整体主义哲学为支撑的生态美学观还倡导人类对其他物种的关爱与保护,反对破坏自然和虐待其他物种的行为,这其实是人的仁爱精神和悲悯情怀的一种扩大,也是人文精神的一种延伸,使人类的生存进入更加美好文明的境界。总之,以生态整体主义哲学为支撑的生态美学观是人文主义精神在新时代的发扬和充实。

四

对生态美学观内涵的深刻阐述当今应首推德国哲人海德格尔,为此海氏被誉为"生态主义的形而上学家"①。海氏并没有提出"生态美学"这个概念,但他晚年深刻的美学思想实际上就是一种具有很高价值的生态美学观。他于20世纪50年代末期和60年代初期提出了著名的"天地神人四方游戏说"。1958年,海氏在《语言的本质》一文中指出:"时间—游戏—空间的同一东西(dasselbige)在到时和设置空间之际为四个世界地带(相互面对)开辟道路,这四个世界地带就是天、地、神、人—世界游戏(weltspiel)。"②从生态美学观是当代美学的新发展的角度,我们可以将海德格尔的生态美学观的内涵归结为这样五个方面:

第一,人的生态本性自行揭示之生态本真美。在当代存在论哲学—美学之中,所谓"存在"即是人的本性,也就是"真理",而真

---

①王诺:《欧美生态文学》,北京大学出版社2003年版,第69、158、55、44页。

②[德]马丁·海德格尔:《走向语言之途》,孙周兴译,台北时报文化出版企业股份有限公司1993年版,第184、186页。

理之自行揭示即为美。海德格尔指出:"美是一种方式,在其中,真理作为揭示产生了。"①而所谓"揭示"即指作为人之本性的"存在"由遮蔽通过解蔽而走向澄明之境。具体地说,即是人的生态本性突破工具理性的束缚得以彰显。

第二,天地神人四方游戏之生态存在美。海氏提出著名的"天地神人四方游戏说",标志着他由前期的"世界与大地"争执之"人类中心主义"到生态存在论审美观的转变。包含着宇宙、大地、人类与存在的无所束缚、交互融合与自由自在的和谐协调关系,反映了人的符合生态规律的存在之美。

第三,自然与人的"间性"关系的生态自然美。生态美学观在自然美的观念上,力主自然与人的"平等共生"的"间性"关系,而不是传统的认识论美学的"人化自然"的关系。中国古代有着大量的符合这种"间性"关系的生态自然美的作品。如李白的五绝《独坐敬亭山》:"众鸟高飞尽,孤云独去闲。相看两不厌,唯有敬亭山。"该诗以明白晓畅的语言抒写了主人公与敬亭山在静谧中的"相看两不厌"的朋友般的情感交流,是一种真正的人与山"平等共生"的自然生态之美。

第四,人的诗意地栖居之生态理想美。海氏在《荷尔德林诗的阐释》中提出人的"诗意地栖居"②的重要命题,成为生态存在论审美观的生态理想美。所谓"诗意地栖居"是针对工具理性过分发展之"技术地栖居"而言的,其意在人类通过"天地神人四方

①[德]马丁·海德格尔:《诗歌、语言、思想》,彭富春译,文化艺术出版社1991年版,第56页。
②[德]马丁·海德格尔:《荷尔德林诗的阐释》,孙周兴译,商务印书馆2000年版,第46页。

游戏"，从而建造自己的美好的物质家园和精神家园，获得审美的生存。

第五，审美批判的生态维度。从资本主义工业化开始以来，许多有识之士就对其进行了激烈的批判，其中就包括审美的批判，以席勒的《美育书简》为其代表。当代，在对资本主义现代化的审美批判之中又加进了生态的维度。这就是逐渐成为"显学"的文学艺术的生态批评，其开创性著作就是蕾切尔·卡逊的《寂静的春天》。卡逊在书中虚构了一个美国的中部城镇，曾经繁荣兴旺，鲜花盛开，百鸟齐鸣，人畜旺盛。但突然，"一个奇怪的寂静笼罩了这个地方"，到处是死神的幽灵，这就是滥用农药所造成的严重副作用，卡逊的批判开创了当代生态批评的先河。我国当代作家徐刚在长篇报告文学《伐木者，醒来！》中以其对大自然的挚爱之情，有力地批判了大森林的滥伐者，成为我国当代生态批评的力作之一。

五

我国是有着 5000 多年历史的文明古国。早在 2500 年前的先秦时期就形成了"天人合一"的哲学思想，特别是道家的"道法自然"的理论，成为世界上最早的，也是最彻底的深层生态学思想。这一思想，几千年来惠及我国人民与世界人民。"天人合一"是一种十分宏观的人与宇宙万物关系的哲学理论，它在我国古代各种理论形态中有着特有的内涵。儒家"天人合一"思想侧重于人道，道家"天人合一"思想则侧重于天道，但"和"却是其共同的内涵。孔子在《论语》中所说的"和而不同""和为贵"，既包括社会人事也包括宇宙万物。这就是我国古代的基本哲学原则，同时也是一种生态哲学原则。后代儒家不断提出十分有价值的"乾父坤母""民胞物与"等生态思想。道家思想更成为人类古代彻底而完备的生态哲学与美学理论的可贵财富。道家生态哲学和美学思想十分丰富，其主要体现为："道法自然"之宇宙万物运行规律理论，"道为天下母"之宇宙万物诞育根源理论，"万物齐一"之人与自然万物平等关系理论，"天倪"论之生物环链思想，"心斋"与"坐忘"之古典生态现象学思想，"至德之世"之古典生态社会理想等。道家生态哲学和美学思想的现代意义之彰显，集中地反映在德国哲人海德格尔的"四方游戏说"等当代生态哲学和美学思想与之的某种契合之中。海氏哲学与美学思想的明显转变集中反映在他20世纪50年代以后的理论成果之中，这也正是他受到中国道家思想较大影响之时。从20世纪50年代开始，海氏不仅在一些论著中直接涉及老庄的"道"，而且将其思想融入自己的学术之中，形成了独具特色的当代存在论生态哲学和美学思想①。海氏在论述真理之由遮蔽到澄明之敞开时，引用了老子的"知其白，守其黑"的名言。他后来在讲学中论述存在论不同于认识论、存在是对日常此在之超越时，曾列举了庄子著名的《秋水篇》中庄子与惠子游于濠梁之上有关能否体悟"鱼之乐"的对话。在20世纪50年代后期所写《语言的本质》《走向语言之途》等论文中，他更是多处运用道家思想。更为重要的是，海氏的"天地神人四方游戏说"明显地与老子的"域中有四大，人为其一"的理论密切相关。《老子》第二十五章中指出："故道大，天大，地大，人亦大。域中有四大，而人居其一焉。"与此相关，海氏提出这四方游戏说形成了一种特有的非具时空感的言语所能表达的"寂静之音"。他说："作

---

① 参见张祥龙《朝向事情本身》，团结出版社2003年版，第213页。

为世界四重整体的开辟道路者,道说把一切聚集入相互面对之切近中,而且是无声无阒地,就像时间到时,空间空间化那样寂静,就像时间—游戏—空间开展游戏那样寂然无声。我们把这种无声地召唤着的聚集——道说就是作为这种聚集而为世界关系开辟道路——称为寂静之音(dae Gelaut der Stille)。"①这同《老子》第四十一章所说的"大音希声,大象无形,道隐无名"之间明显存在着某种契合关系。由此可见,海德格尔的"四方游戏说"之生态哲学—美学观就是中西古今文化交流对话的产物,是中国古代道家思想现代转型的重要表征之一。

因此,中国古代生态智慧具有重要理论意义与当代价值,继承和发扬中国古代生态智慧的生态美学的提出及其发展也必将打破美学领域"欧洲中心"的局面,开辟中西交流对话的新时代。当然,道家生态智慧作为古典形态的理论,其当代运用还需结合现实进行必要的改造。

---

① 《海德格尔选集》,孙周兴选编,上海三联书店 1996 年版,第 1119 — 1120 页。

当代生态美学观的
基本范畴①

　　当代生态美学观的提出与发展已经形成不可遏止之势，它不仅成为国际学术研究的热点，而且在我国也越来越被更多的学者所接受。但对其研究的深入除了迅速地将这种研究紧密结合中国实际，真正实现研究的中国化之外，那就是抓紧进行理论范畴的建设。前一个方面的工作我们已经逐步开展，本文将集中论述当代生态美学观的范畴建构问题。众所周知，所谓"范畴"是"人们对客观事物的本质和关系的概括。源于希腊文 Kategoria，意为指示、证明"②。这就说明，学科范畴就是对于学科研究对象的本质与关系的概括，包含着指示与证明的功能。因此，作为当代美学新的延伸与新的发展的生态美学观的提出，也必然意味着人们对于审美对象的本质属性与关系有新的认识与发展，也必然意味着会相应地出现一些与以往有区别的新的美学范畴。由于当代生态美学观是一种新的正在发展建设中的美学观念，我们对其范畴的探讨只能是一种尝试。因此，我在这里尝试着对与之有关的七个范畴进行力所能及的简要论述。

---

① 原载《文艺研究》2007 年第 4 期。
② 冯契主编：《哲学大辞典》（修订版），上海辞书出版社 2001 年版，第 946 页。

一、生态论的存在观

这是当代生态审美观的最基本的哲学支撑与文化立场,由美国建设性后现代理论家大卫·雷·格里芬提出。他的《和平与后现代范式》一文在批判现代工具理性范式时,指出:"现代范式对世界和平带来各种消极后果的第四个特征是它的非生态论的存在观。"①由此,他从批判的角度提出"生态论的存在观"这一极为重要的哲学理念。这一哲学理念是对以海德格尔为代表的当代存在论哲学观的继承与发展,有着十分丰富的内涵,标志着当代哲学与美学由认识论到存在论、由人类中心到生态整体,以及由对于自然的完全"祛魅"到部分"复魅"的过渡。从认识论到存在论的过渡是由海德格尔的首创,为人与自然的和谐协调提供了理论的根据。众所周知,认识论是一种人与世界"主客二分"的在世关系。在这种在世关系中,人与自然从根本上来说是对立的,不可能达到统一协调。当代存在论哲学是一种"此在与世界"的在世关系,只有这种在世关系才提供了人与自然统一协调的可能与前提。他说:"主体和客体同此在和世界不是一而二二而一的。"②这种"此在与世界"的"在世"关系之所以能够提供人与自然统一的前提,就是因为"此在"即人的此时此刻与周围事物构成的关系性的生存状态,此在就在这种关系性的状态中生存与展

①[美]大卫·雷·格里芬编:《后现代精神》,王成兵译,中央编译出版社1998年版,第224页。

②[德]马丁·海德格尔:《存在与时间》,陈嘉映、王庆节译,生活·读书·新知三联书店1987年版,第74页。

开。这里只有"关系"与"因缘"，而没有"分裂"与"对立"。诚如海德格尔所说，"此在"存在的"实际性这个概念本身就含有这样的意思：某个'在世界之内的'存在者在世界之中，或说这个存在者在世；就是说：它能够领会到自己在它的'天命'中已经同那些在它自己的世界之内同它照面的存在者的存在缚在一起了"①。他又进一步将这种"此在"在世之中与同它照面并"缚在一起"的存在者解释为是一种"上手的东西"。人们在生活中面对无数的东西，但只有真正使用并关注的东西才是"上手的东西"，其他则为"在手的东西"，亦即此物尽管在手边但没有使用与关注，因而没有与其建立真正的关系。他将这种"上手的东西"说成是一种"因缘"。他说："上手的东西的存在性质就是因缘。在因缘中就包含着：因某种东西而缘，某种东西的结缘。"②这就是说，人与自然在人的实际生存中结缘，自然是人的实际生存的不可或缺的组成部分，自然包含在"此在"之中，而不是在"此在"之外。这就是当代存在论提出的人与自然两者统一协调的哲学根据，标志着由"主客二分"到"此在与世界"，以及由认识论到当代存在论的过渡。正如当代生态批评家哈罗德·弗洛姆所说，"因此，必须在根本上将'环境问题'视为一种关于当代人类自我定义的核心的哲学与本体论问题，而不是有些人眼中的一种围绕在人类生活周围的细微末节的问题"③。

①［德］马丁·海德格尔：《存在与时间》，陈嘉映、王庆节译，生活·读书·新知三联书店1987年版，第69页。

②［德］马丁·海德格尔：《存在与时间》，陈嘉映、王庆节译，生活·读书·新知三联书店1987年版，第103页。

③Cheryll Glotfelty & Harold Fromm (eds.), *The Ecocriticism Reader: Landmarks in Literary Ecology*, U-niversity of Georgia Press, 1996, p.38.

　　"生态论的存在观"还包含着由人类中心到生态整体的过渡的重要内容。"人类中心主义"从工业革命以来成为思想哲学领域占据统治地位的思想观念，一时间，"人为自然立法""人是宇宙的中心""人是最高贵的"等等思想成为压倒一切的理论观念。这是人对自然无限索取以及生态问题逐步严峻的重要原因之一。"生态论的存在观"是对这种"人类中心主义"的扬弃，同时也是对于当代"生态整体观"的倡导。当代生态批评家威廉·鲁克尔特指出："在生态学中，人类的悲剧性缺陷是人类中心主义（与之相对的是生态中心主义）视野，以及人类要想征服、教化、驯服、破坏、利用自然万物的冲动。"他将人类的这种"冲动"称作"生态梦魇"①。冲破这种"人类中心主义"的"生态梦魇"，走向"生态整体观"的最有力的根据，就是"生态圈"思想的提出。这种思想告诉我们，地球上的物种构成一个完整系统，物种与物种之间以及物种与大地、空气都须臾难分，构成一种能量循环的平衡的有机整体，对这种整体的破坏就意味着生态危机的发生，必将危及到人类的生存。从著名的蕾切尔·卡逊到汤因比，再到巴里·康芒纳都对这种生态圈思想进行了深刻的论述。康芒纳在《封闭的循环》一书中指出，"任何希望在地球上生存的生物都必须适应这个生物圈，否则就得毁灭。环境危机就是一个标志：在生命和它的周围事物之间精心雕琢起来的完美的适应开始发生损伤了。由于一种生物和另一种生物之间的联系，以及所有生物和其周围事物之间的联系开始中断，因此维持着整体的相互之间的作用和影响也开始动摇了，而且，在某

---

① ［美］威廉·鲁克尔特：《文学与生态学：一项生态批评的实验》，见《生态批评读本》，美国乔治亚大学出版社 1996 年版，第 113 页。

些地方已经停止了"①。由此可知，一种生物与另一种生物之间
的联系，以及所有生物和周围事物之间的联系，就是生态整体性
的基本内涵。这种生态整体的破坏就是生态危机形成的原因，必
将危及人类的生存。按照格里芬的理解，生态论的存在观还必然
地包含着对自然的部分"返魅"的重要内涵。这就反映了当代哲
学与美学由自然的完全"祛魅"到对于自然的部分"返魅"的过渡。
所谓"魅"乃是远古时期由于科技的不发达所形成的对自然自身
的神秘感以及人类对它的敬畏与恐惧。工业革命以来，科技的发
展极大地增强了人类认识自然与改造自然的能力，于是人类以为
对于自然可以无所不知。这就是马克斯·韦伯所提出的借助于
工具理性人类对于自然的"祛魅"。正是这种"祛魅"成为人类肆
无忌惮地掠夺自然从而造成严重生态危机的重要原因之一。诚
如格里芬所说，"因而，'自然的祛魅'导致一种更加贪得无厌的人
类的出现：在他们看来，生活的全部意义就是占有，因而他们越来
越嗜求得到超过其需要的东西，并往往为此而诉诸武力"。他接
着指出，"由于现代范式对当今世界的日益牢固的统治，世界被推
上了一条自我毁灭的道路，这种情况只有当我们发展出一种新的
世界观和伦理学之后才有可能得到改变。而这就要求实现'世界
的返魅'(the reenchantment of the world)，后现代范式有助于这
一理想的实现"。② 当然，这种"世界的返魅"决不是回复到人类
的蒙昧时期，也不是对于工业革命的全盘否定，而是在工业革命

---

① ［美］巴里·康芒纳：《封闭的循环——自然、人和技术》，侯文蕙译，吉林人
　　民出版社 1997 年版，第 7 页。
② ［美］大卫·雷·格里芬：《和平与后现代范式》，见［美］大卫·雷·格里芬
　　编《后现代精神》，王成兵译，中央编译出版社 1998 年版，第 221、222 页。

取得巨大成绩之后当代对于自然的部分"返魅",亦即部分地恢复自然的神圣性、神秘性与潜在的审美性。

正是在上述"生态论存在观"的理论基础之上,才有可能建立起当代的人与自然以及人文主义与生态主义相统一的生态人文主义,从而成为当代生态美学观的哲学基础与文化立场。正因此,我们将当代生态美学观称作当代生态存在论美学观。

二、天地神人四方游戏说

这是由海德格尔提出的重要生态美学观范畴,是作为"此在"之存在在"天地神人"四方世界结构中得以展开并获得审美的生存的必由之路。当然,海氏在这里明显受到中国古代特别是道家的"天人合一"思想的影响,但又具有海氏的现代存在论哲学美学的理论特色。很明显,海氏提出的"天地神人四方游戏"是对于西方古典时期具有明显"主客二分"色彩的感性与理性对立统一的美学理论的继承与突破。其继承之处在于,"四方游戏"是对于古典美学"自由说"的继承发展,但其"自由"已经不是传统的感性与理性对立中的自由融合,而是人在世界中的自由的审美的生存。当然,海氏"四方游戏说"是有一个发展过程的。最初,海氏有关"此在"之展开是在"世界与大地的争执"之中的。在这里,世界具有敞开性,而大地具有封闭性,世界仍然优于大地,没有完全摆脱"人类中心"的束缚。他说:世界是"在一个历史性民族的命运中单朴而本质性的决断的宽阔道路的自行公开的敞开状态(Offen-heit)。大地是那永远自行锁闭者和如此这般的庇护者的无所促迫的涌现。世界和大地本质上彼此有别,但却相依为命"。又说:

"世界与大地的对立是一种争执（Streit）。"①直到 20 世纪 40 年代之后，海氏才完全突破"人类中心主义"，走向生态整体，提出"天地神人四方游戏说"这一生态美学观念。他说："天、地、神、人之纯一性的居有着的映射游戏，我们称之为世界（Welt）。世界通过世界化而成其本质。"②这里，"四方游戏"是指"此在"在世界之中的生存状态，是人与自然的如婚礼一般的"亲密性"关系，作为与真理同格的美就在这种"亲密性"关系中得以自行置入，走向人的审美的生存。他在 1950 年 6 月 6 日名为《物》的演讲中以一个普通的陶壶为例说明"四方游戏说"。他认为，陶壶的本质不是表现在铸造时使用的陶土，以及作为壶的虚空，而是表现在从壶中倾注的赠品之中。因为，这种赠品直接与人的生存有关，可以滋养人的生命，恰是在这种赠品中交融着四方游戏的内容。他说："在赠品之水中有泉。在泉中有岩石，在岩石中有大地的浑然蛰伏。这大地又承受着天空的雨露。在泉水中，天空与大地联姻。在酒中也有这种联姻。酒由葡萄的果实酿成。果实由大地的滋养与天地的阳光所玉成。"又说："在倾注之赠品中，同时逗留着大地与天空、诸神与终有一死者。这四方（Vier）是共属一体的、本就是统一的。它们先于一切在场者而出现，已经被卷入一个惟一的四重整体（Geviert）中了。"③他认为，壶中倾注的赠品泉水或酒包含的四重整体内容，与此在之展开密切相关，其作为美是一种关系

---

① ［德］马丁·海德格尔：《林中路》，孙周兴译，上海译文出版社 2005 年版，第 30 页。

② 《海德格尔选集》，孙周兴选编，上海三联书店 1996 年版，第 1180 页。

③ 《海德格尔选集》，孙周兴选编，上海三联书店 1996 年版，第 1172—1173、1173 页。

性的过程,并先于一切作为实体的在场者。由此可见,此在在与四重整体的世界关系中其存在才得以逐步展开,真理也逐步由遮蔽走向澄明,与真理同格的美也得以逐步显现。

三、诗意地栖居

这是海氏所提出的最重要的生态美学观之一,具有极为重要的价值与意义。因为,长期以来,人们在审美中只讲愉悦、赏心悦目,最多讲到陶冶,但却极少有人从审美地生存,特别是"诗意地栖居"的角度来论述审美。而"栖居"本身则必然涉及人与自然的亲和友好关系,包含生态美学的内涵,成为生态美学观的重要范畴。海氏在《追忆》一文中提出"诗意地栖居"这个美学命题。他先从引用荷尔德林的诗开始:"充满劳绩,然而人诗意地,栖居在这片大地上。"然后,他说道,"一切劳作和活动,建造和照料,都是'文化'。而文化始终只是并且永远就是一种栖居的结果。这种栖居却是诗意的。"①实际上,"诗意地栖居"是海氏存在论哲学美学的必然内涵。他在论述自己的"此在与世界"之在世结构时,就论述了"此在在世界之中"的内涵,包含着居住与栖居之意。他说:"'在之中'不意味着现成的东西在空间上'一个在一个之中';就源始的意义而论,'之中'也根本不意味着上述方式的空间关系。'之中'('in')源自 innan —,居住,habitare,逗留。'an'('于')意味着:我已住下,我熟悉、我习惯、我照料;它有 colo 的含义;habito(我居住)和 diligo(我照料)。我们把这种含义上的'在

---

① [德]马丁·海德格尔:《荷尔德林诗的阐释》,孙周兴译,商务印书馆 2000年版,第 107 页。

之中'所属的存在者标识为我自己向来所是的那个存在者。而'bin'（我是）这个词又同'bei'（缘乎）联在一起，于是'我是'或'我在'复又等于说：我居住于世界，我把世界作为如此这般熟悉之所而依寓之、逗留之。"①由此可见，所谓"此在在世界之中"就是人居住、依寓、逗留，也就是"栖居"于世界之中。如何才能做到"诗意地栖居"呢？其中，非常重要的一点就是必须要爱护自然、拯救大地。海氏在《筑·居·思》一文中指出："终有一死者栖居着，因为他们拯救大地——拯救一词在此取莱辛还识得的那种古老意义。拯救不仅是使某物摆脱危险；拯救的真正意思是把某物释放到它的本己的本质中。拯救大地远非利用大地，甚或耗尽大地。对大地的拯救并不控制大地，并不征服大地——这还只是无限制的掠夺的一个步骤而已。"②"诗意地栖居"即"拯救大地"，摆脱对于大地的征服与控制，使之回归其本己特性，从而使人类美好地生存在大地之上、世界之中。这恰是当代生态美学观的重要旨归。这里需要特别说明的是，海氏的"诗意地栖居"在当时是有着明显的所指性的，那就是指向工业社会之中愈来愈加严重的工具理性控制下的人的"技术地栖居"。在海氏所生活的 20 世纪前期，资本主义已经进入帝国主义时期。由于工业资本家对于利润的极大追求，对于通过技术获取剩余价值的迷信，因而滥伐自然、破坏资源、侵略弱国成为整个时代的弊病。海氏深深地感受到这一点，将其称作是技术对于人类的"促逼"与"暴力"，是一种违背人性的"技术地栖居"。他试图通过审美之途将人类引向"诗意地

①［德］马丁·海德格尔：《存在与时间》，陈嘉映、王庆节译，生活·读书·新知三联书店 1987 年版，第 67 页。
②《海德格尔选集》，孙周兴选编，上海三联书店 1996 年版，第 1193 页。

栖居"。他说:"欧洲的技术—工业的统治区域已经覆盖整个地球。而地球又已然作为行星而被算入星际的宇宙空间之中,这个宇宙空间被订造为人类有规划的行动空间。诗歌的大地和天空已经消失了。谁人胆敢说何去何从呢? 大地和天空、人和神的无限关系似乎被摧毁了。"①针对这种情况,他说:"这个问题可以这样来提:作为这一岬角和脑部,欧洲必然首先成为一个傍晚的疆土,而由这个傍晚而来,世界命运的另一个早晨准备着它的升起?"②可见,他已经将"诗意地栖居"看作是世界命运的另一个早晨的升起。在那种黑暗沉沉的漫漫长夜中,这无疑带有乌托邦的性质。无独有偶,差不多与海氏同时代的英国作家劳伦斯在其著名的小说《查泰莱夫人的情人》中通过强烈的对比鞭挞了资本主义社会中极度污染的煤矿与工于算计的矿主,歌颂了生态繁茂的森林与追求自然生活的守林人,表达了追求人与自然协调的"诗意地栖居"。

四、家 园 意 识

当代生态审美观中"家园意识"的提出,首先是因为在现代社会中由于环境的破坏与精神的紧张人们普遍产生一种失去家园的茫然之感。诚如海氏所说,"在畏中人觉得'茫然失其所在'。此在所缘而现身于畏的东西所特有的不确定性在这话里当下表

①[德]马丁·海德格尔:《荷尔德林诗的阐释》,孙周兴译,商务印书馆2000年版,第218页。

②[德]马丁·海德格尔:《荷尔德林诗的阐释》,孙周兴译,商务印书馆2000年版,第219—220页。

达出来了：无与无何有之乡。但茫然失其所在在这里同时是指不在家"。又说："无家可归是在世的基本方式，虽然这种方式日常被掩盖着。"①这就说明，"无家可归"不仅是现代社会人们的特有感受，而且，作为此在的基本展开状态的"畏"则具有一种本源的性质，作为"畏"的必有内容的"无家可归"与"茫然失其所在"也就同样具有了本源的性质，可以说是人之为人而与生俱来的。当然，在现代社会各种因素的冲击之下，这种"无家可归"之感显得愈加强烈。由此，"家园意识"就成为具有当代色彩的生态美学观的重要范畴。海氏在1943年6月6日为纪念诗人荷尔德林逝世一百周年所作的题为《返乡——致亲人》的演讲中明确提出了美学中的"家园意识"。因为，他着重评述诗人一首题为《返乡》的诗。他说道："在这里，'家园'意指这样一个空间，它赋予人一个处所，人唯在其中才能有'在家'之感，因而才能在其命运的本己要素中存在。这一空间乃由完好无损的大地所赠予。大地为民众设置了他们的历史空间。大地朗照着'家园'。如此这般朗照着的大地，乃是第一个'家园'天使。"又说："返乡就是返回到本源近旁。"②在这里，海氏不仅论述了"家园意识"的本源性特点，而且论述了它是由"大地所赠予"，阐述了"家园意识"与自然生态的天然联系。是的，所谓"家园"就是每个人的休养生息之所，也是自己的祖祖辈辈繁衍生息之地，那里是生我养我之地，那里有自己的血脉与亲人。"家园"是最能牵动一个人的神经情感之地。

---

① [德]马丁·海德格尔：《存在与时间》，陈嘉映、王庆节译，生活·读书·新知三联书店1987年版，第228、331页。

② [德]马丁·海德格尔：《荷尔德林诗的阐释》，孙周兴译，商务印书馆2000年版，第15、24页。

当代生态美学观将"家园意识"作为重要美学范畴是十分恰当的。

当代著名生态哲学家霍尔姆斯·罗尔斯顿在《从美到责任：自然美学和环境伦理》一文中指出，"当自然离我们更近并且必须在我们所居住的风景上被管理时，我们可能首先会说：自然的美是一种愉快——仅仅是一种愉快——为了保护它而做出禁令似乎不那么紧急。但是这种心态会随着我们感觉到大地在我们脚下，天空在我们的头上，我们在地球上的家里而改变。无私并不是自我兴趣，但是那种自我没有被掩盖，而是自我被赋形和体现出来了。这是生态的美学，并且生态是关键的关键，一种在家里的、在它自己的世界里的自我。我把我所居住的那处风景定义为我的家。这种'兴趣'导致我关心它的完整、稳定和美丽"。他又说："整个的地球，不只是沼泽地，是一种充满奇异之地，并且我们人类——我们现代人类比以前任何时候更加——把这种庄严放进危险中。没有人，……能够在逻辑上或者心理上对它不感兴趣。"①在这里，罗尔斯顿更为现代地从"地球是人类的家园"的崭新视角出发，论述了生态美学观的"家园意识"。他认为，人类只有一个地球，地球是人类生存繁衍并有一席之地的处所，只有地球才使人类具有"自我"，因而，保护自己的"家园"，使之具有"完整、稳定和美丽"是人类生存的需要，这就是"生态的美学"。正是因为"家园意识"的本源性，所以，它不仅具有极为重要的现代意义和价值，而且成为人类文学艺术千古以来的"母题"。从古希腊《奥德修纪》的漫长返乡之程和中国古代《诗经》的"归乡之诗"，到当代著名的凯利金的萨克斯曲《回家》和中国歌手腾格尔的《天

---

① [美]阿诺德·伯林特主编：《环境与艺术：环境美学的多维视角》，刘悦笛译，重庆出版社 2007 年版，第 167—168、140 页。

堂》,都是以"家园意识"的抒发而感动了无数的人,而李白的"举头望明月,低头思故乡"更加成为千古传诵的名句。"家园"成为扣动每个人心扉的美学命题。

五、场所意识

如果说"家园意识"是一种宏大的人的存在的本源性意识,那么,"场所意识"则是与人的具体的生存环境以及对其感受息息相关。"场所意识"仍然是海德格尔首次提出的。他说:"我们把这个使用具得以相互联属的'何所往'称为场所。"他又说:"场所确定上手东西的形形色色的位置,这就构成了周围性质,构成了周围世界切近照面的存在者环绕我们周围的情况","这种场所的先行揭示是由因缘整体性参与规定的,而上手的东西之为照面的东西就是向着这个因缘整体性开放出来的"。① 在海氏看来,"场所"就是与人的生存密切相关的物品的位置与状况。这其实是一种"上手的东西"的"因缘整体性"。也就是说,在人的日常生活与劳作当中,周围的物品与人发生某种因缘性关系,从而成为"上手的东西"。但"上手"还有一个"称手"与"不称手"以及"好的因缘"与"不好的因缘"这样的问题。例如,人所生活的周围环境的污染、自然的破坏,造成各种有害气体与噪声对于人的侵害,这就是一种极其"不称手"的情形,这种环境物品也是与人"不好的因缘"关系,是一种不利于人生存的"场所"。

当代环境美学家伯林特从人对环境的经验的角度探索了生

---

① [美]海德格尔:《存在与时间》,陈嘉映、王庆节译,生活·读书·新知三联书店1987年版,第103、129页。

态美学观之中的"场所意识"问题。他说："比其他的情境更为强烈的是,通过身体与处所(body and place)的相互渗透,我们成为了环境的一部分,环境经验使用了整个人类感觉系统。因而,我们不仅仅是'看到'我们的活生生的世界,我们还步入其中,与之共同活动,对之产生反应。我们把握场所并不仅仅通过色彩、质地和形状,而且还要通过呼吸,通过味道,通过我们的皮肤,通过我们的肌肉活动和骨骼位置,通过风声、水声和汽车声。环境的主要的维度——空间、质量、体积和深度——并不是首先和眼睛遭遇,而是先同我们运动和行动的身体相遇。"①这是生态美学观的新的美学理念,与传统的审美凭借视觉与听觉等高级器官不同。伯林特认为,当代生态美学观的"场所意识"不仅仅是视觉与听觉意识,而且包括嗅觉、味觉、触觉与运动知觉的意识。他将人的感觉分为视觉、听觉等保持距离的感受器与嗅觉、味觉、触觉与运动知觉等接触的感受器,这两类感受器都在审美中起作用。这不仅是新的发展,而且也符合当代生态美学的实际。

　　从存在论美学的角度,自然环境对人的影响绝对不仅是视听,而且包含嗅、味、触与运动知觉。不仅噪声与有毒气体会对人造成伤害,而且沙尘暴与沙斯病毒更会侵害人的美好生存。当然,从另外的角度,从更高的精神的层面,城市化的急剧发展,高楼林立,生活节奏的快速,人与人的隔膜,人与自然的远离,居住的逼仄与模式化,人们其实都正在逐步失去自己的真正的美好的生活"场所"。这种生态美学的维度必将成为当代文化建设与城市建设的重要参照。这是一种"以人为本"观念的彰显,诚如伯林

①［美］阿诺德·伯林特主编:《环境与艺术》,刘悦笛译,重庆出版社2007年版,第10页。

特所说,"场所感不仅使我们感受到城市的一致性,更在于使我们所生活的区域具有了特殊的意味。这是我们熟悉的地方,这是与我们自己有关的场所,这里的街道和建筑通过习惯性的联想统一起来,它们很容易被识别,能带给人愉悦的体验,人们对它的记忆中充满了情感。如果我们的邻近地区获得同一性并让我们感到具有个性的温馨,它就成为了我们归属其中的场所,并让我们感到自在和惬意。"①

六、参 与 美 学

这是伯林特明确提出的。他说:"无利害的美学理论对建筑来说是不够的,需要一种我所谓的参与的美学。"②又说:"美学与环境必须得在一个崭新的、拓展的意义上被思考。在艺术与环境两者当中,作为积极的参与者,我们不再与之分离而是融入其中。"③这里,所谓"参与美学"本来就是当代存在论美学的基本品格。因为,当代存在论美学就是对于传统主客二分美学理论的突破,是通过主体的现象学描述所建立起来的审美经验。当代生态美学观同样如此,它首先是突破了康德的主客二律背反的无利害的静观美学,这种静观美学必然导致人与自然的对立。当代生态美学观则主张人在自然审美中的主观构成作用,但又不否定自然

---

① [美]阿诺德·伯林特:《环境美学》,张敏、周雨译,湖南科学技术出版社2006年版,第66页。

② [美]阿诺德·伯林特:《环境美学》,张敏、周雨译,湖南科学技术出版社2006年版,第134页。

③ [美]阿诺德·伯林特主编:《环境与艺术》,刘悦笛译,重庆出版社2007年版,第44页。

潜在的美学特性。罗尔斯顿将自然审美归结为两个相关的条件，那就是人的审美能力与自然的审美特性的结合，只有两者的统一，在人的积极参与下，自然的审美才成为可能。他说："有两种审美品质：审美能力，仅仅存在于欣赏者的经验中；审美特性，它客观地存在于自然物体内。美的经验在欣赏者的体内产生，但是这种经验具备什么？它具有形式、结构、完整性、秩序、竞争力、肌肉力量、持久性、动态、对称性、多样性、统一性、同步性、互依性、受保护的生命、基因编码、再生的能量、起源等等。这些事件在人们到达以前就在那里，它们是创造性的进化和生态系统的本性的产物；当我们人类以审美的眼光评价它们时，我们的经验被置于自然属性之上。"①他以人们欣赏黑山羚的优美的跳跃为例，认为黑山羚由于在长期的进化中获得身体的运动的肌肉力量，因而能够优美地跳跃。但只有在人类的欣赏中，这种跳跃与人的主观审美能力相遇，这才产生了审美的体验。

七、生 态 批 评

　　1978 年，美国文学研究者威廉·鲁克尔特在《衣阿华州评论》1978 年冬季号发表了一篇文章，题为《文学与生态学：生态文学批评的实验》，第一次使用了"生态批评"的概念。从此，"生态批评"就成为社会批评、美学批评、精神分析批评与原型批评之后的另外一种极为重要的文学批评形态，成为当代生态美学观的重要组成部分与实践形态，很快成为蓬勃发展的"显学"。

---

① ［美］阿诺德·伯林特主编：《环境与艺术》，刘悦笛译，重庆出版社 2007 年版，第 158 页。

　　"生态批评"首先是一种文化批评,是从生态的特有视角所开展的文学批评,是文学与美学工作者面对日益严重的环境污染将生态责任与文学美学相结合的一种可贵的尝试。鲁克尔特在陈述自己写作此文的原因时,说道:"……诗歌的阅读、教学、写作如何才能在生物圈中发挥创造性作用,从而达到清洁生物圈、把生物圈从人类的侵害中拯救出来并使之保持良好状态的目的,同样,我的实验动机也是为了探讨这一问题,这一实验是我作为人类一分子的根本所在。"他面对严重的环境污染,向文学和美学工作者大声疾呼"人们必须开始有所作为"①。环境美学家伯林特更进一步强调"美学与伦理学的基本联结"②。罗尔斯顿则倡导一种"生态圈的美"③。有的环境保护就是从审美的需要出发的。罗尔斯顿指出,美国的大峡谷的保护就是从其美丽与壮观考虑的,从这个角度说"自然保护的最终历史基础是美学"④。但从当代生态美学观来说,伦理与美学的统一还是最根本的原则,因为环境对于人类来说并不都是积极的,噪声既是对于人的知觉的干扰,也是对于人的身体健康的危害,因而噪音就既非善的也非美的。由此可见,环境伦理学与美学的统一就是生态批评的最基本的原则。生态批评理论家们相信艺术具有某种能量,能够改变人

①Cheryll Glotfelty & Harold Fromm (eds.), *The Ecocriticism Reader: Landmarks in Literary Ecology*, University of Georgia Press, 1996, p.112.
②[美]阿诺德·伯林特主编:《环境与艺术》,刘悦笛译,重庆出版社 2007 年版,第 24 页。
③[美]阿诺德·伯林特主编:《环境与艺术》,刘悦笛译,重庆出版社 2007 年版,第 154 页。
④[美]阿诺德·伯林特主编:《环境与艺术》,刘悦笛译,重庆出版社 2007 年版,第 151 页。

类,这种能量表现为改变人们的心灵,从而转变他们的态度,使之从破坏自然转向保护自然。弗朗西斯·庞吉在《万物之声》中指出,我们应该拯救自然,"希望寄托在诗歌中,因为世界可以借助诗歌深入地占据人的心灵,致使其近乎失语,随后重新创造语言"①。也许,生态批评家们将文学艺术的作用估价得过高了,但通过审美教育转变人们的文化态度,使之逐步做到以审美的态度对待自然,这种可能性还是有的。但愿我们都朝这个方向努力,以图有所收获。

　　我们正处于一个转型的时代,人类社会正在由工业文明转向生态文明,人类也逐步由人类中心转向环境友好。与之相应的,我们时代的美学观念也应有一个转型,当代生态美学观的提出就是这种转型的努力之一。但愿我们的努力能引起更多人的参与,能够对当代美学的发展起到一点点作用。

---

① Cheryll Glotfelty & Harold Fromm (eds.), *The Ecocriticism Reader: Landmarks in Literary Ecology*, University of Georgia Press, 1996, p.105.

试论生态美学①

从目前看,关于生态美学有狭义和广义两种理解。狭义的生态美学仅研究人与自然处于生态平衡的审美状态,而广义的生态美学则研究人与自然以及人与社会和人自身处于生态平衡的审美状态。我个人的意见更倾向于广义的生态美学,但将人与自然的生态审美关系的研究放到基础的位置。因为,所谓生态美学首先是指人与自然的生态审美关系,许多基本原理都是由此产生并生发开来。但人与自然的生态审美关系上升到哲学层面,具有了普遍性,也就必然扩大到人与社会以及人自身的生态审美关系。由此可见,生态美学的对象首先是人与自然的生态审美关系,这是基础性的,然后才涉及人与社会以及人自身的生态审美关系。

生态美学如何界定呢? 生态美学的研究与发展不仅对生态科学具有重要意义,而且将会极大地影响乃至改造当下的美学学科。简单地将生态美学看作生态学与美学的交叉,以美学的视角审视生态学,或是以生态学的视角审视美学,恐怕都不全面。我认为,对于生态美学的界定应该提到存在观的高度。生态美学实际上是一种在新时代经济与文化背景下产生的有关人类的崭新的存在观,是一种人与自然、社会达到动态平衡、和谐一致的处于

①原载《文艺研究》2002 年第 5 期。

生态审美状态的存在观,是一种新时代的理想的审美的人生,一种"绿色的人生"。其深刻内涵是包含着新的时代内容的人文精神,是对人类当下"非美的"生存状态的一种改变的紧迫感和危机感,更是对人类永久发展、世代美好生存的深切关怀,也是对人类得以美好生存的自然家园与精神家园的一种重建。这种新时代人文精神的发扬在当前世界范围内霸权主义、市场本位、科技拜物教盛行的形势下显得越发重要。

　　下面,我想从四个方面对生态美学的内涵及其意义加以进一步阐释。

　　第一,生态美学是 20 世纪后半期哲学领域进一步由机械论向存在论演进发展的表现。美国环境哲学家科利考特指出:"我们生活在西方世界观千年的转变时期——一个革命性的时代,从知识角度来看,不同于柏拉图时期和笛卡尔时期。一种世界观,现代机械论世界观,正逐渐让位于另一种世界观。谁知道未来的史学家们会如何称呼它——有机世界观、生态世界观、系统世界观……?"①这里,科利考特所说的"有机世界观、生态世界观、系统世界观"等等,实际上是存在论哲学观在新时代的丰富,包含了生态哲学的内容。应该说,在西方哲学中,由机械论向存在论的转向在 18 世纪下半叶的康德与席勒的美学思想中即已开始。20世纪初期,尼采的生命哲学、胡塞尔的现象学哲学更深入地涉及存在论哲学。直到"二战"前后,萨特正式提出存在主义哲学,进一步将人的"存在"提到本体的高度。此后,众多哲学家又都沿着这样的理论路径进一步深入探讨。马克思独辟蹊径,早在

---

① [美]科利考特:《罗尔斯顿内在价值:一种解构》,载《哲学译丛》1999 年第
　　2 期。

1845 年的《关于费尔巴哈的提纲》中就提出实践论哲学,借以取代机械唯物论。实践论就是一种建立在社会实践基础之上的唯物主义存在论,以社会实践作为人的最基本的存在方式。应该说,实践论已经从理论上克服了机械论的弊端,为存在论哲学开辟了广阔的前景。但理论总是相对苍白的,而实践之树常青。理论的生命在于不断吸取时代营养,与时俱进。马克思主义实践论不仅应该吸取西方当代存在主义哲学的合理因素,而且应该吸取当代产生的生态哲学及与之相关的生态美学的合理因素。生态哲学与生态美学的合理因素就是人与自然、社会处于一种动态的平衡状态。这种动态平衡就是生态哲学与生态美学最基本的理论。具体地说,可包含无污染原则与资源再生原则。所谓无污染原则,就是在人与自然、社会的动态关系中不留下物质的和精神的遗患。所谓资源再生原则,就是指人与自然、社会的动态关系应有如大自然界的生物链,不仅消耗资源,而且能够再生资源,这种消耗与再生均处于平衡状态。这样的原则就极大地丰富了马克思在《1844 年经济学哲学手稿》中有关"人也按照美的规律来建造"的理论。很显然,"按照美的规律来建造"就不仅是"把内在的尺度运用到对象之上",而且也是"按照任何一个种的尺度来进行生产"①,是两者的统一。同时,在这两者的统一之中,也应包含生态美学的平衡原则及与此相关的无污染原则与资源再生原则。这就是我所理解的生态美学哲学内涵的重要方面。

第二,生态哲学及与其相关的生态美学的出现,标志着 20 世纪后半期人类对世界的总体认识由狭隘的"人类中心主义"向人

①《马克思恩格斯全集》第 42 卷,人民出版社 1979 年版,第 97 页。

类与自然构成系统统一的生命体系这样一种崭新观点的转变。长期以来,我们在宇宙观上总是抱着"人类中心主义"的观点。公元前5世纪,古希腊哲学家普罗泰戈拉提出了著名观点:"人是万物的尺度。"尽管这一观点在当时实际上是一种感觉主义真理观,但后来许多人却将其作为"人类中心主义"的准则。欧洲文艺复兴与启蒙运动针对中世纪的"神本主义"提出"人本主义"。这种"人本主义"思想即包含人比动植物更高贵、更高级,人是自然界的主人等"人类中心主义"观点,进而引申出"控制自然""战天斗地""人定胜天""让自然低头"等等口号原则。这些观点与原则都将人与自然的关系看作敌对的、改造与被改造、役使与被役使的关系。这种"人类中心主义"的理论以及在此影响下的实践,造成了生态环境受到严重破坏,并直接威胁到人类生存的严重事实。正是面对这样的严重事实,许多有识之士在20世纪后半期才提出了生态哲学及与其相关的生态美学。生态哲学与生态美学完全摒弃了传统的"人类中心主义"观点,主张人类与自然构成不可分割的生命体系,如奈斯的"深层生态学"理论与卢岑贝格的人与自然构成系统整体的思想。奈斯的"深层生态学"提出著名的"生态自我"的观点,这种"生态自我"是克服了狭义的"本我"的人与自然及他人的"普遍共生"①,由此形成极富价值的"生命平等对话"的"生态智慧",正好与当代"人在关系中存在"的"主体间性"理论相契合。卢岑贝格则提出,地球也是一个有机的生命体,是一个活跃的生命系统,人类只是巨大生命体的一部分。应该说,卢岑贝格的论述不仅依据生态学理论,而且依据系统整体观点。

----

① 参见余谋昌《生态哲学》,陕西人民教育出版社2000年版,第120—121页。

在他看来,地球上的动物、植物、岩石土壤,它们所形成的生物链、光合作用、物质交换等等才使地球不同于其他处于死寂状态的星球。人只是这个生命体系的一个组成部分。如果没有了其他的动物、植物,没有了大气层、水、岩石和土壤,人类也就不复存在。正是从这个颠扑不破的事实出发,卢岑贝格才指出:"如果我们认识到这一点,那么我们就需要一个完全不同于现在的伦理观念。我们就不可以再无所顾忌地断言,一切都是为我们而存在的。我们人类只是一个巨大的生命体的一部分。""我们需要对生命恢复敬意","我们必须重新思考和认识自己"。① 重新认识和思考就是对"人类中心主义"的摒弃,对人文主义精神的更新丰富。既然地球本身就是一个有机的生命体,人类只是这个生命体系的一个组成部分,那么,"人类中心主义"就不能成立。人与地球、与自然的关系不是敌对的、改造与被改造的、役使与被役使的关系,而是一个统一生命体中须臾不可分离的关系。因此,"人最高贵""控制自然""战天斗地""人定胜天""让自然低头"等等口号和原则就应重新审视,而代之以既要尊重人同时也要尊重自然,人与自然是一种平等的亲和关系的观点。当然,这不是说自然不可改造,人类不要生产,而是要在改造自然的生产实践中遵循生态美学与生态哲学的平衡原则。这就涉及人文主义精神的充实更新。原有人文主义精神中所包含的对人权的尊重、对人类前途命运的关怀都应加以保留,但应将其扩大到同人类前途命运须臾难分的自然领域。同样,人类也应该尊重自然,关怀自然,爱护自然,保护自然。人类不仅应该关爱自己的精神家园,而且应该关爱自己的

---

① [巴西]卢岑贝格:《自然不可改良:经济全球化与环保科学》,黄凤祝译,生活·读书·新知三联书店 1999 年版,第 57、58 页。

自然家园。因为自然家园是精神家园的物质基础。自然家园如果毁于一旦,精神家园也就不复存在。

第三,生态美学的提出实现了由实践美学向以实践为基础的存在论美学的转移。我国经过 20 世纪的两次美学大讨论,进一步确立了实践美学在我国美学理论中的主导地位。实践美学以马克思《1844 年经济学哲学手稿》与《关于费尔巴哈的提纲》为指导,坚持在社会实践的基础上探索美的本质,提出美是"客观性与社会性统一"的观点。应该说,这一美学理论在当时具有相当的科学性。但新时期以来,美学学科的迅速发展,特别是存在论美学的提出,显现出实践美学的诸多弊端。生态美学的提出更进一步丰富深化了存在论美学,进而促使我国美学学科由实践美学向存在论美学的转移。但我们说的这种转移,不是对实践美学的完全抛弃,而是在实践美学基础之上的一种深化。也就是说,我们说的存在论美学是以社会实践为基础的。我们始终认为,社会实践特别是生产实践是审美活动发生的基础与前提条件。这是同西方当代存在论美学的根本区别之所在。但我们认为,审美是人类最重要的存在方式之一。这是一种诗意的、人与对象处于中和协调状态的存在方式。这种审美的存在方式也符合了人与自然达到生态平衡的生态美学的原则。所谓生态美学,实际上也就是人与自然达到中和协调的一种审美的存在观。因此,生态美学的提出,促进了由实践美学向实践基础上的存在论美学的转移。我们觉得,这种转移更能贴近审美的实际。从艺术的起源来看,无数考古资料已经证明,艺术并不完全起源于生产劳动,而常常同巫术祭祀等活动直接有关。例如,甲骨文中的"舞"字,就象征一个向天祭祀的人手拿两个牛尾在舞蹈朝拜。因此,归根结底,艺术起源于人类对自身与自然(天)中和协调的一种追求。从审美本身来说,也不是一切"人化的自然"都美,更不是所有非人化的自然就一定不美。审美本身还是取决于人与对象处于一种中和协调的亲和的审美状态。实践美学历来难以准确解释自然美的问题。特别是对于原始的未经人类实践改造的自然,更是难以用"人化自然"的观点解释。中和协调的存在论美学却能够对其很好地解释。因为,无论是经过人的实践,还是未经实践的自然,只要同人处于一种中和协调的亲和的审美状态,那么,这个"自然"就是美的。总之,美与不美,同人在当时是否与对象处于中和协调的存在状态密切相关。美学所追求的也恰是人与对象处于一种中和协调的审美的存在状态。这就是审美的人生、诗意的存在。从生态美学的角度说,也就是人与自然平衡的"绿色的人生"。卢岑贝格正是从这种人与自然中和协调的存在论出发,把地球看作一个充满生机的生命,包括人类在内的生命演化过程实际上是一曲宏大的交响乐,构成顺应自然的完整体系。他充满深情地借古希腊大地女神盖亚的名字来称呼地球。盖亚是古希腊神话中的大地女神,被认为是人类的祖先。在古希腊佩耳伽谟祭坛的浮雕中,盖亚是一个美丽而丰满的母亲,下半身没入土中,左手抱着聚宝角,高举右手,为她的孩子祈福。无论从外在形象还是从内在品德,盖亚都是无比美丽的形象。卢岑贝格把她称作"美丽迷人、生意盎然的盖亚"。①这就是他一再肯定的英国化学家勒弗劳克(James Lovelock)所提出的著名的"盖亚定则"。这既是一个生态学定则,也是一个美学定则。正如卢岑贝格所说,这是一种"美学意义上令人惊叹不已

---

① [巴西]卢岑贝格:《自然不可改良:经济全球化与环保科学》,黄凤祝译,生活·读书·新知三联书店1999年版,第57—58页。

的观察与体悟"①。我们把地球称作美丽迷人的盖亚,就不是从具体的实践观出发,而是从人类与地球休戚与共的生命联系的存在论出发。

第四,生态美学的提出,进一步推动了美学研究的资源由西方话语中心到东西方平等对话的转变。我国的美学研究作为一个学科的建立,是近代的事情,以王国维、蔡元培为开端,主要借鉴西方理论资源,逐步形成西方话语中心。我国古代美学与文艺思想的研究,也大多以西方理论范畴进行阐释。1978 年改革开放以来,我国学者提出了文艺美学学科问题,才逐步重视我国传统的美学资源的独立意义。20 世纪 90 年代以来,生态美学的提出更使我国传统哲学与美学资源发出新的光彩。众所周知,西方从古希腊、古罗马开始就倡导一种二元对立的哲学与美学思想。在这一哲学与美学思想中,主体与客体、感性与理性、人文与自然等两个方面始终处于对立状态。而我国古代,则始终倡导一种"天人合一"的哲学思想,及在此基础上的"致中和"的美学观点。尽管儒家在"天人合一"中更强调"人",而道家则更强调"天",但天与人、感性与理性、自然与社会、主体与客体、科学主义与人文主义是融合为一体的。特别是道家的"道法自然"思想,认为自然之道是宇宙万物所应遵循的根本规律和原则,人类应遵守自然之道,决不为某种功利目的去破坏自然、毁灭自然。这里包含着极为丰富的自然无为、与自然协调的哲理。正如美国著名物理学家卡普拉所说,"道教提出了对生态智慧的最深刻、最精彩的一种表述"②。

---

①[巴西]卢岑贝格:《自然不可改良:经济全球化与环保科学》,黄凤祝译,生活・读书・新知三联书店 1999 年版,第 63 页。

②[美]弗里乔夫・卡普拉:《转折点》,卫飒英、李四南译,四川科学技术出版社 1988 年版,第 406 页。

这种"天人合一"的东方智慧正是当代存在论美学的重要思想资源。最近，季羡林先生指出："我曾在一些文章中，给中国古代哲学中'天人合一'这一著名的命题做了'新解'。天，我认为指的是大自然；人，就是我们人类。人类最重要的任务是处理好人与大自然的关系，否则人类前途的发展就会遇到困难，甚至存在不下去。在天人的问题上，西方与东方迥乎不同。西方视大自然为敌人，要'征服自然'。东方则视大自然为亲属朋友，人要与自然'合'一，后者的思想基础就是综合的思维模式。而西方则处在对立面上。"①海德格尔等西方著名哲学—美学家从中国"天人合一"思想中吸取了极其丰富的营养，充实自己的存在论哲学—美学。当然，我们这里所说的中国古代"天人合一"的哲学思想，以及在此基础之上的"致中和"的美学思想，主要是指先秦时代老子、庄子、孔子等著名思想家带有原创性的思想精华，并非指后世打上深深的封建乃至迷信烙印的所谓"天人感应""人副天数"等理论。而且，对这种原创的素朴的"天人合一"与"致中和"思想也必须进行批判的改造，吸取其精华，剔除其糟粕，结合当代社会现实给予丰富充实，使之实现现代转型。但无论如何，生态美学的提出，使中国古代"天人合一"的哲学与美学资源显示出西方学者也予以认可的宝贵价值。这就将逐步改变美学研究中西方话语中心地位的现状，使我国古代美学资源也成为平等的对话者之一，具有自己的地位。

在我国，生态美学的提出是 20 世纪 90 年代中期以后的事情，时间较短，研究尚未充分展开，在许多问题上认识尚待深入，

---

① 季羡林、张光直编选：《东西方文化议论集》上册，经济日报出版社 1997 年版，第 130 页。

也不可避免地存有分歧。当然,许多分歧是生态哲学和生态伦理学中存在的问题,但都和生态美学密切相关。这些问题的深入讨论必将推动生态美学的进一步发展。有些问题在上面的论述中我已有所涉及,但为了便于研究,这里再将其加以归纳并分析探讨。

第一,有关生态美学的界定问题。首先就是生态美学能否构成一个独立学科的问题。构成一个学科要有独立的对象、研究内容、研究方法、研究目的及学科发展的趋势这五个基本要素。目前,生态美学在这些方面尚不具备条件。因此,我个人认为,暂时可将其作为美学学科中一个新的十分重要的理论课题。另外,有的学者将生态美学的基本范畴归结为生态美,从而使其研究对象成为"人与大自然的生命和弦"。应该说,这已涉及生态美学的基本内涵。但我个人认为,这一看法尚不全面。因为生态美学不仅涉及人与自然关系的层面,而且还涉及人与社会以及人自身的层面。前者是表现,而后者是更深层的原因。因此,我个人将生态美学的对象界定为人与自然、社会及人自身动态平衡等多个层面,认为其根本内涵是一种人与自然、社会达到动态平衡、和谐一致的处于生态审美状态的存在观。这也是从当代存在论的高度来界定生态美学,其内涵的特殊性就在于将生态的平衡原则以及与其有关的无污染原则、资源再生原则吸收到生态美学理论之中。

第二,有关生态美学所涉及的哲学与伦理学问题。这是当前讨论最多的问题。有的生态学家提出"生态精神""生物主动性""生态认识论""内在价值""生态智慧"等一系列论题,在美学方面,就涉及自然自身是否具有脱离人之外的美学价值问题。这都是在对"人类中心主义"的批判中提出的问题,涉及对哲学史上

"泛灵论"与"自然的返魅"等的重新评价。对这些问题的思考与探讨十分重要。我目前的看法是,"人类中心主义"的确不全面,有改进充实之必要。但基本的哲学立足点还是应该是唯物实践论,在此前提下吸收生态哲学与生态美学有关理论内容,加以丰富发展。因此,目前,我对于地球与自然是有生命的观点能够接受。当然,这种生命首先应包括人这个高级生命在内,构成一个有机的生命体系。对于地球、自然生物是否有自身的"独立精神"与"内在价值",到目前为止,我还没有接受。我认为,从唯物实践论的角度,自然界的"精神"与"价值"还是同人的社会实践活动密切相关,自然界的精神和价值虽然不能说是人所赋予的,但也应在实践过程中,从以人为主的包括自然的有机的生命体系中来理解。这样,自然就不是简单地处于被改造、被役使的位置,而是处于平等对话的位置。因为,离开了自然,人的生命体系、精神体系、价值体系都将不复存在。同样,离开了人,特别是离开了人的社会实践,自然本身也不可能有其独立的"精神"与"价值"。总之,自然与人紧密相联,构成有机的生命体系。从审美的角度来看,自然的美学价值尽管不能完全用"人化的自然"这一理论观点解释,但自然也只有在同人的动态平衡、中和协调的关系中才具有美学价值。自然自身并不具有离开人而独立存在的美学价值。至于"泛灵论",我个人觉得具有人类原始宗教的特性。当前,人类已经迈入 21 世纪的信息时代,对"泛灵论"与"自然的复魅"的重新肯定,应该慎之又慎。

第三,关于生态美学与当代科技的关系问题。对于生态学、生态哲学与生态美学的研究必然涉及对当代科学技术评价的问题。毋庸讳言,世界范围内自然环境的大规模破坏同科技理性的泛滥、工具主义的盛行、科学技术的滥用不无关系,包括无节制的工业发展对自然环境的破坏,农药对土壤的破坏与污染,工业烟尘和汽车尾气对大气的污染等等。凡此种种都直接威胁并破坏人的存在状态,使人处于"非审美化"。当然,还有科技所制造的杀伤性武器,更使人类饱受战争的灾害。但是否就可以将生态与科技相对立,走到排斥科技、排斥现代化的极端,从倡导"回归自然",倡导"回归古代",从倡导"绿色人生"走到排斥"科技人生"呢? 我个人认为,这是不可行的。因为,科学同样是人类的伟大创造,是人类社会进步的重要力量。正是从这个角度上说,科学成果也属于人文的范围。应该说,科学本身是没有价值取向的,但对于科学运用却有明显的价值取向。科学既可造福人类,也可破坏人类,既可有利于生态平衡,也可破坏生态平衡。因此,我们一方面要批判科技理性的泛滥和工具主义的盛行,反思科技发展造成生态破坏甚至引向毁灭人类战争的社会原因;另一方面,我们应该倡导科技与自然、科学与人文、社会发展与生态平衡的高度统一,既倡导"绿色人生",也倡导"科技人生",使科技造福人类,造福自然,推动可持续发展,创造符合生态原则的审美的人生。

生态美学——一种具有中国
特色的当代美学观念①

1994 年,在生态问题日渐成为国内外学术热点的形势下,中国学者提出了"生态美学"这一崭新的美学观念。许多中国理论工作者从生态文艺学、文艺的绿色之思、生态存在论审美观等多重视角对这一美学观念进行了丰富与发展。"生态美学"同国际上日渐勃兴的"生态批评""环境美学"密切相关,但又有别于它们。它是一种具有中国特色的美学观念,是中国美学工作者的一个创举。它的提出对于中国当代美学由认识论到存在论,以及由人类中心到生态整体的理论转型具有极其重要的意义。但它不是一个新的美学学科,而是美学学科在当前生态文明新时代的新发展、新视角、新延伸和新立场。它是一种包含着生态维度的当代生态存在论审美观。它以人与自然的生态审美关系为出发点,包含人与自然、社会以及人自身的生态审美关系,以实现人的审美的生存、诗意地栖居为其指归。

生态美学在中国的产生有其历史的必然性。它是中国现代化事业深入发展,环境问题日趋尖锐的新形势对中国美学学科和美学工作者的一种现实呼唤,也是中国当代形态的马克思主义要

①原载《中国文艺研究》2005 年第 4 期。

求一切从实际出发、以解决现实问题为理论出发点的必然趋势。它是当代社会由工业文明过渡到生态文明的历史必然趋势,是反映着科学发展观的当代先进文化的表征之一。实际上,它已经成为有中国特色社会主义的有机组成部分,同我国当前提出的可持续发展方针、科学发展观和构建和谐社会的理论是一致的,是这些理论的重要内涵。从美学学科本身来看,20世纪中期以来,经过几代美学工作者的努力而创立的实践美学,尽管在历史上有着重要的贡献和不可抹杀的地位,但在新的时代,它的确已经显现出诸多局限。特别是其所表现出的落后于时代的"认识论"的理论支点和"主客二分"的思维模式,更是明显的局限,需要在新的形势下有新的发展和充实。许多中青年美学工作者提出的"后实践美学"就是这种形势的反映,它对生态美学的提出与发展有着重要的启示作用。生态美学也是新时期中西交流对话的产物。它的提出主要借鉴了德国哲学家海德格尔后期有关"天地神人四方游戏"的哲学—美学理论。海氏"四方游戏说"的提出又明显地吸收融通了中国古代老庄道家思想,特别是老庄的"域中有四大,而人居其一"等一系列包含生态智慧的观点。诚如海氏在《从关于语言的一次对话而来》一文中所说,"运思经验是否能够获得语言的某个本质,这个本质将保证欧洲—西方的道说与亚洲—东方的道说以某种方式进行对话中,而那源出于唯一的源泉的东西就在这种对话中歌唱。"①也就是说,海氏将他后期的理论看作是中西"道说"之间通过对话而涌流出来的一种歌唱。当然,我们也借鉴了蕾切尔·卡逊在《寂静的春天》中所表现出来的具有当代色彩的生态观念及其批评实践,以及阿伦·奈斯的"深层生态学"、

---

① 《海德格尔选集》,孙周兴选编,上海三联书店1996年版,第1012页。

罗尔斯顿的"荒野哲学"，还有日渐成为"显学"的西方"生态批评"。当代我国，包括生态美学观在内的生态文化的建设仍需走中西交流对话这一重要途径。当然，对于当代西方生态理论所表现出的唯心主义和神秘主义色彩也需进行必要的分析批判。

但生态美学仍然与上述西方各种生态理论有着重要的区别。首先，它坚持以马克思主义唯物实践观以及有关的自然观为其理论指导。当然，马克思与恩格斯由于时代的原因其生态观难免有其历史的局限，但马克思主义唯物实践观中所包含的"物质生产基础""实践世界""自然主义与人道主义的结合""按照美的规律建造"，以及"不要过分陶醉于对自然界的胜利"等等理论观点对于克服当代西方某些生态理论中的局限与弊端有着重要的价值。我们认为，十分重要的是，马克思主义的唯物实践观在本质上是对西方启蒙主义哲学"主客二分"思维模式和"人类中心主义"理论的批判与超越，是一种具有无限生命力的崭新的以劳动实践为其基础的当代唯物主义实践存在论哲学，是当代我国包括生态美学观在内的生态文化建设的理论支点。

我们提出的生态美学观在借鉴西方理论的同时力图继承发扬中国古代固有的生态智慧资源。这包括儒家的"天人合一""和而不同""民胞物与"的生态思想，道家的"道法自然""万物齐一"等生态智慧。当然，还有其他一些包含在哲学、文学艺术之中的宝贵生态智慧。对于中国传统生态智慧，目前学术界在理解和评价上尚有诸多不一致之处。我个人认为，我国传统生态智慧内涵之丰富及其所达到的高度是十分惊人的。它恰是我们建设当代包括生态美学观在内的生态文化的基本立足点和最重要资源。中国传统文化尽管有儒道佛各家，但其核心恰是费孝通先生所提到的刻在孔庙大殿上的"中和位育"四个字。这四个字来源于《礼记·中庸》篇："喜怒哀乐之未发,谓之中;发而皆中节,谓之和。中也者,天下之大本也,和也者,天下之达道也。致中和,天地位焉,万物育焉。"在这里,《礼记·中庸》将"中和"提到宇宙运行、万物生长的根本性的高度上加以定位,应该讲是比较确切的。所谓"中和",其核心内涵即为"共生",恰是当代生态文化建设的重要源头。"中和"从其内涵来说首先是"共",即"和而不同"。这里划清了"和"与"同"的界线。"和"为万物共生共处共荣,而"同"则为党同伐异、追求划一。这就是中国古代传统文化中著名的"和而不同"理论观念的含义。这种"和而不同"的思想,在西方,直到1871年,才由尼采在著名的《悲剧的诞生》一书中提出与之相似的酒神精神与日神精神两种生命本能的相互作用而诞育万物与艺术。"中和"其次之意为"生",也就是说只有"和",万物才能滋生繁荣、生生不息。所谓"和实生物,同则不继""生生之谓易""道生一,一生二,二生三,三生万物。万物负阴而抱阳,冲气以为和"等等。这种中国古代"中和论"是迥异于西方古代"和谐论"的。"中和论"是一种建立在"天人合一"基础上的宇宙万物诞育运行理论,"和谐论"则是建立在主客二分基础上的具体事物比例对称理论。在宇宙观上,"中和论"是一种"天人合一"理论,而西方古代之"和谐论"则是一种以主客二分为基础的"理念论";在外延上,"中和论"是一种极为宏观的"天人之和",而西方古代之"和谐论"则是一种微观的物质之和,追求世界是由"数"或"火"构成之物质根源和比例对称、黄金分割之具体和谐;在其内涵上,中国古代"中和论"思想是一种人生哲学,关涉到宇宙社会人生,以"善"的追求为其目标,而西方古代"和谐论"则主要是一种自然哲学,侧重于具体的物质存在,以"真"的追求为其目标。当然,这两种理论都是一种非凡的古代智慧,"中和论"思想绵延5000年,诞育了独具特色的中华文化。西方"和谐论"为西方的科技发展与现代化提供了理论支持。但从当代社会的可持续发展来看，中国古代"中和论"的共生思想在解决当代文明危机之中重新绽放出绚丽的光彩。特别是"中和论"共生思想在构筑当代人与自然社会共荣共生的新目标之中具有极为重要的现实意义与价值，被国际科技文化界所逐步认同。不仅有德国著名哲学家海德格尔对中国古代道家思想的借鉴，而且有多位诺贝尔奖获得者提出当代世界危机的解决应到2500多年前的中国孔子理论中去寻找智慧。这些看法的提出绝非偶然，充分说明中国传统的以"中和论"为代表的古代智慧在当代社会文化建设，特别是在当代生态文化建设中的重要价值。当然，中国古代的"中和论"思想作为前现代农业文明时期的产物不可避免地有其历史的局限性，其当代价值必须通过"批判地继承"才能得以发挥。我们应该遵循"古为今用"的方针，坚持"取其精华，去其糟粕"的原则，对其进行必要的改造，使之在当代发挥应有的作用。我们认为，中国传统生态智慧的最基本的局限性就在于它是一种前现代农业文明的产物，虽然包含人与自然平等共生的可贵内涵，但这种"共生"，还是缺少科学精神的、低水平的。因而，这种"中和论"生态智慧必须经过必要的改造，注入现代人文精神，充实其"共生"内涵，提高其生存质量。但中国古代以"中和论"共生思想为代表的生态智慧在当代世界生态文化建设中重要作用的彰显，以及我国建设具有中国特色的生态文化的努力，都是新世纪突破"欧洲中心主义"，弘扬中华文化，走向民族文化振兴的重大举措。

再就是，我们提出的生态美学观是从中国当代的社会与理论的实际出发的。我们将生态美学观作为当代中国先进文化之一的生态文化建设的有机组成部分，自觉地以科学发展观与和谐社会建设的理论为指导,紧密结合中国的社会发展和理论建设实际。我国作为发展中国家,发展是硬道理。但我国同时又是资源贫乏的国家,而且作为社会主义国家我们必须避免资本主义制度盲目追求极大利润的弊端,坚持走人与自然和谐的真正的"以人为本"之路。这是我国的国情与基本国策所在。

马克思早在《1844年经济学哲学手稿》中就提出了自然主义与人道主义以及与审美观的结合这样的重要论题,我们今天在生态美学建设中所要解决的最重要课题仍然如此。我们应努力建设一种以当代生态人文主义为指导的生态审美观。首先,应从生态存在论"此在"之"在世"出发确立人的生态本性观。长期以来,我们总是离开人的现实生存抽象地来界定人的"感性""理性""人类之爱"等等本性,但生态存在论哲学观与美学观力主从"现世之人"出发来界定人的本性,作为"现世之人"的最基本的特点就是人生存于生态环境之中,与生态环境须臾难分。这样,人的生态本性就是人的最基本的本性。它包括人来自于自然的生态本源性,人都处于生态环链之上并作为其生命最基本条件的生态环链性,人作为生态环链中唯一有理性的动物所具有的维护生态环境的生态自觉性等等。正是在人的生态本性理论的基础上,我们才得以构建新的生态人文主义精神。人文主义是西方文艺复兴时期提出的"以人为基本出发点"的理论观念。这一观念是一个历史的范畴,随着历史的发展而不断地发展变化。今天,在生态文明新时代,我们应该着力建设新的包含生态维度的人文精神,即生态人文主义精神。这就是由人的平等发展到人与自然在"生物环链"之中的相对平等,由人的生存权发展到人的生存权之中包括人的环境权,由人的价值发展到同时适度地承认自然的价值,将对于人的关爱发展到兼及对其他物种的适度关爱,将对于人类的当下关怀发展到对于人类前途命运的终极关怀。总之，当代生态美学观尽管突破了传统的人类中心主义，但却不是对于人类的反动，而恰是新时代对于人类生存发展更具深度和广度的一种关爱，是新时代包含生态维度的新的人文精神。生态人文精神集中地体现了人文观和生态观的统一。生态观所要求的人与自然的亲和性本身就与审美观是一致的。诺贝尔生存权利奖获得者何塞·卢岑贝格将地球称作"美丽迷人、生意盎然"的地母盖亚，并说这是一种"美学意义中令人惊叹不已的观察与体悟"①。由此说明生态观与美学观的一致性。

　　当前，关于生态观与人文观、审美观的统一，是引起争论最多的问题。有些朋友把对生态观的强调提到"反人类"的高度，有的则认为三者的统一是完全没有可能的。分歧与争论的激烈是空前的。我们认为，这是正常的现象，没有任何可奇怪的。因为当代生态存在论哲学观与美学观的建设，实际上是冲破统治人类头脑几百年的"主体性""人类中心"等传统文化观念的一场革命，是一场改变人们基本观念的哲学的和文化的革命。既然是一场革命，就必然要碰到思想的剧烈冲突与碰撞。我们认为，对于生态观与人文观、审美观的统一这样崭新的理念，站在传统的认识论的立场是无法接受的。只有站到当代存在论的哲学立场，才能把握和理解。因为，从当代存在论的立场来看，传统认识论和现代所盛行的唯科技主义和工具主义之弊端，就在于混淆了"存在者"与"存在"的界限，因而以"物"遮蔽了"人"，走上无限崇尚科技与物质之路，从而使人的根本生存状态遇到极大威胁。当代存在论

---

①［巴西］卢岑贝格：《自然不可改良：经济全球化与环保科学》，黄凤祝译，生活·读书·新知三联书店1999年版，第63页。

所追求的恰是超越物之遮蔽，走向存在得以彰显的澄明之境。这种超越既是对物之迷恋的超越，也是对人与自然对立的超越。因为，只有从存在者均为存在之显现的意义上来认识，万物才具有某种平等性，理应处于和谐共处之境。而从认识论主客二分的角度看，人与自然是不可能"平等"的。这种"平等"与和谐共处是生态观与人文观的统一，是人类获得诗意地栖居的前提。在当代存在论哲学之中，真理与美是同格的，存在之由遮蔽走向澄明，真理得以显现，其本身是"真"，同时也是"美"。美即真理的自行显现。这就是生态观与人文观、审美观在当代存在论立场上的一致性。但有人却提出，当代生态文化反对"人类中心"即等于反对"以人为本"。其实，"以人为本"与"人类中心"是不可混同的。因为，"以人为本"是一种贯穿人类社会始终的关爱人及对人类终极关怀的人文精神，"人类中心"却是启蒙主义工业革命时代的产物，以"我思故我在""人为自然立法"为其内涵。当然，其中也贯穿着使人类走向文明和民主的启蒙主义时代的人文精神。但20世纪60年代以来，人类社会发生了巨大变化，工业文明逐步被新的生态文明所取代。"人类中心"及与之相关的"人与自然根本对立"的观念也作为一种历史的范畴被必然地扬弃，而代之以人与自然平等共处的生态整体观念。当然，启蒙主义时代的包含科学精神和民主意识的人文精神内涵应予保留，并在新时代加以继承发扬，构建新的包含生态维度的人文精神，使人类更加美好地生存。有人对于这种新的生态人文精神的建设持保留态度，认为"人与自然是宿命的对立，不可能走向统一"。的确，人类要生存发展就必须改造自然，但这种"改造"的前提是人类得以在自然环境中持续美好的生存，而且是基于人类是大自然的一部分的这一基本事实。如果离开这一前提与事实，对大自然无度地滥加开发，必将毁灭人类自身。早在 1873 年,恩格斯就在著名的《自然辩证法》之中批判了这种将人与自然相对立的观点。他说,"这种事情发生得愈多,人们愈会重新地不仅感觉到,而且也认识到自身和自然界的一致。而那种把精神和物质、人类和自然、灵魂和肉体对立起来的荒谬的、反自然的观点,也就愈不可能存在了"①。他还更加明确地指出,"我们连同我们的肉、血和头脑都是属于自然界,存在于自然界的"②。问题的关键是,如何才能在现实生活中求得人与自然的平等共生。恩格斯认为,资本主义制度对利润无限追求的本性必然导致其对于自然的无限掠夺。他说,"当西班牙的种植主在古巴焚烧山坡上的森林,认为木灰作为能获得最高利润的咖啡树的肥料足够用一个世代时,他们怎么会关心到,以后热带的大雨会冲掉毫无掩护的沃土而只留下赤裸裸的崖石呢?"③因此,恩格斯期待一种"能够有计划地生产和分配的自觉的社会生产组织"④,将人类从资本主义所导致的经济危机和生态危机之中解救出来。这样的"社会生产组织"就是克服资本主义"以物为本",坚持"以人为本"的社会主义制度,这就是我国正在实践的有中国特色的社会主义制度所要实现的重要目标之一。因此,摆脱人与自然的根本对立,走向人与自然的和谐发展,正是我国建设有中国特色的社会主义的题中应有之意。

目前,还有一个重要问题,就是具体到生态美学观,到底包含哪些新的内涵?我们认为,它具体指人的生态本性突破工具理性

---

①《马克思恩格斯选集》第 3 卷,人民出版社 1972 年版,第 518 页。
②《马克思恩格斯选集》第 3 卷,人民出版社 1972 年版,第 518 页。
③《马克思恩格斯选集》第 3 卷,人民出版社 1972 年版,第 520 页。
④《马克思恩格斯选集》第 3 卷,人民出版社 1972 年版,第 458 页。

束缚、真理得以自行揭示的生态本真美,天地神人四方游戏的生
态存在美,自然与人的"间性"对话关系的生态自然美,人的诗意
栖居的生态理想美,以及审美批判的生态维度等等。当然,这只
是一个轮廓式的意见,其具体内涵还需在总结古今中外各种文学
艺术文本的基础上加以概括总结,特别是对于中国古代文学艺术
和当代生态文艺的研究愈加重要。在这种研究的基础上,我相信
一定能更好地概括出生态美学观的基本特征。生态美学观作为
后现代语境下生成的理论观念,本身是一种开放的、非中心的和
共创的,它并不刻意追求理论的自足性,而是以其理论的现实性
与突破性为旨归。这样,包括生态美学观在内的当代生态文化建
设必将随着我国有中国特色的社会主义实践的深入发展而不断
深化。

试论当代生态存在论
审美观中的"家园意识"与
城市休闲文化建设

"家园意识"是当代生态存在论审美观之中的应有之义。早在 1936 年,德国存在论美学家海德格尔就在《荷尔德林和诗的本质》一文中引用德国著名诗人荷尔德林的著名诗句:

充满劳绩,然而人诗意地

栖居在这片大地上

他对"诗意地栖居"一语解释道,所谓"诗意地栖居"就是"此在在其根基上'诗意地'存在"。在另一篇名为《追忆》的文章中,他进一步写道,所谓"诗意地栖居",就是"一切'创造者'必定在其产生的基础中有其家园"。又说:"故乡是灵魂的本源和本根。"①

由此可见,所谓"诗意地栖居"就是人在此时此刻的"审美地存在",就是一种回到作为灵魂本源之家园的身体与精神的轻松与归依之感。美国当代著名环境美学家阿诺德·伯林特在其《环境美学》一书中,结合城市建设又明确提出了美学中的"家园意识"问题。他说:"城市设计是一种家园的设计,设计出的场所像

---

① [德]马丁·海德格尔:《荷尔德林诗的阐释》,孙周兴译,商务印书馆 2000 年版,第 46、109 页。

家的感觉,这样才是成功的。城市设计应该是对人的补充和完成,而非对人造成阻碍、压迫或者吞没。"①这就是说,在伯林特看来,城市建设应该是一种"家园"建设,是符合人性的建设,是人的补充与完成的建设。审美的"家园意识",在我国古代表现为"桑梓之情"。《诗经·小弁》云:

> 维桑与梓,必恭敬止。
>
> 靡瞻匪父,靡依匪母。

所谓"桑梓"就是农耕经济时代的"家园",在那里有给自己带来生活之需的桑梓之树与土地农田,更有养育自己、抚爱自己、值得自己永远依恋的父母亲人,因而永远是自己身体与精神的向往与依归。因此,远在千里的游子要冒着雨雪匆匆归乡。《诗经·采薇》写出了著名的"归乡"的名句:

> 昔我往矣,杨柳依依,
>
> 今我来思,雨雪霏霏。
>
> 行道迟迟,载渴载饥,
>
> 我心伤悲,莫知我哀。

诗中描写一位远在千里之外的游子,身体忍受着饥渴,内心承受着思念父母妻女的忧思,匆匆行进在归乡的途中,回想离家时的春光明媚、杨柳依依,对比当前返乡时的雨雪霏霏,内心充满着惆怅。"昔我往矣,杨柳依依,今我来思,雨雪霏霏"成为千古传唱的思念家园的名句。由此可见,"家园意识"是古今中外都共同具有的、与人的美好生存紧密相连的审美意识,具有十分重要的价值,在现代城市休闲文化建设中具有重要的理论与现实意义,

---

① [美]阿诺德·伯林特:《环境美学》,张敏、周雨译,湖南科学技术出版社2006年版,第63页。

给我们以重要的启示。它告诉我们,审美的"家园意识"应该是城市休闲文化建设的最重要理念之一,我们应该将我们的城市建设成为适合人们审美地生存与诗意地栖居之所,成为人们身体与精神的最好的归依之处,成为最适合人们生存的美好家园。

我们应该将我们的城市建设成人的诗意地栖居之所,而非被技术"统治"之地。海氏提出人的"诗意地栖居"是针对当代唯科技主义泛滥造成对人性压抑的现实情况的。他说,"这片大地上的人类受到了现代技术之本质连同这种技术本身的无条件的统治地位的促逼,去把世界整体当作一个单调的、由一个终极的世界公式来保障的、因而可计算的贮存物(Bestand)来加以订造。向着这样一种订造的促逼把一切都指定入一种独一无二的拉扯之中"[1]。在这里,海氏对于科技的全盘否定态度,肯定是片面的,但他指出的现代社会人受技术的"促逼"与"拉扯",也就是被技术"统治"的情况则是存在的,有时还相当严重。从表层来看,人们受制于各种电脑、电器以及各种机械的生活模式,生活单调而乏味,以致出现"网迷""星迷"等等;从深层来说,唯科技主义以及与之相关的工具理性已经成为人们,甚至是整个城市的理念与管理体制,人们沉浸在各种会议、报表、评估与竞争之中。在这种表层与深层的唯科技主义的"统治"下,人们不可避免地成为技术的奴隶,活得很累,甚至出现种种精神与心理疾患。我们的城市休闲文化建设就是要与这种"技术的统治"相对,营造一种适合人们诗意地栖居的外部环境和内部文化氛围,努力摆脱唯科技主义的"统治",确立科技与人文统一的城市建设理念。

---

[1][德]马丁·海德格尔:《荷尔德林诗的阐释》,孙周兴译,商务印书馆2000年版,第221页。

我们应该将我们的城市建设成为有利于人们回归自然之所，而非远离自然之地。海德格尔提出了当代生态存在论审美观中著名的"天地神人四方游戏说"，要求人与自然建立某种紧密交融的"整体性"与"亲密性"①。中国古代有"天人合一"之说，并力主"万物齐一"。当前，我国提出建设"环境友好型社会"。可见，人与自然的交融统一是古今中外城市建设的共同理想。其原因在于这样一个真理，那就是大自然是人类的母亲，人类来自自然，最后又必将回归自然，因而亲近自然是人的本性之所在。因此，当代生态存在论审美观有关城市休闲文化建设的观念必然地包含着极为重要的自然的维度。任何一个符合审美规律的休闲城市都应该是一个有利于人们回归自然的城市，而绝不是让人们远离自然之地。这不仅表现在要调整城市绿地与人口之比，更重要的是要成为城市建设的"回归自然"的指导原则。尽量地保留原生态的状况，少一些人为的痕迹；尽量地使人靠近自然，而不是远离自然；尽量地多一些自然的绿地树林，少一些纽约式的高楼"森林"，给人们提供更多的徜徉在自然母亲怀抱之中的空间与时间。

我们应该将我们的城市建设成为充满亲情关怀之所，而非冷冰无情之地。马克思曾说，人是社会关系的总和。康德曾说，人是社会共通性与个别性的统一。人作为社会的动物是需要群居，需要亲情，需要人与人沟通的。在长期的农耕社会里，人们生活在大家庭之中，人与人比邻而居，乡情、亲情、友情极为浓郁，慰藉着人们的心灵。即便是工业革命之初，早期的城市也有着北方的四合院与南方的弄堂，邻里不乏沟通的空间与时间。这就是当代

---

① [德]马丁·海德格尔：《荷尔德林诗的阐释》，孙周兴译，商务印书馆2000年版，第210页。

生态存在论审美观之中"场所意识"。诚如伯林特所说，"场所感不仅使我们感受到城市的一致性，更在于使我们所生活的区域具有了特殊的意味。这是我们熟悉的地方，这是与我们有关的场所，这里的街道和建筑通过习惯性的联想统一起来，它们很容易被识别，能带给人愉悦的体验，人们对它的记忆中充满了情感。如果我们的邻近地区获得同一性并让我们感到具有个性的温馨，它就成为了我们归属其中的场所，并让我们感到自在和惬意"①。由此可见，所谓"场所"就是更具体意义上的"家园"，是每个人与自己的亲人、友人生于斯、养于斯、与之同欢乐共患难的地方。这个地方充满了亲情与乡情，是人的精神与情感得以寄托的"家"。但当代工业化与城市化的深化，以匆忙的生活代替了闲暇时光，以林立的高楼代替了亲情与乡情得以连接的"场所"。人们都有一种孤独之感、苍凉之感，每个人都好像是无家可归者，有车、有房、有钱，但就是没有亲情与乡情，人成了没有精神寄托的空壳。因此，当代城市休闲文化建设应该具有强烈的人文关怀精神，强化"场所意识"，努力营造各种有利于人与人交流的场所，创造各种人与人交流的空间与时间，诸如现在许多城市特别强调的广场建设与社区建设等等。

我们应将城市建设成充满个性与活力之所，而非千人一面的"同质化"之地。所有的"家园"都是个性化的，都凝聚了祖辈的劳绩与自己的印记，都有着自己特有的亲情、友情及其记忆。陶渊明的"园田"、鲁迅的"百草园"就是这种独具个性特色的"家园"，同他们的生活史与作品风格紧密相连。但大踏步的城市化步伐

---

① ［美］阿诺德·伯林特：《环境美学》，张敏、周雨译，湖南科学技术出版社2006年版，第66页。

却在短瞬间冲倒了这一个一个独具特色与个性的家园,而代之以一个一个面目几乎相同的钢筋水泥结构的建筑物,人们已经几乎找不到自己的"家园",出现了"我是谁?""我在哪里?"的疑问。诚如雷尔夫所描写的那样,"快速增长的城市丧失了形状,失掉了艺术格调,那些玻璃与钢结构的高楼大厦给人矫饰炫耀的感觉,它们体现的是在图纸上盖纸箱子的设计水平。这些方盒子被写字楼大军所占领,这些男男女女属于那种如同被复制出来的完全一样的各个机构。这些就造就了那些毫无生气的城郊景观,在那里诞生了毫无生气、彼此没有区别的城郊一族。这些人沉湎于物质主义的追求:拥有最新式的录像机,做一次包价的西班牙旅行,或者,至少一辈子吃成千上万个一模一样的汉堡包"①。我们的城市建设应该改变这种情况,不仅每个城市要有个性化,而且要尽量给城市里的每个人以创造个性化家园的条件。在中国人均土地面积极少的情况下,要做到这一点,需要我们发挥更多的创造性,但个性化城市与个性化住所的营造却是当代生态存在论审美观之"家园意识"所不可缺少的。

我们应将城市建设成承载优秀传统文化之所,而非散布低俗文化之地。审美的"家园意识"不是纯粹的空壳,而是包含着丰富的文化内涵。一个人的依归除了居所的依归,更重要的是精神的依归,使自己的精神找到依托。精神的依归主要就是优秀的传统文化,包括典籍、风俗、节日与艺术等等极为丰富的内容。特别是,我们中国人有着自己的极为丰富悠久的传统文化,每个城市都有自己独特的历史与文化积淀,这不仅是每个城市的骄傲与标

---

① [英]迈克·克朗:《文化地理学》,杨淑华、宋慧敏译,南京大学出版社2003年版,第131—132页。

志,而且也是我们每个人精神依归与栖息之所。我清楚地记得1987年第一次出国访问,虽然只有短短的三个星期,但却有着强烈的故土之思。当我在旧金山踏上回国的国航航班,戴上耳机听到熟悉的京剧旋律之时,我的热泪不禁涌出,我才真正感到尽管西方国家发达但我的家还是在中国,我是一个地道的中国人,是中国传统文化将我养育长大的。因此,城市休闲文化的建设理应将传统文化的保留与发扬放到十分突出的位置。与此相应,在倡导健康的通俗文化的同时,对于各种低俗文化要给予必要的抵制,使人们在高雅而健康的文化生活中得到陶冶与休息。

　　马克思曾说,我们应该按照美的规律来建造。这当然包括按照美的规律来建设我们的城市,使我们每个人在自己的城市里都能得到审美的生存与诗意地栖居,这也许就是城市休闲文化之中所必然存在的审美内涵。也就是伯林特所说的一种新的美学特征,"艺术与生活的连续性、艺术的动态特征,带有人性特征的实用主义"①。人们曾说,"上有天堂下有苏杭"。所谓"天堂"就是诗意栖居之所。那么,在新的历史时期,我们完全有信心将苏杭建成更加美好的"天堂"——具有中国特色,同时又是国际性的诗意栖居之所,是我们中国人为之骄傲的享誉海内外的美好的家园。

　　(本文为作者提交2006年11月"首届中国人文旅游学术高峰论坛"的论文)

---

① [美]阿诺德·伯林特:《环境美学》,张敏、周雨译,湖南科学技术出版社2006年版,第54页。

论生态美学与环境美学的关系①

　　生态美学与环境美学的关系问题一直是国内外学术界所共同关心的问题。因为,当代西方美学界一直大力倡导环境美学,而中国当代美学界部分学者极力倡导生态美学。2006 年在成都召开的国际美学会上,笔者在作了有关生态美学的发言后,国外学者集中向我提出的问题就是生态美学与环境美学的关系话题。本来,从美学的自然生态维度来说,生态美学与环境美学都属于自然生态审美的范围,是对"美学是艺术哲学"传统观念的突破,它们应该属于需要联合一致的同盟军,不需要将其疆界划得很清晰。但从学术研究的角度,却又有将其厘清的必要。而且,中国学界还要回应国际学术界的质疑。

　　首先,西方环境美学是中国当代生态美学发展建设的重要参照与资源。从文化立场来说,生态美学与环境美学有着两个比较共同的立场。这就是共同面对当代严重的生态破坏而要对生态环境加以保护的立场。中国当代生态美学实际上是我国现代化逐步深化进入生态文明时期的产物,它以生态文明建设作为自己的目标。西方环境美学也是在环境问题突出以后产生的,并以环境保护作为自己的坚定立场。诚如芬兰环境美学家约·瑟帕玛

所说："我们可以越来越明显地看到现代环境美学是从20世纪60年代才开始的,是环境运动和它的思考的产物,对生态的强调把当今的环境美学从早先有100年历史的德国版本中区分了出来。"①而且,他还明确地将"生态原则"作为环境美学的重要原则之一,他说:"在自然中,当一个自然周期的进程是连续的和自足的时候,这个系统是一个健康的系统。"②另外一个共同的立场就是,它们都是对传统美学忽视自然审美的突破。

我国生态美学研究者明确表示,生态美学的最基本的特点就是,它是一种包含生态维度的美学。③西方当代环境美学的一个重要立场就是对于传统美学忽视自然生态环境美学的一种突破。加拿大著名环境美学家艾伦·卡尔松在《环境美学》一书中指出:"在论自然美学的当代著作中,大量的这些观点其实在一篇文章中早就预见到了:在赫伯恩创造性的论文《当代美学及自然美的遗忘》(Contemporary Aes theties and the Negleet of Natural Beauty)。赫伯恩首先指出,美学根本上被等同于艺术哲学之后,分析美学实际上遗忘了自然界,随后他又为20世纪后半叶的讨论确立了范围。……与自然相关的鉴赏可能需要不同的方法,这些方法不但包括自然的不确定性和多样性的特征,而且包括我们多元的感觉经验以及我们对自然的不同理解。"④

①［芬］约·瑟帕玛:《环境之美》,武小西、张宜译,湖南科学技术出版社2006年版,第221页。

②［芬］约·瑟帕玛:《环境之美》,武小西、张宜译,湖南科学技术出版社2006年版,第280页。

③曾繁仁:《转型期的中国美学》,商务出版社2007年版,第303页。

④［加］艾伦·卡尔松:《环境美学——自然、艺术与建筑的鉴赏》,杨平译,四川人民出版社2006年版,第17页。

　　西方环境美学发展得较早,我国 20 世纪 90 年代中期产生的生态美学明显借鉴了西方环境美学的资源。我国第一篇涉及自然生态美学的学术文章是由之翻译的由俄国学者曼科夫斯卡亚所写的《国外生态美》,该文实际上介绍的是西方环境美学,发表在 1992 年《国外社会科学》第 11—12 期。该文对我国生态与环境美学研究产生了重要影响。此后,李欣复于 1994 年发表第一篇名为《论生态美学》的学术论文,徐恒醇于 2002 年出版了第一部《生态美学》论著,中华美学学会青年美学学会于 2001 年召开了全国首届生态美学学术研讨会。曾繁仁于 2003 年出版《生态存在论美学论稿》一书,提出“生态存在论审美观”。与此同时,西方环境美学也加快了在我国传播的步伐。2006 年前后,滕守尧组织翻译了卡尔松的《环境美学》,陈望衡组织翻译了伯林特的《环境美学》与瑟帕玛的《环境之美》。至此,西方环境美学代表性论著均翻译介绍到我国。陈望衡教授也于 2007 年出版了我国第一部环境美学专著,融中西马为一体,构筑了自己的环境美学体系。在我国生态美学建设过程中,西方环境美学也给我们以滋养,它的关于“宜居”观念的论述给我们以很大的启发,特别是伯林特的“参与美学”“生态现象学”以及“自然之外无他物”的理论观点更给我们启发良多。正是从这个意义上,我们认为,西方环境美学是中国当代生态美学建设的重要资源与借鉴。

　　当然,中国的生态美学与西方的环境美学还是有着某些区别。首先,生态美学与环境美学产生于不同的时代与地区。环境美学产生于 20 世纪 60 年代的西方发达国家。其时,这些国家基本完成了工业化,而且它们大多有着比较丰富的自然资源。更为重要的是,那时西方生态哲学与生态伦理学刚刚起步,占主导地位的是“生态中心主义”思想。因此,在当代西方环境美学中,占主导地位的理论观点是"生态中心主义"观点,力主"自然全美"与"荒野审美"等等。中国是在20世纪90年代中期,特别是从21世纪初期开始逐步形成具有一定规模的生态美学研究态势。其历史背景是在工业化逐步深化的情况下,发现单纯的经济发展维度无法实现现代化,而必须伴之以文化的审美维度。这就是科学发展观与和谐社会建设提出的缘由。与此同时,我国生态美学研究获得逐步发展。因此,我国的生态美学建设面对的是急需发展经济的现实社会需要与环境资源空前紧缺的国情现状,经济发展与保护环境成为双重需要。这与西方环境美学提出的历史文化背景是有明显差别的。而且,在21世纪,人类对于生态理论的认识也有了较大的发展与变化,发现单纯的"生态中心主义"难以成为现实,只有人与自然的"共生"才是走得通的道路。正是在这种情况下,出现"生态人文主义"与"生态整体主义"等等更加符合社会发展规律的生态理论形态,成为当代生态美学的理论支点。这也就使中国生态美学所凭借的理论立足点比西方环境美学的"生态中心主义"更加可行,并具有更强的时代感与现实感。

其次,从字义学的角度说,"生态"与"环境"也有着不同的含义。西文"环境"(Environment),有"包围、围绕、围绕物"等意,明显是指外在于人之物,与人是二元对立的。环境美学家瑟帕玛自己也认为,"甚至'环境'这个术语都暗示了人类的观点:人类在中心,其他所有事物都围绕着他"①。与之相对,"生态"(Ecofogical)有"生态学的,生态的、生态保护的"之意,其词头"eco"则有"生态的、家庭的、经济的"之意。海德格尔在阐释"在之中"时说道:

---

① [芬]约·瑟帕玛:《环境之美》,武小西、张宜译,湖南科学技术出版社2006年版,第136页。

"'在之中'不意味着现成的东西在空间上'一个在一个之中';就源始的意义而论,'之中'也根本不意味着上述方式的空间关系。'之中'('in')源自 innan—,居住,habitare,逗留。'an'('于')意味着:我已住下,我熟悉,我习惯,我照料;它有 colo 的含义:habito(我居住)和 diligo(我照料)。"①在这里,"colo"已经具有了"居住"与"逗留"的内涵。"生态学"一词最早是由德国生物学家海克尔于 1869 年将两个希腊词 okios("家园"或"家")和 logos(研究)组合而成。可见,"生态"的含义的确包含"家园、居住、逗留"等含义,比"环境"更加符合人与自然融为一体的情形。从生态美学作为生态存在论美学的意义上来说,"生态的"所包含的"居住、逗留"等意更加符合生态存在论美学的内涵。

再次,从美学内涵的角度来说,"生态"比"环境"具有更加积极的意义。生态美学产生于 20 世纪后期与 21 世纪初期,综合了100 多年来人类在生态环境问题上长期探索的成果。众所周知,100 多年以来,人类在生态环境问题上,努力探索人与自然生态应有的科学关系,经历了"人类中心主义"与"生态中心主义"的苦痛教训。"人类中心主义"已经被 200 多年的工业革命证明是一条走不通的道路,严重的环境污染就是留给人类的惨痛教训。"生态中心主义"也是一条走不通的路。事实证明,作为生态环链之一员,包括人类在内的所有物种都只有相对的平等,而不可能有绝对的平等。"生态中心主义"的绝对平等观是不可能行得通的,只能是一种彻底的"乌托邦"。唯一可行的道路就是"生态整体主义"和"生态人文主义",正如马克思倡导的"自然主义与人道主义

①[德]马丁·海德格尔:《存在与时间》,陈嘉映、王庆节译,生活·读书·新　知三联书店 1987 年版,第 67 页。

的统一"。他说，"这种共产主义，作为完成了的自然主义，等于人道主义，而作为完成了的人道主义，等于自然主义"①。所谓"生态整体主义"与"生态人文主义"就是对于"人类中心主义"与"生态中心主义"的综合与调和，是对两方面有利因素的吸收，不利因素的扬弃。生态美学就是以这种"生态整体主义"与"生态人文主义"的理论作为自己的理论指导。

　　"环境美学"由于产生的历史较早，因此难免受到"人类中心主义"或"生态中心主义"的局限。瑟帕玛的《环境之美》就具有比较明显的"人类中心主义"的倾向。他不仅将"环境"定义为外在于人的事物，而且在对环境美学内涵论述上也表现出"人类中心主义"的倾向。他认为，"环境美学的核心领域是审美对象问题"，而"使环境成为审美对象的通常基于受众的选择。他选择考察对象的方式和考察对象，并界定其时空范围。"而且，他认为，"审美对象看起来意味着这样一个事实：这个事物至少在一定的程度上适合审美欣赏"②。很明显，瑟氏并没有完全跳出传统美学的窠臼，不仅完全从主体出发考察审美，而且从传统的艺术的形式美学出发考虑环境美学审美对象的形成，诸如形式的比例、对称与和谐等等，就是通常所说的"如画风景论"，而没有考虑到生态美学应有的"诗意地栖居"与"家园意识"等。相反，卡尔松倒是彻底的环境主义者，但他却较多地倾向于"生态中心主义"的理论观点。他在《环境美学》一书所提出的"自然全美论"就是这种"生态中心主义"的反映。他说，"全部自然界是美的。按照这种观点，

---

①《马克思恩格斯全集》第42卷，人民出版社1979年版，第120页。
②［芬］约·瑟帕玛：《环境之美》，武小西、张宜译，湖南科学技术出版社2006年版，第36页。

自然环境在不被人类触及的范围之内具有重要的肯定美学特征：比如它是优美的、精巧的、紧凑的、统一的和整齐的，而不是丑陋的、粗鄙的、松散的、分裂的和凌乱的。简而言之，所有原始自然本质上在审美上是有价值的"①。他将自然的审美称作"肯定美学"，在这方面，他借助了许多西方生态理论家的观点。例如，著名生态理论家马什的观点：自然是和谐的，而人类是和谐自然的重要打扰者；地理学家罗坟塔尔的观点：人类是可怕的，自然是崇高的等等。显然，卡尔松的"自然全美"论是建立在上述"生态中心主义"的理论立场之上的，由此导致对于人类活动，包括人类的艺术活动的全部否定，应该说是非常不全面的。

　　当然，环境美学也包含许多正确的、有价值的美学内涵。例如，伯林特的环境美学理论就比较科学合理。他实际上倡导一种崭新的自然生态的审美观念。他说："大环境观认为环境不与我们所谓的人类相分离，我们同环境结为一体，构成其发展中不可或缺的一部分。传统美学无法完全领会这一点，因为它宣称审美时主体必须有敏锐的感知力和静观的态度。这种态度有益于观赏者，却不被自然承认，因为自然之外并无一物，一切都包含其中。"②这里，他提出了著名的大环境观，即"自然之外并无一物"。这里的"自然"并非外在于人、与人对立的，而是包含着人在内的，实际上就是我们通常所说的"自然系统"。他所说的与传统美学相对的"环境美学"即是与以康德为代表的着重于艺术审美的"静

①［加］艾伦·卡尔松：《环境美学——自然、艺术与建筑的鉴赏》，杨平译，四川人民出版社 2006 年版，第 109 页。
②［美］阿诺德·伯林特：《环境美学》，张敏、周雨译，湖南科学技术出版社2006 年版，第 12 页。

观的无功利的美学"不同的一种运用于自然审美的"结合美学"
（aesthetics of engagement）。我们更愿意翻译为"参与美学"，是
指眼耳鼻舌身五官在自然审美中的积极参与。这里的"自然之外
无他物"与"参与美学"的理论观点都成为我们建设生态美学的重
要资源与借鉴。

最后，生态美学之所以产生于中国的文化氛围之中，与中国
的传统文化资源有着十分密切的关系。在中国古代文化哲学中，
没有外在于人的"环境"，只有与人一体的"天"，天人从来都是紧
密联系的。一部中国古代文化史就是探讨天人与古今关系的历
史，所谓"究天人之际，穷古今之变"。这里所讲的"天人之际""天
人合一"与"天人之和"等等就是人与自然一体的"生态系统"中较
为复杂的关系。无论是儒家的"位育中和""民胞物与"，道家的
"道法自然""万物齐一"，佛家的"众生平等""无尽缘起"等等，都
是讲天人之际的"生态系统"。这种东方生态理论在近现代影响
了西方众多生态哲学家与美学家，包括梭罗、海德格尔等等。特
别是海德格尔的生态存在论哲学与美学观、"四方游戏说"与"家
园意识"等，成为"老子道论的异乡解释"。在这样一片如此丰沃
的东方生态理论的土壤上，我们相信一定能够生长出既有现代意
识与通约性，又有丰富的古代文化内涵的具有中国特色的生态
美学。

上面，我们论述了生态美学与环境美学的关系。这里还需要
讲一点，那就是环境美学具有极强的实践性，它以"景观美学"与
"宜居环境"为核心内涵，涉及城乡人居与工作环境建设的大量问
题，带有专业性、可操作性与现实的指导性。这一点是当前的生
态美学研究难以做到的，而且也是需要向其学习的，因为生态理
论的根本特性就是具有强烈的实践性。当然，生态美学在城乡环

境建设中到底如何发挥指导作用,还是可以讨论的话题。

　　总之,生态美学与环境美学这两种美学形态其实有着十分紧密的关系,如果在理论阐释上互相更多地借鉴,完全可以从不同的角度来共同阐释人与自然生态的审美关系。正如我国第一部《环境美学》专著的作者陈望衡教授所说,"这两种美学都有存在的价值,它们互相配合,共同推动美学发展"①。

---

①陈望衡:《生态美学》,武汉大学出版社 2007 年版,第 45 页。

作为新世纪基本人生观的当代生态审美观——热烈祝贺《人文杂志》创刊 50 周年①

　　《人文杂志》转眼间已经创刊 50 周年了,作为该刊的读者与作者,我表示热烈的祝贺,祝愿该刊在当前少有的大好形势下越办越好,为我国人文社会科学的发展做出更大贡献。50 年来,《人文杂志》始终坚持"学术性"的办刊特点,以其厚重的学术含量而为学术界所称道。该刊以陕西深厚的文化底蕴为其支柱,以弘扬中国优秀文化精神为其旨归,努力适应时代要求,追赶学术前沿。该刊所设立的"人文学术新思潮"栏目反映 20 世纪 90 年代以来的各种学术新思潮,在我国学术界赢得广泛好评。这个栏目曾刊登了我的有关当代生态美学观的文章。值此《人文杂志》创刊 50 年之际,我还想就当代生态美学观问题谈几点看法。

　　我的基本看法是,当代生态审美观应该成为新世纪人类最基本的人生观,成为我们基本的文化立场与生活态度。事实证明,从 20 世纪 60 年代开始,人与世界的关系发生了重大的变化。那就是,工业革命以来的主客二分思维模式已经不再能适应新的形势要求,人与世界的对立已经极大地威胁到人类的生存。首先是

————————

①原载《人文杂志》2007 年第 5 期。

人与自然的对立导致了各种生态危机的频发,从著名的"伦敦雾"到惊人的日本"水俣病",以及近年的"非典""印尼海啸"等等,都是自然对于人类滥伐的惩罚。我国近年所频发的"沙尘暴""淮河污染"与"太湖蓝藻"等等已经被公认为环境危机,直接威胁到人民的健康与安危,甚至关系到我国现代化的成败。是继续滥伐自然,还是与自然保持和谐,已经成为人类处于安危成败十字路口的关键性抉择。这正是45年前当代生态理论的开拓者之一蕾切尔·卡逊的警告。人与人的对立,特别是由资本主义制度所造成的战争危机,也因为科学技术的极大发展而使任何一场战争都可能导致人类的毁灭。因为,人类所制造的核武器已经足以摧毁人类文明。当代资本主义的扩张与剥削所形成的南北与贫富的严重对立,使数以亿计的人生活在饥饿与疾病之中。在这样的情况下,存在论将代替认识论、"共生"将代替"人类中心",成为当代最核心的价值观念与人生态度。

这里所说的"共生",首先是人与自然的共生。因为,人与自然的关系是人与世界关系的基础与前提。人类与动物的最基本差别就是动物与自然一体,无所谓"关系",而人则与自然区别开来,从而产生人与自然的"关系"。对于人类与自然和谐相处的追求,是人类永恒的目标。各个不同的时代有着人与自然的不同关系,从而产生不同的人生观与审美观。远古时期,人类刚刚从自然分化而出,自然的力量远胜过人类,人与自然是对立的,人类对自然有一种无名的崇敬与恐惧。那时是一种万物有灵的人生观,而以粗犷的艺术创造在象征中实现人与自然的和谐以及诗意栖居的追求,由此构成这个时期象征型的审美观;农业社会时期,尽管人类社会有了很大发展,但自然的力量仍然远胜于人,人类在宗教及其来世期待中寄托了与自然和谐相处以及美好生活的愿望。此时是一种寄寓于来世的宗教人生观，在审美上则是一种以苦难与拯救相结合的超越之美；工业革命以降，科技发展，社会前进，生活改善，理性张扬，但同时也出现了"人类中心主义"人生观。对于科技与理性过度迷信，以科技地栖居取代诗意地栖居，以物遮蔽了人，审美观出现某种扭曲；20世纪中期以来，特别是新世纪开始以后，人们通过对于工具理性以及"人类中心主义"负面作用的反思，开始提倡"生态整体"的自然观与"共生共荣"的人生观。在审美观上，提出了通过"天地神人四方游戏"走向人的"诗意地栖居"的生态审美观。此时，人与自然"共生"的生态观念越来越引起人类的高度重视，逐步走到社会前沿。1972年，联合国大会通过《人类环境宣言》，试图使人与自然的共生和谐成为全人类的共识。我国也早在20世纪90年代制定了可持续发展的战略，最近又提出科学发展观以及"环境友好型社会"建设的战略指导思想。

但是，人与自然、发展与环保以及当代与后世却总是一种难解的矛盾。一方面是对保护环境的大力倡导，另一方面则是在经济利益驱动下的生态破坏与环境污染的日益加剧，问题的严重性已经远远超出了人们的良好愿望与生态的承受能力，环境与生态的灾难呈现日益发展的趋势，形势的严重性可能出乎人们的估计，现在已经到了不能不直接面对与加以改变的时候了。问题的关键在于人们的文化态度，在于人们选择什么样的生活方式。对于这一点，著名的罗马俱乐部发起人贝切伊早有预见与论述。因此，当务之急是迅速改变人们的人生观、文化态度与生活方式。在当代，应有的人生观、文化态度与生活方式就是以"共生"为其主要内涵，以"诗意地栖居"为其目标的生态审美观。这是一种以"此在与世界"之存在论在世结构为其哲学基础，以审美的对待自

然为其主要内容,以人的当下与未来美好生存为其目的的崭新的
美学观念。它完全符合当今社会发展现实,符合科学发展观,是
当代先进的生态文化的重要内容。这种生态审美观是一种参与
性的审美观,不同于传统以康德为代表的静观美学。它不仅以身
的愉快作为心的愉快的基础,而且将审美观作为改造现实的指
南,要求人们按照生态审美观的规律改造现实,真正做到人与自
然的和谐。这正是马克思所预见的未来社会的彻底的自然主义
与彻底的人道主义的结合。

这种将生态审美观作为新世纪基本人生观的努力既有十分
重要的意义,同时又是一个十分艰巨的历史任务,是一个宏大的
学习工程的组成部分,应该将其包含在当代科学发展观的学习与
践行之中。因为只有以审美的态度对待自然,以及与此相应的以
审美的态度对待他人、社会与自身,当代社会才能真正走向和谐
发展之路。我们有信心通过这个宏大的学习工程,改变国人的自
然观、生态观、审美观与生活方式,实现中华民族的伟大复兴和我
国人民世世代代的美好栖居。

第 三 编

生态美学资源论

老庄道家古典生态存在论审美观新说①

中国传统文化以儒道互补为其特点,这已成为学术界的共识。儒家作为中国封建社会的主流文化也是不争的事实,但以老庄为代表的道家文化在20世纪以来的现代化大潮中,愈来愈显示出特有的价值与意义,从而引起东西方学术界的广泛重视。本文试图从生态存在论审美观的角度探索老子、庄子哲学—美学思想的深刻内涵。可以毫不夸张地说,老庄哲学—美学思想的当代价值是难以估价的,它作为东方古典形态的、具有完备理论体系和深刻内涵的存在论哲学美学思想与人生智慧,业已成为人类思想宝库中的一份极为重要的遗产,也是当代人类疗治社会与精神疾患的一剂良药。

一

我们应该首先探讨老庄哲学—美学之中最基本的命题:"道法自然。"(《老子·二十五章》)这是东方古典形态包含浓厚生态意识的存在论命题,它深刻阐释了宇宙万物生成诞育、演化发展

---

① 原载《文史哲》2003年第6期。

的根源与趋势,完全不同于西方古代的"理念论"与"摹仿论"等等以主客二分为其特点的认识论思维模式。唯其是存在论哲学与美学命题,才能从宇宙万物与人类生存发展的宏阔视角思考人与自然共生的关系,从而包含深刻的生态智慧,而不是仅从浅层次的认知的角度论述人对于对象的认识与占有。"道法自然"中的"道"乃是宇宙万物诞育的总根源,实际上也是宇宙万物与人类最根本的"存在"。老子说:"道可道,非常道"(《老子·一章》)。这里把"可道",即可以言说之道与"常道",即永久长存、不能言说之道加以区别。"可道",属于现象层面的在场的"存在者",而"常道"则属于现象背后的不在场的"存在"。道家的任务即通过现象界在场的存在者"可道"探索现象背后的不在场的存在"常道"。这是一个古典形态的存在论的命题。不仅如此,老庄还有意识地在自己的理论中将作为存在论的道家学说与作为知识体系的认识论划清了界限。他们把人的知识分为两种,一种是普通的知识,即所谓"知",一种是最高的知识,即所谓"至知"。对于普通的"知",老庄是否定的。他们主张所谓"绝圣弃知"(《老子·十九章》),主张"绝圣弃知而天下大治"。对于"至知",他们则是肯定的。庄子说:"知天之所为,知人之所为者,至矣。"(《庄子·大宗师》)也就是说,庄子认为,能够认识到自然与人类社会运行规律的就是一种最高的知识,即"至知"。而这种"至知"只有"真人"借助于道才能获得,所谓"是知之能登假于道者也若此"(《庄子·大宗师》)。这就进一步地说明,老庄所谓的"道"与通常的"知"是有着严格的界限的。既然"道"有在场与不在场之分,那么其表现形态就有"言"与"意"之别。所谓"言"即是"可道",所谓"意"即是"常道"。言与意有别,即有在场与不在场之别。但两者又有联系,即由"言"而领会"意"而又"得意忘言"。庄子说:"荃者所以在鱼,得鱼而忘荃;蹄者所以在兔,得兔而忘蹄;言者所以在意,得意而忘言。"(《庄子·外物》)在这里,庄子借助荃与鱼、蹄与兔的比喻,说明言与意的关系,实际上涉及语言与存在的关系。在他看来,语言作为声音的组合,属于在场的、现象界的,但却试图借以表达不在场的、现象背后的"道"(即存在)。但这种表达,在老庄看来,几乎是不可能的。他们认为,作为宇宙万物诞育之根的"道"实际上只能意会,难以言传。因此,老子说:"大音希声,大象无形,道隐无名。"(《老子·四十一章》)庄子说:"天地有大美而不言,四时有明法而不议,万物有成理而不说。"(《庄子·知北游》)也就是说,在老庄看来,作为"大音""大象""大美"之道是无法用声、形、名、言加以表达的,因其不在认识论的层面,而属于存在论的范围,所以只能借助审美的想象获得精神的自由,从而体悟道。道家由此开创了中国古代艺术中影响深远的"意象"与"意境"之说。

"道法自然"这一命题中的"自然",即是同人为相对立的自然而然,无须外力,无劳外界,无形无言,恍惚无为,这乃是道的本性。正如庄子借老子之口所说:"夫水之于汋也,无为而才自然矣。"(《庄子·田子方》)也就是说,"自然"好像是水的涌出,不借外力,无所作为,是一种"无为",也是一种"无欲"。正如老子所说:"故常无欲,以观其妙。"(《老子·一章》)"无欲"是指保持其本性而感于外物所触生之情的状态。"观"指"审视",既不同于占有,也不同于认知,而是保持一定距离的观察体味。"观其妙",是指只有永葆自然无为的本性才能观察体味道之深远高妙。这里的"无欲"已经是一种特有的既不是占有,也不是认知的,既超然物外,又对其进行观察体味的审美的态度。老子认为:"无为而无不为。"(《老子·四十八章》)也就是说,只有无为才能做到无所不为。这里,无为与无不为是相应的,只有无为,才能做到无不为;相反如果做不到无为,也就做不到无不为。老子还进一步加以解释道:"万物作焉而弗始,生而弗有,为而不恃,功成而弗居。夫唯弗居,是以不去。"(《老子·二章》)如果从人与自然的关系对这段话加以理解,那就是人类任凭万物自然兴起而不人为地对其最初的生长进行改造,生化万物而不占有,帮助万物生长,有所作为,而不因此无限制地对万物施为,对万物的生长取得成功而不因此自居为万物的中心。正因为不自居为中心,人类应有的发展和地位反而可以保存而不失去。老子还提出了一个重要的生态存在论审美观念,那就是"不争"的观念。他说:"不尚贤,使民不争。"(《老子·三章》)这里所谓的"不尚贤",就是不过分地推崇世俗的多才多能之士,从而使人民不争功名而返回自然状态。实际上老庄是将这种"不争"的思想扩大到人与自然的关系之中的,所谓"水善利万物而不争"(《老子·八章》)。也就是说,老子认为,道同水一样滋润而有利于万物却从不同万物相争。正是因为人类遵循道之"无为",不与万物相争,"故天下莫能与之争"(《老子·二十二章》)。

庄子进一步将老子"无为"的思想发展为"逍遥游"的思想。"逍遥游",按其本义即通过无拘无束的翱翔达到闲适放松的状态。庄子特指一种精神的自由状态。他的逍遥游分"有待之游"与"无待之游"。所谓"有待之游"即有所凭借之游,日常生活中所有的"游"都是有待的,无论是搏击万里的大鹏,还是野马般的游气和飞扬的尘埃,其游均要凭借于风。而只有"游心"即心之游才"无待",即无须凭借,从而达到自由的翱翔。他说:"汝游心于淡,合气于漠,顺物自然而无容私焉。"(《庄子·应帝王》)这里的所谓"游心"即使自己的精神和内气处于淡漠无为的状态,顺应自然,忘记了自己的存在。这就是精神丢弃偏私之挂碍，走向自然无为，也是一种由去蔽走向澄明的过程，是一种真正的精神自由。这种精神自由可以任凭思想自由驰骋而体悟万物。所以，"逍遥游""游心"是对老子"道法自然"命题中"无为"内涵的深化与发展，包含着深刻的由去蔽走向澄明，从而达到超然物外的精神自由的审美的生存状态。

二

老庄的存在论哲学—美学观集中地表现于他们关于宇宙万物诞育生成的理论。他们认为，宇宙万物诞育生成于"道"。"道"是什么呢？它不是物质或精神的实体，因而它不属于认识论范畴，没有主体与客体之分；它属于存在论范畴，是宇宙万物诞育生成乃至于"存在"的总根源，也是一种过程或人的生存的方式。西方主客二分的认识论思维模式是无法理解老庄所论之"道"及其道家思想的。老庄明确认为，宇宙万物，包括人类诞育生成的总根源都是"道"，这就提出了一个人与万物同源的思想，从而使老庄的哲学—美学思想成为"非人类中心主义"的。老子说："有物混成，先天地生。寂兮寥兮，独立不改，周行而不殆，可以为天下母。"(《老子·二十五章》)这就明确提出了"道为天下母"的观点。庄子则进一步提出"道为万物之本根"的思想。他说："扁然而万物自古以固存。六合为巨，未离其内；秋毫为小，待之成体。天下莫不沈浮，终身不故；阴阳四时运行，各得其序；惛然若亡而存，油然不形而神；万物畜而不知。此之谓本根，可以观于天矣。"(《庄子·知北游》)庄子在这里没有点明"道"为万物之"本根"，但他所说的万物生长、宇宙变化、四时运行所凭借的"本根"实际就是

"道"。那么，"道"是如何成为宇宙万物之"母"或"本根"的呢？也就是说，"道"是如何创生宇宙万物的呢？这就涉及一个中间环节，那就是"气论"，也就是阴阳之气交汇中和以成万物。老子说："道生一，一生二，二生三，三生万物。万物负阴而抱阳，冲气以为和。"（《老子·四十二章》）庄子借孔子之口说道："至阴肃肃，至阳赫赫。肃肃出乎天，赫赫发乎地。两者交通成和而物生焉，或为之纪而莫见其形。"（《庄子·田子方》）这就说明，老庄均认为宇宙万物的诞育生成是阴阳之气的交汇中和的结果。老子更具体地以人的生育比喻万物诞育之根。这就是中国古代道家的阴阳冲气以和化育万物的思想，是以存在论为根据的宇宙万物创生论。它完全不同于西方以认识论为基础的物质本体或精神本体以及基督教中的上帝造人造物。这是一种中和论哲学—美学思想，是中国传统哲学与美学的带有根本性的理论观点。正如《礼记·中庸》所说，"中也者，天下之大本也；和也者，天下之达道也。致中和，天地位焉，万物育焉"。这就将中和之说提升到"大本""达道"，天地定位，万物诞育的高度，可见其重要。由上述可见，这种中和论是一种存在论的哲学与美学理论，包含天人、阴阳交汇融合，万物诞育生成等等极为丰富的内涵，完全不同于西方发端于古希腊而完善于德国古典哲学的"和谐论"哲学与美学理论。"和谐论"完全以认识论为其理论根基，以主体与客体、感性与理性二分对立为其思维模式，以外在物质形式的比例、对称、黄金分割，乃至共性与个性之关系为其理论内涵。而中国古代的"中和论"则是阴阳的中和浑成，万物的生成诞育，是一种宏观整体上的交融合成。老庄认为，"中和"之道作用很大，不仅阴阳冲气以和可以诞育宇宙万物，而且，"中和"之道可以借以治国、养身。总之，老庄的"道为天下母"的思想，使人与自然万物在生成上有了共同的本源,这正是老庄十分重要的生态存在论审美观的内涵之一。

三

老庄道家学说中还有一个十分重要的思想就是"万物齐一论",也就是说,万物都是平等的,没有贵贱高下之分,不存在人类高于自然之说。这样一个重要思想也是来源于存在论,而不是来源于认识论的。因为,从认识论的角度,自然万物的确客观存在着长短优劣之别,所以不可能加以同等看待。而作为存在论,则力主任何事物均具有其"内在价值"。因此,凡是存在的就是合理的,一切存在的都有自己独有的位置与价值,因而应该同其他事物同等看待。老子有一段著名的话:"故道大,天大,地大,王亦大。域中有四大,而王居其一焉。"(《老子·二十五章》)这里所说的"王"即人之代表,王即人也。因此,道、天、地与人,人只是"四大"之一,从而确定了人在宇宙万物中的平等地位。老子又说:"天地不仁,以万物为刍狗。"(《老子·五章》)因为,老子遵奉天道,反对孔子所倡导的局限于人际关系的仁学,所以,他认为,天地按天道运行而不按具有局限性的仁学运行,天道是"道法自然""无为无欲",因而对万物没有偏私之爱,一视同仁地将其看作是用于祭祀的草扎的狗,任其存在与销毁。这就说明,老子反对将人与万物分出贵贱,对其有不平等的爱,而是主张将人与万物同样看待,没有伯仲高下之分。庄子在著名的《齐物论》中指出:"天地与我并生,而万物与我为一。"在《秋水》篇中,庄子假托河伯与北海若的对话阐述物无贵贱、人是万物之一的道理。所谓"号物之数谓之万,人处一焉;人卒九州,谷食之所生,舟车之所通,人处一焉"。这就是说,在茫茫宇宙之中,各类事物何止上万,而人只是其中之一；而在九州之内，谷食所生，舟车所通之处，个人也只是万分之一。那么，为什么物无贵贱，人与万物是平等的呢？庄子认为，这是道家学说特有的内涵。还是在《秋水》篇中，他假借何伯之口问道："若物之外，若物之内，恶至而倪贵贱？恶至而倪大小？"他还假借北海若之口答道："以道观之，物无贵贱；以物观之，自贵而相贱。以俗观之，贵贱不在己。以差观之，因其所大而大之，则万物莫不大；因其所小而小之，则万物莫不小；知天地之为稊米也，知毫末之为丘山也，则差数睹矣。"在这里，庄子提出了观察问题的不同视角：从道的角度看问题，万物齐一，物无贵贱；从一己的角度看问题，只能是贵己而轻物；从当时世俗的观念来看问题，只能遵循"富贵在天，生死有命"的天命思想，认为由天命决定而不在自己；从数量比较的角度来看，那就会因为认为它大就说它大，这样万物都会被看作大；也会因为认为它小就说它小，那么万物都会被看作小。大小是相对而言的，天地之大也可以被看一粒小米，毫末虽小却又可将其看作大山。这都是从数量的角度难以比较的。后面所说"以差观之"，即是从数量的角度，也就是从认识论的角度，因数量的相对性而难分伯仲。那么，为什么"以道观之，物无贵贱"呢？这是由"道"的"自然无为"的性质决定的。正因为"道"的本性是自然而然，顺其自然，无所作为，所以，从"道"的角度出发，事物本来就无所谓贵贱高下之分。当然，人与自然万物也就无所谓贵贱高下，更没有"中心"与"非中心"之别了。庄子认为，道是无所不在的，体现于一切事物之中，这正是决定"万物齐一"的根本原因。《知北游》中记载了庄子与东郭子的一段对话：东郭子问于庄子曰："所谓道，恶乎在？"庄子曰："无所不在。"东郭子曰："期而后可。"庄子曰："在蝼蚁。"曰："何其下邪？"曰："在稊稗。"曰："何其愈下邪？"曰："在瓦甓。"曰："何其愈

甚邪?"曰:"在屎溺。"东郭子不应。这就说明,道甚至存在于通常
被看成较为低级的蝼蚁、稊稗、瓦甓和屎溺之中。那么,从这些东
西也体现了道的角度说,它们也是平等的。其意义还在于具有某
种生态存在论的意义,也就是说,这些事物都是多姿多彩的生态
世界中不可缺少的一员,因而有其存在之价值。

　　庄子的道无所不在的观点非常重要,体现了一种古典形态的
事物均具有其"内在价值"的观念。庄子还提出了一个著名的"无
用之用"的命题。也就是说,一个事物没有通常所说的优点和价
值,但却正因此而得到长期生存的空间和时间,所以反而显得"有
用"。当然,这种"无用之用"还意味着某种事物,包括自然物自身
所秉有的不向外显示的"内在价值",即所谓"德不形者",德之"内
保之而外不荡也"(《庄子·德充符》)。德包含在内而不显露在
外。庄子在《人间世》中还记载了一棵栎社树批评木匠说其无用
的言论:"女将恶乎比予哉? 若将比予于文木邪? 夫柤梨橘柚果
蓏之属,实熟则剥,剥则辱;大枝折,小枝泄。此以其能苦其生者
也,故不终其天年而中道夭,自掊击于世俗者也。物莫不若是。
且予求无所可用久矣,几死,乃今得之,为予大用。使予也而有
用,且得有此大也邪? 且也若与予也皆物也,奈何哉其相物也?
而几死之散人,又恶知散木!"这段话真是包含着深刻的生态存在
论审美观念:第一,提出事物,特别是自然物"无所用之大用"的观
点,所谓"无所用"是从世俗的功利与认知的角度判断的,而"大
用"则是从生态存在论的角度判断的。因为生态存在论认为,任
何事物,特别是自然物均有其"内在价值"。这就是老庄的道无所
不在、遍及万物的观点。第二,包含中国古代道家的生态存在论
"无为无不为"的哲学思想即"无用无不用"。所谓只有"无用"才
能达到"无不用"的境界,如果刻意追求有用,反而会无用。这也

警示我们人类，如果过分追求"有用"之经济与功利目的，滥掘资源，污染环境，最后必然走到资源枯竭、环境恶化的"无所用"之境地。第三，人类与自然万物都同样是物，在这一点上是平等的，因而不能以有用无用、用之多少这样的标准去要求它物，取舍它物，所谓"奈何哉其相物也"。这实际上是老庄"万物齐一论"的深化，也是对统治人类的"人类中心主义"的有力批判。庄子在《人间世》的最后，用"人皆知有用之用，而莫知无用之用也"作结。庄子的这段话是有感而发的，因为在庄子所在的时代，无论是世俗的观念，还是影响极大的儒家学说，都是在"天命观"的前提之下主张人在万物之中为最贵。而且，老庄尊重自然的观点，"万物齐一"的理论，还遭到儒家学派的批判。荀子在《解蔽》篇中对庄子的自然观进行了批判。他说："庄子蔽于天而不知人。"荀子还在《王制》篇中将人与自然万物相比较，认为人"最为天下贵也"。他说："水火有气而无生，草木有生而无知，禽兽有知而无义，人有气有生有知亦且有义，故最为天下贵也。"曾子所著《孝经》则借孔子之口说道："天地之性，人为贵。"由此可见，老庄的"万物齐一"的理论观点在当时的难能可贵。

四

　　老庄的论著中包含着大量的极其有意义的生态智慧，反映了人与自然的应有的关系。庄子提出的"天倪"与"天钧"的理论就包含着万物"以不同形相禅，始卒若环"的生物链思想，具有重要的理论价值。庄子说："万物皆种也，以不同形相禅，始卒若环，莫得其伦，是谓天钧。天钧者，天倪也。"（《庄子·寓言》）这就是说，庄子认为，各种事物均有其种属，但以其不同的形状相互连接。

从开始到最终，互相紧扣，好像环链，没有什么东西可同其相比。这是一种自然形成的循环变化的等同状态，也就是所谓"天钧"。在《齐物论》中，庄子进一步从"万物齐一"的角度论述了"天倪"。庄子的"天倪"论是在"道法自然""万物齐一"基本理论的统帅之下的，因而应从生态存在论审美观的角度理解。如果从通常的认识论理解，所谓"天倪""天钧"绝对是一种相对主义的、认识循环论的错误观点。但从生态存在论审美观的视角理解，可以看出其所包含的深意：1.明确提出了事物构成环链的思想，即所谓万物"以不同形相禅，始卒若环"；2.形成事物环链的重要原因是事物之间具有更多的联系性和同一性，即所谓"是不是，然不然"；3.形成事物环链的根本原因是它们都"寓诸无竟"，也就是有着共同的生命本原——"道"；4.这种"天倪"的思想也是对"万物齐一"论的一种补充，那就是万物中的每一物所享受的平等都是在自己所处环链位置上的平等，而不是超出这个位置，这才是"无为而为""自然而然"。从这样的分析中可见，庄子的"天倪"说在某种程度上已经包含了生态存在论中生物链思想的基本内容，阐述了宇宙万物普遍共生、构成一体、须臾难分的普遍规律。

　　老庄的道家学说中还包含人类应该尊重自然，按自然万物的本性行事，不要随便改变自然本性这样极为重要的生态观念。老子提出著名的"以辅万物之自然，而不敢为"的思想，就是指尊重万物的自然本性而不要随意改变。庄子通过一个寓言故事深化了这一理论。他在《至乐》篇中通过一个寓言故事提出了不"以己养养鸟"，应"以鸟养养鸟"的道理，要求人类充分尊重自然万物之本性，而不要将人类的观念、欲望和方式强加于自然。老子还有一个重要的生态思想，那就是著名的"三宝说"。老子说："我有三宝，持而保之：一曰慈，二曰俭，三曰不敢为天下先。慈，故能勇；

俭，故能广；不敢为天下先，故能成器长。"（《老子·六十七章》）这"三宝"应该说都同道家的自然观有关。这里所谓"慈"不是儒家"仁者爱人"之慈，而是道家"道法自然"之慈，包含着"无为"、"无欲"、敬畏自然、尊重自然本性、不侵犯自然的内涵；所谓"俭"即指性淡而不奢，不随便掠取自然，过一种符合自然状态的俭朴的生活；所谓"不敢为天下先"，即为"不争"，要求人类尽量不同自然争夺生存的空间，不搞"人类中心主义"，对自然采取一种平等相处的态度。只有珍视这"三宝"，按其要求行事，才能正确面对自然万物，同其融洽相处，自然资源才能得到广大的发展空间，人类和自然万物都能得到很好的生存。老子接着说："今舍慈且勇，舍俭且广，舍后且先，死矣。"也就是说，老子认为，一旦丢弃了这"三宝"而走向其反面，那么人类只有死路一条。应该说，这"三宝"是老子从存在论特有的视角对人与自然关系的生态规律的深刻总结，成为中国古代极其宝贵的生态智慧精华。

五

老庄对于如何掌握道家思想，遵循"道法自然"的生态存在论审美观来行事有着深刻的论述与探讨。总的来说，老庄认为，这种"道法自然"的道家学说不是依靠知识的学习所能掌握的，而是必须通过心灵的体悟，精神的修炼，从而达到一种摆脱物欲、超然物外的精神境界。这也恰是一种审美的境界与态度，从而使老庄的"道法自然"的生态存在论同审美恰相融合，成为一种生态存在论审美观。《老子》一书主要直接阐述"道"之内涵，但也对"道"的掌握进行了必要的论述。老子说："多言数穷，不如守中。"（《老子·五章》）这里所谓"守中"，就是一种精神的保养和修炼，具有特殊的含义。对于老子提出来的"守中"，庄子将其发展为"坐忘"与"心斋"。庄子在《大宗师》中假借孔子和颜回的对话提出并论述了"坐忘"之道："仲尼蹴然曰：'何谓坐忘？'颜回曰：'堕肢体，黜聪明，离形去知，同于大通，此谓坐忘。'仲尼曰：'同则无好也，化则无常也。而果其贤乎！丘也请从而后也。'"这里所谓"坐忘"有三个要点：1."堕肢体"，就是将自己的生理的要求，一切物欲，统统抛弃；2."黜聪明"，就是彻底抛弃自己精神上一切负担，包括当时流行的儒家仁义之说和其他各种学说知识，还有日常生活之知识；3."离形去知，同于大通"，就是说只有在生理上和精神上都丢弃负担之后，超越了一切物欲和所谓知识，才能体悟到自然虚静之道，与其相通。庄子还在《人间世》中提出著名的"心斋"，所谓"心斋"即"唯道集虚"。老庄的道家学说恰是通过这种"堕肢体，黜聪明""离形去知"的"坐忘"与"无听之以耳，而无听之以心""唯道集虚"的"心斋"，排除物欲的追求、纷争的世事及各种功利的知识，从而超越处于非美状态的存在者，直达到诞育宇宙万物之道，获得审美的存在。心之"无待"的逍遥游就是庄子所追求的审美的存在，所谓"坐忘""心斋"恰是一个由遮蔽走向解蔽，走向澄明之境的过程。庄子认为，只有至人、神人、真人、圣人等等超凡脱俗之人才能达到离形去知、超然物外、通于道、达于德的"至乐"的审美的境界。老子的"守中"，庄子的"坐忘"与"心斋"等，同当代现象学中所谓"本质还原"的方法是十分接近的，也是一种将现象界中的外物与知识加以"悬搁"，通过凝神守气而去体悟宇宙万物之道的过程，最后达到"无待"之逍遥之游的"至乐"之境。这正是一个超越存在者走向审美的、诗意的存在的过程，用通常的认识论中可知与不可知等等范畴是无法理解的。

六

　　老庄还对符合生态存在论要求的"至德之世"有所预言,寄托了他们的美好理想,给后世以深刻的启示。他们首先论述了"道"与"世"的关系,也就是推行道家学说与社会发展的关系,总的观点是"道丧世丧,道兴世亦兴"。庄子说:"由是观之,世丧道矣,道丧世矣。世与道交相丧也,道之人何由兴乎世,世亦何由兴乎道哉!道无以兴乎世,世无以兴乎道,虽圣人不在山林之中,其德隐矣。"(《庄子·缮性》)老庄的所谓"世丧",即社会的衰败,既包括政治经济方面,也包括自然生态方面。因为,在他们的宇宙观中,"天地道人"都在其中的。由此可见,生态问题归根结底是世界观问题,也就是庄子所说的"道之兴衰"问题。道兴则生态社会兴,人们可以按照"道法自然""清静无为"的观念建立一种"辅万物之自然而不敢为"的生活方式,从而建立人与自然普遍共生、中和协调,共同繁荣昌盛的生态型的社会。相反,道丧则生态社会丧,如果人们违背"道法自然"的观念,以"人类中心"为准则,攫取并滥伐自然,人与自然的协调关系必然受到破坏,社会的衰败必然到来。鉴于当时的诸侯割据,战争频仍,社会黑暗,老子进一步地预见到生态和社会危机的到来。他说:"其致之。天无以清将恐裂,地无以宁将恐发,神无以灵将恐歇,谷无以虚将恐竭,万物无以生将恐灭,侯王无以贵高将恐蹶。"(《老子·三十九章》)在老子看来,只有得到"道",天地社会才能安宁。如果天失去道就无以清明并将崩裂,地失去道就无以安宁并将荒废,庄稼失去道就无以充盈并将亏竭,自然万物失去道就无法生长并将灭亡,君王失去道就无以正其朝纲并将垮掉。这应该是对"道与世"之关系的一种认识深化，是对"非道"所造成的生态与社会危机的一种现实描述与预见。庄子在《在宥》中进一步描述了这种"天难"，即天之灾难。他借鸿蒙之口说道："乱天之经，逆物之情，玄天弗成；解兽之群，而鸟皆夜鸣；灾及草木，祸及止虫。意！治人之过也。"这就深刻阐述了扰乱天道的所谓理论，违逆万物的所谓感情，所造成的恶果是使天道无法成功推行，扰乱了野兽的群居状态使之离散，使鸟儿失去常规而在半夜啼鸣，并使草木被祸殃，连昆虫也不能幸免。庄子在这里写的更多的是人与自然的关系，指出在错误的理论观念指导下必然有错误的行动，从而破坏人与自然的关系，造成"天难"这样的生态危机。不仅如此，庄子鉴于"非道"的情形十分严重，还预言了千年之后的生态与社会危机。他在《庚桑楚》中借"偏得老聃之道"的庚桑子之口说道："吾语女，大乱之本，必生于尧舜之间，其末存乎千世之后。千世之后，其必有人与人相食者也。"千年之后人与人之相食，可以理解为社会与生产的破坏形成灾年，由严重的饥饿造成人与人相食，也可以理解为生态的严重破坏形成严重的生态危机，资源枯竭，环境恶化，人类失去了最基本的生存条件。这也是一种变相的"人与人之相食"——人破坏了生态，使人失去生存条件，从而难以存活，实际上是人自己残害了自己。

不仅如此，老庄还对按其"道法自然"理论所建立的生态社会提出了自己的社会理想。老子说："小国寡民，使有什伯之器而不用，使民重死而不远徙。虽有舟舆，无所乘之；虽有甲兵，无所陈之；使人复结绳而用之。甘其食，美其服，安其居，乐其俗，邻国相望，鸡犬之声相闻，民至老死不相往来。"（《老子·八十章》）老子这一段有关"小国寡民"的论述是十分著名的，许多人都耳熟能详，但过去对其批判得较多，主要认为这是一种倒退的、小农经济的社会理想，是一种消极落后的乌托邦。这些批判也都没有错，但大都局限于社会政治的、认识论的层面，而从存在论的视角来看，应该讲还是有重要的理论价值的：第一，这是对当时战国时期战争频仍，民不聊生，流离失所，动荡不安的黑暗现实的有力揭露和批判，是对当时人民处于非美的生存状态的有力控诉；第二，追求一种节约、俭朴、安定、平衡，人同自然、社会和谐相处的生态型社会理想。这一社会理想就其所包含的生态存在论的内涵来说还是有积极意义的。相当长的时期内，人们衡量一个社会是否进步，唯一凭借的是生产力标准，似乎生产力前进了，社会就一定进步，而是完全忽略了生态的标准。目前，国际上通用一种生活质量的评价体系，在一定程度上已经将生态标准包括进去。老子正是从生态存在论的标准来衡量当时社会，认为当时人民处于一种非美的生存状态。从这个角度评价老子的社会理想，不能不承认其中包含着极有价值的成分。当然，从历史的发展来看，回到结绳记事之时是不可能的，只不过寄托了老子一种力图建立一个符合其"道法自然"理论观念的生态社会的理想，同孔子将其理想放在周代，及西方人对古希腊盛世的历久不衰的向往没有什么不同。

七

当我用极为简单的笔触，十分粗略地将老庄道家生态存在论审美观作了一番勾勒之后，真是感慨系之。我深感自己面对的是一座直插云霄的理论高峰，而我只不过是走到峰下，要达到峰顶还要待以时日。我首先感到，老庄的生态存在论审美观已经达到非常高的理论水平，无论从理论的深邃，范畴的准确，还是从体系的严密来说,都是高水平的,不仅在当时的世界思想理论史上处于前列,而且在今天仍然闪烁着不灭的智慧光芒。老庄道家思想中所涉及的"道为万物母""道法自然""万物齐一""天倪""天道"等等理论已经深刻地论述了当代深层生态学中所涉及的"普遍共生""生物环链""生态自我""生态价值"等等理论问题,而且有着独特的东方式的智慧。老庄思想中所涉及的"常道与可道""无为与无不为""无欲""逍遥游""游心""心斋""坐忘"等等学说所具有的理论深度和意义也是不言而喻的。这就使我产生了两个疑问:第一,长期以来许多人都说中国的哲学、美学和文艺学缺乏有体系的理论思维,只有体悟式的成果。但是,运用这样一种观点又如何能解释像老庄道家思想这样的具有如此理论深度的理论现象呢?这种观点是否是因为近百年来在西学东渐的形势下,人们自觉或不自觉地以西方主客二分的认识论思维模式来要求和规范老庄等属于存在论范围的哲学—美学思想的结果呢?事实证明,老庄的生态存在论审美观已经构筑了一个完备而严密的理论体系。第二,为什么在春秋战国那样生产力极其不发达的农业社会会出现老庄的"道法自然""万物齐一"这样高水平的理论成果呢?有的理论家将老庄的存在论哲学与美学思想看作是前现代时期不够成熟的理论成果,但我却从中看到许多极富深意的当代内涵。马克思曾将古希腊史诗和莎士比亚戏剧同现代人相比,提出艺术的一定繁盛时期决不是同社会的一般发展成比例的这样的观点。① 那么,同是作为精神产品,在哲学与美学领域里是否也会有这样的情形呢?当我们面对老子、庄子、孔子还有西方古代柏拉图、亚里士多德这些哲人的理论,我们真的会为其深邃之

---

①《马克思恩格斯选集》第2卷,人民出版社1972年版,第113页。

思所折服，并叹为观止，深感难以企及。这种感受，我相信会发生在我们每一个人身上。同时，我也深深地体会到，老庄"道法自然"的生态存在论审美观已经真正成为中国古代文化的源泉和取之不尽的宝库。无论是中医、气功、园林、建筑等艺术和中国人的生活和思维方式都自觉或不自觉地渗透着老庄道家思想的影响，它已成为中国传统文化艺术血脉之源。毋庸讳言，过去我们对这种影响的估计远远不够，总的评价上，对儒家学说的影响的评价超过对道家思想学说影响的评价。应该说，这样的评价是不太准确的。其实，儒家思想对官方和政治学的影响较大，而道家思想则对士大夫、民间，对艺术的影响更大，各有其千秋，并互相渗透。而且，老庄道家思想在国际上，特别是在西方学术界影响巨大，成为西方当代存在论哲学—美学和深层生态学的重要源头，这已为许多西方当代理论家所承认。特别是当代著名理论家海德格尔于1959年提出"天地神人四方游戏说"①，标志着海氏对"人类中心主义"的突破，使其理论成为名副其实的当代生态存在论审美观。十分明显，海氏肯定是受到老庄"域中有四大、人居其一"的道家理论影响的。那么，到底为什么在2000多年前的春秋战国时代会产生老庄生态存在论审美观这样高水平的理论成果呢？当然，首先是由时代决定的。中国古代有着高度发达的农业文明，在春秋战国时期已经达到很高的水平，这就给老庄总结人与自然的关系提供了必要的前提。战国时期的频繁战争，统治者的横征暴敛、穷奢极欲给人民带来沉重的灾难，这也为老庄思考人的存在问题提供了必要的素材和切身的体验。再就是，中国从上

---

① ［德］马丁·海德格尔：《荷尔德林诗的阐释》，孙周兴译，商务印书馆2000年版，第210页。

古以来悠久的文化传统,特别是春秋战国时期"百家争鸣"局面的出现,包括同老庄相对立的儒家文化的高度发展,都给老庄道家生态存在论审美观的产生以营养和动力。当然,老庄道家生态存在论审美观的产生同老子和庄子本人的文化素养、经历经验、聪明才智与勤奋努力都是分不开的。再就是,人类对宇宙人生哲理的体悟同社会发展并不是完全一致的,而是呈现波浪起伏之势。中国先秦时期与古代希腊都是人类智慧的高峰,产生了许多反映宇宙人生智慧的经典,成为哺育人类的思想之源。老庄道家生态存在论审美观就是中国先秦时期产生的人类宇宙人生智慧之一,成为人类精神文化的高峰。当然,它作为一种文化遗产,在当代发挥作用,还需经过"古为今用"的吸收消化与改造转换的过程。

试论《周易》的"生生之谓易"
之生态审美智慧①

对于中国古代美学的形成与特点,甚至对中国古代到底有没有美学,历来都有不同的意见。黑格尔曾经将以中国为代表的东方美学称作是"艺术前的艺术"②。鲍桑葵明确地将中国与日本的古代艺术看作是"审美意识还没有达到上升为思辨理论的地步"③。审视一下中国古代历史,不仅没有西方那种"美是感性认识的完善"的美学理论,而且对"美学"这个经过日文翻译过来的学术概念的直接论述也付之阙如。从这个角度说,似乎中国古代就没有美学。这个结论对于具有五千年悠久文化传统的民族来说真的是不可思议的。但如果结合我国的现实,从审美是情感经验的广义的角度来理解美学的话,中国古代却有着极为丰富的审美智慧。这种审美智慧被宗白华等老一代理论家概括为生命的哲学与美学。宗白华说:"中国画所表现的境界特征,可以说根基于中国民族的基本哲学,即《易经》的宇宙观:阴阳二气化生万物,万物皆秉天地之气生,一切物体可以说是一种'气积'(庄子:天,

---

① 原载《文学评论》2008 年第 6 期。
② [德]黑格尔:《美学》第 2 卷,朱光潜译,商务印书馆 1979 年版,第 9 页。
③ [英]鲍桑葵:《美学史》,张今译,商务印书馆 1985 年版,第 2 页。

积气也）。这生生不已的阴阳二气积成一种有节奏的生命。"①刘纲纪也认为，"就美学而论，生命美学的观念在《周易》中是居于主导地位的。这是《周易》美学最重要的特色，也是它的最重要的贡献。"②《周易》作为中国古代哲学与美学的源头之一，就包含着我国古代先民特有的以"生生之谓易"为内涵的诗性思维，是一种东方式的生态审美智慧，影响了整个中国古代的审美观念与艺术形态。

一

现在，我们来论述作为《周易》核心内容的"生生之谓易"之生态智慧。《周易·系辞上》指出："生生之谓易，成象之谓乾，效法之为坤。"《系辞下》也指出："天地之大德曰生。""生生"或"生"就是对万物生长、生命力量与人的生存的阐述，这是《周易》的核心内涵，也是中国古代哲学与美学的基本精神。蒙培元指出："'生'的问题是中国哲学的核心问题，体现了中国哲学的根本精神。无论道家还是儒家，都没有例外。我们完全可以说，中国哲学就是'生'的哲学。"又说："'生'的哲学是生成论哲学而非西方式的本体论哲学。"③《周易》在很大的程度上就是阐述了中国古代的生存论和生命论的生态哲学与美学智慧。应该说，在中国古代哲学的谱系中，这种生存论与生命论哲思在很大程度上也就是一种美学的哲思，真善美以及哲学与诗学在中国古代其实是难以分开的。

---

①宗白华：《艺境》，北京大学出版社 1987 年版，第 118 页。
②参见刘纲纪《周易美学》，武汉大学出版社 2006 年版，第 69 页。
③蒙培元：《人与自然——中国哲学生态观》，人民出版社 2004 年版，第 4 页。

　　"生生之谓易"之古代生态存在论哲思。《周易》所言"生生之谓易",实际上是以最简洁的语言阐释了中国古代的一种生态存在论哲思。这里,所谓"生生",是指活的个体生命的生活与生存。而"易"则指发展变化,所谓"易者,变易也"。"生生之谓易"即指活生生的个体生命的生长与生存发展之理。《周易·说卦》指出,"昔者圣人之作易也,将以顺性命之理",也就是认为古人作《易》主要是用以阐释一种人的生命与生存产生与变化的道理,那就是"天地氤氲,万物化醇;男女构精,万物化生"(《周易·系辞下》)。这就说明,人与天地自然万物不是对立的,而是与天地自然万物一体的,人只有在天地自然万物之中才能诞育繁衍,生长生存。正如《周易·系辞上》所说,"是故,易有太极,是生两仪。两仪生四象,四象生八卦,八卦定吉凶,吉凶生大业"。这里的所谓"太极"就是作为生命诞育本源的"道",而"两仪"即为"天地""阴阳"。正是在这种天地阴阳密不可分施受交会之中,人的生命与生存才得以可能。所谓"夫大人者,与天地合其德,与日月合其明,与四时合其序,与鬼神合其吉凶。先天而天弗违,后天而奉天时",以及"天地变化,草木蕃"(《周易·文言》)等等。在这里,"生生之谓易"与"天人合一""天人之际""致中和"与天地人"三才说"等一样是一种中国的古典形态的生态存在论哲思,与西方古代以"理念论""模仿说"为代表的人与世界的主客二分的认识论哲学是不一样的。在这种生态存在论哲思中,人与自然相合并构成整体。蒙培元认为,"客观地说,人是自然界的一部分;主观地说,自然界又是人的生命的组成部分。在一定层面上虽有内外、主客之分,但从整体上,则是内外、主客合一的"①。正是在这种人与自然构成

――――――――――

① 蒙培元:《人与自然——中国哲学生态观》,人民出版社2004年版,第6页。

整体的生态存在论哲思中,才产生了中国古代特有的以《周易》之"生生之谓易"为代表的生态审美智慧。

"乾坤""阴阳"与"太极"是万物生命之源的理论观念。正是在这种古代生态存在论哲思的基础上,《周易》才进一步阐述了万物生命之源的理论观念。所谓《周易》,顾名思义,是周代对于"易"的秘密的揭示。"易"字在甲骨文中从日从勿,日下一横,下有三划,寓意为"日在天上,光芒四射"。日为阳,为乾,表明乾坤阴阳运行中乾阳之上升,故曰"开也"。① 也就是说,《周易》阐述的是阴阳运行中乾阳之上升,成为生命万物之源。《周易·乾·象》曰,"大哉乾元,万物资始,乃统天",将乾、阳看作是世界之"元"、万物的起始。对于与"乾"对应的"坤",《周易》也认为它是万物的根源之一。《周易·坤·象》曰:"至哉坤元,万物资生,乃顺承天。"也将其作为万物"资生"之源。但万物与生命产生的最后根源还是阴阳乾坤混沌的"太极"。这就是包括中国在内的东方文化将万物之源归结为乾坤阴阳交混施合、混沌难分的"太极",不同于西方将"物质"与"理念"作为万物之源。而且,《周易》所说的生命是包括地球上所有物体的"万物"。无论是有机物还是无机物,均由乾坤、阴阳与天地所生,都是有生命的。这与西方现代生命论哲学将生命局限在有机物、植物、动物,特别是人类是有区别的。西方的生命论哲学与美学可以说还有某种人类中心主义的遗存,而《周易》中的生命论则更加具有生态的意义。当然,《周易》也没有忽视人,在其著名的"三才说"仍然将人放在与天地并列的重要地位。《周易》的天地人"三才"说中,除天地之外,人是重要的一维,但人却与天地乾坤须臾难离,人是在天地乾

①《甲骨文字典》,四川辞书出版社2003年版,第1044页。

坤的交互施受中才得以诞育繁衍生存的。《周易》蕴含着中国古代素朴的包含生态内涵的人文精神,这是一种古典形态的人文精神,是人与自然万物的共生共存。

万物生命产生于乾坤、阴阳与天地之相交的理念。《周易》对万物与生命的产生过程进行了具体的描述,那是一幅乾坤、阴阳与天地相交的图画。《周易·泰·象》曰:"天地交而万物通也。"也就是说,天地阴阳之气相交,生成万物,所以叫"泰"。相反,"天地不交而万物不通也"(《周易·否·象》),就是"否",是一种阻滞万物生长的卦象。《周易·咸·象》又进一步指出:"柔上而刚下,二气感应以相与","天地感而万物生"。咸卦为艮上兑下,艮为刚为天,兑为柔为地,故柔上而刚下,地上而天下,刚柔天地相交而万物生。在这里,《周易》为我们展示了一幅古典的生态存在论的哲学图景。这里,有天人相和的"泰",也有天人不和的"否"。这里所谓的"泰"与"否"都是人的生存状态,也就是说,人是在"天人之际",即天与人的紧密关系中得以生存的,天地相交的良好的生态环境会给人带来美好的生存,而天地不交的恶劣的生态环境则会使人处于不好的生存状态。自然生态与人的生存息息相关。

宇宙万物是一个有生命环链的理论。《周易》本身构建了一个天人、乾坤、阴阳、刚柔、仁义循环往复的宇宙环链。而且,这种环链是一种具有生命力的无尽的循环往复。《周易》乾卦用九爻爻辞"见群龙无首,吉",就用"乾"的卦象比喻自然界的有机相联循环往复。因为,乾卦六爻皆阳,象征着群龙飞舞盘旋,循环往复,不见其首。这才合于天之德(规律),合于自然界环环相联的情状与规律。所谓诞育万物的"太极"实际上也是一幅阴阳乾坤交互施受环环相联的"太极图"。所谓"易有太极,太极生两仪,两仪生四象,四象生八卦",八卦两两相叠,成六十四卦,阴阳相继,循环往复，从而构成一个天地人、宇宙万物发展演变的环链。这实际上在一定的程度上描述了宇宙万物与人的生命的循环，是一种物质能量与事物运行规律交替变换的过程，是生命的特征之一。

"坤厚载物"之古代大地伦理学。《周易》对于大地母亲的伟大贡献与高尚道德进行了热烈而高度的歌颂，将大地歌颂为"至哉坤元""德合无疆"。非常重要的是，它对于大地的高贵的母性品格进行了极为具体细致的描述与歌颂。首先，指出大地养育万物的巨大贡献，所谓"万物资生"。其次，歌颂了大地安于"天"之辅位、克尽"妻道""臣道"的高贵品德，所谓"乃顺承天"，"地道也，妻道也，臣道也，地道无成而代有终也"（《周易·坤·象》）。再次，歌颂了大地自敛含蓄的修养，所谓"含弘广大，品物咸亨"（《周易·坤·象》），"至柔而动也刚，至静而德方"（《周易·文言》）等等。最后，歌颂了大地无私奉献的高贵品格，所谓"地势坤，君子以厚德载物"（《周易·坤·象》）、"坤也者，地也，万物皆致养焉，故曰致役乎坤"（《周易·说卦》）。在人类早期，对于大地母性品格的这种充分的描述与歌颂，在世界上也是极为少有的，我们所熟知的西方著名的"盖亚定则"的提出已经是 20 世纪 60 年代的事情了。这种"坤厚载物"的大地伦理观念即便在现代的大地伦理学中也是有其极高的价值的，应该成为建设当代包括生态美学在内的生态理论的宝贵财富与资源。

二

上面，我们论述了《周易》的"生生之谓易"所包含的古代生态智慧。现在，我们再来进一步讨论由它所生发的生态审美智慧。

事实证明,《周易》的"生生之谓易"作为一种古代生态智慧本身就是一种"诗性的思维",包含丰富的美学内涵。

描述了艺术与审美作为中国古代先民的生存方式之一。《周易》是中国古代的一部卜筮之书,主要讲古人的占卜生活,但古人的占卜生活是人的一种最基本的生存方式,包括巫、礼、舞、诗等各种活动。也就是说,这种占卜生活是与艺术与审美活动相伴而存在的。《周易·系辞上》借用孔子的话说:"圣人立象以尽意,设卦以尽情伪,系辞焉以尽其言,变而通之以尽利,鼓之舞之以尽神。"这里讲到立象、设卦、系辞、变通以及鼓、舞、神等"占卜"活动的全过程,意味深刻,对于我们理解古代的审美与艺术活动有着重要价值。所谓"鼓之舞之以尽神",就是我国先民诗、舞、乐、巫、礼结合的基本生存方式。甲骨文的"舞"字就是一个巫者手里拿着两根牛尾在翩翩起舞,说明艺术与审美活动是古代先民的与生命生存紧密相联的生活方式。我国古代审美与艺术活动的一个重要特点是与人的最基本的生存方式紧密相联,这就是我国古代著名的"礼乐"传统。乐与礼紧相联系,密不可分,渗透于人的生活的方方面面。人们不仅在乐中获得娱乐,所谓"乐者乐也",同时也在礼乐活动中获得与天地的沟通及生活社会的和谐。正如《礼记·乐记》所说,"大乐与天地同和,大礼与天地同节"。《乐记》又说:"乐在宗庙之中,君臣上下同听之,则莫不和敬;在族长乡里之中,长幼同听之,则莫不和顺;在闺门之内,父子兄弟同听之,则莫不和亲。"艺术与审美活动渗透于生活的各个方面,这是我国古代生态的生命的审美活动的特点。

表述了中国古典的"保合大和""阴柔之美"的基本美学形态。《周易·乾·彖》提出了"保合大和,乃利贞"的论断。所谓"大和"是中国古代最基本的哲学与美学形态,是一种乾坤、阴阳、仁义各得其位的"天人之和""致中和"的状态。诚如《礼记·中庸》所说，"喜怒哀乐之未发，谓之中；发而皆中节，谓之和。中也者，天下之大本也；和也者，天下之达道也。致中和，天地位焉，万物育焉。"这里的"中和"是中国古代特有的美的形态，是以"天人之和"为核心的整体之美、生命之美、柔顺之美、阴性之美。《周易》坤六五爻爻辞"黄裳元吉"，着重阐释了这种阴性的"中和之美"。《周易·文言》在解释阴性之美时说："阴虽有美，'含'之以从王事，弗敢成也。地道也，妻道也，臣道也，地道'无成'，而代'有终'也。"明确地阐述了阴性之美是一种内涵之美，是一种安于辅助之位的以社会道德的传承为旨归的美。接着，《周易·文言》进一步阐释了"黄裳元吉"的阴性之美，指出："君子黄中通理，正位居体，美在其中，而畅于四支，发于事业，美之至也。"从字面上看，这说君子里面穿着黄色的裙子外加罩衫，这种穿法使美蕴含在内里，因而可以使之顺畅地渗透于四肢的每一部分，并表现于各项事业之中，从而使美达到极致。但从更深的意义上看，这段关键性的话是对于坤卦的阐释。坤卦卦辞说："坤，元亨，利牝马之贞。君子有攸往，先迷，后得主，利。西南得朋，东北丧朋。安吉贞。"也就是说，"黄中通理，正位居体"是用来阐释"元亨"与"安吉贞"的。主要说明，阴阳乾坤各在其位，各尽其职，这样，即使一度迷失道路，最后也会迷途知返，受到主人接待而大为有利；即使一时失去朋友，最后也会失而复得而平安吉祥。与前面的"阴虽有美"相应，实际上是说阴阳乾坤"正位居体"，因而"上下交而万物通"，"天地变化，草木蕃"（《周易·文言》），人与万物生命力蓬勃生长，这才是"美之至也"。这就与上文所提到的《礼记·中庸》所说的"天地位焉，万物育焉"的"致中和"是完全一致。这里的"正位居体"，就是阴阳乾坤各在其位，从而促使万物生长繁育的"中和之美"，是天人协调之美,也是以大地的母性品格为其特征的阴柔之美,生命之美,中国古代的传统之美,影响深远。

　　阐述了中国古代特有的"立象以尽意"的"诗性思维"。《周易》通过象、数、辞等多种渠道来阐释"易"之理。所谓"象"即"卦象",是一种表现易理的图像,属于中国古代特有的"诗性思维"的范畴。《周易·系辞下》云:"是故《易》者,象也。象也者,像也。"也就是说,所谓"易",根本就是卦象,卦象就是呈现出的物之图象,借以寄寓"易"之道理。如观卦为坤下巽上,坤为地为顺,巽为风为入,表现风在地上对万物吹拂,既吹去尘埃使之干净可观,又在吹拂中遍观万物使之无一物可隐。其卦象为两阳爻高高在上被下面的四阴爻所仰视。《周易》观卦就以这样的卦象来寄寓深邃敏锐观察之易理。再如震卦为震上震下之重卦,有力地强调了震动的强烈。程颐《伊川易传》说:"震之为卦,一阴生于二阳之下,动而上者也,故为震。震,动也。一震有动而奋发、震惊之意。"又说:"其象则为雷,其义则为动。雷有震奋之象,动为惊惧之义。"①《周易》所有的卦象都是以天地之文而喻人之文,也就是以自然之象而喻人文之象。这与中国古代文艺创作中的"比兴"手法是相通的。所谓比,按《说文》的解释,"比者,双人也,密也"(《说文解字》)。这说明,我国古代的"比兴"诗法,是以自然为友的,具有生态友好内涵。这种观念主要就是来自于《周易》。《周易》比卦就阐述了相比双方亲密无间的内涵。《周易·比·象》曰:"比,吉也。比,辅也",道出了"比"的亲密无间之意。《周易·比·象》云:"地上有水,比。"比卦为坤下坎上,坤为地坎为水,地得水而柔,水得土而流,地与水亲密无间,这就是"比"的内

---

① (宋)程颐:《周易程氏传》,王孝鱼点校,中华书局2011年版,第292页。

涵所在,与《诗经》中的"比兴"义同,均为亲和之意,引申为人与自然之亲和关系。《周易》所阐发的"象"与"意"的关系实际上也是一种以"象"(符号)暗喻着某种天地运转、生命变迁的神性之"意",与《尚书·舜典》之"诗言志",刘勰《文心雕龙·神思》篇之"意象"都是一脉相承的,暗喻某种天人关系的生命之"意"。这是与西方的共性与个性统一的"艺术典型"说内涵不同的。

　　歌颂了"泰""大壮"等生命健康之美。《周易》所代表的中国古代以生命为基本内涵的生态审美观还歌颂了生命健康之美。《周易》乾卦就是乾上乾下,象征着"天行健,君子以自强不息"(《乾·象》),歌颂了一种富有生命力的健康的阳刚之美。泰卦对这种阳刚之美进行了更加深入的论述,卦辞"泰,小往大来,吉亨"。泰卦为乾下坤上,乾阳在上而下降,坤阴在下而上行,阴阳之气相交通成合,使天地间万物畅达、顺遂,生命旺盛。《周易·泰·彖》对此诠释道:"天地交,而万物通也,上下交,而其志同也。内阳而外阴,内健而外顺,内君子而外小人。"也就是说,天地相交而万物通达,上下相交而志趣一致,乾下坤上则为内阳外阴,内健外顺,健康的生命力洋溢,因而通达顺畅。《周易》大壮卦是对于健康强健生命力的又一次歌颂。《周易·大壮·彖》曰:"大壮,大者壮也。刚以动,故壮。大壮'利贞',大者正也。正大而天地之情可见矣!"这就是说,大壮卦是乾下震上,乾为刚震为动,所以刚以动,并且强盛;而且,乾上震下阴阳复位,因而为正常途径,反映了天地宇宙本有的情状。当然,《周易》在歌颂阳刚之美的同时,也对"坤厚载物"的"阴柔之美"进行了歌颂,对大地承载万物孕育生命的美德进行了充分的褒扬。这也说明《周易》将中国古代传统之美概括为"阳刚"与"阴柔"两类,恰是人的生命之美的两种本体的形态。

　　阐释了中国古代先民素朴的对于美好生存与家园的期许与追求。《周易》六十四卦基本上涵盖了先民们最基本的生存生活的各个方面，包括作物生产、饮食起居、社会交往、婚姻家庭、进退得失、生存际遇以及悲欢离合等等。但先民们在这些基本生存与生活中追求的则是一种美好的生存与诗意地栖居。即所谓"元亨利贞"四德。《周易·乾·文言》云："元者，善之长也，亨者，嘉之会也，利者，义之和也，贞者，事之干也。"在这里，善、嘉、和与干都是对于事情的成功与人的美好生存的表述，是一种人与自然社会和谐相处的生态审美状态的诉求。高亨先生在《周易大传今注》中认为，《周易》坤卦《象》传的"品物咸亨"，即指坤所象征的大地"能包容万物，万物得以皆美"①，明确地将"亨"解释为"美"是有道理的。我们认为，《周易》这里所表述的"元亨利贞"四德，应该结合乾卦的《彖》《象》加以理解。正因为，乾为万物之元，象征着带给大地与人类以无限生命能量的"上天"，能够使得"云行雨施，品物流形"，在风调雨顺的情况下滋养万物，使万物繁茂昌盛，人民吉祥安康。据《周易·乾·彖》所说，"元亨利贞"四德也就是"乾道变化，各正性命，保合大和，乃利贞"。也就是说，这也是"正位居体"的结果，同样是一种"中和之美"（保合大和）。特别是，《周易》对于家庭的安居生活给予了充分的期许。可以说，《周易》是较早出现"家园"意识的古代典籍，从而使"家园意识"成为世界上最早的具有审美内涵的美学理念，但直到20世纪，才在西方的存在论美学、环境美学中得以凸显。《周易》首先在坤卦中提出"安吉贞"，说明只有走正道才能安全回家，万事顺利。整个坤卦就是讲"元亨"，也就是大地是人类得以幸福安居

---

①高亨：《周易大传今注》，齐鲁书社1979年版，第77页。

之所。在家人卦中更是寄托了希望家长明于治家之道而实现家庭和爱的良好愿望，所谓"'王假有家'，交相爱也"（《周易·家人·象》）。在《周易·坤·文言》中进一步表露了对于幸福安庆之家的期许，所谓"积善之家必有余庆，积恶之家必有余殃"。复卦则将外出者的归家视为一件美好的事情，复卦六二爻辞"休复，吉"。这里的"复"本指阴阳复位，是宇宙运动的正道，因而包括归家在内的"复"就是"休"，即美好的事情。《周易·复·象》指出："休复之吉，以下仁也。"也就是说，能够使许多外出服役之人得以归家，是因为处于上位的人行仁义的结果。因此，《周易》提出，即使在不利的形势下，处于上位的人如果按照天道行事，也可以做到"硕果不食，君子得舆"（《周易》复卦上九），就是说硕大的果实不致脱落，君子能够得到应有的车舆。这就是《剥·象》所说的"上以厚下安宅"，即处于上位的人有仁厚之心才能使人民得以安居。这说明，"休复""安宅"等美好的生存正是我国先民们所追求的审美的生存目标。《周易》对于"休复之吉"的描述则是最早的有关生态美学的"家园意识"的表述，具有重要的理论价值。

　　以上所说的《周易》论述的"元亨利贞"四德与"休复之吉"，是人对美好生存状况的审美经验。从当代美学"人的诗意地栖居"的角度来看，这就是一种真正的美感，就是中国古代的美学，是一种与生态以及生命密切相关的生态审美智慧。即便是汉代以后逐步发展起来的流行于民间的"堪舆"之说，尽管充满迷信色彩，但也在一定程度上反映了我国古代人寻求安居家园的追求，其中的某些说法也表现了古人对于"宜居"家园的观念。例如，所谓"吉宅"的要求是"住宅西南有水池，西北丘势更相易，艮地有岗多富贵"（《阳宅十书》）等等。尽管所谓认为好风水可得

"富贵"是无稽之谈，但对于住宅位置与自然地貌关系的"负阴抱阳，背山面水"的要求还是在一定程度上具有某种生态的意识的。

三

《周易》"生生之谓易"之古典生态审美智慧对我国后世有着深远的重要的影响，在很大的程度上决定了我国在审美与艺术上不同于西方的基本形态与面貌，使之呈现出一种人与自然友好和谐的整体的具有蓬勃生命力的美。

首先，从直接影响来说，《文心雕龙》在很大程度上继承了《周易》的"生生之谓易"之生态审美智慧。先看其《原道》篇，作为全书的首篇，该篇论述了全书的理论基础，而所原之"道"就包括《周易》的基本思想。正如刘勰在《原道》中所说，"文之为德也大矣，与天地并生者何哉？夫玄黄色杂，方圆体分，日月叠璧，以垂丽天之象；山川焕绮，以铺理地之形……心生而言立，言立而文明，自然之道也"。又说："人文之元，肇自太极；幽赞神明，《易》象惟先"，"《易》曰：'鼓天下之动者存乎辞。'辞之所以能鼓天下者，乃道之文也"。可见，《文心雕龙》所说的"原道"应该包括《周易》所述的"自然之道"与"文之道"。宗白华先生在《中国美学史中重要问题的初步探索》一文中提到了《文心雕龙》涉及两个卦象。首先是《情采》篇里提到的"贲卦"。《情采》篇指出，"是以衣锦褧衣，恶文太章；贲象穷白，贵乎反本。"也就是说，刘勰认为，穿着绸缎衣服未免过于华丽，所以要外加细麻罩衣，如贲卦中的"白贲"，反而是一种素朴的返本，因而可贵。这里所说的"白贲"就是贲卦上九爻，爻辞"白贲，无咎"。所谓"白贲"，就是无任何装饰的白色，其审美效果反而没有任何副作用。宗先生认为,"要自然、素朴的白贲的美才是最高的境界。"①其次是《征圣》篇中提出的"文章昭晰以效离"。这里认为文章的明丽晓畅取象于《周易》的离卦。《周易·离·象》曰:"离,丽也。日月丽乎天,百谷草木丽乎土,重明以丽乎正,乃化成。"因此,所谓"离"即为明丽、照亮之意。刘勰要求文章应该达到离卦的以上要求。宗先生由此引申,得出了附丽美丽、内外通透、对偶对称、通透如网四种美学内涵。②《比兴》篇也明显受到《周易》的影响。《比兴》有言"故比者,附也;兴者,起也","观夫兴之托喻,婉而成章,称名也小,取类也大"。这些论述从《周易》吸收资源是很清楚的。《周易·比·象》:"比,吉也;比,辅也",已经阐述了"比"的相辅相成吉庆友好之意。整个《周易》其实主要运用的是"比兴"手法,用阴阳比喻天地,用天象比喻人事等等。正如《周易·系辞下》所言:"夫《易》,彰往而察来,而微显阐幽,开而当名辨物,正言断辞,则备矣。其称名也小,其取类也大。其旨远,其辞文。其言曲而中,其事肆而隐。"由此说明,《文心雕龙》的《比兴》篇与《周易》的密切的继承关系。《文心雕龙》的其他篇章也都不同程度地受到《周易》影响。可以说,《周易》的基本的哲学美学精神已经渗透于《文心雕龙》之中,它作为我国第一部系统的文学理论与美学论著,对后世的影响的巨大是众所周知的。

更为重要的是,《周易》的"生生之谓易""中和之美"的生态美学智慧已经作为一种人的生存方式表现于中国人生活与思维的方方面面,当然也决定了中国人的审美方式的特点,并渗透于整

---

① 宗白华:《艺境》,北京大学出版社 1987 年版,第 353 页。
② 宗白华:《艺境》,北京大学出版社 1987 年版,第 353—355 页。

个中国美学与艺术的发展过程之中。特别是它所阐述的"正位居体"的"中和之美"对于形成中国古代特有的不同于西方的美学与艺术面貌具有极大的作用。中国古代诗论中"原道""意象""意境""文气"与"诗言志"的文学思想都深受《周易》的"生生之谓易""正位居体""中和之美"等美学思想影响。例如，对于后世影响深远的著名的"意象论""意境论"与"神思论"等等，都受到《周易》的"立象以尽意"与"鼓之舞之以尽神"的"象思维"的深刻影响。《周易》的"象思维"启示我们，中国古代文艺中的"象"，不拘泥于"象"之本身，而是以"物象"反映"天象"与"天命"，以"人文"反映"天地之文"。这就是中国古代诗学与美学中的"象外之象""言外之意"与"味外之旨"等等。也由此导发出著名的"气韵"之说，在具体的物象渗透着"生"之理与"气"之韵。由此可见，中国画论中"气韵生动"的艺术理念也具有了古代生态与生命论美学的理论印迹。同时，《诗经》中的"风雅颂"诗体与"赋比兴"诗法等都留有《周易》美学的影子。至于中国美学与艺术中特有的与自然友好、整体协调、充满生命张力与意韵感兴的特点，更是与《周易》的"生生之谓易"与"中和之美"的古典生态审美智慧密切相关。而且，中国古代艺术，特别是诗画，又大多是以自然、山水与树木为其描绘对象的，并在这种描绘中渗透着某种神韵。这样的美学与艺术特点与西方古代的静穆和谐、符合透视规律的雕塑之美是迥异的。认识到这种区别是非常重要的。以前，我们常常以西方的"和谐、比例与对称"以及各种认识论美学的古典美学观念来套中国古代的美学与艺术思想，可以说，符合这一标准的不多。因为，中国古代美学是一种在"天人之际"的哲学背景下的更为宏阔的由"天人之交"而形成的"中和之美"、大地之美与生命之美。甲骨文"美"字就是"像人首上加羽毛或羊首等饰物之形，古人以此为美"①。也就是说，古人之所谓"美"乃是戴着羽毛欢庆歌舞，或者是戴着羊头祭祀，均有祈求上天降福得以安康吉祥之意，与具体的和谐、比例与对称没有太多关系。当然，中西古代美学之间也是有主体美好感受的通约性的，但其区别却是不容忽视的。因此，进一步发掘作为中国古代美学源头之一的《周易》的美学内涵，并加以当代的改造与发扬就显得特别重要，并成为我们的责任所在。

　　写到这里，我想起"美学"一词的翻译给我国美学研究带来的不良影响。"aesthetics"是德国人鲍姆嘉登提出的，用于对"感性认识的完善"的解释，日本人用中文"美学"一词翻译，后为中国学界所接受并袭用，使我国古代美学研究中不仅要按照西人的规范，而且需要在古籍中寻找与"美丽"等有关的"美"字，从而不仅导致了我国古代美学研究的种种误区，而且还出现了中国古代到底有没有"美学"这样的疑问。我想，作为历史如此悠久的中华文化，有美学应该是不成问题的。尽管我们确实没有西方古典形态那样的美学，但却有着极为丰富的以《周易》为代表的，以"生生之谓易""保合大和"为内涵的中国古典形态的生态的生命的美学。这样的美学体系需要我们在前人的基础上很好地研究总结，以建设中国当代的美学并参与世界美学的对话。

①《甲骨文字典》，四川辞书出版社2003年版，第416页。

中国古代"天人合一"思想与
当代生态文化建设^①

一

在我国大踏步地走向现代化之际,文化建设的重要性在不知不觉中凸显出来。很明显,没有具有特色的现代中国文化建设,我国的现代化是不可能成功的。当前,全世界生态环境恶化日益加剧,而我国又因其特定原因,生态环境恶化的问题更加严重。在这种情况下,现代生态文化建设成为至关重要的任务。但如何建设有中国特色的现代生态文化呢? 学术界对此看法分歧严重,这种分歧又主要集中在对于中国古代"天人合一"思想的评价之上。众所周知,"天人合一"思想可以说是中国古代最具代表性的思想观念,它几乎贯穿于中国古代儒、释、道各家。但最近学术界对其评价却截然相反。季羡林认为,中国古代"天人合一"思想是当代生态文化建设的基础。他说:"具体来说,东方哲学中的'天人合一',就是以综合思维为基础的。西方则是征服自然,对大自然穷追猛打。表面看来,他们在一段时间内是成功的,大自然被迫满足了他们的物质生活需求,日子越过越红火。但久而久之,

①原载《文史哲》2006 年第 4 期。

却产生了以上种种危及人类生存的弊端。这是因为,大自然既非人格,亦非神格,但却是能惩罚、善报复的,诸弊端就是报复与惩罚的结果。"①蒙培元认为,中国古代"天人合一"思想所表现出来的有机整体观对于现代生态文化建设有着特殊的重要意义。他说:"应当说,中国哲学的基本问题即'天人合一'问题在《周易》中表现得最为突出,中国哲学思维的有机整体特征在《周易》中表现得也最为明显。人们把这种有机整体观说成人与自然的和谐统一,但这种和谐统一是建立在《周易》的生命哲学之上的,这种生命哲学有其特殊意义,生态问题就是其中的一个重要方面。"②汤一介也认为,"'天人合一'观念无疑将会对世界人类未来求生存与发展有着极为重要的意义"③。与此相对,有些学者对中国古代"天人合一"思想持基本否定的态度。著名物理学家杨振宁在2004 年北京文化高峰论坛上认为,中国古代易学中的"天人合一"思想只有归纳没有演绎,缺乏科学精神,因而阻碍了中国科技的发展④。徐友渔认为,中国古代"天人合一"思想实际上是一种神学目的论,并不是生态伦理。他说:"其实,把'天人合一'说成是生态伦理或自然保护哲学是曲意解释。这个观点最早出现时,天是一种人格神,在汉朝董仲舒那里天是百神中之大君,天人合一论是一种神学目的论。只有在庄子那里,才勉强符合上述解释,但它从未起到保护自然环境和生态的作用。"⑤

①季羡林:《东学西渐与东化》,《东方论坛》2004 年第 5 期。
②蒙培元:《人与自然——中国哲学生态观》,人民出版社 2004 年版,第 110 页。
③汤一介:《在经济全球化形势下中华文化的定位》,《中国文化研究》2000 年
　　第 4 期。
④杨振宁:《〈易经〉对中华文化的影响》,《自然杂志》2005 年第 1 期。
⑤徐友渔:《90 年代社会思潮》,《天涯》1997 年第 2 期。

由于"天人合一"论是中国传统文化的核心思想,因而对它的评价就涉及这样两个问题。其一,对"天人合一"思想本身的理解与评价。我们并不完全否认上述对"天人合一"思想持基本否定态度的学者看法的局部正确性。"天人合一"论的确具有某种神学目的论色彩,两汉时期更加明显,而它也确实缺乏近代西方科学的演绎内涵。但从总体上来说,"天人合一"论作为一种中国古代特有的哲学理念与思想智慧,以"位育中和"为其核心内涵,深刻包含了我国古人对于"天地人"三者关系的极富哲理的特定把握,对于当代生态文化建设具有极为重要的参考价值。至于其所包含的"天命观",实际上是人类早期的一种"自然神论",还不能算作宗教哲学。"天人合一"论虽然不具有近代演绎法,但却包含着"象数"这样的古典形态的推算演绎。它与西方以"和谐"为其代表的哲学理念有着十分重要的区别。因为,"中和"是一种宏观的"天人之际",而"和谐"则是微观的物质对称比例。因此,从总体上,对"天人合一"思想给予应有的肯定,是一种科学的、客观的态度。同样,对其进行必要的批判分析也是客观必要的。第二个问题就涉及中国当代文化建设,包括当代生态文化建设的路径问题。因为,我国在文化建设问题上从五四运动以来一直存在着"中西体用之争"。但总结近百年来的经验,特别是在当代经济全球化的背景之下,当代中国文化建设要从中国自己的传统出发而不能完全从西方文化出发,这应该是不争的事实。当然,我这里所说的"中国自己的传统",既包括中国古代的传统,也包括中国现代的传统。而且,现代传统应该占据重要位置,但也不能忽视古代传统,特别是对于中国古代那些具有明显民族性并包含有当代价值内涵的哲学与文化精神更应加以重视与继承发扬。这里就包括中国古代"天人合一"论这样的思想观念。应该讲,它是中国古代文化精华之所在,渗透于中华民族文化与生活的方方面面,成为中国文化的标志,特别是其所包含的生态智慧具有极为重要的当代价值,理应引起我们的高度重视与正确评价。这样做,在一定的程度上也是全球化语境下的一种中华民族文化身份的认同。

二

我们已经说过,我国古代的"天人合一"思想是以"位育中和"为其核心内涵的。"位育中和"在我国古代文化之中有其特殊重要的地位。正如《礼记·中庸》所说,"喜怒哀乐之未发,谓之中;发而皆中节,谓之和。中也者,天下之大本也;和也者,天下之达道也。致中和,天地位焉,万物育焉"。这里首先讲的是君子的道德修养若达到"中和"的境界,就能使得天地有位、万物化育。这就将君子之修养与天地万物的化育有序地联系在一起,从而成为"天人合一"论之核心内涵。由此可见,中国古代"天人合一"与"中和"论思想的确是包含着浓郁的生态意识的。正如费孝通教授所说,"刻写在山东孔庙大成殿上的'位育中和'四个字,可以说代表了儒家文化的精髓"①。由此,我们应该回过头来更深入地探讨"位育中和"思想的起源及其深刻内涵。这就要更深入地探寻与之有关的儒、道等各家的学术思想,特别是《周易》的有关思想。因为,《周易》已经被众多国学家公认为我国文化的源头。"天人合一"与"中和"论思想的起源就在《周易》之中。

其一,"太极化生"之古代生态存在论思想。《周易》整个讲的

---

① 费孝通:《"三级两跳"中的文化思考》,《读书》2001 年第 4 期。

是宇宙人类化生、生存、发展与变化的道理。《易传·系辞上》指出："《易》与天地准，故能弥纶天地之道。"因此，《周易》的内容不是讲人对于世界的认识，它不是一种认识论哲学，而是讲宇宙人类的生存发展，是一种古代存在论哲学。在宇宙人类万物生成的基本观念上，《周易》提出"太极化生"的重要观点。《周易·系辞上》指出："是故易有太极，是生两仪，两仪生四象，四象生八卦，八卦定吉凶，吉凶生大业。"这里的所谓"太极"就是对于宇宙形成之初"混沌"状态的一种描述，预示天地混沌未分之时阴阳二气环抱之状，一动一静，自相交感，交合施受，出两仪，生天地，化万物。《周易·乾·彖》指出："大哉乾元，万物资始，乃统天"，将"太极"之乾作为万物之"元"之"始"，也就是回到宇宙万物之起点。《周易·系辞下》还对这种"混沌"和"起点"的现象进行了具体描绘。它说"天地氤氲，万物化醇；男女构精，万物化生"，也就是说，宇宙万物形成之时的情形犹如各种气体的渗透弥漫，阴阳交感受精，万物像酒一般地被酿制出来，像十月怀胎一样地被孕育出来。在这里，《周易》提出了"元"和"始"的问题，也就是哲学上一再讨论的回到事物原初之"在"（Bing）。《周易》的回答是，事物原初之"在"既非物质，也非精神，而是阴阳交融的"太极"。这个"太极"就是老子所说的"道"，所谓"道生一，一生二，二生三，三生万物。万物负阴而抱阳，冲气以为和"（《老子·四十二章》）。这实际上是一种古典形态的存在论哲学观念，"太极"与"混沌"就是作为万物之源的"在"。人与万物都是"太极"与"混沌"所生，它们在这一点上是平等的。因此，庄子提出了"天地与我并生，而万物与我为一"（《庄子·齐物论》）的"万物齐一"论。"太极化生"论还与"天人合一"之"中和论"予以具体的阐释，告诉我们中国古代的"中和"不是简单地物物相加，而是天人、阴阳交互混合，发展变化，构成整体。从这个意义上说，中国古代的"中和"论就是"整体论"。著名的《中国古代科技史》的作者李约瑟（Joseph Needham）将之称为"有机的自然主义"。他说，"对中国人来说，自然界并不是某种应该被意志和暴力所征服的具有敌意和邪恶的东西，而更像一切生命中最伟大的物体"。就《周易》本身来说，这种"整体观"是非常复杂的，而且是纯粹东方式的。它是一幅丰富复杂的"八卦图"，包含着天、地、人之间阴阳、刚柔、仁义、发展、变化、往复、相生、相克等等内涵，实际上是一个更为宏阔的宇宙、社会与人生之环链。正如《周易·系辞下》所说，"古者包牺氏之王天下也，仰则观象于天，俯则观法于地，观鸟兽之文与地之宜，近取诸身，远取诸物，于是始作八卦，以通神明之德，以类万物之情"。这也就是《周易·系辞上》所言"乾坤成列，而《易》立乎其中矣"。"太极八卦"中由象、卦、辞构成的"乾坤成列"的系统与环链实际上反映了天地人文万物交互联系之内在规律，是更为宏阔的古典形态的生态环链模拟。其后，庄子据此提出更为具体的"天倪论"生物环链思想。《论语·述而》中也有对于保护生态平衡的具体表述，所谓"钓而不纲，弋不射宿"。也就是说，要求人们捕鱼不要用细密的网，以便留下小鱼繁殖生长，而射鸟时不要射过夜的鸟以免射杀过多。这些思想观念对于当代人类思考在宇宙万物生态环链中的生存有着极大的启发价值。《周易》"太极化生"中所包含的"中和论"思想，实际上渗透于几千年来中华民族的日常生活的各个方面。从人的身体的方面来说，著名的《黄帝内经》就以"太极阴阳""整体施治"作为其健身疗病之根据，力主"人生有形，不离阴阳""天地合气，命之曰人"。这些都是有别于西医的"对症治疗"的原理的，并被事实证明是有其独特价值的。在精神生活方面，我国古代儒家历来主张君子应该在"天人合一"思想指导下，修仁义之德，养浩然之气，以便做到奉天承命，治国平天下。在政治伦理道德领域，儒家主张"礼之用，和为贵"（《论语·雍也》）、仁者"爱人"、"己所不欲，勿施于人"（《论语·卫灵公》）等等。最近，学术界许多人士倡导"和合精神"，就是试图结合当前现实生活继承发扬这种"天人合一""太极化生""位育中和"的传统文化思想。

其二，"生生之谓易"之古代生态思维。《周易》的"太极化生"不仅是一种东方式的古典形态的存在论哲学，而且是一种古典形态的生态思维。这是一种以"天人之和"为基点，以生命运动为特征，以"易变"为表征，包含卦、象、数、辞等丰富内容的生命有机论思维方式。《周易·系辞上》指出："圣人立象以尽意，设卦以尽情伪，系辞焉以尽其言，变而通之以尽利，鼓之舞之以尽神。"这里基本上将"易变"思维的基本特点讲清楚了。所谓"卦""象"即指六十四卦，作为天地万物的象征，表达了"天人相和"之意，既是某种原始的具象思维，也包含着高度的归纳。所谓"辞"即是圣人对于"卦象"的阐释，是圣人之言。所谓"变通"即是"易变"思维的最重要特点，是一种"变"与"通"的结合，以发挥其特殊的沟通天人的作用。当然，这里面还有"象数"推算的活动，也是一种古典形态的演绎。所谓"鼓之舞之以尽神"是指"易变"思维包含某种巫术思维的色彩，凭借占卦以卜吉凶，而且伴随着某种歌舞的原始祭祀活动。这种"易变"思维首先是一种整体思维，是从"太极""阴阳"之"道"生发的一种思维。《周易·系辞上》所谓"易与天地准，故能弥纶天地之道"，这就是说，在"易变"思维看来，"易"与天地宇宙是一致的，它是从天地宇宙这个整体出发来进行思维的。它还认为，"易"与万物之源的"乾""坤"紧密相连，是以乾坤、阴阳、刚柔之变化莫测的关系为其基本内涵的。《周易·系辞上》指出："乾坤，其《易》之蕴邪？乾坤成列，而《易》立乎其中矣；乾坤毁则无以见《易》；《易》不可见，则乾坤或几乎息矣。"又云："刚柔相推而生变化。"由此可见，乾坤阴阳刚柔与"易变"之紧密关系。因此，"易变"思维包含着乾坤阴阳刚柔相交相应的重要内涵。所谓易者变也，爻者交也。既然有"交"，那就有相生与相克之分。阴阳相应，和谐协调，即为吉，否则即为凶。《周易·泰·彖》曰："'泰，小往大来，吉，亨。'则是天地交而万物通也，上下交而其志同也。内阳而外阴，内健而外顺，内君子而外小人，君子道长，小人道消也。"《周易·泰·象》中又指出："天地交，泰。后以财成天地之道，辅相天地之宜，以左右民。"与此相反的"否"卦则为"天地不交而万物不通也，上下不交而天下无邦也。……小人道长，君子道消也。"（《周易·否·象》）泰与否、福与祸都是相对的，可以互相转化的，所谓"否极泰来""祸兮，福之所倚"，即此之谓也。这就说明，人与自然关系的泰与否是相对的、可以转化的，只有"顺应天时"才能转否为泰，风调雨顺，而违背天时却要遭到"天谴"，甚至有可能陷入"天难"。"易变"思维重要的内涵是将世界上的一切矛盾问题加以简化。正如《周易·系辞上》章所说，"易则易知，简则易从。易知则有亲，易从则有功。……易简而天下之理得矣，天下之理得，而成位乎其中矣"。也就是说，所谓"易"就是容易和简化，只有容易才能为很多人接受，而只有简化才能做到有效率。很明显，《周易》将天地宇宙万物人类社会那么复杂多变的事物与现象简化为"太极""天人""阴阳"与"八卦"。这么高度的简化实际上是一种极其哲理化的"回到原初"的把握事物的方法，也就是古典形态的现象学。这是一种从"乾坤混沌""太极化生"的原初视角对人与自然关系一体性的把握，即为中国古代有关"天人之际"的重要观念，今天仍有其极为重要的价值。"易变"思维的最重要内涵是将宇宙万物、天地人事均视为具有生命的活力。正如《周易·系辞上》所说,"生生之谓易,成象之谓乾,效法之谓坤,极数知来之谓占,通变之谓事,阴阳不测之谓神"。也就是说,"易变"之理在于以"生生"即生命的生长演变为基础,然后才有占、变、神与阴阳等等"易理"。因此,生命是最根本的易变之理。正如《周易·系辞下》所言,"天地之大德曰生"。"生"成为天地人之间最高的准则。因此,从某种意义上,也可以说,《周易》的根本是"生生",而"易变"的核心则是生命的生长演变。正是从这个角度上,我们说中国古代文化是一种生命的生态的文化。

其三,"天人合德"之古代生态人文主义。人文主义有狭义与广义之别。狭义的人文主义特指西方文艺复兴时期以对抗神学为其核心内涵的对人的本性欲望的张扬,而广义的人文主义则是自有人类以来就存在的对于人的生存命运的重视与关怀。正是从广义的人文主义的角度,我们认为,我国古代的人文主义精神是一种包含着浓郁的生态意识的生态人文主义精神。这种生态人文主义精神集中地表现于以《周易》为其代表的先秦时期的典籍之中。《周易》中的"天人合德"思想就是这种中国古代生态人文主义精神的重要体现。《周易·乾·文言》指出:"夫大人者,与天地合其德,与日月合其明,与四时合其序,与鬼神合其吉凶。先天而天弗违,后天而奉天时。天且弗违,而况于人乎,况于鬼神乎?"这里提出了一个"与天地合其德"的重要问题,其内容为"天弗违""奉天时",这样才能做到"与天地合其德,与日月合其明,与四时合其序,与鬼神合其吉凶"。也就是说,只有这样,人才能有一个较好的生存状态。这就是一种将"天时"与人的生存相结合的古典形态的生态人文主义。我国古代之所以能够提出如此深刻的问题,与我国作为农业古国长期饱受自然之患有很大的关系。著名的"大禹治水"传说与《山海经》中的许多神话故事都说明了这一点,可以说是深刻的历史教训和忧患意识使得我国在先民时期就具有了较为明确的生态人文主义思想。《周易·系辞下》指出:"《易》之兴也,其于中古乎?作《易》者,其有忧患乎?是故履,德之基也;谦,德之柄也;复,德之本也;恒,德之固也。"这就充分说明,《周易》的出现是与当时先民的忧患意识有着密切关系的。这种忧患除了战争之外,最重要的就是自然灾难,特别是水患。因此,顺应天时,掌握自然规律就成为人类安居乐业之本,成为有利于人的"大德"。这就是当时包含生态规律的人文主义产生的重要原因。由此,《周易》明确提出"天文"与"人文"的统一。《周易·贲·彖》曰:"贲,亨,柔来而文刚,故亨;分,刚上而文柔,故'小利有攸往'。刚柔交错,天文也;文明以止,人文也。观乎天文,以察时变;观乎人文,以化成天下。"对于"天文"与"人文"的统一,我们进一步以《周易》贲卦为例加以说明。贲,艮上而离下,柔上而刚下,这是一种有小利而无大咎的卦象,属于"天文"的范围。人们根据这种天象规范自己的行为,使人类的行为以此为准,那就成了"人文"。观天文可以了解宇宙万物的变化,而观人文则可以规范人的行为。这就是一种天文与人文的统一,是"天人合德"的具体内涵。《周易》还更具体地阐述了天地人"三才"的理论。《周易·说卦传》指出:"昔者圣人之作《易》也,将以顺性命之理。是以立天之道曰阴与阳,立地之道曰柔与刚,立人之道曰仁与义。兼三才而两之,故《易》六画而成卦。"这就是说,古代圣人根据天地人本真性命之道,通过卦象将天道阴阳、地道刚柔、人道仁义联系在一起。因而,易卦就是一种包含着天地人三个维度的古代人文主义,即古代中国的生态人文主义。当然,古人认为,"易"是由圣人发现并作卦与辞的,只有圣人能够体现这种包含生态内涵的与天地相应的仁义之理。《周易·系辞上》指出:"是故天生神物,圣人则之。天地变化,圣人效之。天垂象,见吉凶,圣人象之。河出图,洛出书,圣人则之。"一般的君子亦可以通过道德的修养达到"至诚"的高度,从而掌握这种包含生态维度的仁义精神。这就是所谓的"知天命",即孔子所说的"五十而知天命"。《礼记·中庸》说道:"唯天下至诚,为能尽其性。能尽其性,则能尽人之性;能尽人之性,则能尽物之性;能尽物之性,则可以赞天地之化育。可以赞天地之化育,则可以与天地参矣。"也就是说,只有达到至诚才能顺应天性与物性,并尽人性,从而可以与天地相和。这里,强调了一种人应与天地参,即向天地看齐的观念。《周易·乾·象》中提出"天行健,君子以自强不息",《坤·象》提出"君子以厚德载物"的思想,都是因效法天地而培养的包含生态内涵的"仁义之理"。同时,中国古代还将这种"天人之和"的思想扩大到人与万物的"共生"。《礼记·中庸》所说的"万物并育而不相害,道并行而不相悖",就是一种古典形态的"共生"思想。《周易·文言》提出:"君子体仁足以长人,嘉会足以合礼,利物足以和义,贞固足以干事。君子行此四德者,故曰:'乾,元亨利贞。'"这里的"长人""嘉会""利物"与"贞固"都是"共生"思想的体现。《论语·子路》云:"君子和而不同,小人同而不和。"这里,所谓"和而不同"是各种事物相杂而生,而"同而不和"则是只允许一种事物独自存在而不允许不同的事物存在。只有这种"和而不同"才有利万物的生长。《国语》云:"和实生物,同则不继。"这正是生态规律的反映,是一种生态的人文主义。

其四,"厚德载物"之古代大地伦理观念。《周易》通篇充满了对于天地的敬畏与歌颂,特别是它对于大地的敬畏与歌颂,可以说就是古典形态的大地伦理观念。这里,我们引用《周易》中的两段文字加以说明。《周易·坤·象》云:"至哉坤元,万物资生,乃顺承天。坤厚载物,德合无疆。含弘光大,品物咸亨。牝马地类,行地无疆,柔顺利贞。"《周易·坤·文言》云:"坤至柔而动也刚,至静而德方。后得主而有常,含万物而化光。坤道其顺乎,承天而时行。"又说:"阴虽有美,含之以从王事,弗敢成也。地道也,妻道也,臣道也。地道无成,而代有终也。"这几段文字可以说是对我国古代大地伦理观念的全面阐发,从大地的地位、作用、特性与人类对大地应有的态度等多个方面阐发论证了古代大地伦理观念。从大地的地位来说,"至哉坤元,万物资生""德合无疆,含弘光大"等等,将大地的地位提到至高无上、诞育万物、功德无量的人类母亲的高度。从大地的作用来说,"坤厚载物""品物咸亨""天地变化,草木蕃""地道无成,而代有终"等等,对于大地的承载万物,使之繁茂发育、承续后代等等重要作用进行了深入的阐释。在大地的特性方面,《周易》进行了形象而深刻的描述,用了"坤至柔而动也刚""至静而德方""阴虽有美,含之以从王事"等等,充分表现了大地"内柔外刚""内静外方""含蓄之美"等等美好的母性品格。在人类对于大地应有的态度上,《周易》首先对于大地母亲进行了充分的歌颂,使用了"至哉""无疆""光大"等等高尚而美好的语言。更重要的是,《周易》表现了人类应该学习大地,秉承大地优秀品格的意愿。《周易·坤·象》说:"地势坤,君子以厚德载物。"《周易·文言》说:"地道也,妻道也,臣道也。"也就是说,它认为人类应该像大地那样宽容厚道,容纳万物,学习大地"含弘光大"的"地道",尽到做人的责任。《周易·说卦》更明确地告诉我们,"坤也者,地也,万物皆致养焉,故曰'致役乎坤'"。这就歌颂了大地养育和服务于万物与人类的奉献精神。这样的古代大地伦理观念尽管时代局限性非常明显,但其所包含的对于大地地位、作用及人类应有态度的阐述,对于我们思考人类与大地的关系还是很有启发作用的。

其五,"大乐同和"之古代生态审美观。在我国古代,生产劳动与诗乐舞巫的结合可以说就是一种最基本的生存方式,《周易》中专门描写过占卜过程中的"鼓之舞之",也就是载歌载舞的情状。特别是乐,在我国古代更有其特殊的地位,是达到天地人三才相和的重要途径。《礼记·乐记》指出:"大乐与天地同和,大礼与天地同节。和,故万物不失;节,故祀天祭地。"又说:"夫歌者,直己而陈德也,动己而天地应焉,四时和焉,星辰理焉,万物育焉。"《尚书·舜典》云:"八音克谐,无相夺伦,神人以和。"在我国古代,"乐"具有非常高的本体的地位,成为达到"天人之和"的重要渠道。《乐记》认为,"是故情见而义立,乐终而德尊。君子以好善,小人以听过。故曰:生民之道,乐为大焉。"将乐与"德尊""好善"相联系,提到"生民之道,乐为大焉",即人类生活中最高的地位。这就是中国古代的"乐本论",将"乐"作为人的基本生存方式。《乐记》对此具体描述道:"是故乐在宗庙之中,君臣上下同听之,则莫不和敬;在族长乡里之中,长幼同听之,则莫不和顺;在闺门之内,父子兄弟同听之,则莫不和亲。故乐者,审一以定和,比物以饰节,节奏合以成文。所以合和父子君臣,附亲万民也。是先王立乐之方也。"在这里,"乐"已经深入宗庙、乡里、家庭等社会生活的各个方面,成为我国古代人民基本的生活方式。这是一种通过"乐"来和敬天地乡里家庭的审美的生活方式,是古典的生态审美形态。

三

在当今 21 世纪开始之际,人类既享受到现代工业革命给我们带来的文明发展,同时也切身地感受到现代工业革命给我们带来的一系列负面影响。特别是生态的急剧恶化和环境的严重破坏给我们带来的深重灾难,水俣病、癌病、艾滋病、"非典"、禽流感等等,都在威胁着我们,给我们的未来和后代带来浓重的生活阴影。因此,应当改变我们的生存方式,从现代的工业文明迅速过渡到后工业的生态文明已经成为全世界绝大多数人的共识。要实现这种文明形态的过渡,最重要的是要改变我们的文化观念,迅速地从工业文明的人类中心主义、唯科技主义、唯工具理性与主客二分的思维模式转变到有机整体的生态思维观念之上。这样的转变当然应主要立足于当代,并从各国的实际情况出发,但借鉴古代的生态智慧则是十分必要的。我国古代"天人合一"思想中所包含的生态智慧无疑不可避免地存在着历史与时代的局限,特别是因其产生在前现代的远古的背景之上,因而免不了有许多反科学的,甚至是迷信的色彩。因此,对于"天人合一"之中的生态思想,我们既不能完全接受,也不能任意拔高。但这一思想之中的许多智慧资源的确是极其宝贵的。特别重要的是,对于我们当前亟须建设的当代生态人文主义,中国古代生态智慧具有较强的借鉴意义。在当代,人与自然、生态观与人文观能否真正实现统一,从而建设当代形态的生态人文主义,这是至关重要的理论问题,也是十分紧迫的现实问题。有人说,人与自然、生态与人文是天生对立的,不可能统一。这是一种悲观主义的态度,这种态度还是建立在传统的唯科技主义认识论思维基础之上的。从传统认识论出发,当然会得出生态与人文必然对立的结论。但当前最为重要的则是需要从传统认识论转到现代存在论哲学与思维模式之上,从人与自然的必然对立转向两者在存在论基础之上的统一。从我国古代"天人合一"思想之"易变"思维来看,对其两者的关系应该从"简"、"变"、"合德"、"共生"、古代大地伦理与"大乐同和"等特殊视角去把握。所谓"简"，就是应该将人与自然的复杂关系简化，回到事物产生之初的"太极"与"混沌"状态，就会清楚地看到人与自然所由产生的同一根源，说明其间必然存在的统一的原初性根由。从"变"的角度看，就是要以"易变"的观念充分认识人与自然之间的相生与相克及其变化，只要注重天时地利人和，创造必要的条件，就能由其相克转化到相生。从"合德"的视角看，人类不仅应该改造自然，而且还应尊重自然，自然尽管不是神秘的但其秘密也不是人类所能穷尽的。因此，在人与自然的关系上，人类更应主动地遵循自然规律，与自然"合德"，这才是天文与人文统一的前提，是建设当代生态人文主义的首要条件。我国古代的"共生"哲学，力主"和而不同""生生之谓易"与"和实生物，同则不继"，这实际上是一种特别有价值的生态哲学，值得我们借鉴。从大地伦理的角度看，我国《周易》对于"厚德载物"的大地母亲的敬畏与歌颂值得我们深思，它不仅揭示了大地哺育人类的真理，而且体现了人类感恩大地的情怀。而"大乐同和"则是一种古典形态的生态审美观，揭示了我国古代先民在如歌、如乐、如舞的生命境界中实现人与天地万物和谐美好生存的审美境界，值得我们在确立当代"诗意地栖居"的生态审美态度时从中获得诗意的启发。

对于我国当前提倡的科学发展观和确立建设和谐社会目标，古代"天人合一"思想中所包含的生态智慧更有其特殊价值。因为我国的现代化建设已进入关键时期，许多矛盾暴露出来，其中非常突出的就是社会经济发展与环境资源的突出矛盾。因此，人与自然环境资源的和谐协调成为科学发展观与和谐社会建设的非常重要的内容。我国要真正做到两者之间的和谐协调，除了发展模式要从中国实际出发外,同样重要的是应该从我国的实际出发,建设具有中国特色的、易于为广大人民接受的生态与环境理念。这就要借鉴我国古代文化资源,从中汲取营养,建设为广大人民所喜闻乐见的当代中国生态理论,以期对科学发展观与和谐社会建设做出应有贡献。我国古代"天人合一"思想中的生态智慧早就引起国际哲学界与生态学界的重视。美国研究环境问题的世界观察研究所所长布朗指出:"我们只应当追求维持生活的最低限度的财富,我们的主要目标应当是精神文化的。如果我们把追求物质财富作为我们的最高目标,那就会导致灾难。老子提倡无私和博爱,并认为这是人类事业中取得幸福和成功的关键。"罗马俱乐部中国分部对此评价道:"这恰与老子几千年前所提'无欲''天人合一'相对应,这正是人类正'道'的基本前提。并且老子的思想提供的价值观念真正切中了以西方文化为主体的现代文明异化的种种问题与要害,正是医治现代文明病的良方。"①当然,还有包括海德格尔等许多已经为大家熟悉的理论家都从我国"天人合一"思想中吸取诸多精华,说明我国古代这一理论所具有的当代普世性价值,值得我们重视并加以研究。

---

① 布达佩斯俱乐部中国分部论坛:http://www.bdpscluborg\bbs\index.asp。

试论《诗经》中所蕴含的古典
生态存在论审美意识①

一

当前,生态存在论审美观的研究已经深入对其具体美学内涵的探讨阶段。这种探讨的重要途径之一就是通过生态存在论审美观的视角对某些经典作品的审美解读,从中探索某些规律性的东西。对我国古代著名诗歌总集《诗经》的生态审美观的解读就是我们的这种尝试之一。

我们之所以选择《诗经》,那是因为《诗经》产生于公元前11世纪至前5世纪的500多年之中,其中的某些作品可能运用了远古的传说与素材,但最后的写成却是在这段时间。其时,正是我国古代"天人合一"生态存在论哲学思想逐步形成之时,《周易》也大体产生并完成于这个时期或者更早一些。而且,我国的先民们正是在这种"神人以和"的古代思想文化氛围中主要以农耕的方式栖息繁衍在华夏大地之上。他们在极为落后的生产条件下开垦土地,收获庄稼,繁衍后代,抵御外敌。同时,也在祀、诗、舞、乐的结合之中,祈福上天,纪念先祖,歌颂丰收,抒发情感。

---

①原载《陕西师范大学学报》2006年第6期。

《诗经》就是在这种条件下的艺术产品。它是我国先民的原生态性的作品,是他们本真的生活形态的真实表现,是独具特色的中华古代艺术的发源地。它的极为可贵之处在于其原始性,基本上没有受到后来的封建礼教的浸染,保持了诸多中华古代艺术对"天人合一"的诉求和"中和美"的特有风貌。事实证明,《诗经》产生于更为远古的前儒学时代,是我国先民的生命之歌、生存之歌。

但后世对《诗经》的阐释却多为基于封建礼教的曲解,特别是在其成为儒家经典之后,它的古代生态存在论美学内涵被遮蔽了。孔子论《诗经》,其贡献在于结合《诗经》对中国古代之诗教进行了深入的阐述。他说:"兴于诗,立于礼,成于乐"(《论语·泰伯》),"诗可以兴,可以观,可以群,可以怨"(《论语·阳货》)等等,较为深入地论述了美与善的关系,论述了诗歌艺术在人的培养中的极为重要的作用。但也正是在他的有关"诗教"的论述中,包含了许多从封建礼教出发对《诗经》的诸多曲解。例如,他说:"《诗》三百,一言以蔽之,曰思无邪"(《论语·为政》),"《关雎》乐而不淫,哀而不伤"(《论语·八佾》),"放郑声,远佞人。郑声淫,佞人殆"(《论语·卫灵公》),"恶紫之夺朱也,恶郑声之夺雅乐也,恶利口之覆邦家者"(《论语·阳货》)等等,无疑是从封建礼教立场对《诗经》的曲解。他将《诗经》的作用仅仅局限于政治上的"达政"与"专对","迩之事父,远之事君"(《论语·阳货》),认识上的"多识于鸟兽草木之名"(《论语·阳货》),也是对《诗经》的"天人合一"之生态内涵与"中和美"之审美价值的遮蔽。毛诗对于《诗经》的整理与创作规律的总结自有其贡献,但其以封建礼教解诗的倾向更为明显。《诗大序》所谓"先王以是经夫妇,成孝敬,厚人伦,美教化,移风俗","《关雎》,后妃之德也"等等,以及《小序》中对许多诗篇的题解"妇道也""后妃之志也""美孝子也""刺奔也""悯周也"等等,都具有明显的封建礼教烙印,也是对诗意的曲解。① 后世的经学家们大体沿着这条"思无邪"之路阐释《诗经》,直到近世才有改观,但从生态存在论审美观的角度阐释《诗经》却付阙如。

那么,《诗经》的核心内涵到底是什么?我们又为什么说《诗经》之中包含着生态存在论审美思想之内容呢?我想将《诗经》的核心内涵归结为"诗言志"是没有问题的。《尚书·舜典》记录了这样一段话:"帝曰:'夔!命女典乐,教胄子。直而温,宽而栗,刚而无虐,简而无傲。诗言志,歌永言,声依永,律和声,八音克谐,无相夺伦,神人以和。'夔曰:'於!予击石拊石,百兽率舞。'"这一段话较为全面地记载了我国先民艺术创作的实际情况。第一,当时的艺术是乐、舞、诗的统一;第二,艺术的追求是"律和声"与"八音克谐",最终达到"神人以和";第三,艺术的核心内涵是"诗言志"。问题的关键是"志"到底指什么?《毛诗大序》说:"诗者,志之所之也,在心为志,发言为诗。情动于中而形于言,言之不足故嗟叹之,嗟叹之不足故永歌之,永歌之不足,不知手之舞之、足之蹈也",情发于声,声成文谓之音"。可见,所谓"志"即为藏于内心之情。袁行霈等在《中国诗学通论》中经过详细考订后指出,"'志'的内涵就是'情''意',也就是诗人内心的情感与意志"。一定的思想意识是一定的社会存在的反映,那时人的"情志"是当时社会生活的反映。众所周知,我国是农业社会,我们的先民是农耕为主的民族,对于土地、自然与气候有着极大的依赖性。因此,

---

① 袁行霈、孟二冬、丁放:《中国诗学通论》,安徽教育出版社1994年版,第19页。

对于天地自然的尊崇与亲和就是我们先民的必然之"情志"。正是在这种农耕社会背景下,我们的先民创造了自己特有的"天人之际"的"易文化"。《周易·说卦》曰:"昔者圣人之作《易》也,将以顺性命之理,是以立天之道曰阴与阳,立地之道曰柔与刚,立人之道曰仁与义","夫大人者,与天地合其德,与日月合其明,与四时合其序,与鬼神合其吉凶,先天而天弗违,后天而奉天时"。这就是说,中华古代的"易文化"是具有广博内涵的"天人之际"的文化,包含阴阳、柔刚与仁义之道,并力倡一种合天地之德、日月之明与四时之序的古典"生态人文精神"。这也是当时人"情志"的必然内涵。而从艺术来讲,原始艺术是一种起源于祭祀活动的祀、乐、舞与诗统一的艺术形态,其根本旨归是"大乐同和"的追求。诚如《礼记·乐记》所说:"大乐与天地同和,大礼与天地同节。和,故百物不失;节,故祀天祭地。明则有礼乐,幽则有鬼神。如此,则四海之内,合敬同爱矣。礼者,殊事合敬者也;乐者,异文合爱者也。礼乐之情同,故明王以相沿也。故事与时并,名与功偕。"可见,从艺术的角度说,当时诗人之"情志"是一种"大乐与天地同和"之"情志"。综合上述,人与自然之亲和、人与天地合其德,以及大乐与天地同其和等等内容,诗人之"情志"就是一种"天人合一"的"中和"之美,这是一种包含"与天地合其德"之古典生态人文精神的生态存在论审美思想。《诗经》之核心就是对于这种"中和"之美的追求,包含生态内涵的古代存在论美学精神,是我国特有的古典形态的美学与艺术精神,是一种极为宏观的"天人之和"的美学精神,迥异于西方古代的美学与艺术精神。诚如《礼记·中庸》所说,"中也者,天下之大本也;和也者,天下之达道也。致中和,天地位焉,万物育焉"。这就是说,"中和"乃天地万物发展演化的根本规律,关系到天地的运行与万物的繁育,真的是"至大"之准则也。这种"中和之美"在艺术上的集中表现就是《诗经》，它是我国先民"情志"的艺术表现，是中华民族美学精神的凝聚。西方古代所倡导的"和谐"则是一种以"理念"或"数"为其本体的物质世界的对比与匀称。亚里士多德认为，对美与艺术品的最重要的要求就是"整一性"，具体表现为人物行动与情节的"完整"，"秩序、匀称与明确"①等等。其美学观念即为"模仿说"，代表性的艺术即为雕塑、悲剧与史诗。特别是古希腊的雕塑更以其"匀称、对称与和谐"而彪炳于世，表现出一种"高贵的单纯，静穆的伟大"②。但《诗经》表现的却是一种与之不同的动态而宏观的"中和之美"。现举《卫风·河广》这一短诗为例："谁谓河广？一苇杭之。谁谓宋远？跂予望之。谁谓河广？曾不容刀。谁谓宋远？曾不崇朝。"这是一首著名的思乡之诗，诗人为客居卫国的宋人，他面对横亘在前、将其与故乡隔开的滚滚黄河，思乡心切，发出"谁谓河广？一苇杭之""谁谓宋远？曾不崇朝"的呼喊。在诗人的艺术世界中，滚滚的黄河已经不是归乡的障碍，恨不能凭着一叶小小的芦苇就飞渡黄河，而且更要跨越黄河立即赶到宋国的家中与亲人团聚。这样的急于归乡之情表现的是多么突出啊！"归乡"是自古以来中西俱有的文学"母题"，具有浓郁的生态存在论美学意蕴，但《卫风·河广》一诗却通过特有的以自然为友的方式加以处理。诗人通过空前的艺术想象力，将作为自然物的一片苇叶想象为能帮助游子渡过滔滔黄河的小船。而在游子急切的心情下，这样的艺术处理还嫌不够，又进一步想象滔滔的黄河突然缩短，让游子能一跨而过赶回家中与亲人团聚。这时，不仅苇

①亚里士多德：《诗学》，罗念生译，人民文学出版社1982年版，第26页。
②［德］莱辛：《拉奥孔》，朱光潜译，人民文学出版社1979年版，第215页。

叶,乃至滔滔的黄河,都成为游子的朋友,帮助游子实现自己"归乡"的心愿。这就是一种特有的以自然为友的艺术"情志",迥异于古希腊《荷马史诗》具体描写希腊战士胜利后乘船渡海返乡之情态。荷马史诗《奥德修纪》说的是希腊英雄奥德修斯在特洛伊战争结束后返乡的故事。它以隐喻的方式表现人与自然的斗争,描写奥德修斯战胜海神波塞冬及其所幻化出的巨人、仙女、风神、海妖等自然力量的过程,最后得以顺利返乡。这是一幅人与自然斗争的画面,是人类战胜自然的颂歌,完全不同于上述《诗经·河广》的审美内涵。

二

我们打开《诗经》,从生态存在论审美观的视角进行解读,就会发现其包含极为丰富的内容。这里需要再次加以说明的是,我们所说的生态存在论审美观是一种包含生态维度的存在论美学思想,远远超出单纯的人与自然的审美关系,最后落脚于人的美好生存与栖居。

包含生态人文内涵的"风体诗"《毛诗序》指出:"故诗有六义焉:一曰风,二曰赋,三曰比,四曰兴,五曰雅,六曰颂。"这里首次提出"六义"之说。唐孔颖达在《毛诗正义》中指出:"风、雅、颂者,诗篇之异体;赋、比、兴者,诗文之异词耳。大小不同,而得并为六义者,赋、比、兴是诗之所用,风、雅、颂是诗之成形。"[1]"三体三用"说,为后世《诗经》研究者所沿用。我们认为,最重要的是"风"

––––––––––

[1]《十三经注疏》整理委员会:《毛诗正义》,北京大学出版社2000年版,第14页。

与"比兴"。我们先来说"风"。"风"是《诗经》之中独具特色并包含生态人文内涵的特有"诗体",不仅是中国文学宝库中的瑰宝,而且在世界文学之中也闪耀着异彩。可以这样说,"风体诗"是《诗经》的主要组成部分,《诗经》305篇,"国风"160篇,主要是15个诸侯国与地区的诗歌作品。《大雅》与《小雅》105篇。高亨先生认为,"雅是借为夏字,《小雅》、《大雅》就是《小夏》、《大夏》。因为西周王畿,周人也称为夏,所以《诗经》的编辑者用夏字来标西周王畿的诗"。① 这样,我们可以说《小雅》《大雅》也是"风"。因此,305篇之中除了用于祭祀的庙堂之乐"颂"诗40篇之外,"风体诗"即占265篇,"风体诗"成为《诗经》的最主要部分。那么,什么是"风"呢?《毛诗序》认为:"风,风也,教也。风以动之,教以化之。"又说:"上以风化下,下以风刺上,主文而谲谏,言之者无罪,闻之者足以戒,故曰风。"这主要从传统的"诗教"的角度来阐述"风体诗"的政治教化特点。因为"风体诗"之"刺上"作用,由此可以观察到政情民意,于是统治者就建立了"采风"的制度。据说,周代还保存着从上古就传下来的这种采诗的制度。《礼记·王制》记载:"天子五年一巡守。岁二月,东巡守,……命太师陈诗,以观民风。"这时已经有了乐官太师陈诗这样的制度。《汉书·食货志》记载:"孟春之月,群居者将散,行人振木铎徇于路以采诗,献之大师,比其音律,以闻于天子。"《春秋公羊传·宣公十五年》何休注:"男女有所怨恨,相从而歌,饥者歌其食,劳者歌其事。男年六十、女年五十无子者,官衣食之,使之民间求诗。乡移于邑,邑移于国,国以闻于天子。故王者不出牖户,尽知天下所苦。"高亨先生从乐与自然之风相似及其反映风俗的角度来阐释"风"之内涵。

---

① 高亨:《诗经今注》,上海古籍出版社1980年版,第4页。

他说,"风"本来是乐曲的通名,"乐曲为什么叫做风呢？主要原因是风的声音有高低、大小、清浊、曲直种种的不同,乐曲的音调也有高低、大小、清浊、曲直种种的不同,乐曲有似于风,所以古人称乐为风。同时乐曲的内容和形式,一般是风俗的反映,所以乐曲称风与风俗的风也是有联系的"①。同时,我国古代还从"合天地之德"的文化观念出发,认为乐曲同样与天地相合。《礼记·乐记》指出,音乐"奋至德之光,动四气之和,以著万物之理。是故清明象天,广大象地,终始象四时,周旋象风雨。五色成文而不乱,八风从律而不奸,百度得数而有常"。这就阐述了乐曲犹如来自八个方向的自然之风,有其自身的节律而不出轨。《说文解字》从字的构成的角度解释"风"之内涵:"风,从虫,凡声。风动虫生,故虫八日而化。"由此说明,将乐曲比喻为"风",正取其反映生命活动的最原初之意义,已经包含古典生态人文主义之内涵。我国古典"天人合一"思想之最基本内容为"生生之谓易",所谓阴阳相抱,冲气以和,化生万物。阴阳是生命的根本,而风则为阴阳相抱冲气以和所产生,是催生万物生命之动力。风动而虫生,有风才有生命。因而,最原初的艺术之风与自然之风一样是人的生命的本真状态的表征。"风体诗"就是这种类似于自然之风的最原初的艺术之风,是一种原生态的生命的律动,映现了人的最本真的生存状态。其内容主要是表现人的生命的最基本的需要及其状态。所谓"食色,性也",主要表现饮食男女、劳动与生存繁衍的基本状况。这种对人的最本真需要与状况的艺术表现。正是对于人的生态本性的一种回归,是《诗经》作为"风体诗"的价值之所在。

---

① 高亨:《诗经今注》,上海古籍出版社 1980 年版,第 4 页。

　　当然,《诗经》对于人的最本真的生态本性的表现是非常丰富多彩的,我们只能举其要者而言之。《小雅·苕之华》就是"饥者歌其食"的著名篇章。让我们看看诗歌的具体描写:"苕之华,芸其黄矣!心之忧矣,维其伤矣!苕之华,其叶青青。知我如此,不如无生。牂羊坟首,三星在罶。人可以食,鲜可以饱。"这是一位饥民对周朝因连年征战所引起的灾年的深刻描写,特别对于空前的饥馑进行了深入而形象的表现。诗作先以一片片黄色的紫薇花在夏季的盛开起兴,反喻饥饿中人心之忧伤,继而极言早知在饥馑中如此煎熬还不如不要降生。又通过羊之体瘦头大、鱼篓空空,只有星光,说明已无可食之物;即便是食人,也因饥馑中人的大批死亡而难以填饱肚子。这首诗的确是以生动的形象,充分表现了周代大饥荒中人的生存状态。尤其是"知我如此,不如无生""人可以食,鲜可以饱"的诗句更是处于极端困境中的人们发自心底的求生的呼声,是生命尊严的最基本的要求。如果人连紫薇花都不如,而且发展到人食人都不能的地步,人的生命还有什么价值呢?著名的《魏风·伐檀》是典型的"劳者歌其事"的篇章。诗云:"坎坎伐檀兮,置之河之干兮,河水清且涟猗。不稼不穑,胡取禾三百廛兮?不狩不猎,胡瞻尔庭有县貆兮?彼君子兮,不素餐兮!"这是一群伐木者,在清清的河岸边从事着繁重的难以承受的体力劳动,而更重的压力则是作为"君子"的残酷剥削,他们不劳动但却能获得三百捆禾,而且家里的庭院挂满猎物。这到底是为什么呢?他们怎么能不耕种不狩猎而白白占有呢?这是劳动者对劳动产品被无情剥夺的抗争,是对人的基本劳动权的维护!更严重的对生存权的维护,表现在劳动者们在这种无情的压榨下无法生活而选择逃亡之路。请听《魏风·硕鼠》一诗中劳动者的呐喊:"硕鼠,硕鼠,无食我黍!三岁贯女,莫我肯顾。逝将去女,适彼乐土。乐土，乐土，爱得我所！"劳动者们已经无法忍受"硕鼠"们无情无义的残酷盘剥，而选择逃亡之路，寻找自己的所谓"乐土"。试想，一个人只有在最基本的生存权都不得保障的情况下才会选择逃亡，但劳动者不可能找到自己的真正的"乐土"，难道这不更是悲中之悲吗？同样，在剥削社会中，人们的爱情权与家庭生活权也不可能得到保障。《诗经》中保留了许多"弃妇之诗""离妇之诗""离人之诗"，为我们深刻刻画了当时战争频仍、礼坏乐崩、剥削加剧、民不聊生、家庭不稳等等社会生态平衡惨遭破坏的严酷情形。这股强劲的艺术之风已经远远超出了封建"诗教"的"风以动之，教以化之"，而是触及当时社会最底层人民严重恶化的生存状态，更进一步触及社会生态的严重失衡。这就是《诗经》所独创的"风体诗"的特有价值。

反映初民本真爱情的"桑间濮上"诗。《诗经》之"风体诗"不仅表现了广大底层人民为其生存权的呐喊，而且表现了人民极为本真的爱情追求，这就是著名的"桑间濮上"之诗，长期以来，被封建文人批判为"淫诗"。实际上，爱情也是人的本性的表现，是艺术的永恒的母题。特别在3000多年前的人类早期，爱情与原始的人的繁衍生殖密切相关，甚至与原始的宗教活动相关，更是反映了人的某种生态本性。众所周知，繁衍生殖是人之本性。特别在早期初民阶段，繁衍不仅关系到宗族与部落的存亡，而且也是人类带有神秘感的一种崇拜。中国传统"易文化"将宇宙万物的创生归结为"阴阳相生"，在这种文化观念之中，万物之阴阳相生与人之阴阳相生是具有内在一致性的。因此，当时的恋爱与异性交往具有较大的自由度，甚至成为习俗。据《周礼·地官·媒氏》记载："中春之月，令会男女。于是时也，奔者不禁。"古人认为，桑树茂密成林，而且可以养蚕，给人类带来福祉，并与繁衍相连，因而桑林具有某种神秘性与神圣性，人们在此祭祀，男女也在此欢会。目前，文化人类学之"狂欢"理论也能对其解释。请看《鄘风·桑中》："爰采唐矣？沫之乡矣。云谁之思？美孟姜矣。期我乎桑中，要我乎上宫，送我乎淇之上矣。"以下两章反复咏唱。本诗生动描写了青年男女在桑林约会欢聚送别的爱恋情景。《毛诗序》认为该诗"刺奔也"，的确是曲解。其真正含义是对于与祭祀相伴的男女野合欢会的表现，是一种人的本真爱情的描绘。郭沫若在《甲骨文研究》中认为，"桑中即桑林所在之地，上宫即祀桑林之祠，士女于此合欢"①。鲍昌《风诗名篇新解》在郭沫若研究的基础上认为，上古蛮荒时期人们都祭奉农神与生殖之神，"以为人间的男女交合可以促进万物的繁殖，因此在许多祀奉农神的祭典中，都伴随有群婚性的男女欢会"，"《桑中》所描写的，正是中国古代此类风俗的孑遗"。②《墨子·明鬼下》说："燕之有祖，当齐之社稷，宋之有桑林，楚之有云梦也。此男女之所属而观也。"陈双新考证，"乐"之为"泺"，指出：

> 《诗·鄘风·桑中》所描写的男女幽会相恋的情形及《左传》成公称人私通或有孕为"有桑中之喜"，《吕氏春秋·顺民》和《帝王世纪》都说商汤灭夏夺得天下，天大旱，五年不收，"汤以身祷于桑林之社，雨乃大至"。凡此都说明桑林既是神圣的祭祀场所，也是人们野合尽欢之地。《礼记·乐记》所说"桑间濮上之音，亡国之音"，亦是指祭祀场所的男女纵情逸乐歌舞。由于地点固定，久而久之，人们提起此地就想起那些欢快娱乐之事，并径直借用其地名（固常于泺林祭祀，

---

① 转引自鲍昌《风诗名篇新解》，中州书画社1982年版，第127页。
② 鲍昌：《风诗名篇新解》，中州书画社1982年版，第133页。

乐由树名而兼指地名)表达那种美好的感受。①

《陈风·东门之枌》中主人公更是明确地邀请恋人在某个特定的良辰时节于"南方之原"进行欢会。诗曰:"縠旦于差,南方之原。不绩其麻,市也婆娑。"这里的"縠旦",朱渊清认为,"是用来祭祀生殖神以乞求繁衍旺盛的祭祀狂欢日","同样,诗的地点'南方之原'也不是一个普通的场所","这也与祭祀仪式所要求的地点相关"。② 男女恋人就在这样的特定祭祀生殖神之日,到达特定的南方之原,载歌载舞,狂欢相会。短短数语,即将先民们在如歌如舞如巫的神秘而神圣的情景之中所进行的具有本真形态的爱情活动表现无遗。

建立在古典生态平等之上的"比兴"艺术表现手法。赋比兴为《诗经》之"三用"即三种表现手法,其中比兴意义更大,充分反映了我国早在初民时代即已有较为成熟的文学艺术表现手法,一直影响到后世乃至现代。事实说明,"诗言志"之"志"就是通过"比兴"的艺术途径得以表现的,而"比兴"也恰恰反映了中国古代包含在"天人之和"之中的生态平等观念。所谓"比",《说文》云:"密也。二人为从,反从为比。"清段玉裁《说文解字注》解释:"其本义为相亲密也。余义,俌也,及也,次也,校也,例也,类也,频也,择善而从之也,阿党也。"又说"古文比,按盖从二大也。二大者,二人也。"③因此,所谓"比",其本义即为二人亲密相处。《诗经》中所用之"比",为"比方于物"(《周礼·春官·大师》郑玄注

---

① 陈双新:《西周青铜乐器》,河北大学出版社 2002 年版,第 178 页。
② 姜亮夫等:《先秦诗鉴赏辞典》,上海辞书出版社 1998 年版,第 206 页。
③ (清)段玉裁:《说文解字注》,许维贤整理,凤凰出版社 2007 年版,第 676 页。

引郑众语）之义。现以著名的《周南·桃夭》一诗为例："桃之夭
夭，灼灼其华。之子于归，宜其室家。"这是一首描写姑娘出嫁的
诗，用三月盛开的鲜艳桃花比喻新嫁娘的美丽，同时祝福她建立
美好的家庭。后两章分别以丰硕的果实与茂密的枝叶祝福新娘
多子多福、家庭兴旺。该诗将姑娘比喻为桃花，成为我国文学史
上的著名比喻，影响到后世。如，"去年今日此门中，人面桃花相
映红"这样绝妙的诗句即由此化出。更为重要的是，诗中将姑娘
比喻为桃花，这是在两者亲密平等的意义上来作比的。"桃"在
中国传统文化中素有福寿之义，我们常常给老人祝寿时敬献"寿
桃"。因而，以桃花比喻，不仅取美丽之义，也有祝愿其家庭与个
人长远的美好生存之义，可谓寓意深刻。这也就是本诗通过
"比"的艺术手法所寄寓的"情志"。这就涉及中国古典美学之中
重要的美学思想之一——"比德"之说，也就是将自然之物与人
的美好道德相比。孔子在《论语·雍也》中就曾提出"知者乐水，
仁者乐山"，荀子在《荀子·法行》之中借孔子之口提出"比德"
之说：

> 夫玉者，君子比德焉。温润而泽，仁也；栗而理，知也；坚
> 刚而不屈，义也；廉而不刿，行也；折而不挠，勇也；瑕适并见，
> 情也；扣之，其声清扬而远闻，其止辍然，辞也。故虽有珉之
> 雕雕，不若玉之章章。《诗》曰："言念君子，温其如玉。"此之
> 谓也。

这就将自然之物的玉比喻为人的"仁""知""义""行""勇"
"情""辞"等等道德品德。该文中所引《诗经》"言念君子，温其如
玉"一句乃《秦风·小戎》写一位妇女思念其出征之夫时所用之比
喻，将其夫之美好性格比喻为美玉，通过这样的比喻蕴含了深厚
的爱情与亲情。中国画将松竹梅比喻为"岁寒三友"，也是艺术领

域人与自然为友的又一表现,说明《诗经》开创的"比"之艺术方法影响深远,通过"比"的艺术手法可以寄寓更为丰富的"天人合德"之深意。当然,"比德"之说是儒家对《诗经》艺术手法的发展与延伸,含有某种封建色彩,但其原有的与自然为友之意并未更改,且有发展。

下面再说"兴"。所谓"兴",《周礼·春官·大师》郑玄注引郑众语云:"兴者,托事于物。"从文字学的角度,《说文解字》的"兴"字,象两人共举一物。段玉裁释为:"兴,起也。《广韵》曰:'盛也,举也,善也。'《周礼》六诗,曰比曰兴。兴者,托事于物。"《说文》认为,"兴"即"起也","举也",两人共举一物。《诗经》的"兴"也都是运用自然之物来兴起所写之人,通过这一艺术手法共同兴起一种深厚内涵。这就是诗歌艺术的意蕴之所在。例如,《召南·摽有梅》:"摽有梅,其实七兮。求我庶士,迨其吉兮。"这是一首写少女怀春之诗,以梅熟落地兴起逝水年华、青春短暂,因而求偶心切,让年轻的小伙子不要犹豫耽误了良辰吉时。后两章反复咏唱,增"迨其今兮""迨其谓之"之句,要求年轻的小伙子不要错过今天,更不要羞于启齿。这样,就以"摽有梅"与"求我庶士"共同兴起少女怀春之急切之情,寄寓着婚偶当及时之深意,回到人类繁衍生殖之本真。怀春之诗以《摽有梅》一诗为开端而成为中国古代文学的重要"母题"。这里,需要特别强调的是,从中国古文字学的角度看,"比"与"兴"即为"两人也""亲密也"与"共举也",而在《诗经》中,则将之艺术地具体化为以自然为友,将自然看做与人平等无贵贱之分。这不就是一种古典形态的"主体间性"美学思想吗? 东方智慧之丰富由此可见一斑。

对于生于斯养于斯之家园怀念的"怀归"之诗。德国哲人海

德格尔在分析人之生存状态时以"在世界之中"进行界定。他对
这个"在之中"解释道："之中［'in'］源自 innan—，居住，habitare，
逗留。'an'［'于'］意味着：我已住下，我熟悉、我习惯、我照料：它
有 colo 的含义；habito［我居住］和 diligo［我照料］。"①由此说明，
人之生存就有"在家园之中"的意思。而"家园"又同生态学密切
相关。从辞源学追溯，德语"生态学"（oekologie）一词来自希腊语
"oikos"，意思是"人的居所、房子或家务"。因此，从生态学的角度
看，所谓"人的居所"就是适宜于人与自然万物共生并适宜于人之
生存的"家园"。因而，无论是物质的家园或者是精神的家园都是
人之美好生存的依托。因此，有关"家园"的主题成为自古以来文
学的"母题"。《诗经》之中就有着大量的与"家园"有关的诗篇。
其时，社会处于急剧分化时期，由于战争的频繁与劳役的繁重，广
大人民长期离开家园，甚至流离失所。因此，《诗经》之中"怀归"
之诗特别多，成为我国文学史上"怀归"思乡文学的源头。《小
雅·四牡》是非常著名的"怀归"诗："四牡騑騑，周道倭迟。岂不
怀归？王事靡盬，我心伤悲。"该诗的抒情主人公是为王事而长期
在外辛苦奔波的离人，他骑着飞快奔跑的马匹，在长长的无边无
际的周道上奔波，而内心却思家心切。马的疲劳、周道的漫长与
王事的无止尽，正好衬托了离人的思乡之情，因而发出"岂不怀
归"的内心呼喊。离人怀归的原因是什么呢？原来是"不遑将父"
"不遑将母"，也就是说，因为年迈的老父老母需要奉养而特别思
归。因此，离人在急速行路之中看到翩翩飞翔的"孝鸟"雏而更加
伤悲，真的有人不如鸟之感慨。到这里，点出了主人公"怀归"的

①［德］马丁·海德格尔：《存在与时间》，陈嘉映、王庆节译，生活·读书·新
　　知三联书店 1987 年版，第 67 页。

根本原因,也是本诗最重要的主旨,那就是"怀归"是为了奉养双亲。在《诗经》产生的年代,经济社会还非常落后,整个社会还依靠血亲关系来维持。所以,在那样的时代,"父慈子孝"成为最重要的道德准则,也是人类社会生态之链得以维系的重要原因。与这种"父慈子孝"相联系的"怀归"与"思乡"之情也成为扣动无数人心扉的共同情感。试看《小雅·采薇》所写雨雪中匆匆归乡的一位游子与离人的心情:"昔我往矣,杨柳依依。今我来思,雨雪霏霏。行道迟迟,载渴载饥。我心伤悲,莫知我哀!"这位急于返乡的离人忍受着道路的漫长艰苦,忍受着不断袭来的饥渴,更是忍受着记挂父母妻女的悲哀,但回想起离家时的杨柳依依与现今回家时的雨雪纷飞,两相对照,更是悲上加悲。从而,"昔我往矣,杨柳依依。今我来思,雨雪霏霏"成为传唱千古的"怀归"诗之名句。其原因就在于诗句以鲜明生动的对比加重了离人的"怀归"之悲,从而给人以深深的感染。是的,我们每个人无论离家多远多长,家乡都是我们心中最隐秘处的永久的思念。这就是通常所说的"桑梓"之情。《小雅·小弁》写道:"维桑与梓,必恭敬止。靡瞻匪父,靡依匪母。"原来那遍栽桑树梓树之处就是父母生我养我并至今仍生活于此之地,是我们每一个人的永远的怀念与向往。

　　反映先民营造宜居环境的"筑室"之诗。与"怀归"诗相近的,是《诗经》中保留了一些"筑室"之诗。这些诗歌都为"颂"诗,是用以歌颂历代周王带领部族开疆建都之功绩,但在对建都的具体描写中却记录了先民们在当时之"天人之和"观念指导下择地而居、营造宜居环境的古典生态人文主义思想。众所周知,我国古代对于房屋的建设非常重视环境的选择与建筑的结构,非常重视在天人、乾坤、阴阳的协调统一。《周易》泰卦云:"泰,小往大来,吉亨。"《象》传有所谓"天地交而万物通也,上下交而其志同也。内阳而外阴,内健而外顾,内君子而外小人。君子道长,小人道消也。"这就说明,在筑室中要做到"泰",就必须处理好天地、大小、阴阳、内外等各方面的关系,达到"君子道长,小人道消"之有利于家庭及其成员美好生存之目的。《大雅·绵》具体描写了周王朝自汾迁歧定都渭河平原之事:"周原膴膴,堇荼如饴。爰始爰谋,爰契我龟。曰止曰时,筑室于兹。"这里写到了选择渭河平原的基本前提是那里有肥沃的土地和丰富的物产,当然还要经过占卜获得吉兆之后,才决定"筑室于此"。《小雅·斯干》从自然与人文等多个层面介绍了贵族宫室的适宜人居住的优点:"秩秩斯干,幽幽南山。如竹苞矣,如松茂矣。兄及弟矣,式相好矣,无相犹矣。"这里讲到清清的流水,幽幽的南山,茂盛的竹林,也讲到兄弟亲人的和睦诚信相处。正是这样的自然与人文统一的环境才是君子的好居所,所谓"君子攸芋"。

反映古代农业生产规律的"农事"之诗。我国为以农为本之文明古国,历来对农事非常重视,而所有的农事活动都非常重视按自然生态规律办事。这就是我国古代的"月令"文化。正如《礼记·月令》所记,孟春之月"天子乃以元日,祈谷于上帝。乃择元辰,天子亲载耒耜,措之于参保介之御间,帅三公九卿诸侯大夫,躬耕帝藉。天子三推,三公五推,卿诸侯九推。反,执爵于大寝,三公九卿诸侯大夫皆御,命曰劳酒。是月也,天气下降,地气上腾,天地和同,草木萌动。王命布农事,命田舍东郊,皆修封疆,审端经术。善相丘陵、阪险、原隰,土地所宜,五谷所殖,以教道民,必躬亲之。田事既饬,先定准直,农乃不惑"。由此说明,我国古代对农事以及遵循农时的重视。《诗经》之中就保留了一些"农事"诗,从这样一个特定的侧面反映了当时人的生态存在状态。《周颂·载芟》较为详细地描写了当时农业生产从开垦、春耕、播

种、田间管理、收获到祭祀上天与先祖等等过程。诗中写道："载
芟载柞，其耕泽泽。千耦其耘，徂隰徂畛。"这里具体描写了两千
多人除草耕地的壮观情景，而且指出"匪今斯今，振古如兹"，自古
以来就是这样劳作。《豳风·七月》是最为典型的农事诗。该诗
极为细致地描写了当时农事活动的比较完整的过程，诸如耕地、
采桑、纺纱、染布、缝衣、采药、摘果、种菜、打谷、酿酒、修房与祭祀
等等活动，都必须遵循农时按月令进行。而且，该诗还描写了当
时的阶级关系，抒发了贫苦农民要给贵族公子缝衣、织裘，自己缺
衣少食，妻女还有可能被霸占的痛苦。请看该诗的首章："七月流
火，九月授衣。一之日觱发，二之日栗烈。无衣无褐，何以卒岁？
三之日于耜，四之日举趾。同我妇子，馌彼南亩，田畯至喜。"我国
古代以星象的位置来确定节气、月令与农时，农历的九月之时火
星已经下坠，十一月寒风凛冽应该穿上冬衣，但穷苦的农人无衣
无裤，怎么过冬呢？三月开春应该修理耕地的农具，四月就应来
到田头，老婆孩子随着送饭，田官看到大家忙活喜上眉头。以下
依次写了每个季节需要进行的农事活动，提醒人们不违农时，几
乎成为周代的农事百科全书。正因为当时是农业立国，因此我国
古代先民对于土地有着特殊的眷恋之情，蕴含着《周易》"坤厚载
物"的内涵。《小雅·信南山》对于周代先民耕于斯养于斯之终南
山大片良田进行了满怀深情的歌颂。诗中写道："信彼南山，维禹
甸之。畇畇原隰，曾孙田之。我疆我理，南东其亩。上天同云，雨
雪雰雰。益之以霢霂，既优既渥。既沾既足，生我百谷。"可以说，
这首诗充分表达了先民们对终南山下这片肥沃的土地的深厚感
情，歌颂了先祖大禹赐给如此沃土，这片土地广阔平整，雨水充
沛，庄稼苗壮，是后辈栖息繁衍生存发展的良好家园。

　　敬畏上天的"天保"之诗。《诗经》产生的时代为前现代之农

业社会，生产力低下，科学极其不发达，人们在思想观念上更多自然神论，崇尚万物有灵，对于自然极为敬畏，将自己的命运寄托在上天的保佑之上。因此，《诗经》中有一些企求上帝保佑的"天保"之诗。如《小雅·天保》就是一位臣子为君王祈福，其中包含了企求上天保佑的重要成分。诗曰："天保定尔，俾尔戬穀。罄无不宜，受天百禄。降尔遐福，维日不足。天保定尔，以莫不兴。如山如阜，如冈如陵。如川之方至，以莫不增。"在这里，诗人明确表示只有上天的保佑国家才能安定稳固，君王才能享有福禄与太平。因而对于这种上天的降福进行了热情的歌颂，将其比作高如山巅、厚如丘陵。相反，如果违背天道，那就必然遭到惩罚。《小雅·雨无正》就是"刺幽王"之作，是一位臣子对于周幽王的倒行逆施进行批评，说明其原因在于"不畏于天"，因而天降灾难，造成国家混乱，民不聊生。诗曰："如何昊天，辟言不信？如彼行迈，则靡所臻。凡百君子，各敬尔身。胡不相畏，不畏于天？"面对人民的丧乱饥馑、周室的败落、大夫的离居、各种灾难的降临，诗人认为根本的原因是"辟言不信""不畏于天"。十分明显，诗人在这里表现的是一种人类早期的"天命观"，带有时代的局限性与落后性。我们当然不能将人类的命运都寄托在"天命"之上，也不能一味地敬畏于天。但是，如果把"天命"看作不以人的意志为转移的自然规律，人类应该主动地依循这种规律生活，而且对作为人类母亲的大地与自然保持适度的敬畏。也就是，从总的方面来说，人类不应逆天而行。如果做到这一点，人类肯定会获得更加美好的生存。这也许就是《诗经》之中"天保"一类的诗篇所能给予我们的启示。

秦天立国之"史诗"。很多民族都有自己的由神话、传说以及历史故事构成的史诗，例如古代希腊的《荷马史诗》等。《诗经》之中也有一些诗篇具有中华民族史诗的性质,例如《大雅》中《生民》《公刘》《绵》《皇矣》《文王》《大明》等等。这些诗篇大都以歌颂周民族的开创者为其主旨,贯穿一种"秉天立国"之观念,成为中华民族精神根源之一。《生民》是周人歌颂其民族始祖后稷,叙述其神奇经历以及农业发展的长诗。该诗首先叙述了后稷的神奇诞生:"厥初生民,时维姜嫄。生民如何?克禋克祀,以弗无子。履帝武敏歆,攸介攸止。载震载夙,载生载育,时维后稷。"这里讲的是先祖后稷的神奇诞生,叙述其母踩着上帝的足印而孕育后稷,这与《圣经》之中耶稣的诞生有些类似。凡是圣人都是上天之子,这正是后稷得以秉天立国之根本。因此,许多学者考证"履帝武敏歆"的具体含义,是否与暗示野合或者是与神尸交合而孕等等,其实是没有太大必要的。因为,这里讲的仅仅是一个民族始祖诞生的神话传说。然后叙述了后稷的三次被弃、三次被救,这与传统的圣人诞生神话是一致的。再后叙述后稷带领华夏儿女发展农业,这正是中华民族的特点所在,而这也是在上天的帮助下进行的:"诞降嘉种,维秬维秠,维糜维芑。恒之秬秠,是获是亩。恒之糜芑,是任是负,以归肇祀。"这里描写了上天赐予良种,而且赐予了丰收,因此丰收之后应该祭祀上天与祖先。接着两篇是《公刘》与《绵》。前者主要描写后稷的子孙公刘如何由邰迁豳开创基业,主要描写了公刘选址建都:"笃公刘,逝彼百泉,瞻彼溥原。乃陟南冈,乃觏于京。京师之野,于时处处,于时庐旅。于时言言,于时语语。"这里说憨厚的公刘在有泉、有原、有冈这样美好的豳地建立都城,是最好的有利于民族发展的选择,所谓"于时处处,于时庐旅",因而上上下下都欢声笑语,所谓"于时言言,于时语语"。《大雅·绵》写周王朝十三世祖古公亶父带领本族人民定居渭水之原的故事,主要讲述有利于民族发展的沃土的选择:"古公亶父，来朝走马。率西水浒，至于岐下。爰及姜女，聿来胥宇。"在这里，具体叙写了古公亶父与新婚妻子一起清晨骑马在渭水之滨、岐山脚下寻找并确定民族定居之地的情形，说明土地乃民族生存发展之本，正是滚滚的渭水与辽阔的平原养育了中华民族的祖先。

表现古代巫乐诗舞相统一的"乐诗"。在中国古代，巫乐诗舞是统一的，成为当时人们的最重要生存方式。在当时，祭祀成为人们最重要的生活内容，可以说祭祀包括了人从出生、恋爱、结婚、收获、年节与葬仪等一切方面。先民正是在这种如歌、如舞、如诗的带有宗教性质的氛围中不断实现自己与上天相通的愿望。《周易·系辞上》借用孔子的话描述圣人思想的表现时说道："圣人立象以尽意，设卦以尽情伪，系辞焉以尽其言，变而通之以尽利，鼓之舞之以尽神。"这说明，鼓之、舞之、歌之正是祭祀中的实际情况，是当时人与天、人与神沟通的主要方式。《诗经》保存了相当数量的这种如歌、如舞的祭祀之诗。《小雅·楚茨》描写了祭祀祖先时的歌乐，在详细叙写了祭前的准备后就写到祭祀中的乐舞："礼仪既备，钟鼓既戒。孝孙徂位，工祝致告。神具醉止，皇尸载起。钟鼓送尸，神保聿归。"这里写道，各种准备工作完成后，祭礼开始，钟鼓齐鸣，在音乐声中完成祭礼，然后再以音乐送走巫师。《周颂·执竞》描写了对于先王的祭礼，也是在如歌、如舞、如乐中进行的："钟鼓喤喤，磬筦将将。降福穰穰，降福简简。"这里，描写了钟、鼓、磬与管四种乐器，在"喤喤""将将"的乐声中将祭祀活动的热烈隆重的气氛表现无遗，充分体现出颂诗之"美盛德之形容，以其成功告于神明"的景象。《小雅·鼓钟》具体叙写了雅乐的演奏情况："鼓钟钦钦，鼓瑟鼓琴，笙磬同音。以雅以南，以籥不僭。"这里写到雅乐所用的鼓、钟、瑟、琴、笙、磬、籥七种乐器，七乐齐鸣并伴之歌舞，和谐合拍，美妙悦耳，其盛况可见一斑。以上都是说的祭祀所用"庙堂之乐"，而日常生活中则还有燕息之乐。《王风·君子阳阳》就具体描写了贵族燕息时的音乐："君子阳阳，左执簧，右招我由房。其乐只且！君子陶陶，左执翿，右招我由敖。其乐只且！"这里描写了家庭燕息之乐，是一种舞乐齐备的场景，乐师边唱边舞边奏，有的手持簧乐，有的手持翿这种舞蹈道具载歌载舞，其乐无穷。普通老百姓也有自己的乐诗生活，那就是孟春之月纪念生殖神时在"桑间濮上"的祭祀歌舞与欢会。《陈风·宛丘》就描写了一位女性舞者在野外山坡之上翩翩起舞之情状："子之汤兮，宛丘之上兮。洵有情兮，而无望兮。坎其击鼓，宛丘之下，无冬无夏，值其鹭羽。坎其击缶，宛丘之道。无冬无夏，值其鹭翿。"这位在野外载歌载舞的漂亮女子到底是谁呢？我们也可以猜度就是"桑间濮上"被许多小伙子所爱慕的女子。

三

　　综上所述，从生态存在论审美观的角度解读《诗经》，真的使我们感觉耳目一新，收获颇丰。从总的方面来说，《诗经》所表现的是一种"天人之和"之"志"，是一种古典形态的生态人文主义，它可以从"诗体""诗意"与"诗法"三个方面来理解。从"诗体"的角度看，《诗经》为我们提供了"风体诗"这种特有的以反映人的本真的生存状态为其内涵的原生态性的诗歌艺术，这是一种巫乐舞诗相结合的古代艺术，是我国古代先民的基本生活方式。从"诗意"的角度来看，《诗经》几乎是全方位地描写了我国先民的生活，反映了他们的情感，特别表现了普通人民与自然及人之本性密切相关的生活状况与欲望情感。大体包括情、家、食、劳、巫与乐等各个方面。所谓"情"主要指天真烂漫本真的爱情,即所谓"桑间濮上"之诗;所谓"家",指"家园"之情,归乡之诗、离人之诗、怨妇之诗、筑室之诗均属于这个范围;所谓"食",为"饥者歌其食",主要指那些扣动人心的饥者之歌;所谓"劳",指"劳者歌其事",包括劳动之歌、抨击剥削者之歌等等;所谓"巫"主要描写祭祀活动之诗歌,当时祭祀是人们的主要生活内容,所谓"国之大事,在祀与戎"(《左传·成公十三年》),因而《诗经》中有许多描写祭祀活动的诗篇,而祭祀恰是当时人们与天沟通的主要途径。所谓"乐",其实与巫是紧密相连的,但如果说巫主要指庙堂与贵族宫廷活动的话,那么"乐"也是当时普通人民的基本生活方式,反映了当时普通人民的本真的生活状态。从"诗法"的角度看,《诗经》主要给我们提供了"比兴"这样的诗歌表现手法,而且是从人与自然平等的古典"主体间性"的角度来进行比兴,包含与自然为友的精神,难能可贵,成为中国诗艺在人与自然平等交流中创造出诗情画意的经久不衰的优良传统。"比兴"之法直接影响到后世的"意境"之说,在人与对象、意与境的交融融合之中蕴含着诗之深情厚谊,所谓"意在言外""境外之情"等等。

因此,对于《诗经》的重新解读的确给我们许多启发,使我们进一步认识到长期以来影响极广的"实践美学"及其所强调的美是"人的本质力量的对象化"以及"主体性"的理论的确只有部分的正确性,用这种理论无法解释像《诗经》这样的古代文学经典。《诗经》主要并不是劳动之歌,更不是什么人的本质力量对象化的产物,而主要是原生态的从人的本性发出的歌唱。它也不是什么人类改造战胜自然的产品,更不完全是人的自我颂歌。它是人出于天性的生命之歌、生存之歌,是对于"天人之和"的期盼,甚至是对渺茫宇宙与上天的祈祷,对天的歌颂远远超过了对于人的歌颂，根本不存在什么"人类中心主义"。因此，《诗经》是生命之歌，是对人与自然和谐祈盼之歌，包含极为丰富的生态存在论美学内涵。正是从这样的角度，我们认为，上世纪中期海德格尔在东方哲学与美学、特别是中国道家思想启发下发生由"人类中心"到生态整体的转变，提出著名的"天地神人四方游戏"说，意义重大。但海氏并没有对之进行理论上的进一步阐释。我们认为，与海氏从东方获得启发从而实现对自己的突破一样，我们如欲对生态存在论审美观进一步加以深入阐释，再次从东方艺术中寻找灵感应该是重要途径之一，而对于《诗经》的研究就是一种有效的尝试。《诗经》产生的文化背景与道家思想是大体相近，而其基本思想内涵也与道家之"道法自然"之说相关。因此，《诗经》展现给我们的"风体诗""桑间濮上诗""怀归诗""比兴"手法等等都是包含极为浓郁的"天人之和"精神具体的艺术与审美的经验，这些经验对当代生态存在论审美观的建设将做出难以估价的贡献。

当然，《诗经》毕竟是创作于 3000 多年前的作品，当时我们的先民们还生活在前现代的极其落后的生活条件之下，思想也处于较为蒙昧的状况，保留了许多神秘与迷信的色彩。这些情况不可避免地要反映到《诗经》之中，渗透于它的艺术审美经验之中，使其不可避免地有其局限性。但这并不能抹杀其重要价值，不能抹杀其在建设当代生态存在论审美观之中的重要思想资料作用。

孔子与儒家的古典生态
智慧与生态审美智慧

孔子是中国最重要的思想家,也是我国古代的儒家学派的开创者与代表人物,他的思想集中反映在后人所记《论语》以及《礼记》等典籍中。这里,我们就以《论语》等为主要依据,来研究分析以孔子为代表的儒家学派的生态智慧与生态审美智慧。

一、"天人合一"的中国古代
生态存在论智慧

以孔子为代表的儒家学说十分重要的思想就是"天人合一"。当然,"天人合一"可以说是儒道两家共有的思想,所谓"天人之际,合而为一"。在天人关系中,道家更注重于"天",而儒家更注重于"人"。但是,儒道两家在天人关系中都仍然是以"天"为主。这里的"天"有多重解释,到东汉董仲舒之后,更多倾向于"神道之天",而在先秦时期,则更多是"自然之天",所以,那时的"天人合一"就已包含人与自然统一的思想。"天人合一"实际上是说人的一种在世关系,人与包括自然在内的世界的关系,这种关系不是对立的,而是交融的,相关的,一体的。这就是中国古代东方的存在论生态智慧。孔子《论语》中讲到了"礼之用,和为贵"(《论语·

学而》)，这里的"礼"不是指日常生活之礼，而主要是祭祀之礼，"大礼与天地同节"(《礼记·乐记》)之礼；这里的"和"，可以理解为"天人之和"，是一种对天人之和的诉求。同时，孔子又讲到"中庸之为德也，其至矣乎"(《论语·雍也》)，也就是将中庸看作是最高的道德。什么是中庸呢？即"过犹不及"，它完全不是人们一般意义上理解的日常行事原则，而是作为最高的道德。这种最高的道德在当时来讲，应该是对天所持守的道德。这里的"中庸"与"过犹不及"就是《礼记》所说的"中和"，《周易》所说的"保合太和"。《礼记·中庸》的"中和"即为孔子所言"和为贵"与"中庸"的进一步阐发，是一种生态存在论古代智慧。《中庸》亦指出："喜怒哀乐之未发，谓之中；发而皆中节，谓之和。中也者，天下之大本也；和也者，天下之达道也。致中和，天地位焉，万物育焉"(《礼记·中庸》)。《中庸》将"致中和"提到"天下之大本"与"天下之达道"的高度，而且认为，只有"致中和"，天地才能各在其位，即生态平衡，万物才得以繁衍生长，实现一种人与万物和谐的，有利于人与万物生长生存的状态。这实际上是一种古代生态存在论的智慧。因此，"位育中和"成为儒家的经典名言，被镌刻在孔庙的门楣之上。

二、对自然之敬畏与客观
自然美的诉求

孔子不赞成盛行于当时的民间巫术，反对以这种迷信活动扰乱人们的生活，所谓"子不语怪力乱神"(《论语·述而》)，但孔子对自然之天却有敬畏。他曾说，"君子有三畏：畏天命，畏大人，畏圣人之言"(《论语·季氏》)，将"畏天命"放在首位。他在说到古代贤君尧帝时,认为尧之所以伟大,就是因为尧效法于天,"大哉,尧之为君也。巍巍乎! 唯天为大,唯尧则之"(《论语·泰伯》)。当然,孔子的"天"的内涵,除了自然之外,还有神秘的神性色彩。他在回答卫国大夫王孙贾有关如何祭祀的请教时,回答说,"不然,获罪于天,无所祷也"(《论语·八佾》)。这种对天的敬畏与神秘之感,在那样一个科技落后的时代是十分自然的,其宿命论与神秘色彩亦是十分明显的,但其中主要还包含着对自然之天的适度敬畏。而且,孔子还在一定程度上将自然看作是一种不以人的意志为转移的客观存在。人们应该有一种对于这种自然的客观美的向往与诉求。孔子在一次与弟子子贡有关教育的讨论中,曾经说到自然的无言之教。"子曰:'予欲无言'。子贡曰:'子如不言,则小子何述焉?'子曰:'天何言哉? 四时行焉,百物生焉,天何言哉?'"(《论语·阳货》)。也就是说,大自然以其客观运行繁盛万物,并以此教育人类,成为人类永恒的向往与期许。

三、"和而不同"的"共生"思想

孔子说,"君子和而不同,小人同而不和"(《论语·述而》)。"和而不同"成为儒家学说中的重要思想。孔子在这里将"和"与"同"相对,所谓"和"即为不同事物之间的协调和谐,而"同"即事物的单一状态,不允许不同事物的存在。诚如《国语》所说,"和实生物,同则不继",这就揭示了一种古典的"共生"的思想,只有多种生物相杂,自然才能繁盛;若只有同一种生物,不能继续生态繁盛。这也是古代在人类繁衍中所总结出的"同姓不蕃"的思想的引申,是一种生态规律。同时,孔子也是一个十分热爱生命和生活的思想家。有一次子路向他请教"死"的问题,孔子回答:"未知生，焉知死？"(《论语·先进》)也就是说，孔子认为，与死紧密相关的生比死更为重要。而且，孔子还将这种"生"的思想用于孝道上，就是著名的"三年守孝"的论述。宰我问孔子，为什么要守孝三年，三年时间太长，一年就可以了。孔子对这个问题作了回答："子生三年，然后免于父母之怀。夫三年之丧，天下之通丧也。"(《论语·阳货》)也就是说，父母养育一个生命使之脱离怀抱，能行走进食，一般需三年，这三年是一个人生命的初始期，关键期，也是父母最操劳、抚爱的时期，因此一个人回报父母养育之恩起码就要守孝三年。这正是对生命及生命承续的重视。

四、不违农时的古典生态智慧

孔子的时代，农业是国计民生的根本，因此，不违农时成为当时当政者与人民最重要的事情。所谓"不违农时"，就是按照四时节气之自然生态规律来安排农业生产。孔子在谈到治理一个国家时曾经说"敬事而信，节用而爱人，使民以时"(《论语·学而》)等三条原则，其中"使民以时"就是指要使老百姓不误农时，按照四时节气时令进行农业生产。这是一种古典的生态智慧，是十分重要的。《礼记·月令》十分详细地记载了春夏秋冬四季当政者与人民如何按照农时进行农业活动及相关活动的情形。以春季为例，《月令》认为，立春是"天气下降，地气上腾，天地和同，草木萌动"。在这种情况下，当政者应不违农时，带领人民进行适时的农业活动。首先是"迎春之礼"，所谓"立春之日，天子亲帅三公九卿诸侯大夫以迎春于东郊"。其次就是"开播之典"，所谓"乃择元辰，天子亲载耒耜，措之于参保介之御间，帅三公九卿诸侯大夫躬耕帝籍。天子三推，三公五推，卿诸侯九推"。再就是为了保证农业生产进行必要的生态保护。所谓"乃修祭典，命祀山林川泽，牺牲不用牝。禁止伐木。毋覆巢，毋杀孩虫、胎、夭、飞鸟、母鹿、母卵"等等。当然，孔子也在《论语》中讲到了相应的"生态保护"思想，就是十分著名的"钓而不纲，弋不射宿"（《论语·述而》）的观念，说明中国自古就有比较自觉的生态保护意识。

五、力主节俭素朴的符合
生态规律的生活方式

上面说到，孔子在谈治国原则时将"节用爱人"作为重要原则之一，这正是倡导一种符合生态规律的生活方式。还有一次，鲁国人林放向孔子请教"礼"的根本，孔子回答说："大哉问！礼，与其奢也，宁俭；丧，与其易也，宁戚。"（《论语·八佾》）也就是说，在孔子看来，"礼"的最根本之意是去奢求俭，也就是追求和倡导一种节俭的生活方式，这在孔子所生活的时代是非常重要的。因为据孔子同时代人墨子记载，当时战乱频发，统治阶级骄奢淫逸，而广大人民却不堪重负，流离失所，极端贫困。统治阶级骄奢淫逸的生活，一方面加剧了社会矛盾，另一方面则严重破坏了自然环境和生态平衡。所以，"节俭"实际上也是一种符合生态规律的"够了就行"的生活方式。

六、"知者乐水，仁者乐山"的对
自然万物的亲和之情

孔子有一句著名的话："知者乐水，仁者乐山。"（《论语·雍也》）这是一种以对自然友好作比喻的诗性思维，就是用水来比喻

知者的智慧，用山来比喻仁者的道德。水的流动性和溪流中流水奔腾流淌的欢快性，恰恰比喻了知者的巧于应对的机智和获得智慧的欢快；而山的沉静和永恒，则形象地说明了高尚道德者做人原则的坚定性及其与日月同辉的价值。由此说明，孔子对自然万物的亲和之情及其在对话中对亲和自然的"比兴"手法的运用。孔子还有一句话："君子怀德，小人怀土；君子怀刑，小人怀惠。"（《论语·里仁》）这里的君子是指处于统治地位的人，而小人则指处于被统治地位的普通平民，与一般的好人与坏人的价值判断不应有关，不是通常所说的君子与小人。这里的意思是，处于统治地位的人追求礼仪的完备，道德的完善，普通老百姓则追求安定的乡土生活；统治者追求法度治国，而普通老百姓则期望实行仁政而获得生活的改善。这里的"怀土"实际上是一种对普通老百姓的乡土之情的表达，针对当时的战争与劳役，使大批百姓流离失所，离乡背井，而乡土情正是生态观的内涵之一。

七、"仁者爱人"的东方
古典生态人文主义

孔子思想的核心是仁学思想。也就是说，孔子的论述都是围绕"仁"来进行的。那么，什么是"仁"呢？孔子在回答学生樊迟请教什么是"仁"的问题时讲"爱人"，这就是流行于世的"仁者爱人"的思想。对于"仁者爱人"的内涵，孔子作了很多论述，其中有些论述是包含古典生态人文主义的，也就是说是一种包含生态观念的对人的关爱。一个重要思想就是"修己以安人"。孔子在回答子路的问题——怎样才能成为君子时，说道："修己以安人"，又说："修己以安百姓。修己以安百姓，尧舜其犹病诸！"（《论语·宪

问》)也就是说，"仁"的一个重要内容就是修善自己以达到使百姓"安居乐业"，这一点连古代圣君尧舜都难以做到。这里的"安"有"安居"之意，也就是使百姓有自己安定的生存家园，这是中国古代生态与生存论哲学与美学的一个重要标志。对于"仁"，孔子在另一处又作了有关"恕"的解释。"子贡问曰：'有一言而可以终身行之者乎？'子曰：'其恕乎！己所不欲，勿施于人。'"(《论语·卫灵公》)所谓"己所不欲，勿施于人"就是"由己推人"，在哲学的意义上也可以说将对象看作另一个主体，即"互为主体"。《圣经》中也有类似的话，被生态哲学家和生态伦理学家们运用于生态理论，以解释人与自然的关系，人类由己推人以平等的态度对待自然。如果将"己所不欲，勿施于人"的"人"的范围加以扩大，延伸到自然万物的话，就是人对自然万物的仁爱精神，是一种典型的古典生态人文主义。

八、孟子的"仁民爱物"与张载的 "民胞物与"的古典生态观

孟子是先秦时期另一位儒学大家，他的主要理论观点是著名的"性善说"，主张人人皆有"不忍之心""恻隐之心"等等，并主张推己及人，所谓"老吾老，以及人之老；幼吾幼，以及人之幼"(《孟子·梁惠王上》)，并由此推及自然万物。《梁惠王上》记载了齐宣王在大堂上看见有人宰牛去"血祭"，齐宣王见牛因恐惧而呈现觳觫之状而不忍，最后以羊代之。孟子由此得出结论："君子之于禽兽也，见其生，不忍见其死；闻其声，不忍食其肉。是以君子远庖厨也。"这就是"不忍之心""恻隐之心"的一种推思，是"仁爱"的一种扩大。进而，孟子提出"仁民而爱物"的思想。他在《孟子·尽

心上》中谈道："君子之于物也，爱之而弗仁；于民也，仁之而弗亲。亲亲而仁民，仁民而爱物。"这里，尽管物，民与亲有所差别，但是由亲亲到仁民到爱物，由己及人，由近到远的仁爱思想还是十分明显的，可以说是一种古典的生态人文主义。

　　北宋哲学家张载从人与万物同受天地之气而生出发，提出"无一物非我"，进一步提出"民吾同胞，物吾与也"，即"民胞物与"的思想，将人民都看作自己的兄弟，将万物都看作自己的朋友。这一思想成为中国古代儒家理论中"人与万物平等"思想的典型表述，十分可贵。

（写于 2008 年 6 月）

试论基督教文化的神学
存在论生态审美观①

　　20 世纪 60 年代以来,生态问题在人类社会中愈来愈加凸显出来,引起广泛关注。1972 年,联合国通过了《人类环境宣言》,确认生态危机已成为全球性问题。与此相应,在学术领域出现了"深层生态学""生态哲学""生态伦理学""生态批评""环境美学"等等新兴学科。20 世纪 90 年代中期,中国学者提出"生态美学"概念,并认为这是一种人与自然和社会达到动态平衡、和谐一致的处于生态审美状态的崭新的生态存在论审美观。建设中的生态美学应该吸收古今中外各种理论的、文化的资源,其中也包括对人类社会和文化发展起过并仍在起着重要作用的基督教文化,特别是其经典《圣经》的重要思想资源。当然,也包括当代基督教文化之中有关神学存在论、神学现象学与生态神学的重要思想资源。本文拟从基督教文化的原典《圣经》出发,从神学存在论的视角,探索基督教文化中的生态审美观,作为对于新兴的生态美学问题的丰富,同时也以此就教于方家。

----

① 原载《基督教文化学刊》第 13 辑。

一

首先，摆在我们面前的问题就是，为什么说基督教文化的生态观是一种神学存在论生态审美观。因为，围绕基督教文化的生态观问题分歧颇多。美国史学家林恩·怀特（Lynn White）于1967年发表了他那篇被誉为"生态批评的里程碑"的名作《我们的生态危机的历史根源》。他指出，"犹太—基督教的人类中心主义"是"生态危机的思想文化根源"。它"构成了我们一切信念和价值观的基础"，"指导着我们的科学和技术"，鼓励着人们"以统治者的态度对待自然"。① 当代德国著名神学家莫尔特曼（Jurgen MoltMann）则与此相反，提出了"上帝中心"的"生态创造论"这一较为系统的生态神学理论。他认为，人类处于上帝与万物之间的中介地位，"是以，人既不具有决定万物存有的能力，也不可以视万物仅为满足自己的手段和工具，一方面因为人不是绝对的，另一方面因为万物各自有其本性，正因如此，人于受造的自然界乃有这一器重的角色需要扮演"②。历程神学的发展者天主教神学家贝利（Thomas Berry）和麦道拿（Sean McD-agh）则强调大地本身具有潜存之价值，人可说是自然演化中最迟出现的产物，人的故事是大地故事的一部分，但这不是一

①转引自王诺《欧美生态文学》，北京大学出版社2003年版，第61页。参见赖品超《对话中的生态神学》，《道风基督教文化评论》第18期，道风书社2003年。

②［德］莫尔特曼：《创造中的上帝》，汉语基督教文化研究所1999年版，中译本"导言"。

个以人为中心、以大自然为背景的故事。相反,这是一个以大地为中心的故事。① 我们认为,对于基督教文化及其经典《圣经》不能从通常的认识论的物我关系来理解,而应从信仰论之彼岸此岸之关系来理解。因此,我们认为基督教文化及其《圣经》的生态观是一种神学存在论生态审美观。也就是用神学存在论的理论对基督教文化及《圣经》的生态观进行阐释。这是一种以"上帝中心"及"救世"为主要内涵的生态存在论审美观。我们之所以以"神学存在论"为理论支点,正说明基督教文化是以上帝为中心、以信仰论为出发点,决不同于通常的认识论。正如《圣经》所说,"我们也讲这些事,不是用人的智慧所教的言语,而是用圣灵所教的言语,向属灵的人解释属灵的事"②。我们的阐释采取"回到原典"的方法,以基督教文化的经典《圣经》为依据,主要通过对《圣经》的解读来论述其神学存在论生态审美观。

　　基督教与《圣经》产生于人类对于自己的生存状态进行思索和探索的早期,正值纪元前及其初期,犹太教和罗马帝国形成和发展的历史文化背景之下。当时尚处于前现代的经济社会状况。其时,人们不仅因为对于许多自然现象和社会现象无法理解而需要借助于信仰。而且,由于战争频繁,灾荒不断,人民流离颠沛,长期处于苦难的生存状态,只能把希望寄托于彼岸的神的世界。因此,从某种意义上来说,基督教是穷人和苦难民族的宗教。《圣经·旧约·诗篇》写道:"耶和华要给受欺压的人作保障,作患难时的避难所。"③《圣经·新约·马太福音》更以"骆驼穿过针眼,

---

① 参见郭鸿标、堵建伟《新世纪的神学议程》下,香港基督徒学会 2003 年版。
② 《圣经》新译本,香港天道书楼 1993 年版,第 1555 页。
③ 《圣经》新译本,香港天道书楼 1993 年版,第 698 页。

比有钱的人进上帝的国还容易"①来生动比喻初期基督教对富人严把入口而却为穷人敞开大门的情形。现代丹麦著名哲学家和宗教作家梭伦·阿比耶·祁克果（Soren Aabye Kierkegaard）也指出，"我一直力言：基督教是真正穷人的宗教；他们辛苦终日，几乎不得饱食。获益愈多，则愈难成为基督徒；因为，这时的反省，最易转错方向"②。基督教产生之时，人们的科技和生产水平都十分低下，面对复杂多变的自然和来势凶猛的灾荒，人们显得无助、无奈、茫然。正是在战争、压迫和自然灾害所形成的无尽的生存苦难之中，基督教和《圣经》作为救世的避难所应运而生。因此，基督教和《圣经》的产生就充分说明了它必然地包含着深刻的存在论哲思。而且，它既不可能是"人类中心"，也不可能是"生态中心"，而只能是"上帝中心"。因为，基督教作为一神教的宗教只能是"上帝崇拜"，遵循"上帝是万物之尺度"的准绳。诚如《圣经》所说，"天上地下，只有耶和华是上帝，除他以外，再没有别的神了"③。因此，基督教文化不可能如怀特所说是什么"人类中心"，也不可能如贝利和麦道拿所说，是什么"生态中心"。基督教文化之产生，就已完成了由多神教向一神教的转变，使多神论"万物有灵"之思想为一神论之"上帝中心"所代替。由此可见，基督教文化的一神教特征成为其"上帝中心"之牢固根基。

从基督教和《圣经》的内涵来看，也都是有关人类和民族的前途命运、生存发展和来世理想等重大课题。《旧约》之诫律和《新

①《圣经》新译本，香港天道书楼1993年版，第1363页。
②《祁克果语录》，陈俊辉译，台湾扬智文化事业股份有限公司1993年版，第31页。
③《圣经》新译本，香港天道书楼1993年版，第225页。

约》之救赎都关系到人类和民族生死存亡之前途。诚如《新约》之约翰壹书所说，"如果有人犯了罪，在父的面前我们有一位维护者，就是那义者耶稣基督。他为我们的罪作了赎罪祭，不仅为我们的罪，也为全人类的罪"①。更具体地看，《圣经》有创世—苦难—救赎三大主题，当然重点是救赎。这三大主题表示了人类存在的过去、现在和未来之历时性过程，回答人类何以在、如何在之宏大论题，成为以上帝为中心建构的完备的神学存在论。

　　从理论本身来看，基督教文化和《圣经》之神学存在论是不同于以海德格尔为代表的普通存在论的。海氏的普通存在论以"世界与大地之争执"来构建其内在关系，最后引向世界统治大地之"人类中心主义"。而且，海氏所说之诸神明显带有泛神论之倾向。而基督教和《圣经》之神学存在论是有其特殊内涵的。它业已经过祁克果和蒂利希（Puul Tillich）等加以阐释。祁克果指出，"基督教必须和存在有关，即和正存在之中的行动有关"②。蒂利希指出，"基督教断言耶稣是基督。基督这个词，也明显的比照指明了人的存在的境遇"③。作为神学存在论所指的存在就是基督耶稣，在基督教中基督就是道、就是路、就是生命之源。基督之作为道，不同于古希腊的理性之"逻各斯"。正如《圣经》所说，"然而在信心成熟的人中间，我们也讲智慧，但不是这世代的智慧"④。基督之道也不是海氏所说的人性之道，而是

---

① 《圣经》新译本，香港天道书楼 1993 年版，第 1678 页。
② 《祁克果语录》，陈俊辉译，台湾扬智文化事业股份有限公司 1993 年版，第 31 页。
③ ［德］蒂利希：《系统神学》第 2 卷，东南亚神学协会台南神学院 1971 年版，第 30 页。
④ 《圣经》新译本，香港天道书楼 1993 年版，第 1555 页。

属灵的神性之道。正如《圣经》所记耶稣对众人所说,"你们是从地上来的,我是从天上来的;你们属这世界,我却不属这世界"①。当然,基督之作为存在同海氏所说之存在一样是超验的,既超越万物之客体也超越人之精神主体。在这种神学存在论中,人与万物只是作为神之存在、即基督之道的具体呈现之存在者。作为"存在者",人与万物处于此时此地的暂时多变的状态之中。但人类却因原罪和欲念而常常走向违背上帝之约的犯罪之途,因而作为存在者就不能很好地呈现上帝这最高之存在,即基督之道,因而必然受到上帝之罚,但最后又需上帝之救赎使之回到上帝存在之道。蒂利希借用现代哲学异化与复归之理论加以阐释。但作为《圣经》实际上是人类早期有关生存之罪与罚、罚与救之原型的体现。那么,为什么说基督教文化的神学存在论是生态的和审美的呢?其实,生态问题从哲学层面来说归根结底是人的存在问题。也就是人在天、地、自然之中生存发展之问题。因此,神学存在论本身是包含着生态之内容的。那就是基督教文化以上帝作为存在,人与万物都由上帝这一存在决定并都是呈现这一存在的存在者。正是从作为存在者这一点来讲,人与万物在上帝这一存在面前是平等的。因而,基督教文化之上帝中心的神学存在论生态观具体表现为,人与万物同是作为存在者的生态平等论。而神学存在论作为存在论哲学形态之一,它所贯彻的神学现象学方法就使现象的显现、真理的敞开与审美存在的形成达到高度的一致。因而,神学存在论具有十分突出的审美属性。首先,从真理的敞开来说,存在论哲学认为"美是无蔽

---

① 《圣经》新译本,香港天道书楼 1993 年版,第 1466 页。

性真理的一种呈现方式"①。因此,存在论哲学—美学认为,所谓美即真理"存在"之自行敞开的过程,也就是由遮蔽到澄明之过程。基督教之神学存在论认为,基督耶稣就是真理、道路与生命。《圣经》约翰福音中耶稣说道,"我就是道路、真理、生命"②。因而,耶稣通过救赎之途将人类从罪恶和灾难之中拯救出来,从而体现出上帝的真理之光,这就是真正的美。《圣经》诗篇第六十九篇写道:"耶和华啊!求你应允我,因为你的慈爱美善;求你照著你丰盛的怜悯转脸垂顾我。求你不要向你的仆人掩面,求你快快应允我,因为我在困境之中。求你亲近我,拯救我,因我仇敌的缘故救赎我。"③在这里,《圣经》明确地将美善与上帝对人类的拯救与救赎紧密相连。可见,拯救与救赎是上帝之真理由遮蔽到澄明的必经之过程。正因此,《圣经》认为,上帝就是美,就是善。《圣经》诗篇第一百篇写道:"应当感恩的进入他的殿门,满口赞美的进入他的院子;要感谢他,称颂他的名。因为耶和华本是美善的,他的慈爱存到永远,他的信实直到万代。"④正因为神学存在论把拯救与救赎作为其存在"真理"显现的核心环节,因而基督教文化,特别是《圣经》流露出浓厚的悲天悯人的慈爱心怀,渗透着强烈的审美的情感特性,并由此产生巨大的震撼力量。基督教文化与《圣经》的审美特性还表现在它极为突出的隐喻性。在《圣经》马可福音第四章中耶稣对他的门徒说:"上帝的国的奥妙,只给你

---

① [德]马丁·海德格尔:《人诗意地栖居》,上海远东出版社1995年版,第107页。
② 《圣经》新译本,香港天道书楼1993年版,第1476页。
③ 《圣经》新译本,香港天道书楼1993年版,第757页。
④ 《圣经》新译本,香港天道书楼1993年版,第790页。

们知道,但对于外人,一切都用比喻,叫他们,看是看见了,却不领悟,听是听见了,却不明白,免得他们回转过来,得到赦免。"为此,他用撒种来隐喻传道。他说:"你们听著! 有一个撒种的出去撒种,撒的时候,有的落在路旁,小鸟飞来就吃掉了。有的落在泥土不多的石地上,因为泥土不深,很快就长起来。但太阳一出来,便把它晒干,又因为没有根就枯萎了。有的落在荆棘里,荆棘长起来,把它挤住,它就结不出果实来。有的落在好土里,就生长繁茂,结出果实,有三十倍的、有六十倍的、有一百倍的。"接着,他对这个比喻进行了阐释。他说,"撒种的人所撒的就是道。那撒在路旁的,就是人听了道,撒旦立刻来,把撒在他心里的道夺去。照样,那撒在石地上的,就是人听了道,立刻欢欢喜喜的接受了;可是他们里面没有根,只是暂时的;一旦为道遭遇患难,受到迫害,就立刻跌倒了。那撒在荆棘里的,是指另一些人;他们听了道,然而今世的忧虑,财富的迷惑,以及种种的欲望,接连进来,把道挤住,就结不出果实来。那撒在好土里的,就是人听了道,接受了,并且结出果实,有三十倍的、有六十倍的、有一百倍的"①。这实际上是一个极好的隐喻。传道即隐喻中的"所指"。而撒种,包括小鸟吃掉、太阳晒干、被荆棘挤住、落入好土生长繁茂等等均为以形象出现的比喻,即"能指",其中包含了道之呈现的必备的内外条件。由此隐含更深之意即上帝救赎与人类通过超越而得救之艰难历程。但无论是撒旦破坏,还是人类自身根基不深易受迷惑等等,终究挡不住拯救人类之福音的传播,最后结出果实。这恰恰是上帝之真理的最后呈现,是一种圣洁之光、神圣之美。《圣经》中这样的比喻比比皆是。例如,用"为什么看见你弟兄眼中的

---

① 《圣经》新译本,香港天道书楼 1993 年版,第 1368 页。

木削却不理会自己眼中的梁木"来隐喻基督教文化中"严于律己宽以待人"之宽恕精神。并用"你们当进窄门，因为引到灭亡的门是宽的，路是大的，进去的人也多；但引到生命的门是窄的，路是小的，找着的人也少"来隐喻人类获救之艰难。由此可见，《圣经》中大量比喻的运用既是其阐释深奥之道的途径，也构成其突出的隐喻性之美学特征。在这一点上，《圣经》同中国古代的《庄子》十分类似，同样是用生动的寓言、故事来深喻生存之道。而海德格尔则大量借用荷尔德林之诗句来形象地阐述其深奥的存在论真理。《圣经》的这种隐喻性就成为其通过存在者呈现存在的美学特征。不仅如此，基督教文化还以极为丰富的诗歌、美文、绘画和音乐来阐释深奥的基督之道。《圣经》本身就主要由诗歌和美文组成。而基督教文化中的文学、绘画和音乐早已成为世界文学艺术史的重要资源。在这些美学形式中都寄寓了基督教神学存在论生态审美观的深刻内涵。

二

神学存在论生态审美观以神学存在论为理论依据，从人与万物同为上帝这一最高存在之存在者这一独特视角出发，总结并阐释了《圣经》之中"上帝中心"前提下人与自然万物关系，开辟了基督教文化以神学存在论为基点，参与当代生态文明建设的广阔前景。下面，我们主要从《圣经》出发，具体阐释神学存在论生态审美观的基本内涵。

"因道同在"之超越美。"因道同在"是基督教神学存在论生态审美观之基点，包含极为丰富的内容。其最基本的内容是主张上帝是最高的存在，是创造万有的主宰。《圣经》申命记称上帝耶

和华为"万神之神,万主之主"①。在《圣经》诗篇中又称耶和华为
"全地的至高者"②。《圣经》启示录借二十四位长老之口说道,
"我们的上帝,你是配得上荣耀、尊贵、权能的,因为你创造了万
有,万有都是因著你的旨意而存在,而被造的"③。由此,基督教
文化,特别是《圣经》的重要内容就是上帝创世。所谓"那看得见
的就是从那看不见的造出来的"④。《圣经》的首篇就是"创世纪",
记载了上帝六日创世的历程。第一日,上帝创造天地;第二日,上帝
创造穹苍;第三日,上帝创造青草、菜蔬和树木;第四日,上帝造了太
阳、月亮和星星;第五日,上帝造了鱼、水中的生物、飞鸟、昆虫和野
兽;第六日,上帝按照自己的形象造了人。第七日为安息日。由此
可见,天地万物以及人类均为上帝所造。上帝是创造者,人与万物
都是被造者。因此,从人与万物同是被造者的角度,他们之间的关
系也应该是平等的。有学者强调了上帝规定人有管理万物的职能,
从而说明人高于万物。的确,《圣经》创世纪是记载了人对万物的管
理。《圣经》记载上帝的话:"我们要照著我们的形象,按著我们的样
式造人;使他们管理海里的鱼、空中的鸟、地上的牲畜,以及全地,和
地上所有爬行的生物。"并说,"看哪,我把全地上结种子的各种菜
蔬,和一切果树上有种子的果子,都赐给你们作食物,至于地上的各
种野兽,空中的各种飞鸟,及地上爬行有生命的各种活物,我把一切
青草菜蔬赐给他们作食物"⑤。上述言论,成为许多理论家认为基

①《圣经》新译本,香港天道书楼1993年版,第232页。
②《圣经》新译本,香港天道书楼1993年版,第789页。
③《圣经》新译本,香港天道书楼1993年版,第1969页。
④《圣经》新译本,香港天道书楼1993年版,第1654页。
⑤《圣经》新译本,香港天道书楼1993年版,第4—5页。

督教文化力主"人类中心"的重要依据。其实，从同为被造者的角度，人类并没有构成为万物之中心。而上帝所赋予人类对于万物之管理职能也并不意味着人类成为万物之主宰，而只意味着人类承担更多的照顾万物之责任。正如《圣经》希伯来书所说，对于人类"我们还没有看见万物都服他"①。至于上帝把菜蔬、果子赐给人类作食物，同时把青草和菜蔬赐给野兽、飞鸟和其他活物作食物。包括《圣经》中对于人类宰牲吃肉的允许，以及对安息日休息和安息年休耕的规定，都说明基督教文化在一定程度上对生物循环繁衍的生态规律之认识。由此说明，基督教文化中人与万物同样作为被造者之平等也不是绝对的平等，而是符合万物循环繁衍之规律的平等。而且，人与万物作为存在者也都因上帝之道"存在"而在，亦即成为此时此地的具体的特有物体。《圣经》以十分形象的比喻对此加以阐述，认为人与万物都好比是一粒种子，上帝根据自己的意思给予其不同的形体，而不同的形体又都以不同的荣光呈现出上帝之道。《圣经》哥林多书写道："你们所种的，不是那将来要长成的形体，只不过是一粒种子，也许是麦子或别的种子。但上帝随着自己的意思给它一个形体，给每一样种子各有自己的形体。而且各种身体也都不一样，人有人的身体，兽有兽的身体，鸟有鸟的身体，鱼有鱼的身体。有天上的形体，也有地上的形体；天上形体的荣光是一样，地上形体的荣光又是一样。太阳有太阳的荣光，月亮有月亮的荣光；而且，每一颗星的荣光也都不同。"②在此基础上，《圣经》认为，人与万物作为呈现上帝之道的存在者也都同有其价值。《圣经》路加福音有一句名言："五只

①《圣经》新译本，香港天道书楼1993年版，第1645页。
②《圣经》新译本，香港天道书楼1993年版，第1569页。

麻雀,不是卖两个大钱吗? 但在上帝面前,一只也不被忘记。"①
因此,即便是不如人贵重的麻雀,作为体现上帝之道的存在者,也
有其自有的价值,而不被上帝忘记。综上所述,从人与万物作为
存在者因道同在的角度,《圣经》的主张是:人与万物因道同造、因
道同在、因道同有其价值。这种人与万物因道同在的哲思包含着
一种超越之美。本来,存在论美学就力主一种超越之美。它是通
过对物质实体和精神实体之"悬搁",超越作为在场的存在者,呈
现不在场之存在,到达真理敞开的澄明之境。而作为神学存在论
美学又有其特点,面对灵与肉、神圣与世俗、此岸与彼岸等特有矛
盾,通过灵超越肉、神圣超越世俗、彼岸超越此岸之过程,实现上
帝之道对万有之超越,呈现上帝之道的美之灵光。《圣经》加拉太
书引用上帝的话说:"我是说,你们应当顺著圣灵行事,这样就一
定不会去满足肉体的私欲了。因为肉体的私欲和圣灵敌对,使你
们不能作自己愿意作的。但你们若被圣灵引导,就不在律法之下
了。"在这里,《圣经》强调了面对肉欲与圣灵的敌对,应在圣灵的
引导下超越肉欲,才能遵循上帝的律法到达真理之境。《圣经》又
以著名的"羊的门"作为耶稣带领众人超越物欲,走向生命之途、
真理之境的形象比喻。《圣经》马太福音引用耶稣的话说:"我实
实在在告诉你们,我就是羊的门。所有在我以先来的都是贼和强
盗;羊却不听从他们。我就是门,如果有人藉著我进来,就必定得
救,并且可以出,可以入,也可以找到草场。贼来了,不过是要偷
窃、杀害、毁坏;我来了,是要使羊得生命,并且得的更丰盛。"②在
这里,盗贼代表着物欲,耶稣即是圣灵,进入羊的门即意味着圣灵

①《圣经》新译本,香港天道书楼1993年版,第1592页。
②《圣经》新译本,香港天道书楼1993年版,第1469页。

对物欲的超越。《圣经》认为，只有通过这种超越，才能真正迈过黑暗进入真理的光明之美境。《圣经》约翰福音中耶稣对众人说："我是世界的光，跟从我的，必定不在黑暗里走，却要得著生命的光。"又说："你们若持守我的道，就真是我的门徒了；你们必定认识真理，真理必定使你们自由。"①基督教神学存在论所主张的这种引向信仰之彼岸的超越之美，为后世美学之超功利性、静观性提供了宝贵的思想资源。同时，这种超越之美也为生态美学中对"自然之魅"的适度承认提供了学术的营养。科学的发展的确使人类极大地认识了自然之奥秘，但自然之神秘性和审美中的彼岸色彩却是无可穷尽的重要因素。

"藉道救赎"之悲剧美。"救赎论"是基督教文化中最主要的内容和主题，也是神学存在论生态审美观最重要的内容，构成了它最富特色并震撼人心的悲壮的美学基调。它由原罪论、苦难论、救赎论与悲壮美四个相关的内容组成。上帝救赎是由人类犯罪受罚、陷入无法自拔的灾难而引起。因而，必然要首先论述其原罪论。《圣经》创世记第三章专门讲了人类始祖所犯原罪之事。主要是人类始祖被蛇引诱而违主命偷食禁果，犯了原罪，并被逐出美丽富庶、无忧无虑的伊甸园。那么，人类所犯原罪之根源何在呢？基督教教义认为，主要在于人类本性之贪欲。《圣经》写道，当蛇引诱女人夏娃偷食禁果时，"女人见那树的果子好作食物，又悦人的眼目，而且讨人喜欢，能使人有智慧，就摘下果子来吃了；又给了和她在一起的丈夫，他也吃了"②。由此可知，夏娃之所以被诱惑而偷食禁果，还是为了满足自己的口腹、眼目和认

---

① 《圣经》新译本，香港天道书楼1993年版，第1466页。
② 《圣经》新译本，香港天道书楼1993年版，第6页。

知之私欲。正是这样的私欲导致人类犯了原罪。但人类的私欲并没有因为被逐出伊甸园而有所改变。因为《圣经》认为这种私欲是人类的本性。所以，一再暴露。正如《圣经》创世纪第六章所写："耶和华看见人类在地上的罪恶很大，终日心里想念的尽都是邪恶的。于是，耶和华后悔造人在地上，心中忧伤。"①《圣经》还在创世纪第九章写道，"人从小时候开始心中所想的都是邪恶的"②。由此可见，《圣经》认为人的原罪是本原性的。而且，《圣经》认为，人类的后代在原罪的驱使下所作的坏事超过了他们的前人。《圣经》耶利米书第十六章耶和华对先知耶利米评价以色列人之后代时说道："至于你们，你们所作的坏事比你们的列祖更厉害；你们各人都随从自己顽梗的恶心行事，不听从我。"③基督教文化的这种强烈的自责性是其极为重要的特点。它总是将各种灾难之根源归咎于自己的原罪和过错。《圣经》诗篇第二十五篇写道："耶和华啊！求你纪念你的怜悯和慈爱，因为它们自古以来就存在。求你不要纪念我幼年的罪恶和过犯；耶和华啊！求你因你的恩惠，按著你的慈爱纪念我。"又写道："耶和华啊！因你名的缘故，求你赦免我的罪孽，因为我的罪孽重大。"这一种强烈的自责的情绪同古希腊文化形成鲜明对比。众所周知，古希腊文化是将一切灾难和悲剧之根源都归结为客观之命运的，很少有基督教文化那种深深的自责之情。著名的悲剧《俄狄浦斯王》就将主人公俄狄浦斯杀父娶母之罪孽归咎于客观的不可抗拒之命运。它们产生的效果也是截然不同的。命运之悲剧使人产生无奈的

①《圣经》新译本，香港天道书楼 1993 年版，第 9 页。
②《圣经》新译本，香港天道书楼 1993 年版，第 12 页。
③《圣经》新译本，香港天道书楼 1993 年版，第 1052 页。

同情,但原罪之悲剧却能产生强烈的灵魂之震撼。因为,如果犯罪之根源在于每个人的心中都会有的原罪,这就使人不仅自责而且产生强烈的反省。当前,面对现代化、工业化过程中生态灾难的日愈严重,某些人的置若罔闻,甚至扬扬自得,很可能是不能正确对待古希腊悲剧,把一切灾难都归结为客观命运的观念的结果。而我们更需要重视基督教文化之原罪悲剧精神。当前,面对生态危机给人类的生存所带来的一系列严重问题,我们对既往的观念和行为进行自责性的反省实在是太必要了。同原罪论紧密相连的是苦难论。由于基督教文化承认人的原罪,所以为了避免原罪,就出现了一个非常重要的人类与上帝之约,就是著名的十诫。也就是上帝给人类立了十个不准,以遏制其原罪。但人类终因原罪深重而难以遵约,因而总是违诫。这就使人类不断受到惩罚而陷入苦难之中。因此,基督教文化之中的苦难、包括自然灾害一类的生态灾难都是上帝为了惩罚人类而制造的,属于目的论范围的苦难。当然,上帝的这些惩罚都是由于人类的违约而引起。《圣经利未记》记载上帝对于人类的警告:"但如果你们不听从我,不遵行这一切的诫命;如果你们弃绝我的律例,你们的心厌弃我的典章,不遵行我的一切诫命,违背我的约,我就要这样待你们:我必命惊慌临到你们,痨病热病使你们眼目昏花,心灵憔悴;你们必陡然撒种,因为你们的仇敌必吃尽你们的出产……"①正因为人类由于原罪的驱使一次次的违约,所以面临上帝惩罚的一次次灾难。首先是被赶出伊甸园,被罚"终生劳苦"。接着,又被特大的洪水淹没。《圣经》说通过滔滔洪水"耶和华把地上所有的

---

① 《圣经》新译本,香港天道书楼 1993 年版,第 159 页。

生物,从人类到牲畜,爬行动物,以及空中的飞鸟都除灭了"①。
同时,上帝还使人类面临其他灾难。"他使埃及水都变成血,使他
们的鱼都死掉。在他们地上,以及君主的内室,青蛙多多滋生。
他一发命令,苍蝇就成群而来,并且虱子进入他们的四境。他给
他们降下冰雹为雨,又在他们的地上降下火焰。他击打他们的葡
萄树和无花果树,毁坏他们境内的树木。他一发命令,蝗虫就来,
蚱蜢也来,多的无法数算,吃尽了他们地上的一切植物,吃光了他
们土地的出产……"②上帝还把可怕的旱灾和地震带给人类。旱
灾的情形是"土地干裂,因为地上没有雨水,农夫失望,都蒙著自
己的头"③。地震的情形是"大山在他面前震动,小山也都融
化"④。《圣经》所列的这些苦难绝大多数都是一些自然灾害,而
且大都是一些天灾。但今天的灾害,诸如核辐射、艾滋病、癌症、
"非典"、禽流感等等却大多是人祸,是人对环境破坏的结果。这
难道不更加惊心动魄吗?!《圣经》似乎有所预见一般,在《新约》
提摩太后书中专讲到末世的情况:"你应当知道,末后的日子必有
艰难的时期到来。那时,人会专爱自己,贪爱钱财、自夸、高傲、亵
渎、背离父母、忘恩负义、不圣洁、没有亲爱良善、卖主卖友、容易
冲动、傲慢自大、爱享乐过于爱上帝,有敬虔的形式却否定敬虔的
能力……"上述所言自私贪欲、追求享受等等恰是现代社会滋生
蔓延的人性之弊病。这样的弊病引起的惩罚应该更大。事实证
明,当今人类生存状态美化和非美化之二律背反的严重事实不恰

①《圣经》新译本,香港天道书楼 1993 年版,第 11 页。
②《圣经》新译本,香港天道书楼 1993 年版,第 797 页。
③《圣经》新译本,香港天道书楼 1993 年版,第 1048 页。
④《圣经》新译本,香港天道书楼 1993 年版,第 1284 页。

恰证明了这一点吗？基督教文化把救赎放在一个十分突出的位置。所谓救赎即上帝和基督耶稣对人类苦难的拯救。基督教文化认为,这种救赎完全是由上帝和基督耶稣慈爱的本性决定的。《圣经》第三十篇和第三十一篇写道,"耶和华我的上帝啊! 我曾向你吁求,你也医治了我。耶和华啊! 你曾把我从阴间救上来,使我存活,不至于下坑。耶和华的圣民哪! 你们要歌颂耶和华,赞美他的圣名。因为他的怒气只是短暂的,他的恩惠却是一生一世的;夜间虽然不断有哭泣,早晨却欢呼"。又说,"因为你是我的岩石、我的坚垒;为你名的缘故,求你带领我,引导我。求你救我脱离人为我暗设的网罗,因为你是我的避难所。我把我的灵魂交在你手里,耶和华,信实的上帝啊! 你救赎了我"。① 由此可见,《圣经》认为,上帝对人类的救赎,成为人类的避难所,完全是由于上帝永恒的恩惠、万世的圣名、信实的品格、慈爱的本性。基督教文化中上帝对于人类的救赎不同于一般的扶危济困之处在于,这种救赎是对人类前途命运之终极关怀,是在人类生死存亡之关键时刻伸出拯救人类之万能之手。按照《圣经》记载,在人类的初期,因罪恶而被洪水吞没之际,上帝命义人诺亚建造方舟,躲过了这万劫之难。其后,在人类又要面临大难之际,上帝又让独子耶稣基督降生接受痛苦的赎罪祭,并复活传福音,以"把自己的子民从罪恶中拯救出来"②。并且,《圣经》还预言了在未来的世界末日基督耶稣将重临大地拯救人类。基督教文化的救赎,不仅是对人类的救赎,而且也是对万物的救赎。因为,各种灾害既是人类的苦难,也是万物的苦难。所以,在拯救人类的同时也必须拯救

---

① 《圣经》新译本,香港天道书楼 1993 年版,第 716—717 页。
② 《圣经》新译本,香港天道书楼 1993 年版,第 1388 页。

万物。《圣经》所载人类初期,大洪水到来淹没了人类和万物,上
帝命诺亚建造方舟,既拯救了人类也拯救了万物。《圣经》记载上
帝对诺亚说:"我要和你立约。你可以进方舟;你和你的儿子、妻
子和儿媳,都可以和你一同进方舟,所有的活物,你要把每样一
对,就是一公一母,带进方舟,好和你一同保存生命。"①因此,在
基督教文化和《圣经》之中,人与万物一样都是被上帝救赎的。正
是从人与万物被上帝同救的角度,人与万物之间也具有某种平等
性。而且,在基督教文化和《圣经》当中,上帝不仅救赎了人类和
万物,并将其慈爱之情倾注于整个自然,有着浓浓的热爱自然与
大地的情怀。不仅前已说到,《圣经》有安息日和安息年规定人与
自然休养生息的诫律,而且上帝造人就是用地上的尘土造成人
形。上帝还对人类说,"你既是尘土,就要归回尘土"②。更为重
要的是,《圣经》提出了著名的"眷顾大地"的伦理思想,突出了大
自然作为存在者之应有的价值。《圣经》诗篇第六十六篇写道:
"你眷顾大地,普降甘霖,使地甚肥沃;上帝的河满了水,好为人预
备五谷;你就这样预备了大地。你灌溉地的犁沟,润平犁脊,又降
雨露使地松软,并且赐福给地上所生长的。"③也就是说,基督教
文化的救赎论中包含上帝将大地、雨露、阳光、五谷等美好丰硕的
大自然赐给人类,使人类得以美好生存。也由此说明,在基督教
文化中人类的生存同自然万物须臾难离。总之,基督教文化中的
"藉道救赎"论是一种极具悲剧色彩的神学存在论生态审美观。
它不仅以巨大的不可抗拒的灾难给人以惊惧威慑,而且以强烈的

①《圣经》新译本,香港天道书楼1993年版,第10页。
②《圣经》新译本,香港天道书楼1993年版,第7页。
③《圣经》新译本,香港天道书楼1993年版,第752页。

自谴给人的心灵以特有的震撼，并以对未来更大灾难的预言给人以深深的启示。《圣经》以生动形象、震撼人心的笔触为我们刻画了一幅幅灾难与救赎的画面，渗透着浓郁的悲剧色彩。从诺亚方舟颠簸于滔滔洪水，到耶稣基督被钉在十字架的苦难画面，乃至对未来世界七个惩罚的可怖描绘，都以其永恒的令人震惊的形象留在世人心中。这确是一种具有崇高性的悲剧美。正如康德所言，这是对象物质之巨大压倒了人的感性力量，最后借助于理性精神压倒感性之对象，唤起一种崇高之美。在基督教文化之中，就是借助基督耶稣之救赎这一强大的理性精神，战胜自然获得精神之胜利，唤起一种崇高之美。一般的生态美主要是表现人与自然和谐之美好图景，或是以艺术的手段对破坏自然恶行之抨击。但唯有基督教文化，以原罪—苦难—救赎的特有形式，以浓郁的悲剧色彩，表现"上帝中心"前提之下人与自然之关系，突出了面对自然灾难人类应有更多自责并遵神意"眷顾大地"的核心主题，给我们以深深的启发。

　　"因信称义"之内在美。"因信称义"即是对人的信仰的突现与强调，这是基督教文化与《圣经》十分重要的组成部分，也成为神学存在论生态审美观的十分重要的内容。它是达到神学存在论美之真理敞开的必由之途，也使其成为具有高度精神性的内在美。"因信称义"是基督教文化不同于通常认识论之信仰决定论的神学理论。正如《圣经》加拉太书所说，"既然知道人称义不是靠律法，而是因信仰耶稣基督，我们也就信了基督耶稣，使我们因信基督称义"①。所谓称义，即得到耶稣之道。《圣经》认为，它不是依靠通常的诉诸道德理性之律就可达到，而必须凭借对于基督

----

① 《圣经》新译本，香港天道书楼 1993 年版，第 1588 页。

耶稣之信仰。而信仰是一种属灵的内在精神之追求,必须舍弃各种外在的物质诱惑和内在的欲念,甚至包括财产,乃至生命等。正如《圣经》加拉太书所说,"属基督耶稣的人,是已经把肉体和邪情私欲都钉在十字架上了,如果我们是靠圣灵活著,就应该顶著圣灵行事。我们不可贪图虚荣,彼此浊怒,互相嫉妒"①。而这种"义"所追求的是耶稣的"爱",正如耶稣回答发利赛人所说:"你要全心、全性、全意爱主你的上帝。这是最重要的第一条诫命。第二条也和它相似,就是要爱人如己。全部律法和先知书,都以这两条诫命作为根据。"②做到以上诸条的人,就是"除去身体和心灵上的一切污秽,"同耶稣合一的"新造的人"。③ 而要做到这一点则要依靠基督教文化中特有的灵性的修养过程,包括洗礼、祷告、忏悔等等。最后实现上帝之道与人的合一,即"道成肉身"。正如《圣经》约翰福音所记耶稣在为门徒所作的祷告中所说:"我不但为他们求,也为那些因他们的话而信我的人求,使他们都合而为一,象父你在我里面,我在你里面一样;使他们也在我们里面,让世人相信你差了我来。你赐给我的荣耀,我已经赐给了他们,使他们合而为一,象我们合而为一。"④在这里,基督教文化的"因信称义"及与之相关的属灵的休养过程,实际上成为一种神学现象学。也就是通过属灵的因信称义、道成肉身的祈祷、忏悔的过程,人们将各种外在的物质和内在的欲念加以"悬搁",进入一种内在的神性生活的审美的生存状态。诚如德国神学现象学家

---

①《圣经》新译本,香港天道书楼1993年版,第1593页。
②《圣经》新译本,香港天道书楼1993年版,第1368页。
③《圣经》新译本,香港天道书楼1993年版,第1578页。
④《圣经》新译本,香港天道书楼1993年版,第1480页。

M.舍勒（Max Scheler）所说："这种想法似乎宏观地表现下述学说之中：基督的拯救行动不仅赎去了亚当之罪，而且由此将人带离罪境，进入一种与上帝的关系，较之于亚当与上帝的关系，这种关系更深，更神圣，尽管在信仰和追随基督之中的获救者不再有亚当那种极度的完美无瑕，并且总带有尚未清醒的欲望（肉体的欲望）。沉沦与超升初境的循环交替一再微妙地显示在福音书中：在天堂，一个忏悔的罪人的喜悦甚于一个个义人的喜悦。"①写到这里，不仅使我想起中国古代老庄道家思想中之"坐忘"与"心斋"，即所谓"堕肢体，黜聪明，离形去知，同于大通"（《庄子·大宗师》）。这也是一种古代形态的现象学审美观，同基督教文化的"因信称义"有许多相似之处，说明中西古代智慧之相通。

　　"新天新地"之理想美。基督教文化与《圣经》从神学存在论出发，对生态审美观之理想美作了充分的论述。当然，伊甸园是天地神人合一的理想之美地。但人类因原罪被逐出了伊甸园，从而也就失去了这样一个美地。但基督教文化与《圣经》中的上帝还在为人类不断地创造新的美地。在《圣经》申命记中曾写道：耶和华上帝快要将人类领进那有橄榄树、油和蜜，不缺乏食物之"美地"。《圣经》以赛亚书具体的描写了上帝将要创造的新天新地将是一个人与万物、人与人、物与物协调相处的美好的物质家园与精神家园。书中具体写道："因为我的子民的日子象树木的日子，我的选民必充分享用他们亲手做工得来的。他们必不陡然劳碌，他们生孩子不再受惊吓，因为他们都是蒙耶和华赐福的后裔，他们的子孙也跟他们一样。那时，他们还未吁求，我就应允，他们还

---

① ［德］M.舍勒：《爱的秩序》，林克译，三联书店香港有限公司1994年版，第137页。

在说话,我便垂听。豺狼必与羔羊在一起吃东西,狮子要象牛一样吃草,蛇必以尘土为食物。在我圣山的各处,它们都必不作恶,也不害物;这是耶和华说的。"①而《圣经》启示录专门对理想的新天新地作了描绘:"我又看见了一个新天新地,因为先前的天地都过去了,海也再没有了。我又看见圣城,新耶路撒冷,从天上由上帝那里降下来,预备好了,好象打扮整齐等候丈夫的新娘。"②这个新天新地真是美妙非凡:城墙是用碧玉造的,城是用纯金造的,从上帝的宝座那里流出一道明亮如水晶的生命河,河的两边有生命树,结十二次果子,树叶可以医治列国⋯⋯总之,这也是一个天地人神和谐相处、美丽富庶的家园。这些叙述,表达了基督教文化和《圣经》神学存在论生态审美观的美学理想:天地神人统一协调、美好和谐的物质家园与精神家园。

综上所述,我们从因道同在之超越美,借道救赎之悲剧美,因信称义之内在美,新天新地之理想美四个层面阐述了基督教神学存在论生态审美观之基本内涵,说明这是一种力主人与万物同样被造、同样存在、同样有价值、同样被救赎,并具有超越性、内在性、理想性与充满自我谴责之原罪感的特殊悲剧美,具有其特定的内涵与不可代替之价值。

三

基督教文化之神学存在论审美观的提出,无疑是在新的社会历史形势下,从崭新的视角对基督教文化和《圣经》的一种新的研

---

①《圣经》新译本,香港天道书楼1993年版,第1016页。
②《圣经》新译本,香港天道书楼1993年版,第1711页。

究,具有重要的意义与价值。

从基督教文化本身来看。我们的这种研究是在新形势下对基督教文化与《圣经》的一种新的阐释。当代阐释学的视界融合理论为我们提供了对所有文化形态在原有文本的基础上,结合新的形势进行新的解读和阐释的理论方法。正是在这个意义上,我们说所有的历史都具有当代的意义与价值。《圣经》从诞生之日起就不断地面对各种阐释,而每种阐释又必然地同时代的背景和历史的状况有关。从文艺复兴至启蒙运动,再到资本主义的工业化和现代社会的发展,各种理性主义和实证主义思潮相继勃兴。在这种情况下,对基督教文化和《圣经》作出"人类中心主义"的阐释是一点也不奇怪的。事实证明,欧洲近代以来对基督教文化起着重大影响的是哲学上的理性宗教观念。反对人性毁于教条,努力使宗教合理化,强调宗教的人本主义性质,强调人的自由意志、人的尊严、人的解放等等人道主义思想。[①] 这种对于基督教文化的人道主义阐释必然会突出其"人类中心主义"的内涵。从这个角度说,怀特对基督教文化"人类中心主义"的批评也不是没有一点根据的。但今天的时代,从20世纪60年代以来即已逐步进入以信息技术为标志的后工业时代,社会发生了巨大的变化。在这样的形势下,我们应该对基督教文化和《圣经》进行新的解读和阐释。当然这种解读和阐释应该以原有的前见,特别是作为原典的《圣经》文本作为基础,不能随意附会。同时,要根据时代与社会的形势做两方面的工作。一方面,是努力发掘原典之中未曾被重视的内涵与视角,例如,本文力图从神学存在论的视角发掘基督教文化和《圣经》特有的生态审美观内涵。另一方面,就是结合时代的需要突出原典之中有关内容的价值和意

[①] 参见尹大贻《基督教哲学》,四川人民出版社1987年版,第221页。

义。本文根据当代生态问题突出的现实，突出了基督教文化与《圣经》之中有关上帝、人类和自然万物之关系的论述，阐释其现实价值和意义。在这一方面，当代许多神学家和宗教哲学家已经作出了自己的努力。例如，前已提到的德国神学家莫尔特曼所提出的"生态的创造论"神学，美国神学理论家大卫·雷·格里芬（Griffin D.R.）提出"生态论的存在观"。① 本文所提出的基督教文化神学存在论生态审美观就是在新时代的形势下，在前人研究的基础上，对基督教文化特别是其原典的一种新的解读与阐释。试图在基督教文化诸多生态观之中提出一种由神学存在论出发的生态审美观。作为对基督教文化多种当代阐释之一，参与到建构新时期基督教文化生态理论的行列之中。

从社会需要的层面来看，我们的研究试图发挥基督教文化在疗治现代社会疾病中的重要作用。众所周知，自 18 世纪工业化以来，人类社会发生了巨大的变化，出现了人的生存状态美化与非美化二律背反之现实情况。一方面，人类的物质生活空前的富裕，生活条件大为改善，人的生存状态走向空前的美化之境。但另一方面，生态环境恶化，战争连续不断，新的疾病蔓延，精神焦虑问题严重等等也越来越迫切地需要解决。这一系列现代社会疾病又极大地威胁到人类，使其生存状态出现空前的非美化倾向。在这种形势下，对当前社会疾病之疗治成为十分迫切的课题。特别是生态危机的严重性正日益迫近人类。人类由其欲求扩张之需要，仍在继续掠夺地球，破坏环境，加重生态灾难。著名当代历史学家阿诺德·汤因比（Arnold Toynbee）将其比作人类

---

① ［美］大卫·雷·格里芬、王成兵译：《后现代精神》，中央编译出版社 1998年版，第 224 页。

所犯的一种弑母之罪。他说，"在 1763—1973 年这 200 多年间，人们获得了征服生物圈的力量，这一点就是史无前例的。在这些使人迷惑的情况下，只有一个判断是确定的。人类，这个大地母亲的孩子，如果继续他的弑母之罪的话，他将是不可能生存下去的。他所面临的惩罚将是人类的自我毁灭"①。对于人类现代社会疾病之疗治需求助于政治、道德、法律等各种手段。但人类确立一种正确的态度却是首要的。因此，不少理论家指出，与其说当代社会面临着经济、社会与生态的危机，还不如说是面临着思想观念的危机，关键是人们的思想观念不正确，不能以正确的态度去处理当代社会经济与未来的发展问题。正是从这个角度，可以说态度决定一切，态度决定了人类的前途命运。那就要借助于文化，特别要借助人类悠久的历史智慧。它们包含在东西方古代优秀的文化传统之中，基督教文化就是极为重要的人类智慧和文化传统。关于当代人类的文化和世界观的缺失，有许多有识之士发表过非常有见识的看法。著名的罗马俱乐部发起人贝切伊（Aurelio Peccei, 1908-1984）指出："一般地说人类增长和人类发展的极限问题，主要是一种文化上的极限。就事实而论，人类正在经历一个巨大的物质扩张阶段，并获得了对于自己栖息地的决定性力量，但人类并不知道自己能在其中安全地启动的星球的负荷能力和人类个人的生物心理能力的极限是什么，然而，不预先承认和估计这些外部极限和内部极限，却正是人类文化发展的一个巨大过失。"②目前许多哲学家和

①［英］阿诺德·汤因比：《人类与大地母亲》，上海人民出版社 1992 年版，第726 页。
②转引自徐崇温《全球问题与"人类困境"》，辽宁人民出版社 1986 年版，第165 页。

神学家都十分关注如何运用基督教文化资源参与纠正当代人类生态态度之缺失。诚如香港中文大学宗教系主任赖品超博士所说:"宗教与生态关怀是有著一种辩证的关系;一方面,对于生态问题的觉醒会导致宗教上的生态转向,例如基督教在思想和实践上 20 世纪 70 年代出现了明显的变化;而另一方面,生态问题也会导引出宗教和灵性上的问题,而这在深度生态学的讨论中尤为明显,可以说生态关怀是有一灵性之向度,而宗教是可以对环保有重大的帮助。"①美国水利专家罗得米克(W. C. Lowdermilk)于 1939 年就水土保持问题发表演说时认为应在《圣经》中增加摩西第十一诫之条文。唐佑之先生也认为,在当前环境遭受生态危机之时应考虑增加第十一条诫命:"不可误用地土。自然环境是属主的,我们应尽管家职分。凡有损自然的必遭拒绝,应该明辨慎思,同时谨慎应用,对大自然有尊重的心,珍惜自然资源。"②本文则从神学存在论的角度概括总结基督教文化之生态审美观。其基本观点是:第一,人类对自己和地球之前途命运应有终结关怀的情怀、强烈的悲剧意识和危机感,包括基督教文化之"原罪论"的自遣意识;第二,要牢固树立《圣经》所论述的人与万物同造、同在、同存、同有价值、相互依存之生态观;第三,最重要的是要超越物欲,确立一种"眷顾大地"的审美态度。

　　从学术的层面看,我们的研究试图对当前的生态理论和美学理论的建设作出些微的贡献。从 20 世纪 60 年代以来,与环境问题的恶化同步,生态理论逐步发展,方兴未艾。人类中心主义、弱人类中心主义、生态中心主义等各种理论层出不穷。本文着重阐

---

①《生态神学》,载《道风基督教文化评论》第 18 期,道风书社 2003 年。
②唐佑之:《教会在后现代的反思》,香港卓越书楼 1993 年版,第 30—40 页。

述基督教文化之神学存在论生态审美观。一方面是因为,本人认为基督教文化是人类优秀文化传统之一,理应很好地研究阐发。同时,本人也认为,生态问题归根结底是人类的生存问题,而且当前十分重要的是应以审美的态度对待自然、社会和人生,获得审美的诗意生存。所以,本人努力倡导生态存在论审美观。而基督教文化之神学存在论特质及其特有的神学美学特性恰是对生态存在论审美观的丰富。而从美学的角度看,我国美学学科从20世纪90年代以来,有关实践美学和后实践美学之争论以后,目前处于停滞状态,同生活与艺术的实际脱离较远。而对神学美学,特别是欧洲中世纪美学的研究又一直十分薄弱。在这种情况下,探索美学、生态与基督教文化的结合应该讲是一种十分有意义的工作。这样做,一方面可以突破美学学科自身的沉寂及其与现实的脱离,使之进入生态问题的关注和对神学美学资源的吸收这种新的领域;同时,也具有在新形势下重新研究神学美学之意义。瑞士神学家巴尔塔萨(Hans Urs Von Balthasar)在20世纪60年代以来,力图同"世俗美学"相区别,"用真正的神学方法从启示自身的宝库中"建立具有当代意义的"神学美学"理论。他指出,基督教创世论中创造出来的存在范围的敞开性和公开性之中包含着审美因素在内的丰富内容,值得人们很好地研究与开拓。他说,"这片敞开的领域一开始就埋藏着丰富的神圣财富,诸如上帝身上的和平、极乐和神化、罪的消除、悄悄在场的天堂,以及真的美用于安慰我们的一切"①。我们的粗浅研究发现,基督教神学美学的确具有同古希腊美学不同的风貌。基督教神学美学是属

---

① [瑞士]巴尔塔萨:《神学美学导论》,三联书店香港有限公司1998年版,第167、24—25页。

于存在论的,而不包含古希腊作为认识论的"模仿论"美学内涵。其次,基督教神学美学的以原罪与救赎为内涵的悲剧色彩,导向人类对苦难的恐惧和深深的自谴之情,同古希腊美学的"和谐"内涵完全不同。总之,基督教神学美学的研究对于建设当代的美学学科具有重要的借鉴意义。

　　而从当代多元文化的交流对话的角度来看,基督教文化之神学存在论生态审美观无疑是一种十分重要的文化资源。当代社会,经济逐步走向一体化,但文化却更加走向多元对话共存。以多民族、多形态的文化智慧来丰富当代人类的精神生活。基督教文化就是这多元文化之重要方面,必将在交流对话中起到特有的作用。从西方文化自身来看,基督教文化之神学存在论生态审美观无疑是对现代西方文化之"人类中心主义"是一种重要的补正。而从中西文化来看,基督教文化之神学存在论不仅同我国古代道家"万物齐一"之存在论思想有共同之处,而其强烈的终结关怀精神和悲剧意识也会对我国文化的当代发展以借鉴。而从古今文化的对话来看,基督教文化生态审美观对超越美之强调,对于当代社会对物欲之过分追求、对金钱之过分崇拜和对技术之过分迷信,都是一种有力的纠正和警示。

人类掠夺自然的残酷记录——从生态维度对小说《白鲸》的重评[①]

《白鲸》(*Moby Dick*)是美国著名小说家梅尔维尔(Herman Melville,1819-1891)的代表作。该书于 1851 年 10 月出版后并没有引起足够的重视,只在作者诞生 100 周年纪念和 1921 年出版第一本传记之时才受到社会的广泛关注和高度评价,被誉为英语言文学的一座丰碑,美国的史诗。[②] 但进入 20 世纪后期,学术界对于《白鲸》的评价又有了一些变化,美国当代著名生态文学批评家劳伦斯·布依尔在《环境想象》一书中指出,"《白鲸》这部小说比起同时代任何作品都更为突出地展现了人类对动物界的暴行"[③]。《纽约时报》曾说,我们文学中一个具有讽刺意味的事情是最伟大的美国小说《白鲸》写的是一种已经在美国彻底消灭了的职业和生活方式。的确,从该书写作的 19 世纪中期工业革命蓬勃发展之时到今天已经进入后工业革命的"生态文明"新时期,

---

①原载《广西民族大学学报》2009 年第 3 期。

②吴富恒等主编:《美国作家论》,山东教育出版社 1999 年版,第 170—193 页。

③王诺:《欧美生态文学》,北京大学出版社 2003 年版,第 164 页。

对于该书的评价必然地会有一个转变。今天的文学评价，无论站在什么立场都应包含生态的维度。如果从生态的维度考虑，对于《白鲸》就应该有一个重新的评价。但这种重新的评价并不等于对于它的全盘否定。因为，任何成功的作品所提供给我们的都是活生生的艺术形象，从形象大于思想的规律着眼，《白鲸》以其特有的审美意象不仅给我们提供了人类残酷掠杀自然的恐怖图景，而且给人类如何正确对待自然以有力的警示。梅尔维尔在新兴国家美国的文化氛围中，打破常规，在《白鲸》中运用特有的现实主义、科学主义与象征主义相结合的创造方法，不仅生动地记录了人类掠杀鲸鱼的残酷过程，而且以其特有的复杂情怀思考了人类与自然的复杂关系，并以其浓郁的悲剧气氛和象征笔触给我们以有力的警示。《白鲸》是一部十分复杂同时也是有其特有价值与意义的文学作品。

一、真实地再现了资本主义前期捕鲸业畸形发展所造成的对鲸鱼等自然资源的残酷掠夺

《白鲸》是以美国捕鲸业为其创作题材的。小说的描写以美国的南塔克特与新贝德福为其陆地基点，以捕鲸船披谷德号为其最重要的海上基地。这些捕鲸业的陆海基地都极为形象地说明了美国资本主义前期蓬勃发展的捕鲸业对当时盛行一时的掠杀鲸鱼等自然资源行为的巨大推动作用。南塔克特是马萨诸塞州科特角以南四十八公里处的岛屿，其捕鲸业于 18 世纪美国独立前夕达于鼎盛，曾为 125 艘捕鲸船的基地。《白鲸》一书描写到："这些出生在沙滩上的南搭克特人到海上讨生活又有什么奇

怪的呢！……并且在所有大洋上一年四季向那经过大洪水存留下来的最最强大的也是最骇人最象大山的生物永久宣战"，"他们瓜分了大西洋、太平洋和印度洋，如同那三个海盗国家瓜分了波兰一样。"也就是说，在那样一个煤气和电力出现之前人们以鲸油为主要照明能源的时代，美国已经与其他资本主义国家为掠夺鲸油而瓜分世界。南塔克特就是其最早的捕鲸业基地。其后，则由新贝德福取代，迅速成为规模巨大的新的捕鲸基地。《白鲸》一书指出，该城市是一座从垃圾堆般的石头上拔地而起的豪华新城，"一块富得流油的土地"，"就在全美国你也找不出比新贝德福的贵族味更足的屋宇，更豪华的公园和私人花园。它们是打哪儿来的呢？它们是如何被安置到这方曾是贫瘠的有如火山熔岩的土地上来的呢？只要到前边那座巍峨的邸宅去瞧瞧它周围树立的当做标记的铁镖枪，你的问题就有了答案。不错，所有这些气象万千的房屋和繁花似锦的园林都来自大西洋、太平洋和印度洋。它们没有一件不是用镖枪射得，从海底拖到岸上这儿来的。"又说，"在新贝德福父亲嫁女儿，陪嫁的是鲸鱼，他们的侄女成婚时，每人得的是几头海豚。只有在新贝德福，你才能见到灯火辉煌的婚礼；因为据说那儿每户人家都有一池池的鲸油，每晚都可以毫不在乎的点着鲸油蜡烛到天明。"由此可见，新贝德福凭借捕鲸业得以发展繁荣的盛况。

书中还具体描写了当时人们不仅对于鲸油有着惊人的需求，而且对于鲸骨、鲸脑、鲸角，乃至鲸鱼特有的龙涎香等都大量需求，捕鲸的巨大利润更是推动其发展的强大动力。甚至城市建设也到处需要鲸鱼。历史告诉我们，在 1861 年人类大量提炼石油之前，照明能源依靠的是鲸油，因此捕鲸业成为那时的支柱产业。美国作为新兴的海洋国家，在捕鲸业中迅速崛起，捕鲸业在当时已经成为美国经济起飞的引擎,帮助一个年轻的国家由被压榨的殖民地迅速变成全球的霸主。美国成为世界上最主要的捕鲸国家,1846 年全世界有 900 艘捕鲸船,美国就有 755 艘;仅 1853 年,美国就捕获了 8000 头鲸鱼,获利 1100 万美元。《白鲸》一书曾将美英在捕鲸方面的规模作了一个比较,"美国佬一天总共宰的鲸比英国人十年总共宰的还要多"。可见美国当时捕鲸业的巨大规模。而且,当时美国的捕鲸业已经成为国家行为,由国家直接介入并绘制鲸鱼洄游的海图。作者在该书的注释中专门说明,他有幸得到 1856 年 4 月 16 日华盛顿气象局的由莫瑞中尉签署的一项官方通告,说明美国国家气象局正在完成绘制一张鲸鱼洄游的海图,"海图将大洋分成经纬度各五度的若干区;每区垂直划分代表十二个月份的十二栏,又有三道横线将每区划分为三小区,最上面的一个小区标明在每区每个月中逗留的天数,另两个小区标明看到抹香鲸或露脊鲸出水的天数"。这里,明确地记录了国家直接介入捕鲸的事实。正是这种大规模的举国体制的捕鲸行动,极大地推动了捕鲸业的迅猛发展。正是在这种情况下,造成了对于鲸鱼的残酷掠杀。《白鲸》告诉我们,大量的捕获与掠杀已经使得鲸鱼再不敢单独行动而选择集群行动。

以上,就是《白鲸》一书所写人类大量捕杀鲸鱼等自然资源的动因,也是该书有关事件发生的背景。

二、真实地再现了捕鲸船 具体掠杀鲸鱼的过程

《白鲸》是一本独具美国特色的文学作品,它不仅是现实主义的文学作品,而且还包括了许多科学的实证内容。比如,该书详

细地向读者介绍了鲸鱼的分类学与各种捕鲸工具的用途,特别是真实地再现了捕鲸船捕鲸、掠鲸、杀鲸与炼油的完整过程。这种实证式的写法在一般小说创作中是很少有的,而且会对作品的文学性形成一定的冲击。确实,有批评家将这种写作方法归结为"粗俗、冗长",甚至有的批评家认为,这是"一锅用罗曼司、哲学、自然史、美文、优美感情和粗俗语言熬成的文字粥"①。但这种方法也真实地再现了事件的详细过程,成为可贵的历史的记录。《白鲸》对于捕鲸过程的详细描写就为我们提供了人类掠杀鲸鱼的真实记录。

在作者的笔下,披谷德号捕鲸船就是一个海上的猎鲸基地、杀鲸屠宰场与熬炼鲸油的工场,其残忍性是触目惊心的。先说捕鲸船是残忍猎鲸的基地。鲸鱼是海洋中一种非常温顺的动物,除了觅食,它一般不会攻击其他生物,其本性是遇到袭击时尽量不反击。通常,鲸鱼都是结队游弋,群体性较强,捕到一条其他不离,捕到幼鲸母鲸不离。因此,对于鲸鱼的猎杀完全是人类功利的需要。而且,这种猎杀极为残酷。我们现在来看看《白鲸》给我们描写的一场完整的猎鲸的过程。该书的第六十一章"斯德布宰了一头鲸鱼",说披谷德号在爪哇岛附近洋面游弋,突然发现了抹香鲸,立即放艇追赶,二副斯德布得以靠近该鲸。先是投出锋利的镖枪,然后通过曳鲸索拉紧鲸鱼,逐步靠近后再投出一支支镖枪。对于被刺中受伤的鲸鱼,书中这样描写道:"此时,血水从这海怪周身各处犹如泻下的山泉一般喷出来。它的受折磨的躯体不是在海水中而是在血水中滚动,这红色的水像开了锅似的沸

---

① [美]梅尔维尔:《白鲸》,成时译,人民文学出版社 2001 年版,"前言"第 2 页。

腾,吐着沫子,伸展在后面有好几里长。"最后,鲸鱼走向死亡。书中写道:"它辗转反侧,喷水孔一抽一抽地时而扩张,时而收缩,发出尖厉的、仿佛有什么东西迸裂似的痛苦的呼吸声。最后,一柱柱凝成块的鲜血直射到空中,像是红葡萄酒的紫色渣滓,然后落下,顺着它的一动不动的两侧流到海中,它的心脏迸裂了!"请看,这是一幅多么残忍的画面啊,血水喷涌,痛苦挣扎,一个活活的生灵就这样在人类利益的追求中被扼杀了! 不仅如此,捕鲸船还不放过幼鲸。《白鲸》描写了该船一次捕获幼鲸的过程,大副斯塔勃克在一次捕鲸中连母鲸与幼鲸一起捕获的情况。书中写道:"他看到鲸鱼太太的长长的一圈圈的脐带,它似乎仍然连结着幼鲸和它的妈妈。在旋风般变化无常的追猎中,脱离了母体的脐带和索子绞到一起,那并不是少有的事。这样一来,幼鲸就被捉住了。"对母鲸和幼鲸的捕获本身就是违背生态规律的。《论语》中就有"钓而不纲,弋不射宿"的保护幼小动物的思想。

《白鲸》还形象地记录了披谷德号掠鲸的过程。该书写道,当一头鲸鱼已经被刺中筋疲力尽之时,人们还要围着它加以掠杀、蹂躏。小说写道:"一支支长矛已经刺进它的鼻子,它的新的伤口不停地迸射出鲜血,而它的头上的天生的喷水孔,只是忽停忽作地向空中喷出受了惊的水雾。""这条鲸鱼在那原来是眼睛的地方鼓出两个什么也看不见的包,看了十分可怜。可是眼下没有什么怜悯心可说。哪怕它上了年纪,只有一条胳膊(一支鳍),双眼已瞎,它还是得死,被乱枪刺死,好让人有油来照亮兴高采烈的婚礼,好让人有灯火去寻欢作乐,好使庄严肃穆的教堂大放光明,来劝戒人人都要彼此无条件地不去伤害对方。这时它还在自己的血泊中翻滚,最后终于部分地坦露出侧腹底下一个形状奇怪、变了色的笆斗大的疙瘩。"这种在鲸鱼已经濒临死亡之时还要对其掠杀使其"在血泊中翻滚"的行径已经不是什么捕鲸,而是地地道道的掠鲸了,完全与包含怜悯之心的"人道主义"背离了。可见,在资本主义"利润第一"的经济追逐中,其所倡导的"博爱"等伦理道德的苍白、伪善。《白鲸》还明确地向我们展示了,为了最大程度地追求经济效益,披谷德号捕鲸船实际上成为一个海上的鲸鱼屠宰场和鲸油的加工厂。当然,首先是鲸鱼的屠宰场。在该书的第六十七章,写道鲸鱼捕获后处理鲸鱼的情形,"那是个星期六晚上,而第二天是这样一个安息日! 所有捕鲸人本来就是违背安息日规矩的大师。这镶牙骨的披谷德号变成了一片屠场,每一个水手变成了一个屠夫。你会以为我们是在给各位海神上一万头血淋淋的公牛的供。"其实,这哪里是给海神上供,而完全是为了高额利润的追求。接着,书中给我们具体地描写了屠宰鲸鱼的整个过程。包括对于死鲸的分割、割膘、掏鲸脑窝、挖龙涎香以及最后对于整个剩余鲸鱼部分的抛弃等等,十分具体详尽。

接着是对鲸油的提炼,《白鲸》的第九十六章就是写的"炼油间":"从外表上识别一条美国捕鲸船标识,除了它的吊起的小艇之外,便是它的炼油间了。炼油间是最最坚固的砖石建筑,放在由橡木和大麻造成的船上,形成了全船的一个不协调的怪异部分。它像是从野外搬到了船上的一座砖窑","到了夜半时分,炼油间已是开足了马力在炼油了。我们已经远离鲸尸,已经扯起风帆;一阵阵好风令人神清气爽,茫茫大洋上一片漆黑。可是这黑暗却被熊熊火光吞没了,它时不时地从充满煤烟的通道中蹿出来。"炼油过后就是装桶,当整个捕鲸船都装满了鲸油桶,便满载而归,获得高赢利。诚如书中所说:"捕鲸人出海去猎鲸,为的是可以有保障地得到新鲜地道的鲸油,有如旅人在大草原上打猎,为的是晚餐可以有自己的猎物充饥。"

猎鲸基地、屠宰场与炼油间,这就是《白鲸》对于捕鲸船的形象描写,使之成为与海洋以及海洋生物敌对的前哨阵地。

三、真实地再现了特定时代捕鲸人 疯狂与鲸鱼为敌的行动与心理

《白鲸》的中心线索是以埃哈博为代表的捕鲸人与白鲸莫比·狄克之间的不共戴天的矛盾斗争,最后以人鲸双亡作结。小说告诉我们,捕鲸人选择捕鲸这种危险的职业,其除了好奇心与探险等原因外,主要是出于经济上获取利润的目的。当时的美国捕鲸业采取了将捕鲸人利益与捕鲸效益挂钩的份额制的分配制度,对此,《白鲸》第十六章作了比较详细的描写。它借叙述人以实玛利的口说道:"我已经知道,干捕鲸这一行,东家是不付工资的;不过所有人手,包括船长在内,每人都可以从获利中拿到一份钱,叫做份子。这份子的多少要看自己在全船人中间干的什么活儿,它有多重要。我也知道自己在捕鲸这一行中是个新手,我的份子不会很大;……也就是这次出海挣的钱的二百七十五分之一。"这样的分配制度就必然导致捕鲸越多越获利的结果,使得捕鲸人拼命地去捕鲸。

《白鲸》对于捕鲸人与鲸鱼关系的表现没有停留在简单的经济的层面,而是深入人与自然关系的层面。捕鲸人参与捕鲸不仅是为了牟利,而是在那特定的工业革命时代,人类与自然对抗,力图战胜自然,甚至与自然为敌的行为与心理。这集中反映在披谷德号捕鲸船船长埃哈博身上。据书中介绍,埃哈博是借用了《圣经·旧约·列王记上》中遭到上帝惩罚的以色列国王的名字。他是一个孤儿,其寡母在他生下后一年便去世。他是在海上历经了

40多年捕鲸生涯的捕鲸人,生活在波涛汹涌的大海之上。40年中在岸上生活不到3年,直到50多岁才迎娶了一位年轻的姑娘做妻子;他勇敢坚定,是远近闻名的捕鲸人,曾因与莫比·狄克搏斗而失去了一条腿,但仍然奋战在捕鲸的第一线。这样一位船长使披谷德号捕鲸船具有了几分神秘色彩,但他迟至小说的中间才出场,却又是未见其人,已闻其声。叙述人以实玛利一到船上就听到船东之一法勒对于埃哈博的介绍:"埃哈博不是平常人,埃哈博念过不止一家大学堂,也在食人生番中待过,比海浪更深奥的希罕事儿他常见,他那支烈火般的长矛投中过比鲸鱼更威猛、更奇怪的敌人。他的长矛呀,在咱们全岛上数它最锋利,百发百中!啊,他可不是比勒达船长;他也不是法勒船长;他是埃哈博,伙计,古时的埃哈博,你知道,那是戴上王冠的国王啊!""而且是个心狠手辣的国王。"这里,已经将埃哈博非凡的、心狠手辣的捕鲸人首领的地位与性格作了基本的刻画。直到小说的第二十八章,披谷德号已经离开南塔克特航行了好几天,埃哈博才首次露面。他的露面先是通过各种专横的命令使人感觉到他的存在。小说写道,船上的一、二、三副"从房舱出来时,发出的命令是如此的突如其来,如此专横,叫人不能不感到:他们分明不过是代人传令。不错,他们的最高主子和独裁者就在那儿,虽然在不准进入房舱去一窥那神圣隐秘场所的人中至今还没有谁见过他"。接着才是他的正式出场,在一个灰蒙蒙的早晨,叙述者以实玛利在甲板上看到了巍然屹立的埃哈博。"他活象一个从火刑柱上放下来的人,火焰虽说烧伤了所有的四肢,却没有毁了他,也丝毫没有影响它们的久经风霜的结实程度。他的整个高大魁伟的形象像是用实实在在的青铜在一个无可更改的模子里铸成,犹如切利尼雕刻的'帕尔修斯'像,从他的花白头发里舒出来一条细长棍子般的青白色的印痕，它自上而下穿过他的干枯的茶色的半边脸和脖子，最后消失在衣服之中。"这段出场是非同寻常的。首先，作者将埃哈博描写成为了真理而受火刑，但又不妥协的殉道者；同时，作者又将他描写成希腊神话中的英雄帕尔修斯。帕尔修斯是希腊神话中的英雄，是阿尔戈斯公主达那埃与宙斯之子，他杀死了海怪美杜萨，成为梯林斯国王，最后升天为英雄座，代表了勇敢、正义与坚持。这就说明，在作者眼中，埃哈博是帕尔修斯式的杀死海怪莫比·狄克的英雄，是一个不畏惧任何困难的殉道者。这已经为主要人物埃哈博奠定了誓与白鲸莫比·狄克决一死战的基调。在捕鲸船深入鲸鱼集中地之时，埃哈博以临战的姿态召集全船的人员集合，实际上是一种与白鲸决一死战的誓师大会。小说第三十六章写道，埃哈博猛地停下来叫道：

"你们大家见到了一头鲸鱼，你们怎么办？"

"招呼大家去逮它！"约莫有二十个人的怪声怪气的做出了这种冲动性的反应。

"好！"埃哈博叫道，他看到自己的突如其来的问题居然如此有吸引力地激起了他们由衷的兴奋，口气中不禁大为赞许。

"那么下一步怎么办，伙计们？"

"放下小艇去追它！"

"那时候你们是个什么劲头，伙计们？"

"不是鲸死就是艇亡！"

这里已经点出了"不是鲸死就是艇亡"的誓言，但埃哈博并没有罢休，而是进一步将矛头指向了他的真正的死敌——白鲸莫比·狄克。他说：

"我的全船的伙计们；打断我的这根桅杆的是莫比·狄

克；莫比·狄克害的我如今站在这里，一条腿只剩下一截断头。对，对！"他一声呜咽，可怕而又响亮，像是一只被打中了心脏的大角鹿发出的，"对，对！是那头该死的白鲸废了我，让我从此永远变成了一个可怜的装假腿的水手！"然后他双臂往外一摔，用无限怨毒的口气喊道，"对，对！我要追它到好望角，到霍恩角，到挪威的大旋涡，不追到地狱之火跟前我绝不罢休。伙计们，这就是雇你们上船来要干的活儿！在东西两个大洋中追猎那头白鲸，在地球的四面八方追猎它，直到它喷出黑血来，直到它的尾巴摆平为止。伙计们，你们有什么说的，你们愿意从今以后一起动手干吗？我看你们都像是好样儿的。"

"对，对！"镖枪手和水手们喊道，他们走得离这个处于亢奋状态中的老头儿更近了。"睁大眼睛留神那白鲸，握紧镖枪对准莫比·狄克！"

到此，以埃哈博为代表的披谷德号捕鲸人此次出海的目的已经十分明确地聚焦到一个目标：与白鲸莫比·狄克决一死战！其深层的原因除了经济利益之外，已经包含人类与自然为敌与报仇雪恨这样的缘由，从而使《白鲸》的主题进一步明确，也让我们深思人类与自然的最根本的关系到底是什么？从决定了以捕杀莫比·狄克为最终的目标之后，尽管披谷德号已经捕获几头鲸鱼，炼到足够的鲸油，完全可以返航了，但埃哈博就是不罢休，仍然在大洋上游弋，等待捕捉莫比·狄克。故事情节的转折发生在披谷德号航行到日本海的一个雷雨大作、台风肆虐的晚上，当东风刮起之时，这时如果顺风航行，披谷德号就会顺利返航回到南塔克特，而逆风航行则会走向死亡。书中说，"朝上风头走，前途是一片黑暗，而顺着风走呢，是回家的路。"这时，一直力主与自然和解的大副斯塔勃克向埃哈博说道："老伙计，你要克制啊！这次航行主凶哟！开头不吉利，一路不吉利。趁现在还办得到，让我们把帆调整过来，老伙计，顺着风儿返航吧，以后再来一次，会比这次吉利。"但埃哈博断然否决了大副的意见，几乎是采取暴力措施强迫船只逆风而行，走上了毁灭之路。在《白鲸》一百一十九章的最后写道：

> 可是埃哈博把那丁当乱响的避雷针的环链往甲板上一扔，捡起那燃烧着的镖枪，把它当火把似的在水手们中间挥舞；发誓说那个水手首先解开了一根索子上的结，他就用镖枪搠他一个窟窿。大伙儿给他那副神气吓愣了，他手里拿的火热的枪更使他们后退不迭；大家垂头丧气地缩回去了。于是埃哈博又说道：

> "你们都发过誓要追捕白鲸，这誓言和我的誓言都是有约束力的。我老埃哈博，我的心，我的灵魂，我的肉体，我的五脏六腑和我的生命都受它的约束，为了让你们知道我这颗心为什么而跳动，我现在吹灭这最后的恐惧！"他鼓足了气一下就吹灭了那火焰。

此后，披谷德号直接朝着抹香鲸经常群居游弋的日本海继续航行，寻找莫比·狄克。在终于遭遇后，连续与莫比·狄克死战了三天。第一、二两天都是人鱼同时受伤；到了决战的第三天中，双方都是拼尽全力，形势非常险恶，埃哈博让其他人全部上船，他亲自率艇搏斗，尽管给了莫比·狄克致命打击，但最后关头大鲸也将披谷德号掀翻，全船在滔滔海水覆没，埃哈博也被曳鲸索缠绕拖入海中，葬身海底。最后落得人鱼双亡，只剩下叙述人以实玛利凭借棺材改成的救生器而得以逃生。

在这出人鱼双亡的悲剧之中，作者虽然有着某些游移，但总的倾向还是明显的,那就是对于以埃哈博为代表的捕鲸人的歌颂,对莫比·狄克这头巨鲸的否定。《白鲸》对埃哈博的歌颂之处很多,现在我们只举该书第四十四章写到埃哈博为实现捕获莫比·狄克而寝食不安时有这样一段描写:

> 上帝保佑你,老人家,你的欲念已经在你身体中创造了另一个生物,于是这个有着炽烈的欲念的人使自己成了一个普罗米修斯;一只兀鹰永远啄食着他的心,这兀鹰正是他自己所创造的那个生物。

相反,作者却将白鲸莫比·狄克神秘化的同时将其进一步妖魔化,该书不仅描写了捕鲸人将莫比·狄克看作是"无所不在,长生不死"神怪之物,而且将其描写成"恶毒力量的偏执狂的化身"。该书在第四十一章写道:

> 然而使这头鲸鱼生来令人望而生畏的主要不是它的异乎寻常的伟岸的身躯,也不是它的令人瞩目的颜色,也不是它的伤残的下巴,而是它在攻击猎捕人一而再地表现出来的无与伦比的又乖巧又歹毒的心计,这是有确切的案例可查的。尤为可恨的则是它的那种艰险的退却,这种退却比起一些其他动作来也许更令人为之丧胆。因为,在它的得意洋洋的追捕者面前泅过时,它装出一副担惊受怕的模样,可是人家说就在这时,它有好多次突然掉过头来,扑向追捕人,不是把他们的小艇打得粉碎,便是赶得他们气愤难消地逃回到船上。

这里,我们可以看到作者鲜明的态度:一方面将捕鲸人埃哈博蓄意与鲸鱼为敌,到处搜寻,必欲捕杀而后快的行为看作是偷火给人类的天神与英雄普罗米修斯,另一方面则将温顺的被动受敌的鲸鱼看作具有"歹毒心计"的"恶毒力量"的化身。很显然,小说《白鲸》的主题与思想倾向是对以埃哈博为代表的捕鲸人与掠鲸行为的歌颂,对以莫比·狄克为代表的所谓"罪恶化"的自然力量的鞭挞。该书着力塑造的英雄人物是代表美国海洋拓荒精神的捕鲸奇人埃哈博。

四、真实地再现了导致捕鲸业疯狂发展的西方特别是美国的捕鲸文化

捕鲸业的发展与特殊的捕鲸人的形成以及对于鲸鱼等海洋生物的疯狂掠杀,都是有着一定的文化支撑的。这就是《白鲸》产生之时美国的特殊的捕鲸文化,如果说《白鲸》的可贵之处在于向我们提供了一个惊心动魄的捕鲸故事的话,倒不如说让我们从中体认到特殊时代的特殊的捕鲸文化。人鲸相战的故事情节尽管生动曲折扣人心弦,但毕竟是表层的东西,甚至已经成为历史的尘烟。但文化却是更深层的内容,不仅向我们揭示了事件的动因,而且会给我们今天进一步思考人与自然的关系以深深的启示。

《白鲸》告诉我们,美国18—19世纪捕鲸业的空前发展首先是一种美国特殊的拓荒文化推动的结果。众所周知,美国是一个移民国家,也是一个殖民国家。欧洲移民到达美州之后,不仅要驱赶土著居民进行殖民统治,而且要开拓疆域,发展实业。梅尔维尔的时代正是美国从俄亥俄山谷向太平洋迅速推进的时代,同时也是一个继续向海洋拓展的时代,是一个与老牌帝国主义争夺殖民地的时代。这种拓荒文化造就了人向自然开战索取的精神。其优点是发扬了一种艰苦奋斗的精神,勇往直前的精神,而其问

题则是只看成果而不计后果，并且是无尽地向自然索取。以埃哈博为代表的捕鲸人就具备这种拓荒的精神。《白鲸》的第二十四章"为捕鲸辩"就是这种美国式拓荒精神的体现。该章主要针对某些批评捕鲸业"多余""污秽"以及"恐怖"等等说法，作者进行批驳。在他看来，捕鲸不仅有着明显的经济效益，"因为在全球燃点的所有小蜡烛和灯盏，与燃点在许多圣殿前的巨蜡一样都得归功于我们"。而且，更为重要的是捕鲸业开拓了疆界，使资本主义可以获得更多的殖民地。小说告诉我们：

> 许多年来，捕鲸船成为搜寻出地球最僻远最不为人知的部分的先锋。它探测了没有画成地图，连库克或温哥华也不曾航行过的海洋和群岛。如果说美国和欧洲的战舰可以平安地驶进一度是蛮荒的港口，那么它们应该向原来为它们指明了道路并最先为它们和那些蛮子作了沟通的捕鲸船致敬。

> 澳大利亚等于是地球那一边的伟大美国，它是由捕鲸人交付给文明世界的。它在被荷兰人歪打正着的发现以后，除了捕鲸船到此停留之外，所有其他船只都把它看做疫病流行的蛮荒之地而长久躲着它。捕鲸船乃是这块如今了不起的殖民地的真正的母亲。

《白鲸》第八十九章"有主的鱼与无主的鱼"主要讨论在茫茫大海之中鲸鱼的财产所有权的问题，是以谁对鲸鱼进行了有效的控制为标准。但作者由此生发出殖民地的开拓这样的问题。书中说道：

> 美洲在 1492 年不是一头无主鲸又是什么？当时哥伦布打出了西班牙的国旗，为他的国王和娘娘在美洲插上浮标，表明它已经有主。波兰在沙皇眼中又是什么？希腊之于土耳其又是什么？印度之于英国呢？墨西哥对美国来说最终

将是什么？全都是些无主鲸。

作者甚至说道，"这整个茫茫地球岂不是一头无主鲸？"这样一种开拓、占有、殖民、统治的"拓荒文化"，正是埃哈博等捕鲸人要尽力捕获到莫比·狄克，将其臣服，使其成为他们的"有主鲸"的非常重要的动因。其拓荒文化的名言即"宁可丧生，也不苟活"。对此，第二十三章有一段重要的叙述语言：

> 然而无边无岸，如上帝一般的最高真理仅仅存在于一片汪洋之中，因此宁可在狂风怒号的大海中丧生，也不愿被奴役，到背风处觍颜苟活，即令那便是平安也罢！因为谁愿意如蚂蚁般畏畏缩缩地爬到陆地上去！

《白鲸》给我们提供的另外一种捕鲸文化就是当时美国式的基督教文化。《白鲸》第七、八、九三章就是介绍这种美国式的与捕鲸密切相关的基督教文化。为了捕鲸人的心灵慰藉，专门在新贝德福建造了一个捕鲸人教堂。这个教堂的奇特之处在于其施教的讲堂建造的与捕鲸船的桅楼相像，而扶梯与船上的绳梯差不多，讲堂后面墙上的壁画也是正在破浪前进的大船。教堂承担着与捕鲸的精神慰藉有关的所有职责。首先是教堂的墙上贴满了捕鲸失事者的石碑，寄托着亲人的哀思。再就是牧师布道讲的是与捕鲸有关的内容。先是运用圣歌来抚慰捕鲸人，牧师唱道：

> 鲸鱼的骨架和威力，罩我在令人心悸的阴影里，阳光下上帝的波涛翻卷而去，将我留在末日的谷底。
>
> 我见到地狱张开血盆大口，那里有说不尽的痛苦辛酸；
>
> 只有亲身感受到的人才能道出——
>
> 啊，我陷入了绝望的深渊。
>
> 大祸临头，我呼唤我的上帝，这时我几乎不信他会将我

> 庇佑，可他俯耳倾听我的哀诉……
>
> 鲸鱼只得就此罢休。
>
> ……

显然，在这里，牧师是企图用圣歌来抚慰捕鲸人，让他们相信自己会得到上帝的保佑。尽管大海波涛汹涌，鲸鱼展开血盆大口，捕鲸人大祸临头，但万能的上帝却倾听捕鲸人的哀诉，鲸鱼也只好罢休。牧师在讲经的过程中，结合捕鲸人的实际进一步为其进行精神的抚慰。先是通过《旧约·约拿书》先知约拿的故事来进行说教和启示。先知约拿违背上帝，但却试图逃脱，被上帝让大鲸将其吞食，但他却在鱼腹中诚心悔罪而得到赦免。更为重要的是牧师在讲经中宣扬了一种强者的哲学，实际上包含了美国的"拓荒精神"的内涵。牧师说道：

> 可是，船友们呀，每一灾祸的背面必有一种幸福，而幸福之高超过灾祸之深。难道桅杆之高不是有过于内龙骨之深吗？谁能挺身而出，吾行吾素，而与现世的傲岸的诸神和首领对立，谁就有直薄云天而又出自内心的幸福。谁在这卑鄙险诈的世界之船在其脚下沉没时还能用自己的强壮的臂膀支撑自己，谁就会有幸福。

这里，牧师在布教中所言"幸福之高超过灾祸之深"就是鼓励捕鲸人不怕灾祸追求幸福，是一种美国式的基督教箴言。

在当时的捕鲸文化中，最为有力的应该是"人类中心主义"。这是工业革命时期最为流行的观念，也是当时人类对待自然的态度的基本依据。这种"人类中心主义"最根本的内涵就是"人类为大，无所不能，必胜万物"。这样的思想在《白鲸》中的体现就是：人优越于鲸鱼及万物，而且人定胜鲸，并且在精神上也会取得胜利。第九十九章"且说金币"写道，埃哈博曾说谁先发现白鲸谁就

得到金币,就在与白鲸生死搏斗的关键时刻,埃哈博又盯着那金币图案中的景色之时,书中插进了这样一段话:

> 山巅、高峰以及其他崇高壮丽的事物总有某些以自我为中心的意识在内;瞧这三个高峰犹如魔王一般高傲。这坚实的高塔,那是埃哈博;这只勇敢无畏、一副得胜者神气的公鸡,那也是埃哈博;这些都是埃哈博;而这圆圆的金币乃是更圆的地球的形象,它像一个魔术师手里的镜子,轮流照出每个人的神秘的自我。

这一段插白,明确说出了自然景色都是以人为中心的理论,无论是坚实的山峰、神气的公鸡,还是圆圆的地球,都映照出神秘的自我,这个自我就是埃哈博,它成为万物之"自我"也就是"中心"。其实,前面说到的"拓荒文化"与美国式的捕鲸人基督教文化,在很大程度上也是一种"人类中心主义",是为人类掠杀鲸鱼提供精神支撑的。将梅尔维尔的《白鲸》与其同时代的梭罗在《瓦尔登湖》中提出的"人类应该与自然为友"的思想相比,梅尔维尔虽是与工业革命时代同步的,但随着历史的发展,他所宣扬的"人类中心主义"及其有关的捕鲸文化却被证明是错误的。

五、通过现实主义与象征主义相结合的艺术手法所营造的悲剧气氛给人类发出强烈的警示

梅尔维尔通过现实主义与象征主义相结合的艺术手法在《白鲸》中给我们描写了人鲸俱亡的悲剧场景,给人类以强烈的警示。首先,他巧妙地运用了现实主义的写作手法,真实地记录了最后三天人鱼相斗并走向双亡的悲剧场景。他基本上是一天一天地

如实记述。第一天,发现鲸鱼并与之展开搏斗,结果是埃哈博的小艇被莫比·狄克咬断,埃哈博落水被救;第二天,出现少有的鲸跳,也就是鲸鱼从海底最深处以最快的速度跃出海面,产生翻江倒海式的波涛,导致两船相撞并毁坏,埃哈博的小艇也被折断,他的假腿折断;第三天是最后的决战,造成人鱼双亡的悲惨结局。小说写道:

> 大船的侧影消失在仙女摩根式的海市蜃楼之中,只剩下桅杆的顶尖在海面上。那几个异教徒镖枪手,不知出于恋恋不舍的感情,还是忠于职守或命运使然,依然守着沉下海去的曾是高耸在空中的了望哨。最后,那只孤零零的小艇连同所有它的水手,每一支漂着的桨,每一根长矛杆,都像陀螺似的打起转来,活的死的,全都转成一个涡流,把披谷德号的最小碎木片也卷了进去,不见了。

梅尔维尔除了运用现实主义主义的艺术手法之外,还较好地运用了象征主义的艺术手法。首先是隐喻的手法。《白鲸》在人名上运用了隐喻:叙述人以实玛利,借用了《旧约·创世纪》中被逐出家门的以实玛利遭遇坎坷受社会不公正待遇之意;主人公埃哈博借用《旧约·列王纪上》中以色列王埃哈博背叛上帝而被降临灾祸之意;船名"披谷德号",是借用马萨诸塞地方一个已经灭绝无存的印第安部落的名称。地名上也包含许多寓意,例如,南塔克特捕鲸人用餐的"油锅客栈"、客栈门前立着的绞架式的旧中桅,以及附近的掌柜姓"考芬"(棺材)的客店等等,都是包含某种悲剧的寓意。其他方面的隐喻,在《白鲸》中几乎比比皆是。例如,第一百二十六章所写前桅杆了望者的突然落水,救生器的丧失以及用棺材代替救生器等等,都被"看做已经预见到的一件坏事的应验",从而带有隐喻的性质。其他,诸如在大海上与拉谢号以及双喜号的相遇，也带有隐喻的性质。因为所谓"双谢"乃是运用《旧约·耶利米书》雅谷妻子拉谢对丧失的子女的啼哭，而双喜号为与莫比·狄克搏斗中遇难的五位水手的海葬，都是不祥的预兆。

作品还使用了一些预言。这些预言也带有某种神秘色彩，起到营造某种悲剧气氛的作用。第九十九章黑人水手比普在落海疯癫后对于埃哈博说了一段预言：

> 哈，哈！埃哈博老头呀！白鲸，它要把你钉在那儿！这是棵松树。我的父亲从前在托兰乡下砍翻了一棵松树，一看那里面有一只银戒指；那是一个黑人老头儿的结婚戒指。它怎么会在那里的呢？有一天，人家捞起这支旧桅杆，见到桅杆上钉着的金币，桅杆皮外面长着一层毛，裹着一些牡蛎。他们在复活过来以后也会这样问。啊，这金子！这么么贵重的金子啊！

这显然是预言着披谷德号终被颠覆的悲剧结局。

第一百零五章"它将趋于灭亡吗?"对于鲸鱼将因过度捕捞而走向绝灭的问题做出了预言：

> 鲸鱼是否经受得住如此无所不至的追猎，如此绝情的摧残；它们是否最终会受到种族灭绝的荼毒而从此在海洋中绝迹；最后一头鲸鱼是否会像最后一个人一样，抽完最后一口烟，然后他自身也随着最后一阵轻烟消失得无影无踪。

这种有关过度捕捞导致物种绝灭的议论的确是具有警示价值的重要预言。《白鲸》还运用了象征的手法。第一百一十九章所写雷电中桅杆上燃起的三支巨大的火焰，就是死者祭礼的象征，营造出浓浓的悲剧色彩。小说写道：

> 所有那些帆桁的臂尖上都闪着青白的火光，每一根避雷

针尖端的三股也冒着三道尖细的白焰；三支高高的桅杆支支都在那充满了硫磺的空气中静静地燃烧，像点在祭坛前的三支巨大的蜡烛。

而末尾所写的兀鹰被沉没的披谷德号信号旗卷进大海的描写，也为人鱼俱亡的结局增添了具有神话色彩的最后一笔。

最为重要的是，《白鲸》运用的这些现实主义与象征主义的艺术手法都是为了营造整个作品的悲剧基调。《白鲸》最大的贡献就是通过捕鲸人埃哈博与白鲸莫比·狄克的殊死的悲剧冲突以及人鱼双亡的悲剧结局，向人类昭示了人对自然的掠杀最后必然导致双毁的悲剧结果。应该说，《白鲸》还是运用了传统的悲剧理念。诚如黑格尔所说，"这就是说，通过这种冲突，永恒的正义利用悲剧的人物及其目的来显示出他们的个别特殊性（片面性）破坏了伦理的实体和统一的平静状态；随着这种个别特殊性的毁灭，永恒正义就把伦理的实体和统一恢复过来了"①。《白鲸》塑造了埃哈博与莫比·狄克两个特殊的形象，埃哈博代表着人类对于自然的掠取与复仇，而莫比·狄克则通过拟人化的描写代表了自然对于人类的惩罚。这两种各有其道理而又片面的伦理观念，在殊死冲突中最后以双亡告终。但这揭示给人类的却是一种更具永恒性的理念，那就是人与自然的和解，只有和解才能共存。这也许是作者没有明确意识到的，但艺术形象及其营造的浓重的悲剧气氛却给了我们这样的启发。并且，披谷德号唯一的清醒者大副斯塔勃克也向我们诉说了这样的观念。就在埃哈博追猎白鲸第三天的最后关头，他向埃哈博说道："就是此刻，为时也还不

① ［德］黑格尔：《美学》第3卷下，朱光潜译，商务印书馆1981年版，第287页。

算太晚,这是第三天啦,罢手吧。你瞧莫比·狄克没有找你一决输赢。是你,你在发疯式的找它算帐!"但埃哈博却拒绝了这种和解的要求,最后走向双亡。小说的最后写道:

> 如今小小的水鸟在这依然张着大口的海湾之上叫嚣飞翔;一个怨怨不平的白浪一头撞在它的峭壁上,终于大败而归。那片大得无边无际的尸布似的海洋依然像它在五千年前那样滚滚向前。

一场人鱼之间的激烈争斗终于化作烟尘,只有无边的大海仍然滚滚向前。小说以其特有的形象的力量告诉我们,只有人与自然的和解才真正符合宇宙的规律。这就是《白鲸》的艺术形象所提供给我们的启示,正是作品的最大贡献所在。

梭罗所给予我们的真理的启示：
人类要永远与自然友好为邻

亨利·梭罗(Henry David Thoreau, 1817—1868)，美国著名的生态理论和生态文学的先驱，他的作品《瓦尔登湖》成为现代生态哲学、生态伦理学与生态文学的启示式的作品。梭罗也成为"浪漫主义时代最伟大的生态作家"。

梭罗的经历十分简单，他就学于哈佛大学，毕业后在家乡的中学执教两年，然后又为著名作家爱默生当门生与助手。从1845年3月到1847年5月，他拿着借来的一把斧子走进家乡的瓦尔登湖，借助最简单的劳动独立生活了26个月，思考人生，感悟自然，总结哲理，写出不同凡响的交织着散文、哲理与科学观察的《瓦尔登湖》。该书于1854年出版后，取得很大反响。1862年，梭罗因肺病辞世，终年44岁。

《瓦尔登湖》是一部不同凡响的奇书。在19世纪中期，工业革命如火如荼进行之际，在人们都沉浸在物质的狂欢之中时，梭罗却独具慧眼，预见了工业革命所造成的破坏自然的灾难，洞察了人与自然的本真关系，倡导一种简洁原始的、以自然为友的生活。他以其独特的哲人的玄思、诗人的敏感、博爱的情怀、细腻的笔触体验自然、对话自然，留下一系列千古名言，警示后代，造福人类。著名的美国生态批评家劳伦斯·布依尔是梭罗的研究专家,写过多篇研究论著,多有创获。我们根据自己的体会将梭罗在《瓦尔登湖》中所给予我们的真理的启示概括为:人类要永远与自然友好为邻。

第一,倡导一种尊重自然、爱惜自然的简洁健康的生活方式。

梭罗的时代还是美国资本主义工业化的高潮时期,人们对物欲的追求不断发展,追求金钱富裕,向往城市,向往文明,成为一种时尚和趋势。梭罗毕业于名校哈佛大学,也有追求物欲的条件,但他恰恰相反,放弃了这一切,毅然手持一柄斧头,走进茫茫的瓦尔登湖区,伐木建屋,开荒种地,泛舟钓鱼。他说:

> 我工作的地点是一个怡悦的山侧,满山松树,穿过松林我望见了湖水,还望见林中一块小小空地,小松树和山核桃树丛生着。①

他之所以这样做,是出于对当时物欲横流的生活的一种反抗,从而选择一种原始素朴、爱惜自然、健康简洁的生活。他还说:

> 虽然生活在外表的文明中,我们若能过一过原始性的、新开辟的垦区生活还是有益处的。

梭罗认为,在物欲膨胀、金钱拜物潮流之中,人类"生病"了。他试图通过这种原始的本真的生活来疗救人类:

> 所以,如果我们要真的用印第安式的、植物的、磁力的或自然的方式来恢复人类,首先让我们简单而安宁,如同大自然一样,逐去我们眉头上垂挂的乌云,在我们的精髓中注入一点儿小小的生命。

---

① [美]梭罗:《瓦尔登湖》,徐迟译,上海译文出版社 2004 年版,第 36 页。本篇以下凡引《瓦尔登湖》内容,均据此书,不另注明。

他的简单的生活究竟是什么样的生活呢? 那就是仅凭一把刀、一柄斧子、一把铲子、一辆手推车和辛劳的双手,每年只需工作六个星期,就足够支付一切生活的开销,其余的大部分时间全都用来读书和体验自然。梭罗认为:

> 大部分的奢侈品,大部分的所谓生活的舒适,非但没有必要,而且对人类进步大有妨碍。所以关于奢侈与舒适,最明智的人生活得甚至比穷人更加简单和朴素。

而且,非常可贵的是,在那样一个以钱财为生活目标的社会中,梭罗放弃任何私有财产。他热爱美丽的田园风光,但却不想购买田园作为自己的私有财产,而是将美丽的田园作为公有财产,与众人一样去游览忘返。他说:

> 执迷于一座田园,和关在县政府的监狱中,简直没有分别。

这样的思想境界在当时可谓是超凡脱俗的。

第二,以自然为邻,以自然为友,体验自然,对话自然。

梭罗《瓦尔登湖》的主要篇章是细腻地描写自己 26 个月中在瓦尔登湖湖畔、在他的独特的木屋中与大自然为邻、与大自然对话,直接体验大自然的种种深邃的感悟。首先道出了他对大自然的热爱,与自然为邻、为友的情怀。他在书中大量地写了他的各种邻居。他在回答古代圣哲的话时说过:

> 寒舍却并不如此,因为我发现我自己突然跟鸟雀做起邻居来了。

他还写了其他的邻居:鼹鼠、草木、麋鹿和熊等等。当然,在他看来,瓦尔登湖是他最重要的邻居。他生活在瓦尔登湖畔,生于斯,养于斯,对瓦尔登湖充满了深情。他说:

> 八月里,在轻柔的斜风细雨暂停的时候,这小小的湖就

做我的邻居,最为珍贵。

他以饱沾情感的笔触对瓦尔登湖做了深情的描绘。梭罗这样说过:

> 就是在那时候,它已经又涨,又落,澄清了它的水,还染上了现在它所有的色泽,还专有了这一片天空,成了世界上唯一的一个瓦尔登湖,它是天上露珠的蒸馏器。谁知道,在多少篇再没人记得的民族诗篇中,这个湖曾被誉为喀斯泰里亚之泉?在黄金时代里,有多少山林水泽的精灵曾在这里居住?这是在康科德的冠冕上的第一滴水明珠。

> 它是大地的眼睛,望着它的人可以测出他自己天性的深浅。

他以大自然为母体,接受大自然无私的馈赠,因而怀着一颗感谢大自然的心。

> 到秋天里就挂起了大大的漂亮的野樱桃,一球球地垂下,像朝四面射去的光芒。它们并不好吃,但为了感谢大自然的缘故,我尝了尝它们。

梭罗正是怀着这样一颗感恩的心、友善的心、平等之心来真正地体验自然、对话自然。他在静静的黄昏和夜晚,侧耳倾听大自然的各种声音,并将这些声音看作美妙无比,人间未有的"天籁"。他以细腻的听觉和情感分辨各种声音,享受这美妙无比的音乐。他在描写夜莺的啼叫时提到:

> 有时,我听到四五只,在林中的不同地点唱起来,音调的先后偶然地相差一小节,它们跟我实在靠近,我还听得到每个音后面的咂舌之声,时常还听到一种独特的嗡嗡的声音,像一只苍蝇投入了蜘蛛网,只是那声音较响。

他甚至能够分辨出夜莺鸣叫的含义:

呕——呵——呵——呵——呵——我 要 从 没——没——没——生——嗯！湖的这一边，一只夜鹰这样叹息，在焦灼的失望中盘旋着，最后停落在另一棵灰黑色的橡树上。

梭罗已经成为能辨鸟语的自然之友了，诚如他自己所言，"我突然感觉到能跟大自然做伴是如此甜蜜如此受惠"。总之，梭罗完全将自己融入了自然，将自己作为自然的一部分。他说："我在大自然里以奇异的自由姿态来去，成了她自己的一部分。"正因为如此，他从大自然中领悟到一种甜蜜温暖与健康向上的情感：

> 只要生活在大自然之间而还有五官的话，便不可能有很阴郁的忧虑。对于健全而无邪的耳朵，暴风雨还真是伊奥勒斯的音乐呢。

第三，对与自然以及人为敌的过渡工业化和人类中心主义的批判。

19世纪中期，美国已经经过了残酷的资本原始积累，工业有了蓬勃的发展，但梭罗以其敏锐的眼光看到了工业化背后人与自然为敌、疯狂掠夺自然的行径。他说，"生活现在是太放荡了"，而且，"无论在农业，商业，文学或艺术中，奢侈生活产生的果实都是奢侈的"。这种放荡奢侈生活的重要表现就是与自然为敌，对于自然疯狂掠夺，滥伐树木，破坏大地。同时，也对人进行血淋淋的剥削。他以横贯美国东西的大铁路为例，认为这实际上是以无数劳工的鲜血和生命换来的交通的便捷。他说：

> 你难道没有想过，铁路底下躺着的枕木是什么？每一根都是一个人，爱尔兰人，或北方佬。铁轨就铺在他们身上，他们身上又铺起了黄沙，而列车平滑地驰过他们。

他看透了资产阶级代表少数富人压迫剥削少数人的事实，所

以有意采取不合作主义,拒交人头税,并因而被捕。他在文中写道:

> 我拒绝付税给国家,甚至不承认这个国家的权力,这个国家在议会门口把男人、女人和孩子当牛马一样买卖。

当然,梭罗由于过分地站在生态主义的立场,所以对作为历史发展趋势的现代化有许多不理解之处,这应该是他的片面性和局限所在。他说:

> 人们认为国家必须有商业,必须把冰块出口,还要用电报来说话,还要一小时奔驰三十英里,毫不怀疑它们有没有用处。

但梭罗作为生态理论和生态文学的先驱,他对自然的亲和态度,他极力主张的"简单、简单、简单啊"的生活方式,这无疑对处于人与自然极度对立的当今是极具启示意义的。

第四,借鉴中国古代儒家"仁爱"思想,阐发他的人类与自然友好为邻的观点。

梭罗借鉴了东方古代智慧,特别是中国古代儒家的"仁爱"思想来阐发他的人类应与自然为邻的观点。他在著名的《春天》的篇章中,运用孟子的"性善论"来阐释其大自然之美是自然本性之美,而善待自然则是人之善良本性。他引用《孟子·告子上》中有关人性善的一段话:"牛山之木尝美矣,以其效于大国也。斧斤伐之可以为美乎?是其日夜之所息,雨露之所润,非无萌蘖之生焉。牛羊之从而牧之,是以若彼之濯濯也。人见其濯濯也,以为未尝有材焉,此岂山之性也哉。虽存乎人者,岂无仁义之心哉。其所以放其良心者,亦犹斧斤之于木也。旦旦而伐之,可为美乎?其日夜之所息,平旦之气,其好恶与人相近也者几希?则其旦昼之所为,有梏亡之矣。梏之反复,则有夜气不足以存,夜气不足以

存,则有违禽兽不远矣。人见其禽兽也,而以为未尝有才焉,是岂
人之情也哉。"这里主要借助孟子"性善论"思想阐释其自然之美
以及人之善待自然都由其善良之本性所决定。为此,梭罗自然还
写了一首诗来阐发孟子的思想:

> 高山上还没有松树被砍伐下来,
> 水波可以流向一个异国的世界,
> 人类除了自己的海岸不知有其他。
> ……
> 春光永不消逝,徐风温馨吹拂,
> 抚育那不须播种自然生长的花朵。

这是一个人类世纪初创之时,春风荡漾,微风徐吹,自然的花
朵自由开放,人与自然和谐相处,友好为邻,是梭罗的理想时代,
是他心中的"乌托邦"。

他还借鉴孔子的"仁爱"思想,来阐释自己的人与自然以及人
与人和谐相处的理想。他引用《论语·颜渊》中季康子问政于孔
子,孔子的回答:"子为政,焉用杀。子欲善,而民善矣。君子之德
风,小人之德草。草上之风必偃。"用以说明,一种简单的与自然
社会为邻、为友的生活应该是来源于出于仁善心的仁政,与此相
应的是蒲伯译的古代希腊荷马的史诗:

> 世人不会战争,
> 在所需只是山毛榉的碗碟时。

第五,这种人类与自然为邻的思想应该成为当代生态存在论
美学的重要来源。

梭罗的人类与自然友好为邻的思想是倡导一种全新的人的
生活与生存的方式,这种生活与生存的方式是与工业化时代人的
生活与生存方式是不一样的。工业化时代,人类过的是一种主体

与客体二分对立的生活与生存方式,而梭罗所倡导的则是人与自然为友的此在与世界紧密相联的生活与生存方式。前一种是认识论的生活与生存方式,而后一种则是存在论的生活与生存方式。前一种方式必然导致人与自然的对立,从而使人的生存状态逐步恶化,而后一种方式则是在人与自然的友好相处中逐步获得美好的生存。这种"此在与世界紧密相联"的生存方式,就是海德格尔所说的"在世界之中存在"。这种"在之中"不是指空间意义上的一个在另一个之中,而是指"我居住于世界,我把世界作为如此这般熟悉之所而依寓之、逗留之"。① 这就说明,人与自然不是一种对象性关系,而是一种依寓性关系,人与自然是一个整体,须臾不可分开。人正是在这种依寓性关系中得以生存并逐步展开自己的本真性,走向诗意地栖居。这就是一种生态存在论的审美的生存。梭罗正为这种生态审美的生存方式与美学观念的先驱。

　　(本文为作者参加 2008 年 10 月 8 日清华大学召开的"超越梭罗:美国及国际文学界对自然的反应"国际学术研讨会提交的论文)

---

① [德]马丁·海德格尔:《存在与时间》,陈嘉映、王庆节译,生活·读书·新知三联书店 1987 年版,第 67 页。

西方 20 世纪环境美学述评①

　　西方 20 世纪逐步兴起了环境美学这样一种新的美学形态。关于环境美学的兴起,加拿大著名美学家卡尔松与芬兰美学家瑟帕玛都作了论述。卡尔松在《自然与景观》一书中认为,环境美学起源于围绕自然美学的一场论争。主要是赫伯恩(Ronaldw Hep-lurn)发表于 1966 年的一篇题为《当代美学及对自然美的忽视》的文章。这篇文章主要就分析美学对自然美学的轻视予以抨击。卡尔松认为,"他这篇论文为环境审美欣赏的新模式打下基础:这个新模式就是,在着重自然环境的开放性与重要性这两者的基础上,认同自然的审美体验在情感与认知层面上含义都非常丰富,完全可与艺术相媲美"。② 瑟帕玛也认为,西方环境美学起源于赫伯恩对当代美学只讨论艺术的非难,但在 20 世纪中期之后就有了明显的改变。他说,"在(20 世纪)70 年代和 80 年代组织的美学会议——尤其是最近 1984 年在蒙特利尔的会议——中的一个主题就是环境美学"③。 由此可见,环境美学在西方滥觞于 20

①原载《社会科学战线》2009 年第 2 期。

②[加]艾伦·卡尔松:《自然与景观》,陈李波译,湖南科学技术出版社 2006 年版,第 6 页。

③[芬]约·瑟帕玛:《环境之美》,武小西、张宜译,湖南科学技术出版社 2006 年版,第 198 页。

世纪 60 年代,而发端于 20 世纪 70 — 80 年代。其最主要的代表
人物是芬兰的瑟帕玛、加拿大的卡尔松和美国的伯林特。

一

约·瑟帕玛(Yrjo Sepanmana),芬兰约恩苏大学教授,曾任
第十三届国际美学学会主席,连任五届国际环境美学学会主席,
主要著作《环境之美》写于 1986 年,是较早的一部环境美学论著,
1993 年出版。他在该书篇首的《致谢》中说明,他在 1970 年就开
始环境美学的思考与研究,1982 年在加拿大艾伯塔大学得到导师
艾伦·卡尔松"平等的同行式的态度——讨论,质疑,阐述其他可
能"①。芬兰美学会在 1975 年春季组织了多学科的环境美学系列
讲座,讲座的材料后来于 1981 年经过选择后结集出版。他对自
己的《环境之美》作了一个简要的概括。他说:"我这本书的目标
是从分析哲学的基础出发对环境美学领域进行一个系统化的勾
勒。"②这个勾勒包括:第一个问题是关于本体论的:作为一个审
美对象环境是什么样的。第二个问题是关于元批评的:环境是如
何被描述? 第三个问题是讨论了环境美学的实践维度。很显然,
瑟伯玛是在传统的分析美学的基础上来研究环境之美的。

全书的基本观点可以作如下概括:首先是他所谓"环境美学
的本体论",也就是"核心领域"。他说:"环境美学的核心领域是

①[芬]约·瑟帕玛:《环境之美》,武小西、张宜译,湖南科学技术出版社 2006
　年版,"致谢"第 2 页。
②[芬]约·瑟帕玛:《环境之美》,见《环境之美:环境美学的一个一般模型》,
　武小西、张宜译,湖南科学技术出版社 2006 年版,第 1 页。

关于审美对象的问题。"①也就是说,环境如何成为审美对象的问题。瑟帕玛认为,"使环境成为审美对象通常基于受众的选择"②。也就是说,受众可以选择艺术也可以选择社会事物作为审美对象,但却选择了环境作为审美对象。这样,环境美学才得以产生,人与环境之间的审美关系才得以建立。所以,受众是真正的艺术家。瑟帕玛指出:"那么谁是艺术家?是受众,人。人选择将某物看作是自然的艺术品,而不管它是如何生成的。"③很显然,瑟帕玛在这里所谓的"本体论"仍然是"人类中心主义"的。因为,最终环境之美还是人创造的,是人的选择的结果;环境外在于人,人与环境还没有构成整体。当然,他借助于隐喻,将环境之美作为大自然的艺术品,以大自然作为艺术家来代替这个缺席的创造者。④ 这个缺席的创造者带有几分神秘性,成为了神化的人。瑟帕玛从 12 个方面论述了环境之美与艺术品的差异:艺术是人工的,环境是给定的;艺术是在习俗中诞生的,环境则没有;艺术是为审美创作的,环境之美是副产品;艺术是虚构的,环境是真实的;艺术是概括的,环境是它自身;艺术是被界定的,环境是无边的;艺术的作者有名字,环境则没有;艺术是独特的,环境是重复的;艺术有风格,环境没有;艺术是感官的,环境是感官与理论的

---

①［芬］约·瑟帕玛:《环境之美》,武小西、张宜译,湖南科学技术出版社 2006 年版,第 36 页。

②［芬］约·瑟帕玛:《环境之美》,武小西、张宜译,湖南科学技术出版社 2006 年版,第 41 页。

③［芬］约·瑟帕玛:《环境之美》,武小西、张宜译,湖南科学技术出版社 2006 年版,第 58 页。

④［芬］约·瑟帕玛:《环境之美》,武小西、张宜译,湖南科学技术出版社 2006 年版,第 59 页。

合一；艺术是静态的，环境是动态的；观赏艺术是有限的，环境是自由的；等等。由此可见，瑟帕玛讲的环境美大多是指与艺术品相似的风景之美。第二个主要观点就是他的所谓"元批评"。从分析美学来说，与言说有关的批评是其主要部分，所以，瑟帕玛说："环境美学便是环境批评的哲学。"①他将这种"元批评"分为描述、阐释与评价三项任务。瑟帕玛作为分析美学家，认为人与自然的关系就是一种元批评的关系，一种描述与阐释的关系。他说："只有当自然被观看和阐释时，它对于我们来说才是有意义的。"②而且，他断言："但是在感知和描述之外便不存在环境了——甚至'环境'这个术语都暗含了人类的观点：人类在中心，其他所有事物都围绕着他。"③很显然，在这里，他是"人类中心主义"的。他还列举了环境评价的四个前提条件：物质上不受制于自然需要；理智上转向科学世界观；具有自然和文化过程的知识；具有对自然进行归类的能力等。④ 这四个前提条件也包含着人类中心的内容，这是很明显的。但瑟帕玛在他的环境批评中也不完全是"人类中心主义"的，而是包含着某种尊重自然、尊重生命的现代生态哲学的观点。他将自己的环境批评分为肯定美学与批评美学两类。所谓"肯定美学"，他认为，主要是评价未经人类

①［芬］约·瑟帕玛：《环境之美》，武小西、张宜译，湖南科学技术出版社 2006
　　年版，第 110 页。
②［芬］约·瑟帕玛：《环境之美》，武小西、张宜译，湖南科学技术出版社 2006
　　年版，第 136 页。
③［芬］约·瑟帕玛：《环境之美》，武小西、张宜译，湖南科学技术出版社 2006
　　年版，第 136 页。
④［芬］约·瑟帕玛：《环境之美》，武小西、张宜译，湖南科学技术出版社 2006
　　年版，第 151 页。

改造的处于自然状态的任何事物。他认为,"任何处于自然状态中的事物都是美的,具有决定性的是选择一个合适的接受方式和标准的有效范围"①。显然,瑟帕玛在这里受到卡尔松"自然全美"观点的影响。关于卡尔松"自然全美"的观点,我们在下面还要评述,此不赘述。但瑟帕玛的"自然全美"也还是有价值取向的,那就是因自然灾害而出现的自然自毁现象,如森林火灾、植物疾病、雪崩、火山爆发、一场飓风等等。他认为,这些作为"一些例外的情况被视为丑陋的"。但他接着又说,"但如果把它们置于一个更宽广的背景下,也可以'解救'它们:把它们看作过程中的一个阶段,其中发生高潮与低谷的戏剧性变化"②。也就是说,从自然演变的一个过程来看,可以把这些现象看作是自然全美中的一个阶段或一次低谷,但并不影响自然美的全景。另外一种则是"批评美学",即为"评价人类活动的结果,甚至在必要时进行否定的评价"。在这样的对于人类改造过的环境的批评中,瑟帕玛认为是有着明显的价值取向的。他说:"人类按照自己的目的来改造环境,所有价值领域都有这些目的。但行动有伦理学的限制:地球不只是人类使用也不只是人类的居住地,动物和植物甚至还有自然构造物也有它们的权利,这些权利不能受到损害。"③在这里,瑟帕玛使用了一个伦理学的准则,就是动植物的权利不能受到损害的准则。这自然是现代生态伦理学的标准。在谈到审美

---

① [芬]约·瑟帕玛:《环境之美》,武小西、张宜译,湖南科学技术出版社 2006年版,第148页。

② [芬]约·瑟帕玛:《环境之美》,武小西、张宜译,湖南科学技术出版社 2006年版,第149页。

③ [芬]约·瑟帕玛:《环境之美》,武小西、张宜译,湖南科学技术出版社 2006年版,第149页。

价值与生命价值的关系时,瑟帕玛显然是更加重视生命价值的。当然,这里需要说明的是,他所说的审美价值还是传统的西方的和谐比例对称的形式主义方面的审美,而非深层的生命与生态主义上的审美。因此,他将这种审美的价值看作是浅层次的,而将生命价值看作是深层次的,前者不能危及后者。他说:"审美的目标不能伤害到生命价值,因此不计后果的审美体系被排除在外。"又说:"在环境中,人不能从深层意义上甚至在审美上认可与破坏性力量相关的东西。任何事物——甚至奥斯维辛的尸体堆——都能作为一种构成和颜色从表层来考察,但这样做将是脱离由生命价值或意识形态给予的框架的畸形行为。"①这里,他明显地排除了纯形式的审美,而将生态的与意识形态的价值评判带进了审美之中。同时,瑟氏还谈到了荒野的价值。他认为,西方与东方特别是中国和日本对于荒野的赞美不同,在历史传统上对荒野的价值是普遍隐藏的。这主要是从自然与人的生计关系考虑,将自然土地的肥沃与否及其对人的生计的关系作为美丑的界线。但当人们摈弃这一切以后,审美的观念就有了改变。他说,"当人们摒弃了单一地对肥沃的土地和丰饶的绿地的赞美后,荒芜的自然以简约清晰为特征的美便引起了人们的注意"②。他还谈到了审美的生态原则问题。他认为,"在自然中,当一个自然周期的进程是连续的和自足的时候,这个系统是一个健康的系统"。"在这个意义上自然的平衡是动态的,不是静态的,一个审美的原则在系

---

①[芬]约·瑟帕玛:《环境之美》,武小西、张宜译,湖南科学技术出版社 2006 年版,第 161 页。

②[芬]约·瑟帕玛:《环境之美》,武小西、张宜译,湖南科学技术出版社 2006 年版,第 170 页。

统的经济性和各部分的和谐之中得到实现。在系统中，任何东西都是必要的，没有什么是多余的。"①在他看来，生态系统的连续性、自足性、动态性、平衡性、和谐性，最后是健康性，就是审美的最重要的生态原则。很明显，在这里，瑟氏仍然没有完全做到从生态的科学原则到生态的哲学原则，再到生态的审美原则的必要转换。他在总体上还是倾向于，或者说局限于生态的科学原则。这与前面谈到的生命价值是一致的。第三个主要观点就是他的"应用环境美学"。瑟氏一方面强调了美学的理论品质与哲学品质，同时也提到了环境美学的应用问题，"探讨由美学所产生的理论知识的传播方式和影响实践的方式"②。主要涉及环境教育，人对环境的影响，未来前景展望的具体化等。这里，我们要特别强调的是，瑟帕玛的环境美学的生态原则不仅具有理论的品格，而且应具有实践的品格，这是值得充分肯定的。因为作为具有生态维度的美学来说，最重要的就是要将生态审美的原则推行到现实生活中去，使人们掌握这些原则，并以审美的态度去对待自然。首先是环境教育，是通过提供环境的知识、理想和目标，"为理解环境因此也为审美地理解环境创造了一个基础"③。我们认为，所谓"审美地理解环境"就是指以审美的态度对待环境。瑟氏有关"人对环境的影响"，包括环境的理想，立法，积极美学与消极美学等等内容。所谓环境的理想，指人在改造环境的实践中所要遵

---

①［芬］约·瑟帕玛：《环境之美》，武小西、张宜译，湖南科学技术出版社 2006 年版，第 180 页。

②［芬］约·瑟帕玛：《环境之美》，武小西、张宜译，湖南科学技术出版社 2006 年版，第 192 页。

③［芬］约·瑟帕玛：《环境之美》，武小西、张宜译，湖南科学技术出版社 2006 年版，第 193 页。

循的"伦理的限制"与"对和谐、完整的要求"等；所谓立法，即环境的改造中"对整个变化也都必须从审美的角度考虑，通过立法来保证把这个方面考虑在内"；所谓积极美学是试图对趣味与对象造成积极影响的美学，而消极美学就是一种力图消除内在矛盾的美学；所谓展望的具体化是指伦理学与环境美学的关系，前者为后者设计了界线，但没有决定界线之内的具体惯例，因此并不在严格的意义上具有规范地位。

<h1 style="text-align:center">二</h1>

艾伦·卡尔松(Allen Carlson)，加拿大阿尔伯特大学哲学系教授，他所写的《环境美学》一书于 1998 年出版。但整部书的写作历时 20 多年，最早的篇章写于 1976 年，其他篇章写于 20 世纪 80 年代与 90 年代，并且大部分都曾发表过。卡尔松是当今国际上著名的环境美学理论家。瑟帕玛就曾在他手下学习过环境美学，这一点在瑟氏的著作中已有交代。从这个角度来说，卡尔松可以说是西方环境美学的奠基人之一。《环境美学》一书共包括一个引论二编十四章。"引论"主要论述美学与环境的关系，是对环境美学的界定，对其本质、取向与范围的论述。第一编主要讲自然的鉴赏，围绕对自然的审美鉴赏，从历史回顾、自然环境的形式特征、鉴赏与自然环境、自然的审美判断与客观性、自然与肯定美学、鉴赏艺术与鉴赏自然等方面来展开。第二编为景观艺术与建筑，包括在自然与艺术之间，环境美学与审美教育的困境，环境艺术是否构成对环境的侵犯以及园林、农业景观、建筑的鉴赏、景观与文学的关系等方面。

此书涉及的内容较多，主要有这样几个方面。第一个方面是关于环境美学的性质范围。卡尔松认为，环境美学的主题就是对于原始环境与人造环境的审美鉴赏。环境美学的审美对象就是我们的环境。这个对象具有非常重要的特点，那就是"作为鉴赏者，我们沉浸在鉴赏对象之中。……鉴赏对象也构成了我们鉴赏的处所。我们移动时总是在鉴赏对象中，因而改变了我们与它的关系，也就改变了它本身"①。环境美学的范围从荒野的诞生到乡村景观、郊区、城市景观、周边地带的更多场所、购物中心等等。第二个方面是，环境美学的本体论问题。首先是自然对象的鉴赏模式。卡尔松列出了对象模式、景观模式、自然环境模式、参与模式、情感激发模式、神秘模式等。但卡尔松以利奥波德的《沙乡年鉴》为范例，强调一种"将恰当的自然审美鉴赏与科学知识最紧密地联系在一起的模式：自然环境模式"②。他认为，这种模式有利于克服传统美学理论中的"人类中心主义"。卡尔松认为，在自然环境的审美中面临着形式与内容的矛盾。所谓对自然的形式的鉴赏就是传统的风景画式的审美鉴赏，这种鉴赏仍然是人类中心的。他说："自然环境不能根据形式美来鉴赏和评价，也就是说，诸形式特征的美；更确切地说，它必须根据其他的审美维度来鉴赏和评价。"③这个"其他的审美维度"就包括以人与自然和谐平等的生态审美的维度，这就是自然环境的鉴赏模式。他认为，这种模式强调两个明显的要点，那就是自然环境是一种环境，而且

①［加］艾伦·卡尔松：《环境美学——自然、艺术与建筑的鉴赏》，杨平译，四川人民出版社 2005 年版，第 5 页。
②［加］艾伦·卡尔松：《环境美学——自然、艺术与建筑的鉴赏》，杨平译，四川人民出版社 2005 年版，第 27—28 页。
③［加］艾伦·卡尔松：《环境美学——自然、艺术与建筑的鉴赏》，杨平译，四川人民出版社 2005 年版，第 64 页。

它是自然的。这当然是针对传统的以形式鉴赏为特点的景观模式的。这种景观模式的对象不是环境而是自然环境的形式,而且它不是自然的而是经过鉴赏者选取加工的。在卡尔松看来,这种景观模式是一种主客二分的人类中心主义。他引用斯巴叙特的观点说道:"这里我初步赞同斯巴叙特的一些评论。他认为在环境方面考虑某些事物主要依据'自我与环境'的关系而不是'主体与客体'或'观赏者与景色'之间的关系来考虑它。"①这反映了卡尔松的环境美学的思维模式已经力图突破传统的主客二分的"人类中心主义"。在鉴赏什么和如何鉴赏上,他认为,鉴赏所有的事物而且凭借所有的感觉器官去鉴赏。正因为人与环境构成一个整体,而不是"如画风景式"的有选择的鉴赏,所以这种自然环境的鉴赏模式是从人的生存角度来鉴赏所有的环境,并且是凭借所有的器官对作为人的生存环境的"气味、触觉、味道,甚至温暖和寒冷,大气压力和湿度"来进行鉴赏,这就是后来被伯林特进一步加以发展的"参与美学",是对传统的以康德为代表的静观美学的突破。对此,他总结道:"我们因而找到一种模式,开始回答在自然环境中鉴赏什么以及如何鉴赏的问题,这样做,似乎充分考虑到环境的本质。因此,不但是对审美,而且对道德和生态而言,这也是重要的。"②卡尔松在进一步比较了艺术的鉴赏与自然的鉴赏之后,认为真正意义的自然环境鉴赏与艺术的鉴赏是有明显差异的,因为鉴赏的对象与鉴赏的方式都是不同的。因此,艺术

①[加]艾伦·卡尔松:《环境美学——自然、艺术与建筑的鉴赏》,杨平译,四川人民出版社 2005 年版,第 76 页。
②[加]艾伦·卡尔松:《环境美学——自然、艺术与建筑的鉴赏》,杨平译,四川人民出版社 2005 年版,第 81 页。

的范畴本身无法运用于自然。"简而言之，自然不适合艺术范畴。"①这就指出了自然环境鉴赏也就是环境美学的相对独立性问题。许多艺术美学的理论范畴是不适合环境美学的，环境美学面临着范畴重构的重大课题。正是在这种思想指导下，卡尔松提出了"自然全美"的重要理论观点，成为卡尔松《环境美学》一书的核心论点之一。他说："全部自然界是美的。按照这种观点，自然环境在不被人类所触及的范围之内具有重要的肯定美学特征：比如它是优美的，精巧的，紧凑的、统一的和整齐的，而不是丑陋的，粗鄙的，松散的，分裂的和凌乱的。简而言之，所有原始自然本质上在审美上是有价值的。自然界恰当的或正确的审美鉴赏基本上是肯定的，同时否定的审美判断很少或没有位置。"②为此，他通过正反等多个方面进行了论证，特别是借助于当代生态科学与生态哲学进行了论证。最后，他说道："简而言之，这种异议表明既然在自然界中存在大量事物，我们不会觉得它们在审美上有价值，这种观点的任何辩护必定不正确。我同意在自然界中存在大量事物，对我们许多人来说，它们看似在审美上没有价值。然而，因为这种辩护提供阐明这种事实如何与肯定美学观点一致，所以这种事实本身并不构成一种决定性的反对。首先，正如罗尔斯顿评论所暗示的，他评论道，'我们没有生活在伊甸园，然而那种趋势在那里存在。'"③也就是说，在卡尔松看来，"自然全美"不仅仅

---

① ［加］艾伦·卡尔松：《环境美学——自然、艺术与建筑的鉴赏》，杨平译，四川人民出版社 2005 年版，第 92 页。

② ［加］艾伦·卡尔松：《环境美学——自然、艺术与建筑的鉴赏》，杨平译，四川人民出版社 2005 年版，第 109 页。

③ ［加］艾伦·卡尔松：《环境美学——自然、艺术与建筑的鉴赏》，杨平译，四川人民出版社 2005 年版，第 150 页。

是一种"给定的",非人造的,而且是一种整体的,理想的。在这里,卡尔松继承了达尔文的某些观点,同时又将其改造为环境美学的一个原则,那就是尊重原生态的自然,保护它的天然的审美价值而不要轻易改动它。

第二编主要阐释了介于天然与人造、自然与艺术之间的景观艺术与建筑艺术等。卡尔松首先讨论了环境艺术的评价问题,诸如用塑料造的绿树,毕加索用自行车部件构造的"牛头",张伯伦用汽车部件构成的雕塑艺术,等等。还有杜尚的著名的叫做"泉"的小便器如何评价? 真是众说纷纭。卡尔松从生态整体观出发,用生命价值这一重要的标准给予界定。他说:"我希望,这依靠于我们作为诸个体的一个共同体。譬如,对我,路边的小小的家庭农场可以表现毅力,而废弃汽车的车体却不能,一座城市的地平线可以表现眼界,而一处条形的矿山却不能。"[1]这里所说的"共同体"就是利奥波德所说的"生命共同体",作为一种生态原则,它成为卡尔松环境美学中最重要的审美原则。由此,卡尔松肯定了艺术家索菲斯特丹有关环境艺术的观点:"不改变而只是一步步地展示自然的审美特征——直到自然的本身即艺术。"[2]在以下有关日本园林、农业景观、建筑艺术、文学中的环境描写等的讨论中,他都是遵循"生命共同体"这样一个最基本的生态审美原则。

---

[1]［加］艾伦·卡尔松:《环境美学——自然、艺术与建筑的鉴赏》,杨平译,四川人民出版社 2005 年版,第 214—215 页。
[2]［加］艾伦·卡尔松:《环境美学——自然、艺术与建筑的鉴赏》,杨平译,四川人民出版社 2005 年版,第 235 页。

三

　　阿诺德·伯林特（Arnold Berleant），美国长岛大学荣誉退休教授，曾任国际美学学会主席、国际应用美学咨询委员会主席、国际美学学会秘书长、美国美学学会秘书长等职，著名现象学美学家、环境美学家。我国已经翻译介绍了他于 1992 年所著的《环境美学》一书和 2002 年主编的《环境与艺术：环境美学的多维视角》。最近，程相占教授又在《学术月刊》2008 年第 3 期翻译发表了他的《审美生态学与城市环境》。可以说，伯林特是一位为中国美学界所熟悉的著名美学家。

　　伯林特的《环境美学》一书共十二章，包括环境美学的基本理论与环境批评、城市美学等实践领域。在基本的理论方面，伯林特首先与传统的主客二分的"人类中心主义"将环境作为外在于人的客体针锋相对，提出了自己的有关环境的概念。他说："我的观点则是：环境就是人们生活着的自然过程，尽管人们的确靠自然生活。环境是被体验的自然、人们生活其间的环境。"又说："也得时刻警惕它们滑向二元论和客体化的危险，比如将人类理解成被放置（placed in）在环境之中，而不是一直与其共生（continuous with）。"①为此，伯林特从生态整体观的角度提出一个非常重要的观点："自然之外无他物。"这是他在批判"自然保护区"的设立时说的。所谓"自然保护区"，其设立是为人的所谓观赏和休闲服务的，仍然将自然看作是外在于人的。所以，伯林特说："就这一点

————————
① ［美］阿诺德·伯林特：《环境美学》，张敏、周雨译，湖南科学技术出版社 2006 年版，第 11 页。

而言,自然保护区的设立完全没有必要,因为自然之外并无一物。这里所指的自然已经涵盖万事万物,它们隶属于同一个存在层次,沿袭同样的发展进程,遵循同样的科学规律,并能激发相似的惊叹或沮丧之情,而且最终都被人所接受。"①这里,他明显受到斯宾诺莎关于人与自然统一观点的影响。他还进一步将环境美学与传统美学进行了区别。在范围上,传统美学仅限于自然美,而环境美学必须打破自身防线而承认整个世界。在审美方式上,传统美学是一种静观美学,凭借视听等感官,而环境美学则是一种"参与美学"(aes the ticsofengagement)。他认为,这是该书重点解决的问题。伯林特还将环境美学称作是一种"文化美学"(acultunal aeathetics)。这就是说,他除了强调人对环境的审美感知之外,还强调环境美学的文化向度,强调了审美感知中所混合的记忆、信仰、社会关系等。但是,他认为,"关键问题是:如何保持理性意识对当下感受力的忠诚,而不去人为地编辑它们以适应传统的认识"②伯林特站在现象学的立场,将环境美学称作是一种"描述美学",它是一种"对环境和审美经验的理解,以及它们之间的一体性"③。这里所谓的环境,有两重意思,即原始的自然环境与被描述的环境。被描述的环境就是"一系列感官意识的混合、意蕴(包括意识到和潜意识的)、地理位置、身体在场、个人时间及

----

①[美]阿诺德·伯林特:《环境美学》,张敏、周雨译,湖南科学技术出版社2006 年版,第 9 页。
②[美]阿诺德·伯林特:《环境美学》,张敏、周雨译,湖南科学技术出版社2006 年版,第 23 页。
③[美]阿诺德·伯林特:《环境美学》,张敏、周雨译,湖南科学技术出版社2006 年版,第 29 页。

持续运动"①。其实，这正如伯林特在其他文章中所说的，对自然环境鉴赏式审美是主观的构成与对象的审美潜质的结合。他并且举了黑羚羊的例子，说明黑羚羊优美的跳跃是潜在的审美素质，也是自然环境的审美的必要条件。在后面的几章中，伯林特还对"参与美学""家园意识""场所意识"环境现象学、以及作为未来哲学的核心的关于自然哲学，即生态哲学与美学都作了十分重要的论述，许多内容我已经在有关生态美学的审美范畴的文章中加以论述，在此不赘。

在环境美学的实践领域，伯林特提出了"城市美学"的问题，"当我们致力于培植一种城市生态，以消除现代城市带给人的粗俗和单调感，这些模式会成为有益的指导，因而使城市发生转变，从人性不断地受威胁转变为人性可以持续获得并得到扩展的环境"②。他还主张"城市设计是一种家园设计"，建设"以人为本的城市"。伯林特十分前沿地提出了"太空社区"的设计问题。他指出，在人类进入太空探索时代，一系列与地球重力有关的基质、层次、轻重、上下等概念都将发生变化，因而应以全新的观念进行太空社区设计。他说："研究太空社区的设计已经持续了几十年，但这些研究很少从美学角度进行探索。然而，我们不仅要思考在新的环境条件下人类生活如何进行，还要认识和指导这种生活所具有的不同性质的条件，这一点是很重要的。在未来的人类环境，尤其是在太空环境之中，其社区对艺术的本质和作用甚至包括审

①［美］阿诺德·伯林特：《环境美学》，张敏、周雨译，湖南科学技术出版社2006年版，第33页。

②［美］阿诺德·伯林特：《环境美学》，张敏、周雨译，湖南科学技术出版社2006年版，第56页。

美都提出了质疑。"①这种论述应该说是很前沿的。此外,他还从环境美学的角度对博物馆展品的陈列提出看法,要求"用体验的美学取代目前物体的美学。这要求我们把博物馆当作一种环境。像其他环境一样,博物馆这种环境,只有当它作为人与环境相结合的场所发挥作用时,它才真正实现了自身。但博物馆是有特定目的的环境,这个目的就是促进审美的欣赏,促进审美参与的体验"。② 这种将环境美学运用于博物馆,有利于观者参与的见解对我们来说也是颇富启发的。

伯林特与瑟帕玛一样从现象学的角度来论述环境批评,将其概括为描述阐释与评价的过程,并对其作用进行了充分的肯定,认为环境批评能使环境的审美价值获得和其他环境价值同等的地位,有助于形成同艺术一样的对环境的审美欣赏,能促进设计水平的提高并人为地塑造环境,等等。该书的最后一章为"改造美国的景观",实际上是伯林特欲将其环境美学理论应用于改造家园的设想与蓝图。他认为,"审美价值是理解环境和采取行动的一个必要部分,并且审美价值必须被包含在任何环境改造的建议之中"③。环境美学的最终实践目的就是"使我们在地球上的存在更人性化就是在所有的景观中弘扬家的价值"④。

――――――――――

① [美]阿诺德·伯林特:《环境美学》,张敏、周雨译,湖南科学技术出版社2006 年版,第 89 页。
② [美]阿诺德·伯林特:《环境美学》,张敏、周雨译,湖南科学技术出版社2006 年版,第 106 页。
③ [美]阿诺德·伯林特:《环境美学》,张敏、周雨译,湖南科学技术出版社2006 年版,第 161 页。
④ [美]阿诺德·伯林特:《环境美学》,张敏、周雨译,湖南科学技术出版社2006 年版,第 170 页。

四

西方环境美学从 20 世纪 70 年代兴起,迄今已有近 40 年的时间,已从不被重视,到今天被西方学术界承认它是与艺术美学、日常生活美学相并立的当代三大美学维度之重要一维。这也是一种历史的进步。当然,我们认为,西方美学界的这一界定仍然是不彻底的。因为,环境美学的兴起实际上是美学领域的一场革命,主要针对工业革命与启蒙运动以来"人类中心主义"的勃兴到独霸天下,以其"美学是艺术哲学"与"审美的主体性原则"将自然生态彻底地排除出美学学科。从 1966 年赫伯恩对"美学是艺术哲学"的命题发难,提出"自然美学"的重要命题,拼力恢复自然生态在美学中的地位,从而导致了环境美学的兴起与兴盛,直到将利奥波德的"生态整体观"作为环境美学的重要原则,以及将生态现象学引入环境美学,"参与美学"的提出及其对康德"静观美学"的颠覆,这场美学领域的革命实际上越走越远。其实,环境美学的出现何止是美学之一维,实际上它彻底颠覆了西方古典美学的所有重要美学范式。在这样的情况下,难道还能仅仅将其称作是美学学科三足鼎立之一柱吗?因此,当代西方环境美学虽未遭扼杀但却仍然冷寂的境遇,确是不正常的现象,应该引起我们的深长之思! 这只能说明传统的工具理性思维以及与之相关的学术体制是如何的顽强与保守!

与西方的环境美学相呼应,我国从 20 世纪 90 年代开始,特别是新世纪以来,逐步兴起生态美学。特别在当前"和谐社会""环境友好型社会"以及"生态文明"为社会建设目标的新形势下,我国的生态美学的发展遇到了前所未有的极好机遇。在这种情况下，我们应该从西方环境美学的发展中吸取宝贵的经验教训。首先是吸收其传统"主体性美学"与"美学即艺术哲学理论"扭曲美学真谛与独霸天下的不正常现象，学习其抗争精神与解构策略。同时，还要学习环境美学所提供给我们的丰富学术营养。例如，它们对于传统自然审美"如画风景论"的批判，对于"自然之外无它物"的倡导，对生态现象学的熟练运用，所提出的"参与美学"的有价值内涵，以及对于"景观美学"与环境美学实践的倡导，都值得我们很好地学习借鉴。同时，西方环境美学的命运也应给我们以启示，那就是它们迄今的冷寂地位说明传统"主体性美学"及其学术制度的顽强。因为迄至今天，西方仍然只将环境美学视作实践形态的"应用美学"的范围，而并不将其视作美学理论的本体。正因此，我们倒认为，我们不能仅仅将环境美学与生态美学称作是一种美学形态或新的分支学科，而应该将其看作是美学学科的新发展与新延伸，是一种相异于以往的当代形态的包含生态维度的新的美学理论。

再进一步思考，西方 20 世纪环境美学虽有其产生的历史必然性与存在的学术合理性，但其毕竟是西方社会的产物，其产生的土壤是欧美等西方发达国家，因此，对于其某些学术立场我们很难完全接受。例如，作为哲学立场的"荒野哲学"，在西方发达国家具有辽阔的国土与丰饶的资源的情况下可以加以推行，保留大量的荒野，使人们欣赏完全原生态的美，但对于我国这样的国土资源相对紧缺的国家，生态足迹相对有限，那就很难保留大片荒野不去开发。再如，西方的"生态中心主义"哲学立场，包括将人权延伸到大猩猩等动物等等，我们只能有限度地实行，走人与自然双赢的道路，持生态人文主义立场。与之相关的西方环境美学所坚持的"自然全美论"，力求维持原始自然的原生态之美。但

"自然全美"，我们不仅在理论上难以苟同，在实践上我们也难以完全接受。我们的立场是"环境友好"、开发与保护共存。从理论资源来说，西方环境美学凭借的是有限的西方资源，并不时借鉴东方资源。我国作为东方文明古国，"天人合一"是我们的文化传统，在儒释道等文化理论中蕴含着丰富的生态审美资源，是我们建设当代生态美学的主要理论支撑，等待我们发掘整理与实行当代转换。我们相信，在中西与古今对话交流的基础上，我国当代生态美学一定能得到更好地发展。

第 四 编

生态美学基础论

马克思、恩格斯与生态审美观①

生态审美观是 20 世纪 70 年代以后出现的一种崭新形态的审美观念，是在资本主义极度膨胀导致人与自然矛盾极其尖锐的形势下，人类反思历史的成果。如果说活跃于 19 世纪中期到晚期的马克思与恩格斯早就提出了这一理论形态，那肯定是不符合事实的。但作为当代人类精神的导师和伟大理论家，他们以其深邃的洞察力和敏锐的眼光对人与自然的生态审美关系已有所分析和预见，那是一点也不奇怪的。而且，就我们目前的研究来看，这种分析与预见的深刻性同样是十分惊人的，从而成为新世纪我们深入思考与探索生态审美观的极其宝贵的资源。这里需要特别说明的是，由于生态审美观的核心内容是人与自然的和谐协调，因此，同生态哲学观具有高度的一致，所以，本文所论，涉及马、恩的生态哲学观，同生态审美观密切相关。

马、恩的共同课题——创立具有浓郁
生态审美意识的唯物实践观

生态审美观的核心是在人与自然的关系上一方面突破了主

---

①原载《陕西师范大学学报》2004 年第 5 期。

客二分的形而上学观点,同时也突破了"人类中心主义"的观点,力主人与自然的和谐平等、普遍共生。因而,生态审美观是一种具有当代意义与价值的哲学观。研究表明,马克思、恩格斯创立的唯物实践观就包含浓郁的生态审美意识,完全可以成为我们今天建设生态审美观的理论指导与重要资源。

马克思与恩格斯的理论活动开始于19世纪中期,当时的紧迫任务是批判以黑格尔为代表的唯心主义和以费尔巴哈为代表的旧唯物主义。这两种理论都带有形而上学与人类中心主义的倾向,将主体与客体、人与自然放置于对立面之上。黑格尔尽管创立了唯心主义辩证法,试图将主体与客体、感性与理性的对立加以统一,但仍是统一于绝对理念的精神活动之中,完全排除了自然的客观实在性。费尔巴哈倒是充分肯定了自然的客观实在性与第一性,但他不仅抹杀了人的主观能动性与客观实践性,而且将人视为自然的创造者,断言人的本质即是神的本质。诚如马克思所说,"费尔巴哈想要研究跟思想客体确实不同的感性客体,但是他没有把人的活动本身理解为客观的(gegenstandliche)活动。所以,他在《基督教的本质》一著中仅仅把理论的活动看作是真正人的活动,而对于实践则只是从它的卑污的犹太人活动的表现形式去理解和确定。所以,他不了解'革命的''实践批判的'活动的意义"①。恩格斯通过对自然科学与哲学关系的探讨明确宣布了形而上学的反科学性。他说:"在自然科学中,由于它本身的发展,形而上学的观点已经成为不可能的了。"②于是,在批判唯心主义与旧唯物主义的基础之上,马克思与恩格斯创立了以突破

---

① 《马克思恩格斯选集》第1卷,人民出版社1972年版,第16页。
② 《马克思恩格斯选集》第3卷,人民出版社1972年版,第521页。

形而上学为其特点的新的世界观。这个新的世界观就是我们所熟知的唯物主义实践观。这是一种迥异于一切旧唯物主义的、以主观能动的实践为其特点的唯物主义世界观。马克思指出:"从前的一切唯物主义——包括费尔巴哈的唯物主义——的主要缺点是:对事物、现实、感性,只是从客体的或者直观的形式去理解,而不是把它们当作人的感性活动,当作实践去理解,不是从主观方面去理解。"①对于这种唯物主义实践观突破传统哲学形而上学弊端的丰富内涵,在《1844年经济学哲学手稿》中,马克思有更为具体而详尽的阐释,指出:"我们看到,主观主义和客观主义,唯灵主义和唯物主义,活动和受动,只是在社会状态中才失去它们彼此间的对立,并从而失去它们作为这样的对立面的存在;我们看到,理论的对立本身的解决,只有通过实践方式,只有借助于人的实践力量,才是可能的;因此,这种对立的解决决不只是认识的任务,而是一个现实生活的任务,而哲学未能解决这个任务,正因为哲学把这仅仅看作理论的任务。"②马克思认为,主观主义和客观主义、唯心主义和唯物主义、活动与受动、人与自然之间的对立,从纯理论的抽象的精神领域是永远无法解决的,只有在人的能动的社会实践当中才能解决其对立,从而使其统一。这实际上是通过社会实践对人与自然主客二分的传统思维模式的一种克服,成为生态审美观的重要哲学基础。而且,应该引起我们重视的是,马、恩所创立的唯物实践观中包含着明显的尊重自然的生态意识。马克思认为:"我们在这里看到,彻底的自然主义或人道主义,既不同于唯心主义,也不同于唯物主义,同时又是把这二者

①《马克思恩格斯选集》第1卷,人民出版社1972年版,第16页。
②《马克思恩格斯全集》第42卷,人民出版社1979年版,第127页。

结合的真理。我们同时也看到，只有自然主义能够理解世界历史的行动。"①马克思在这里所说的"自然主义"和"人道主义"都是费尔巴哈的自我标榜，但费氏所说的自然主义和人道主义都是人与自然的分裂，因而是不彻底的。马克思认为，彻底的"自然主义"和"人道主义"应该是人与自然在社会实践中的统一。这样才能真正将唯物主义与唯心主义加以结合，并真正理解人与自然交互作用中演进的世界历史的行动。由此可见，在马克思的唯物实践观中包含着"彻底的自然主义"这一极其重要的尊重自然、自然是人类社会发展重要因素的生态意识。

这里还应引起我们重视的是，马克思的唯物实践观不仅包含明显的生态意识，而且包含明显的生态审美意识。这就是非常著名的马克思有关"美的规律"的论述。马克思在《1844年经济学哲学手稿》中论述到人的生产与动物的生产的区别时，讲了一段十分重要的话。他指出："诚然，动物也生产。它也为自己营造巢穴或住所，如蜜蜂、海狸、蚂蚁等。但是动物只生产它自己或它的幼仔所直接需要的东西；动物的生产是片面的，而人的生产是全面的；动物只是在直接的肉体需要的支配下生产，而人甚至不受肉体需要的支配也进行生产，并且只有不受这种需要的支配时才进行真正的生产；动物只生产自身，而人再生产整个自然界；动物的产品直接同它的肉体相联系，而人则自由地对待自己的产品。动物只是按照它所属的那个种的尺度和需要来建造，而人却懂得按照任何一个种的尺度来进行生产，并且懂得怎样处处都把内在的尺度运用到对象上去；因此，人也按照美的规律来建造。"②首先，

①《马克思恩格斯全集》第42卷，人民出版社1979年版，第167页。
②《马克思恩格斯全集》第42卷，人民出版社1979年版，第96—97页。

我想说明的是，马克思所说的"人也按照美的规律来建造"之中包含着明显的生态意识。也就是说，所谓"美的规律"即是自然的规律与人的规律的和谐统一。马克思这里所说"尺度"（standards）其含义为"标准、规格、水平、规范、准则"，结合上下文，又包含"基本的需要"之意。所谓"任何一个种的尺度"，即广大的自然界各种动植物的基本需要。"美的规律"要包含这种基本需要，不能使之"异化"，变成人的对立物。这已经带有承认自然的价值之意。因为，承认自然事物的"基本需要"必然要承认其独立的价值。而所谓人的"内在的尺度"（Interentstandard），按字面含义，即为"内在的、固有的、生来的标准和规格"，即是人所特有的超越了狭隘物种和肉体需要一种有意识性、全面性和自由性。但这种有意识性的特性应该在承认自然界基本需要的前提之下，这就是自然主义与人道主义的结合，人与自然的和谐统一，也就是"按照美的规律来建造"。其次，我认为，马克思在《1844年经济学哲学手稿》中所说的"按照美的规律来建造"是其所创立的崭新世界观——唯物实践观的必不可少的重要内容，具有极其重要的理论价值与时代意义。马克思曾在《关于费尔巴哈的提纲》中说道："哲学家们只是用不同的方式解释世界，而问题在于改变世界。"①由于这个提纲是马克思于1845年春在布鲁塞尔写在笔记本中的，当时并未准备发表，也没有具体展开。为此，我认为，马克思这里所说的"改变世界"应该包含"按照美的规律来建造"。所以，马克思这一段话更完整的表述应是：哲学家们只是用不同的方式解释世界，而问题在于改变世界，按照美的规律来建造。这样完整表达的唯物实践观就包含了浓郁的生态审美意识。

①《马克思恩格斯选集》第1卷，人民出版社1972年版，第19页。

　　我们说,马克思、恩格斯的唯物实践观中包含浓郁的生态审美意识,这不仅有以上有关"物种的尺度"的依据,而且在其他的论述中马克思与恩格斯也有生态观的论述。马克思在《1844 年经济学哲学手稿》中多处论述人是自然的一部分,从而包含人与自然平等的生态观念。他在论述人的生存与自然界的联系时指出:"人靠自然界生活。这就是说,自然界是人为了不致死亡而必须与之不断交往的、人的身体。所谓人的肉体生活和精神生活同自然界相联系,也就等于说自然界同自身相联系,因为人是自然界的一部分。"①"人靠自然界生活",这是一个亘古不变、不可动摇的客观事实。从人的肉体生活来说,人的生存所必需的食物、燃料、衣服和住房均来源于自然界。从人的精神生活来说,自然界不仅是自然科学的对象,而且是艺术、宗教、哲学等一切意识活动的对象,"是人的精神的无机界,是人必须事先进行加工以便享用和消化的精神食粮"②。而且,马克思认为,作为人本身来说,是同一切动植物一样是有生命力、有感觉和欲望的自然存在物。他说:"人直接地是自然存在物。人作为自然存在物,而且作为有生命的自然存在物,一方面具有自然力、生命力,是能动的自然存在物;这些力量作为天赋和才能、作为欲望存在于人身上;另一方面,人作为自然的、肉体的、感性的、对象性的存在物,和动植物一样,是受动的、受制约的和受限制的存在物……"③马克思在这里充分地肯定了人作为自然存在物的自然属性,包含自然力、生命力、肉体的与感性的欲望要求等等。正是从这个角度说,人本

---

① 《马克思恩格斯全集》第 42 卷,人民出版社 1979 年版,第 95 页。
② 《马克思恩格斯全集》第 42 卷,人民出版社 1979 年版,第 95 页。
③ 《马克思恩格斯全集》第 42 卷,人民出版社 1979 年版,第 167 页。

来就是自然的一部分,与自然共存亡、同命运。但人的本质毕竟
是其社会性,人是社会关系的总和,人的自然属性都要被其社会
属性所统帅,而其社会性集中地表现为社会实践性。人只有通过
"按照美的规律来建造"的社会实践,才能实现人与自然、自然主
义与人道主义的统一。正如马克思所说,"只有在社会中,人的自
然的存在对他说来才是他的人的存在,而自然界对他说来才成为
人。因此,社会是人同自然界的完成了的本质的统一,是自然界
的真正复活,是人的实现了的自然主义和自然界的实现了的人道
主义。"①也就是说,在马克思看来,即使作为社会的人,其本质也
要其实现与自然的统一。恩格斯在《自然辩证法》中论述了人与
自然的关系。其中,十分重要的是以雄辩的事实阐释了劳动在从
猿到人转变过程中的巨大作用,从而论述了人类起源于自然的真
理。恩格斯指出:"正如我们已经说过的,我们的猿类祖先是一种
社会化的动物,人,一切动物中最社会化的动物,显然不可能从一
种非社会化的最近的祖先发展而来。随着手的发展、随着劳动而
开始的人对自然的统治,在每一个新的进展中扩大了人的眼
界。"②这就说明,人类是猿类祖先在劳动中逐步演化进步、发展
而来,因而自然是人类的起源,动物是人类的近亲。同时,恩格斯
还揭示了包括人类在内的自然界的一些特性。首先是自然界的
运动性和相互联系性。恩格斯指出:"我们所面对的整个自然界
形成一个体系,即各种物体相互联系的总体,而我们在这里所说
的物体,是指所有的物质存在,从星球到原子,甚至直到以太粒
子,如果我们承认以太粒子存在的话。这些物体是互相联系的,

---

①《马克思恩格斯全集》第 42 卷,人民出版社 1979 年版,第 122 页。
②《马克思恩格斯选集》第 3 卷,人民出版社 1972 年版,第 510 页。

这就是说,它们是相互作用着的,并且正是这种相互作用构成了运动。"①恩格斯在这里所说的"整个自然界形成一个体系"的观点已经包含了生态学中有关生态环链的思想,因而是十分珍贵的。而且,恩格斯作为一个坚定的唯物主义者,就在其同唯心主义展开激烈斗争的过程中,他也充分地阐述了大自然的神秘性、神奇性和许多自然现象的不可认识性,也就是说承认了某种程度的"自然之魅"。恩格斯在论述宇宙的产生与前途时说了一段意味深长的话,值得我们深思。他说:"有一点是肯定的:曾经有一个时期,我们的宇宙岛的物质把如此大量的运动——究竟是何种运动,我们到现在还不知道——转化成了热,以致(依据梅特勒)从这当中可能发展出至少包括了两千万个星的种种太阳系,而这些太阳系的逐渐灭亡同样是肯定的。这个转化是怎样进行的呢?至于我们太阳系的将来的 Caputmortuum 是否总是重新变为新的太阳系的原料,我们和赛奇神甫一样,一点也不知道。"②恩格斯在这里一连用了两个"不知道",说明即使是坚定的唯物主义者面对浩渺无垠的宇宙和诡谲神奇的自然也不能不承认其所特具的神奇魅力。这对我们当前生态美学研究中正在讨论的"自然的祛魅"与"自然的复魅"问题是深有启发的。

马克思:异化的扬弃——人与
自然和谐关系的重建

生态审美观的产生具有深厚的现实基础,主要针对资本主义

---

① 《马克思恩格斯选集》第 3 卷,人民出版社 1972 年版,第 492 页。
② 《马克思恩格斯选集》第 3 卷,人民出版社 1972 年版,第 460 页。

制度盲目追求经济利益对自然的滥伐与破坏,造成人与自然的严重对立。马克思将这种"对立"现象归之为"异化",并对其内涵与解决的途径进行了深刻的论述,给当今生态审美观的建设以深深的启示。1844年4月至8月,马克思在巴黎期间写作了极其重要的《1844年经济学哲学手稿》。这部手稿具有重要的理论与学术价值,是马克思唯物实践论崭新世界观的真正诞生地。这部著作十分集中地论述了资本主义社会中"异化劳动"问题,深刻地分析了"异化劳动"的内涵,产生"异化劳动"的资本主义私有制原因,以及扬弃异化劳动、推翻资本主义私有制、建设共产主义制度的根本途径。有关经济学和政治学方面的问题已有许多论著作了深刻阐述,在此不赘。我着重从异化劳动中人与自然的关系解读一下马克思的理论观点。应该说,在这一方面,马克思也给我们留下了极其宝贵的理论财富。首先,我想谈一下对"异化"这一哲学范畴的看法。"异化"作为德国古典哲学的范畴,是德文"Entfremdung"的意译,意指主体在一定的发展阶段,分裂出它的对立面,变成外在的异己的力量。因为,德国古典哲学包含"绝对理念的分裂""人类本质与抽象人性的分裂"等等,因而带有明显的抽象思辨色彩和人性论意味。因此,"异化"一度成了一个禁谈的词语。但我认为,"异化"不仅从微观上反映了某种自然与社会现象,如自然物种的"变异"、社会发展中制度的变更等等;而且,从宏观方面说,恰恰是马克思与恩格斯所指出的否定之否定规律。在黑格尔,是绝对理念演化的"正、反、合",而在马克思与恩格斯则是事物的肯定、否定、否定之否定的重要规律。恩格斯将之称为是其"整个体系构成的基本规律"。① 马克思在《1844年经济学

———————————

① 《马克思恩格斯选集》第3卷,人民出版社1972年版,第484页。

哲学手稿》中论述劳动由人的本质表现(肯定)到异化(否定),再到异化劳动之扬弃,重新成为人的本质(否定之否定),应该说是具有深刻哲学与政治学意义的。在劳动中,人与自然的关系,恰也经过了这样一种肯定(人与自然和谐)、否定(自然与人异化)、再到否定之否定(重建人与自然的和谐)的过程。这正是马克思有关人与自然关系深刻认识之处。马克思认为,自然界在社会劳动中是必不可少的生产材料。正如他所说,"没有自然界,没有感性的外部世界,工人就什么也不能创造。它是工人用来实现自己的劳动、在其中展开劳动活动、由其中生产出和借以生产出自己的产品的材料"①。因此,自然界成为生产力的重要组成部分。马克思认为,社会生产力是指具有一定生产经验和劳动技能的劳动者,利用自然对象和自然力生产物质资料时所形成的物质力量。它表明的是人对自然界的关系,是人们影响自然和改造自然的能力。由此可见,社会劳动恰是人与自然的结合、有机的统一。在自有人类以来的漫长时间内,在社会劳动的过程中,人与自然从总体上来说都是统一协调的。但自私有制产生之后,特别是资本主义制度产生以来,在社会劳动中自然与人出现异化,自然成为人的对立方面,而且有愈演愈烈之势。诚如马克思所说,"异化劳动使人自己的身体,以及在他之外的自然界,他的精神本质,他的人的本质同人相异化"②。这里的异化,包括人的身体、自然界、精神本质和人的本质等,自然界是其重要方面之一。首先,自然界作为生产产品的有机部分,在异化劳动中同劳动者处于异己的、对立的状态。马克思指出:"当然,劳动为富人生产了奇迹的

①《马克思恩格斯全集》第42卷,人民出版社1979年版,第92页。
②《马克思恩格斯全集》第42卷,人民出版社1979年版,第97页。

东西,但是为工人生产了赤贫。劳动创造了宫殿,但是给工人创造了贫民窟。劳动创造了美,但是使工人变成畸形。劳动用机器代替了手工劳动,但是使一部分工人回到野蛮的劳动,并使另一部分工人变成机器。劳动生产了智慧,但是给工人生产了愚蠢和痴呆。"①就是说,工人在改造自然的劳动中创造了财富和美,但这些却远离自己而去,自己过着一种贫穷、丑陋、非自然与非美的生活。其次,社会劳动中自然与人的异化还表现在劳动过程中对自然的严重破坏与污染。本来,社会劳动是人"按照美的规律来建造",是人与自然的和谐统一,但异化劳动却使自然受到污染和破坏。马克思在批判费尔巴哈的直观的唯物主义所谓"同人类无关的外部世界"观点时,谈到一切的自然都是"人化的自然",工业的发展就使自然界受到污染,甚至连鱼都失去了其存在的本质——清洁的水。他指出:"但是每当有了一项新的发明,每当工业前进一步,就有一块新的地盘从这个领域划出去,而能用来说明费尔巴哈这类论点的事例借以产生的基地,也就越来越小了。现在我们只来谈谈一个论点:鱼的'本质'是它的'存在',即水。河鱼的'本质'是河水。但是,一旦这条河归工业支配,一旦它被染料和其他废料污染,河里有轮船行驶,一旦河水被引入只要把水排出去就能使鱼失去生存环境的水渠,这条河的水就不再是鱼的'本质'了,它已经成为不适合鱼生存的环境。"②这就说明,现代工业的发展,使自然环境严重污染,被污染的河水不再成为鱼的存在的本质,反而成为其对立面了,当然也就同人处于异化的、对立的状态。还有一种现象,那就是异化劳动中人对自然的感觉

①《马克思恩格斯全集》第42卷,人民出版社1979年版,第93页。
②《马克思恩格斯全集》第42卷,人民出版社1979年版,第369页。

和感情的异化。这一点常常被人忽视，但马克思却敏锐地抓住了它。马克思认为，社会劳动是人的本质力量的对象化、自觉的意识和欲望的实现，因此人在劳动中应该感到十分的幸福和愉快，但异化劳动却是一种强制的劳动，是人的本质的丧失、肉体的折磨、精神的摧残。所以，劳动者在感觉和感情上是一种痛苦和沮丧。在这种情况下，人对自然的感觉和感情也会发生异化，即使是面对如画的河山和亮丽的风景，处于痛苦和沮丧状态中的劳动者也是绝对不会欣赏的。马克思指出："忧心忡忡的穷人甚至对最美丽的景色都没有什么感觉；贩卖矿物的商人只看到矿物的商业价值，而看不到矿物的美和特性；他没有矿物学的感觉。因此，一方面为了使人的感觉成为人的，另一方面为了创造同人的本质和自然界的本质的全部丰富性相适应的人的感觉，无论从理论方面还是从实践方面来说，人的本质的对象化都是必要的。"①就是说，只有完全排除了异化状态的劳动，人在劳动中才能真正处于一种幸福和愉快的状态，才能真正实现人的本质力量的对象化，以便培养同人的本质和自然界的本质相适应的人的感觉，从而真正欣赏大自然的良辰美景，进而使工业生产成为人同自然联系的中介，成为人的审美力能否得到解放的重要标尺。

　　马克思认为，"我们看到，工业的历史和工业的已经产生的对象性的存在，是一本打开了的关于人的本质力量的书，是感性地摆在我们面前的人的心理学"②。但是，资本主义工业化恰恰是对人的本质力量对象化的否定，是对人与自然关系的极大疏离，

①《马克思恩格斯全集》第42卷，人民出版社1979年版，第126页。
②《马克思恩格斯全集》第42卷，人民出版社1979年版，第127页。

是对人的审美的感觉和感情的压抑。这就说明,大自然本身尽管
具有潜在的美的特性,但如果人的审美的感觉被异化,也不会同
自然建立审美的关系。这就揭露了资本主义私有制不仅剥夺了
人应有的物质需求,而且剥夺了人的包括审美在内的精神需求。
有鉴于以上所述异化劳动中劳动者的被残酷地剥夺、人与自然的
空前对立,人的生存环境的日益恶化,马克思明确地提出了扬弃
异化、扬弃资本主义私有制、建设共产主义社会、重建人与自然和
谐协调关系的美好理想。马克思十分敏锐地看到了导致异化劳
动的根本原因就是资本主义私有制。他说:"私有制使我们变得
如此愚蠢而片面,以致一个对象,只有当它为我们拥有的时候,也
就是说,当它对我们说来作为资本而存在,或者它被我们直接占
有,被我们吃、喝、穿、住等等的时候,总之,在它被我们使用的时
候,才是我们的……"又说:"因此,一切肉体的和精神的感觉都被
这一切感觉的单纯异化即拥有的感觉所代替。"①就是说,马克思
认为,资本主义私有制使一切对象变成私欲所有,成为资本。这
才是劳动异化,特别是自然与人异化的根本原因。马克思对资本
主义制度中视为万能的货币的揭露就可充分看到这一制度对异
化劳动,包括自然与人的异化之中所起的决定性作用。马克思指
出:"莎士比亚特别强调了货币的两个特性:(1)它是有形的神明,
它使一切人的和自然的特性变成它们的对立物,使事物普遍混淆
和颠倒;它能使冰炭化为胶漆。(2)它是人尽可夫的娼妇,是人们
和各民族的普遍牵线人。使一切人的和自然的性质颠倒和混淆,
使冰炭化为胶漆——货币的这种神力包含在它的本质中,即包含

①《马克思恩格斯全集》第 42 卷,人民出版社 1979 年版,第 124 页。

在人的异化的、外化的和外在化的类本质中。它是人类的外在的能力。"①马克思明确地指出,货币是使人的和自然的性质颠倒这种异化现象产生的"神力"。这种神力的具体表现就是对利润、私欲和短期经济效益的不顾一切的追求,这恰是造成资源的过度开采、环境的严重污染和自然与人的异化的根本原因。所以,为了解决这种十分严重的异化劳动、自然与人的疏离的问题,马克思提出了"私有财产的扬弃"这一十分重要思想。他说:"因此,私有财产的扬弃,是人的一切感觉和特性的彻底解放;但这种扬弃之所以是这种解放,正是因为这些感觉和特性无论在主体上还是在客体上都变成人的。……因此,需要和享受失去了自己的利己主义性质,而自然界失去了自己的纯粹的有用性,因为效用成了人的效用。"②很明显,私有财产的扬弃之所以会成为异化的扬弃,马克思认为主要是感觉复归为人的感觉,需要丢弃了利己主义性质,对自然界的关系丢弃了纯粹的功利性,从而得到彻底的解放。这种人的解放和人与自然和谐关系的重建就是共产主义社会的建立。正如马克思所说,"共产主义是私有财产即人的自我异化的积极的扬弃,因而是通过人并且为了人而对人的本质的真正占有;因此,它是人向自身、向社会的(即人的)人的复归,这种复归是完全的、自觉的而且保存了以往发展的全部财富的。这种共产主义,作为完成了的自然主义,等于人道主义,而作为完成了的人道主义,等于自然主义,它是人和自然界之间、人和人之间的矛盾的真正解决,是存在和本质、对象化和自我确证、自由和必然、个体和类之间的斗争的真正解决。它是历史之谜的解答,而且知道

---

① 《马克思恩格斯全集》第 42 卷,人民出版社 1979 年版,第 153 页。
② 《马克思恩格斯全集》第 42 卷,人民出版社 1979 年版,第 124—125 页。

自己就是这种解答"。① 这真是一个极为深刻的理论阐释，包含着极为丰富的哲学内涵：（1）共产主义作为人的自我异化的扬弃即是私有财产的扬弃；（2）这种扬弃是人的自觉性在保留以往发展全部财富的基础上向更高层次的复归，是一种哲学上的否定之否定；（3）共产主义作为完成了的自然主义，由于包含着人这个最高级的自然存在物，因而等于人道主义；而共产主义作为完成了人道主义，由于将人的自由自觉性延伸到自然领域，所以又等于自然主义；（4）共产主义的实质是人与自然、人与人、存在与本质、对象化与自我确证、自由与必然、个体与类之间矛盾的解决；（5）这就是人类从历史和自身局限中摆脱出来并得到解放的历史之谜的解答，但这是一个由低到高的否定之否定的永无止境的历史过程。在这里，共产主义是私有财产（资本主义私有制）的积极扬弃，从而真正解决人与自然、人与人之间的矛盾，实现人道主义与自然主义的统一，实现人的真正解放是其主旨所在。这是一百多年前，马克思对于资本主义私有制所造成的自然与人以及人与人之异化现象及其解决的深刻思考，具有极强的理论的与现实的意义。

　　如果说，当代"深层生态学"是对生态问题进行哲学和价值学层面的"深层追问"的话，那么，马克思在《1844年经济学哲学手稿》中已对人与自然的关系进行了社会学的沉思，并将其同社会政治制度紧密联系。马克思这种沉思的当代价值应该是显而易见的。

---

① 《马克思恩格斯全集》第42卷，人民出版社1979年版，第120页。

恩格斯：辩证唯物主义自然观的创立
——人与自然统一的哲学维度

　　生态审美观从其主要内涵是阐述人与自然的生态审美关系来说，恩格斯所创立的辩证唯物主义自然观应成为其哲学基础。这一自然观包含着批判人类中心主义、唯心主义和强调人与自然联系性，人的科技能力在自然面前的有限性等等，值得我们学习借鉴。众所周知，恩格斯于1873—1886年写作了著名的《自然辩证法》。这部论著的主旨在于创立辩证唯物主义自然观，从而进一步丰富了马克思主义的世界观，同时也是对当时自然科学重大发现的总结和对自然科学领域形而上学和唯心主义进行批判。当时在资本主义私有制度之下的工业的发展也进一步激化了人与自然的矛盾，环境的污染和资源的过度开采日渐严重，对人与自然的关系以及人的科技能力进行哲学的审视已是迫在眉睫的事情。这就是《自然辩证法》写作的背景。诚如恩格斯所说，"我们在这里不打算写辩证法的手册，而只想表明辩证法的规律是自然界的实在的发展规律，因而对于理论自然科学也是有效的"①。对于这部理论界已有深入研究的论著，当我带着当代诸多生态方面的理论问题进行重新阅读时，真是感到从未有过的亲切，并且获得了许多新的体会。

　　首先，我发现，恩格斯的自然辩证法并不是像某些人曾经理解的那样主要讲的是人与自然的对立、人对自然的支配。恰恰相反，恩格斯的重点讲的是人与自然的联系，强调人与自然的统一，

---

① 《马克思恩格斯选集》第3卷，人民出版社1972年版，第485页。

批判"人类高于其他动物的唯心主义"观点,而且对人的劳动与科技能力的有限性与自然的不可过度侵犯性进行了深刻的论述。读后深感对于当前批判"人类中心主义"传统观念具有极强的现实意义与价值。在谈到辩证法时,恩格斯给予明确的界定:"阐明辩证法这门和形而上学相对立的、关于联系的科学的一般性质。"①谈到自然界时,恩格斯认为,整个自然界是"各种物体相互联系的总体"②。而且,恩格斯借助于细胞学说,从人类同动植物均由细胞构成与基本结构具有某种相同性上论证了人与自然的一致性,批判了人类高于动物的传统观点。他指出:"可以非常肯定地说,人类在研究比较生理学的时候,对人类高于其他动物的唯心主义的矜夸是会极端轻视的。人们到处都会看到,人体的结构同其他哺乳动物完全一致,而在基本特征方面,这种一致性也在一切脊椎动物身上出现,甚至在昆虫、甲壳动物和蠕虫等身上出现(比较模糊一些)。……最后,人们能从最低级的纤毛虫身上看到原始形态,看到简单的、独立生活的细胞,这种细胞又同最低级的植物(单细胞的菌类——马铃薯病菌和葡萄病菌等等)、同包括人的卵子和精子在内的处于较高级的发展阶段的胚胎并没有什么显著区别……。"③恩格斯在这里把"人类高于其他动物"的观点看作"唯心主义的矜夸"并给予"极端轻视",这已经是对"人类中心主义"的一种有力的批判。这种批判是从比较生理学的科学视角,立足于包括人类在内的一切生物均由细胞构成这一事实,因而是十分有力的。不仅如此,恩格斯还从人类由猿到人的

①《马克思恩格斯选集》第 3 卷,人民出版社 1972 年版,第 484 页。
②《马克思恩格斯选集》第 3 卷,人民出版社 1972 年版,第 492 页。
③《马克思恩格斯选集》第 4 卷,人民出版社 1972 年版,第 337—338 页。

进化进一步论证了人与自然的同源性。他说："这些猿类，大概首先由于它们的生活方式的影响，使手在攀援时从事和脚不同的活动，因而在平地上行走时就开始摆脱用手帮助的习惯，渐渐直立行走。这就完成了从猿转变到人的具有决定意义的一步。"①他还从儿童的行动同动物行动的相似来论证这种人与自然的同源性。恩格斯指出："在我们的那些由于和人类相处而有比较高度的发展的家畜中间，我们每天都可以观察到一些和小孩的行动具有同等程度的机灵的行动。因为，正如母腹内的人的胚胎发展史，仅仅是我们的动物祖先从虫豸开始的几百万年的肉体发展史的一个缩影一样，孩童的精神发展是我们的动物祖先、至少是比较近的动物祖先的智力发展的一个缩影，只是这个缩影更加简略一些罢了。"②恩格斯由此出发，从哲学的高度阐述了人与动物之间的"亦此亦彼"性，从而批判了形而上学主义者将人与自然截然分离的"非此即彼"性。这种"亦此亦彼"性恰恰就是由于事物之间的"中间阶段"而加以融合和过渡的。他说："一切差异都在中间阶段融合，一切对立都经过中间环节而互相过渡，对自然观的这种发展阶段来说，旧的形而上学的思维方法就不再够了。辩证法不知道什么绝对分明的和固定不变的界限，不知道什么无条件的普遍有效的'非此即彼！'，它使固定的形而上学的差异互相过渡，除了'非此即彼！'，又在适当的地方承认'亦此亦彼！'，并且使对立互为中介；辩证法是唯一的、最高度地适合于自然观的这一发展阶段的思维方法。"③由此可见，将人与自然对立的"人类中

---

① 《马克思恩格斯选集》第 3 卷，人民出版社 1972 年版，第 508 页。
② 《马克思恩格斯选集》第 3 卷，人民出版社 1972 年版，第 517 页。
③ 《马克思恩格斯选集》第 3 卷，人民出版社 1972 年版，第 536 页。

心主义"不恰恰就是恩格斯所批判的违背辩证法而力主"非此即彼"的形而上学吗？但是，人类毕竟同动物之间有着质的区别，那就是动物只能被动地适应自然，而人却能够进行有目的的创造性的劳动。恩格斯指出："人类社会区别于猿群的特征又是什么呢？是劳动。"①正因此，动物不可能在自然界打上它们的意志的印记，只有人才能通过有目的劳动改变自然界，使之"为自己的目的服务，来支配自然界"②。19世纪70年代以来，由于科学技术的发展、工业化的深化和资本主义对利润的无限制追求，造成了两种情形，一是人类对自己改造环境的能力形成一种盲目的自信，二是人类对环境的破坏日渐严重，逐步形成严重后果。恩格斯指出："当一个资本家为着直接的利润去进行生产和交换时，他只能首先注意到最近的最直接的结果。一个厂主或商人在卖出他所制造的或买进的商品时，只要获得普通的利润，他就心满意足，不再去关心以后商品和买主的情形怎样了。这些行为的自然影响也是如此。当西班牙的种植场主在古巴焚烧山坡上的森林，认为木灰作为能获得高额利润的咖啡树的肥料足够用一个世代时，他们怎么会关心到，以后热带的大雨会冲掉毫无掩护的沃土而只留下赤裸裸的岩石呢？"③这就将自然环境的破坏同资本主义制度下利润的追求紧密相联，不仅说明环境的破坏同资本主义政治制度紧密相关，而且同人们盲目追求经济利益的生产生活方式与思维模式紧密相关。同时，环境的破坏也同科技的发展导致人们对自己的能力过分自信从而肆行滥伐和掠夺自然的观念和行为有

①《马克思恩格斯选集》第3卷，人民出版社1972年版，第514页。
②《马克思恩格斯选集》第3卷，人民出版社1972年版，第517页。
③《马克思恩格斯选集》第3卷，人民出版社1972年版，第520页。

关。恩格斯在描绘在科学的进军下宗教逐渐缩小其地盘时写道：
"在科学的猛攻之下，一个又一个部队放下了武器，一个又一个城
堡投降了，直到最后，自然界无限的领域都被科学所征服，而且没
有给造物主留下一点立足之地。"①这就说明科学与宗教对自然
界领域的争夺，最后科学志得充满地认为"自然界无限的领域"都
被其所征服。但是，恩格斯从人与自然普遍联系的哲学维度敏锐
地看到，人类对自己凭借追求经济利益的目的和科技能力对自然
的所谓征服是过分陶醉、过分乐观的。他说："但是我们不要过分
陶醉于我们对自然界的胜利。对于每一次这样的胜利，自然界都
报复了我们。每一次胜利，在第一步都确实取得了我们预期的结
果，但是在第二步和第三步却有了完全不同的、出乎预料的影响，
常常把第一个结果又取消了。"②这是一段非常著名的经常被引
用的话，说得的确非常深刻，非常精彩，不仅讲到人类不应过分陶
醉于自己的能力，而且讲到人类征服自然的所谓胜利必将遭到报
复并最终取消其成果，从而预见到人与自然关系的矛盾激化以及
生态危机的出现。

　　恩格斯还由此出发对人类进行了必要的警示："因此我们必
须时时记住：我们统治自然界，决不象征服者统治异民族一样，决
不象站在自然界以外的人一样，——相反地，我们连同我们的肉、
血和头脑都是属于自然界，存在于自然界的。"③这就是说，对自
然的破坏最后等于破坏人类自己。恩格斯并没有仅仅停留于此，
而是从辩证的唯物主义自然观的高度抨击了欧洲从古代以来并

①《马克思恩格斯选集》第3卷，人民出版社1972年版，第529页。
②《马克思恩格斯选集》第3卷，人民出版社1972年版，第517页。
③《马克思恩格斯选集》第3卷，人民出版社1972年版，第518页。

在基督教中得到发展的反自然的文化传统,进一步论述了人"自身和自然界的一致"。他说:"但是这种事情发生得愈多,人们愈会重新地不仅感觉到,而且也认识到自身和自然界的一致,而那种把精神和物质、人类和自然、灵魂和内体对立起来的荒谬的、反自然的观点,也就愈不可能存在了,这种观点是从古典古代崩溃以后在欧洲发生并在基督教中得到最大发展的。"①这是一段极富哲学意味的科学的自然观,也是科学的生态观,即使放到今天都极富启示和教育意义。恩格斯在抨击人们过分迷信自己科技的能力时,并没有完全否认科技的作用,他相信科学的发展会使人们正确理解自然规律,从而学会支配生产行为所引起的比较远的自然影响。他说:"事实上,我们一天天地学会更加正确地理解自然规律,学会认识我们对自然界的惯常行程的干涉所引起的比较近或比较远的影响。特别从本世纪自然科学大踏步前进以来,我们就愈来愈能够认识到,因而也学会支配至少是我们最普通的生产行为所引起的比较远的自然影响。"②由此说明,恩格斯并没有把科学放到与自然对立的位置上,认为关键在于运用和掌握科学技术的人,在如何运用科学的武器去掌握并遵循自然规律,促使人与自然的和谐协调。在当前讨论科技与生态的关系中,恩格斯的这些理论观点都是极具指导价值的。但是,恩格斯认为,最后解决人与自然的根本对立的途径是通过社会主义革命建立一种"能够有计划地生产和分配的自觉地社会生产组织"。他说:"只有一种能够有计划地生产和分配的自觉的社会生产组织,才能在社会关系方面把人从其余的动物中提升出来,正象一般生产

①《马克思恩格斯选集》第3卷,人民出版社1972年版,第518页。
②《马克思恩格斯选集》第3卷,人民出版社1972年版,第518页。

曾经在物种关系方面把人从其余的动物中提升出来一样。历史的发展使这种社会生产组织日益成为必要，也日益成为可能。一个新的历史时期将从这种社会生产组织开始，在这个新的历史时期中，人们自身以及他们的活动的一切方面，包括自然科学在内，都将突飞猛进，使已往的一切都大大地相形见绌。"①恩格斯认为，人盲目地追求经济利益，造成人与自然以及人与人的关系的失衡，实际上是人的自由自觉本质的一种异化，是向动物的一种倒退，而只有这种"有计划地生产和分配的自觉的社会生产组织"才是人从动物中的提升，人的本质的复归，这就是一个新的社会主义历史时期的开始。我想，在我们中国已经开始了这样的历史时期，消除盲目经济利益的追求已经成为可能，只要我们进一步完善"有计划地生产和分配的自觉的社会生产组织"，就一定能使人与自然、人与人的关系进一步和谐协调，从而实现人类审美的生存。

恩格斯曾经指出："我们只能在我们时代的条件下进行认识，而且这些条件达到什么程度，我们便认识到什么程度。"②作为一个马克思主义历史主义者，恩格斯讲得的确非常深刻。由此，我们也可认识到马、恩生态审美观的不可避免的历史局限性。因为19世纪中期，资本主义还处于发展的兴盛期，人与自然的矛盾还没有突出出来。只在20世纪中期以后，人与自然的矛盾才日渐突出，环境问题十分尖锐，人类社会不仅出现了马、恩所揭示的经济危机，而且出现了他们所未曾看到的生态危机。因此，马、恩对环境问题尖锐性的论述肯定还有所不够。但是，他们的包含生态

---

① 《马克思恩格斯选集》第3卷，人民出版社1972年版，第458页。
② 《马克思恩格斯选集》第3卷，人民出版社1972年版，第562页。

审美意识的唯物主义实践观和辩证唯物主义自然观，以及共产主义是人与自然和谐协调关系重建的论述，都带有普遍的世界观的指导意义，不仅克服了西方传统的主客二分形而上学思维模式，而且对长期禁锢人们头脑的"人类中心主义"也有所突破，成为我们今天建设新的生态审美观的理论基础。当然，我们还应在此基础上与时俱进，结合新时代的实际，吸收有关重要成果，建设更加具有时代特色并有更加丰富内涵的生态审美观。

当代社会主义生态文明建设
与生态美学理论发展^①

　　党的十七大政治报告第一次在社会主义物质文明、精神文明与政治文明之后明确地提出"建设生态文明"的重要问题,将其作为建设我国社会主义小康社会的新目标与新要求,并对"生态文明"的内涵进行了一系列深入的论述。这对我国当代包括生态美学与生态文学在内的生态理论的建设发展具有极为重要的意义,开辟了广阔的发展空间。我们应该抓住这一极好机遇,很好地学习领会十七大报告中有关"建设生态文明"论述的深刻理论内涵与重要意义,用以指导生态美学与生态文学建设。

　　我认为,最重要的就是十七大报告将"建设生态文明"作为我国"全面建设社会主义小康社会"的"新目标"与"新要求"。在此前提下包含极为丰富的内容。我初步地将其概括为这样五层意思:第一,一个反思。即对传统的发展模式的反思,总结我国当代建设与发展的"困难和问题"的第一条就是"经济增长的资源环境代价过大"。正是在这种深刻反思的前提下才有极为重要的理论认识与建设模式的超越,这就是"建设生态文明"提出的现实背景与缘由。从这个意义上说,我国有关"建设生态文明"的理论也带

①原载《中南民族大学学报》2008年第1期。

有积极的建设性的"后现代"性质。第二，两个立足点。报告指出，生态文明建设"关系人民群众根本利益和中华民族生存发展"。也就是说，当代生态文明建设是以人民群众与民族的生存发展为其宗旨，以人民、民族与人类的福祉为其旨归，是科学发展观之中"以人为本"原则的体现，是社会主义人文主义精神的当代发展。第三，三个关系。报告中涉及当代生态文明建设的三个极为重要的关系。一是生态文明与经济发展的关系。报告一方面将发展作为"执政兴国的第一要务"，同时又将"保护环境"作为经济发展的"基础"，明确提出要"又好又快发展"。这就使生态文明建设与现代化过程中的经济发展统一起来，使之成为社会主义现代化的有机组成部分。二是生态文明与科学技术的关系。报告一方面将发展从依靠资源环境消耗转到依靠科技进步，同时指出生态文明建设也要很好地利用科技的手段，"开发和推广节约、替代、循环利用和治理污染的先进实用技术"。这就将生态文明建设与科技很好地统一起来。三是生态文明建设中中国与世界的关系，提出"加强应对气候变化能力建设，为保护全球气候作出新贡献"，这既说明了当代生态环境问题的全球性性质，同时说明中国作为负责任的大国所应具有的国际生态责任。第四，三个重要建设措施。即生态文明建设要从法律政策、体制机制与工作责任制三个方面着手。第五，五个重要转变。首先在经济层面的产业结构上，要"由主要依靠资源消耗向主要依靠科技进步、劳动者素质提高、管理创新转变"；在增长方式上，要由盲目追求经济效益向"可持续"与"又好又快"转变；在消费方式上，要由盲目追求物质需求、铺张浪费、互相攀比向节约、适度转变；在理论观念上，要使"生态文明观念在全社会牢固树立"，这里的"生态文明观念"，应该包含当代生态哲学、生态伦理学、生态美学与生态文学等；最后，在发展目标上，要使我国成为"生态环境良好的国家"。

　　十七大报告有关"生态文明建设"理论的提出，对于我国当代包括生态美学在内的生态理论建设意义重大。首先为我国当代生态理论建设提供了坚实的现实依据。长时期以来，我国生态理论基本上处于边缘化状态。一方面由于生态理论自身在理论上的种种不完备，同时也由于理论界对当代社会与理论转型在认识上的不统一，因而生态理论基本上处于被质疑的状态。十七大报告明确提出"生态文明建设"的重要论断，就将当代生态理论建设作为有中国特色社会主义理论的重要组成部分，符合我国社会主义先进文化建设的方向。这恰恰反映了我国当代社会由工业文明到生态文明转型，以及理论上由人类中心到人与环境友好转型的必然趋势。在"生态文明"这个大题目下，重新建立人与自然关系的一系列理论，包括经济观、发展观、消费观、政治观、哲学观、价值观、美学观与文学观等等。而哲学中的"共生"观念、伦理学中的"生态价值"观念、美学中的"诗意栖居"观念与文学中的"人与自然友好"观念等成为有待于继续发展的生态观念。当然，当前这种好的形势只是给我国生态理论的发展提供了一个良好的现实环境与前提，并不等于理论自身已经完备，需要我们生态理论工作者加倍地努力，在这种空前的良好环境中更好地进行理论创新，发挥理论工作应有的积极作用，汇入我国当代"生态文明建设"的洪流之中，作出自己应有的贡献。

　　另一个重要方面是，十七大报告有关"生态文明建设"的论述使我国包括生态美学在内的生态理论建设进一步得到了新的有中国特色的当代马克思主义的理论支撑。我国当代生态理论建设，从总体上来说，一直是在马克思主义理论的支撑之下的发展的。我们在理论建设中坚持马克思主义历史唯物主义的指导，很好地吸收了马克思在《1844年经济学哲学手稿》中运用"异化"理论对资本主义制度割裂人与自然统一的批判,及其对共产主义实现彻底的人道主义与彻底的自然主义的统一的论述。同时,也运用了恩格斯在著名的《自然辩证法》之中有关人与自然辩证统一关系,以及只有对资本主义制度"实行完全的变革"才能实现这种辩证统一的理论。但马克思与恩格斯毕竟是生活在100多年前还没有真正的社会主义实践的资本主义兴盛时期,不可能完全展开完备的生态理论研究与论述。而十七大有关"生态文明建设"的理论是产生在当代中国社会主义实践之中,通过总结90年来的国际经验与50多年来的国内经验,并吸收国内外生态理论研究营养的理论成果。这一成果更加具有丰富的实践性内涵与理论前沿性品格,是当代发展了的马克思主义理论,是有中国特色社会主义理论的有机组成部分,对我国当代包括生态美学在内的生态理论建设具有极为重要的指导意义。

十七大报告有关"生态文明建设"的理论,以及科学发展观为我国当代包括生态美学在内的生态理论中一系列重要难题的解决指明了方向。首先,对于有关人类中心与生态中心这一当代生态理论中最重要的争论,按照"生态文明建设"理论,极端的人类中心主义与极端的生态中心主义都是不可取的,而应将人与自然、人文与生态有机地统一起来。有人怀疑两者统一的可能性,认为它们天生是"宿命的对立",但我们相信,有中国特色的社会主义能够在不转嫁生态危机的前提下开辟了这种统一的可能性。否则,我们的社会主义现代化就不能成功。在人的价值与自然价值的关系问题上,我们一方面坚持"以人为本",同时也承认自然生态对于人的生存具有基础性的价值,人应对自然生态采取友好态度,和谐协调相处,但最后还是落脚于人类持续的美好生存,这就意味着两者只能统一在当代马克思主义实践存在论哲学基础之上。在经济发展与生态环境保护的关系上,我们一方面将发展作为第一要务,同时又坚持发展要以生态环境的支撑作为前提、基础与必要条件。在生态文明与科技的关系问题上,我们一方面批判唯科技主义和工具理性的泛滥,同时又认为当代生态文明建设离不开科技的力量。对于包括生态美学在内的当代生态理论的现实合理性,我们认为"生态文明建设"理论与建设模式的提出标志着我国社会经济的重要转型,即由传统的工业文明到先进的生态文明的转型,为适应这种转型,哲学、伦理学与美学也必须要有自己转型,在人与自然这一最基本的理论问题上调整自己的理论观点已经是十分紧迫的课题,这就是对于包括生态美学在内的各种生态理论的现实呼唤与理论需求。当然,十七大报告有关"生态文明建设"的理论内涵丰富,而生态理论自身又非常复杂,不是简单的几句话就能说清楚,但十七大报告的有关论述已经给我们指出了理论研究的方向,我们应该在这一方向指引下继续深入学习研究探索。

同时,十七大报告在论述"生态文明建设"的同时还论述了社会主义文化建设的有关问题,提出"弘扬中华文化,建设中华民族共有精神家园"的重要论题。这一论题对于"生态文明建设"同样有着重要的意义价值。一方面,我国古代有着极为丰富的有价值的生态智慧,包括儒家的"天人合一"、道家的"道法自然"与佛家的"善待众生"等等。特别是我国古代的"易思维",就是一种"生生之谓易"的古典形态的以生存、生命为基础的"诗性思维",是我国古典形态的生态美学,包含极为丰富的内涵。这些理论被西方理论家所看重并称之为"有机世界观",对于建设当代生态理论有着非常重要的价值,已经被海德格尔等众多西方当代生态理论家所借鉴。我们在当代"生态文明"与生态理论建设中对于这些古代生态智慧与生态性的诗性思维,应按照十七大报告要求"取其精华,去其糟粕,使之与当代社会相适应、与现代文明相协调,保持民族性,体现时代性"。在这样的艰苦探索过程中,建设具有中国特色与中国气派的包括生态美学在内的中国当代生态理论,使我国不仅在生态实践上而且在生态理论上都能在国际上作出自己的新贡献。

生态美学理论在我国的发展有一个渐进的过程。1978 年,美国学者克鲁特首先提出"生态批评"论题。此后,生态批评日渐勃兴,逐渐成为显学。此后,西方又逐渐出现环境美学理论。环境美学大体分两个部分,一个部分坚持现象学方法,围绕人与自然的基本关系探索美学问题。这种环境美学其实就是生态美学,只是涉及某些人居环境问题。还有一种环境美学,着重探索人居环境的美学问题,诸如城市建设、楼房建筑与室内装饰的美学问题等,技术层面的内容更多一些,与生态美学的距离稍微远了一些。但生态美学并不排斥这种环境美学,而是将其视作学术上的同盟军。生态美学的概念是 1994 年中国学者首次提出的,但其发展却是 20 世纪以来的事情。2001 年秋,中华美学学会青年美学学会在西安召开了全国第一次生态美学学术研讨会。生态美学研究日渐兴盛。此后,青年美学会又先后在贵阳、南宁主持召开了第二与第三次生态美学学术研讨会。2007 年 11 月 3 日,第四次全国生态美学学术研讨会由青年美学会与中南民族大学文学院、山东大学文艺美学研究中心在武汉联合召开。其间,山东大学文艺美学研究中心于 2005 年 8 月在青岛召开"人与自然:当代生态文明视野中的美学与文学国际学术研讨会",有 170 余位中外学者参加会议。这是我国第一次有关生态美学与生态文学的大型国际学术研讨会,取得良好效果。

但由于主客观的各种原因,生态美学的发展仍然面临着一系列挑战与质疑。主要在生态美学的必要性、科学性与独立性三个方面。面对这些挑战与质疑,我们尽管没有犹疑,但也的确感到困难重重。十七大报告有关社会主义生态文明建设的提出不仅给我们以信心,而且给我们以方向。我们知道,十七大提出的生态文明建设理论不可能代替生态美学建设,生态美学建设有着自己的一系列特殊的学科与学理方面的艰难工作需要研究者自己去努力探索,而且非短期内即可解决。但十七大报告有关生态文明建设的理论却给生态美学建设与上述问题的解决以极为重要的理论指导。

首先是生态美学提出的必要性问题。质疑者认为,既然已经有此前的美学理论,为什么还要提出生态美学呢? 这是否是一种标新立异? 但生态文明建设的理论告诉我们,人类的社会文明形态已经由工业文明前进到生态文明,人类社会文明形态的转型必然要求哲学、伦理学与美学等社会与人文学科与之适应。生态美学就是美学为适应生态文明新的社会文明转型所作出的适当调整与必要发展。

在生态美学的科学性问题上,主要集中在生态美学能否成立的问题。今天再来看这个问题,我们可以明确地回答:生态美学其实就是当代生态文化的有机组成部分,而生态文化又是生态文明的有机组成部分。众所周知,当代生态文明包括生态物质文明与生态精神文明两个方面。生态精神文明主要是当代生态文化,包括各种当代生态理论形态、生态历史研究、生态教育与生态艺术形式等等。当代生态文化属于社会主义先进文化范围,是整个生态文明建设的组成部分与理论思想保证。生态美学应该按照当代社会主义生态文化建设的方向来要求与规范自己。关于生态美学的科学性，还有一个重要问题就是人与自然、人文与生态如何得以统一的问题。我们曾经以当代马克思主义实践存在论为指导将其统一在人的社会实践存在之上。社会主义生态文明建设理论的提出为这种统一提出了更具时代特征的理论根据。那就是社会主义科学发展观中的"以人为本"的原则。社会主义生态文明建设是包括在科学发展观之中的，同样贯彻"以人为本"原则。这实际上是马克思主义实践存在论的新的发展，在社会主义建设中高举"发展为了人民、发展依靠人民、发展成果由人民共享"的旗帜。"为了人民"就是为了人民长远持续的美好生存，这就是生态美学的重要内涵与目标，是实现上述统一的重要根据。

在生态美学的独立性问题上，首先是生态美学是否构成独立的学科的问题。我个人认为，生态美学是否构成独立学科并不特别重要，生态美学作为当代生态文化的有机组成部分就足以说明其具有极为重要的独立意义。至于是否构成独立学科，需要按照学科的要求在范畴、方法与队伍等方面创造条件。但无论如何，生态美学是美学学科在当代的新发展、新延伸与新视角是不成问题的。实际上，它已经成为当前国际美学研究的新方向。国际美学学会会长海因斯·佩茨沃德最近说道，应该对于艺术哲学意义上的美学、自然美学意义上的美学与作为日常生活审美化的美学进行区分。这实际上指出了当前世界美学研究的主要方向，自然美学是当前美学研究的主要方向之一。自然美学就是包括环境美学与生态美学的美学形态。

目前的问题是需要在生态美学特有的内涵上进一步深化。我们已经在有关生态美学的"四方游戏""诗意地栖居""家园意识""场所意识"与"参与美学"等范畴上进行了探索。而且，对中国古代特有的"天人之际""生生之谓易""保合大和""道法自然""气韵生动"与"风体诗""比兴法"等范畴与理念进行了探索。但这仅仅是初步的工作,范畴的探索与理论建构的任务还很重,需要我们在社会主义生态建设理论的指导下继续艰苦努力,构建相对独立并具有中国特色的当代生态美学形态。

试论当代存在论美学观①

当代美学学科建设应在综合比较方法的指导下,以当代存在论美学为基点,对各种美学见解加以综合吸收,在此基础上创建以马克思主义实践观为指导的符合中国国情的当代存在论美学观,实现由认识论到存在论的过渡。其实,新时期以来,我国许多理论家已不约而同地将美学与文艺学的关注点集中于人的现实生存状况②。新时期以来,我国理论家对人的现实生存状况非常关注。如钱中文说:"新理性精神将从大视野的历史唯物主义出发,首先来审视人的生存意义。"胡经之认为,"艺术,不仅是人对世界的一种反映方式,它也直接是人的一种生存方式"③。因此,我对当代存在论美学观的研究实际上是在许多学者研究工作基础上的一种"接着说"。只是因为认识论美学的影响至为深远,所以希望我的这种"接着说"能引起更多同行专家的共鸣,当然也希望能得到批评。

---

① 原载《文艺评论》2003 年第 3 期。
② 钱中文:《文学理论:走向交往对话的时代》,北京大学出版社 1999 年版,第 339 页。
③ 胡经之:《文艺美学》,北京大学出版社 1989 年版,第 393 页。

一

　　当代存在论美学观的提出决不是偶然的心血来潮或标新立异,而有其经济社会、艺术和学科发展的必然根据。众所周知,西方存在主义哲学—美学思潮滥觞于 19 世纪末 20 世纪初,兴盛于"二战"之后,20 世纪 60 年代以来即融汇于各种人本主义哲学—美学思潮之中。它的发展是同资本主义现代化过程中的一系列矛盾的尖锐化相伴随的。诸如富裕与贫穷、发展与生存、当代与后代、科技与人文、物质与精神、人与环境等等,都是一系列难解的二律背反。这些二律背反在资本主义现代化的进程中又递次地表现为人的"异化",战争的严重破坏与环境的恶化等等严重问题,越来越严重地威胁到人的现实生存状况,引起全人类的高度关注。我国目前正在进行社会主义现代化建设,取得令人瞩目的成就。我国凭借制度自身的优势同资本主义国家相比对于各种矛盾问题具有更多的调节能力和空间。但事实证明,现代化之中的许多二律背反常常是过程性的,甚至是难以避免的,只是有程度与解决的快慢之分。例如,市场化与传统道德,城市化与精神疾患的蔓延,工业化与环境的破坏,科技发展与工具理性的膨胀,等等。尽管不是无解的矛盾,但也的确是难以避免的矛盾。这些矛盾都极大地威胁到人的现实生存,使人的现实生存状况面临美化与非美化的二律背反。也就是说,现代化一方面促进了生活富裕、精神文明、社会繁荣,人们处于一种从未有过的美化的现实生存状况,但同时,生活节奏的加快、竞争的激烈、贫富悬殊、环境的污染、战争与恐怖活动的威胁等等又使人们处于一种压抑、焦虑不安,乃至被种种现代病困扰的非美的现实生存状况。这种生存状况的改变当然主要依靠制度的改善和法律的完备,但也对美学和文学艺术提出必然的要求。因为,审美是一种不借助外力而发自内心的情感力量,是人的自觉自愿的内在要求,具有不可替代的巨大作用。所以,改善当代日益严重的人类现实生存状况非美化的现实需要,成为当代存在论美学观产生的现实土壤。这种现实需要必将改变审美仅仅局限于自我愉悦的范围,拓展到社会人生,成为一种审美地对待社会、自然与人自身的审美的世界观。这也就是当代存在论美学观的不同于传统美学观的深刻内涵之所在。与时代的步伐相伴,现代艺术发生了巨大的变化。现代艺术已不是传统的感性与理性对立融合的现实主义与浪漫主义艺术,而是愈来愈走向感性与理性的脱节,形象与情节愈趋淡化,形式与色彩愈趋变异与夸张,理性愈加隐没,从而走向意识的流淌。这就是当代的抽象派绘画、象征派诗歌、荒诞派戏剧、魔幻现实主义与意识流小说等等。这类作品已不是对现实的反映,而是对人的现实存在意义的探寻和追问。毕加索创作于"二战"时期的著名壁画《格尔尼卡》,结合立体主义、现实主义和超现实主义手法,通过跨越时空、变形夸张、聚焦渲染,充分表现了人类的痛苦受难,控诉了兽性的膨胀和法西斯战争,同传统的美学原则与艺术手法已相去甚远。即使是我国当代作家运用传统现实主义手法创作的作品,也在实际上偏离传统美学原则,渗透着浓郁的当代色彩。我国作家万方所著中篇小说《空镜子》①写的是传统的婚恋故事,但却渗透着浓郁的荒诞气氛,一种人在命运中的期待、无奈和惆怅。小说几乎没有传统的开端、高潮和结尾,只是让生活流伴随着意识流不经意地朝前流淌,但却蕴含着对爱情与婚姻的

①《十月》2000 年第 1 期。

意义与价值的追寻。作品并没有给我们提供典型形象,而只有意义的追问。由此可见,面对已经发生巨大变化的现代艺术,传统美学实在是离文学艺术的实践距离太远了。但当代存在论美学却能够对其进行艺术的阐释和理论的支撑。诚如南非作家1991年诺贝尔文学奖获得者纳丁·戈迪默所说,"我认为,我们是被迫走向个人的领域。写作就是研究人的生存状况,从本体论的、政治的和社会的以及个人的角度来研究"①。

当代存在论美学观的产生也是美学学科发展的必然要求。西方美学根源于古希腊美学,是一种理性主义的认识论美学。这种美学以"和谐"为其美学理想,以感性与理性的二元对立与统一为其主线,而以黑格尔的"美是理念的感性显现"为其最高形态。所谓"理念的感性显现",即是感性和理性的直接统一、完全融合,是一种达到极致的古典形态的最高的美。但此后,这种古典形态的认识论美学即逐步宣告解体,而代之以否定理性、思辨与和谐的现代美学,存在论美学即是西方现代美学的主要流派之一。这种由认识论到存在论的美学转向,实际上始于康德在《判断力批判》中对美的知性特征的挑战,在他的美是"无目的的合目的性的形式"命题中包含着美的"无功利性""纯粹性"与"合目的性"问题,成为存在论美学的先声。19世纪末20世纪初,克尔凯郭尔与尼采首先提出"存在先于本质""生命意志本体"等存在主义命题,萨特从理论与创作的结合上建立了存在主义的美学体系,海德格尔则将这一理论进一步向前推进。目前,存在主义已经作为一种哲学—美学精神和方法渗透于各种极为盛行的美学流派之中。包括存在论美学在内的西方当代美学在理论与思想上都有其十

①《新华文摘》2002年第8期,第161页。

分明显的局限性,但它所包含的生产力、科技与社会发展的先进内涵却值得我们借鉴。从美学由传统到现代转换的角度,我们应该跟上世界的步伐。众所周知,我国近代以来,以王国维、蔡元培为开端,美学研究受到西方传统的认识论美学的深刻影响。早期基本上偏重于介绍,20 世纪中期以后,逐步形成的典型论美学与实践论美学总体上仍然属于西方传统的认识论美学。特别是 20 世纪 60 年代之后逐步发展的实践论美学,对我国独具特色的美学理论的发展无疑起到了极大的推动作用。但它并没有完全接受马克思主义实践观的现代哲学内涵,总体上仍然沿袭传统认识论体系,坚持主客二分的理论结构和客观性诉求等,已经愈来愈显示出理论的陈旧,以及同现实的严重脱离。实践论美学力主美的本质的客观论。这是一种传统的以主客二分为基础的本质主义的命题,属于科学认识的范围,不属于美学的范围。因为,只有科学才通过实验的手段,探寻对象客观存在的本质属性。而美却属于情感的范围,没有主体就没有客体,没有审美也就没有美。早在二百多年前,康德就在《判断力批判》中指出:"没有关于美的科学,只有关于美的评判;也没有美的科学,只有美的艺术。因为关于美的科学,在它里面就须科学地,这就是通过证明来指出,某一物是否可以被认为美。那么,对于美的判断将不是鉴赏判断,如果它隶属于科学的话。至于一个科学,若作为科学而被认为是美的话,它将是一个怪物。"①如果我们真的至今仍然相信美的本质的客观性,那也只能犹如康德所说是将科学的证明混同于美学而令人感到奇怪。因此,美的本质的客观性或者是客观的美实际上是一个并不存在的伪命题。实践论美学还坚持审美的反映论,

①[德]康德:《判断力批判》上,宗白华译,商务印书馆 1985 年版,第 150 页。

仍然是西方认识论美学的翻版。众所周知，古希腊关于艺术本质的最重要的理论就是"摹仿说"，柏拉图提出了著名的"摹仿的摹仿"的理论，即现实是对理式的摹仿，而艺术则是对现实的摹仿。他在讲到艺术家的摹仿时提出了著名的"镜子说"，即认为艺术家对现实的摹仿犹如镜子一般是在外形上的映现。审美的反映论实际上就是西方古典美学"摹仿说"的发展，是将审美归结为认识的典型的理论形态。其实，康德已经将真善美作了认真的区分，并为审美确定了不同于认识的独特的情感领域。我们从切身的艺术欣赏实践中也能深切地体会到审美同认识的严格区别。我们欣赏梅兰芳的代表作《贵妃醉酒》，主要并不是获得有关杨贵妃的某种知识，而是对梅派唱腔和优美舞姿的欣赏，在欣赏中不知不觉地进入一种赏心悦目、怡然自得的审美的生存状态，乃至于百看不厌。实践论美学在艺术理论上是倡导"艺术典型"论的。应该说，艺术典型论也是西方古典美学的重要内容。古希腊时期亚里士多德提出"按照人应当有的样子来描写"①就包含着艺术创作应通过个别反映必然的艺术典型的内容。古罗马和新古典主义时期由于形而上学的作祟，导致了艺术创作的"类型说"，这实际上是一种倒退。德国古典美学将成功的艺术创作称作"审美理想"，是理念与形式的"自由的统一的整体"②。这是对古典的艺术创造的最贴切的概括。但到俄国的别林斯基与高尔基，对艺术创作又作了形而上学的表述，提出影响极大的"艺术典型"理论。高尔基说："假如一个作家能从二十个到五十个，以至从几百个小店铺老板、官吏、工人中每个人的身上，把他们最有代

①亚里士多德：《诗学》，罗念生译，人民文学出版社1982年版，第94页。
②[德]黑格尔：《美学》第1卷，朱光潜译，商务印书馆1979年版，第87页。

表性的阶级特点、习惯、嗜好、姿势、信仰和谈吐等等抽取出来，再把它们综合在一个小店铺老板、官吏、工人的身上，那么这个作家就能用这种手法创造出'典型'来，——而这才是艺术。"①应该说，高尔基所提出的"艺术典型论"是较为僵化的，是在德国古典美学之上的一种倒退。作为反映感性与理性、现实与必然、个别与一般统一的"审美理想"或"艺术典型"的理论，总体上反映了古典形态的艺术创作的基本特点，但却不适合现代艺术。因为现代艺术不是形象与意义的统一，而是两者的错位，它所追寻的目标不是形象（存在者）的反映，而是对于隐藏在存在者之后的存在的显现，存在意义的追问。在我们前已提到的毕加索的著名壁画《格尔尼卡》中，我们又如何能找到艺术典型的影子呢？

上面，我们对实践论美学所包含的美的本质的客观论、审美反映论与艺术典型论作了大体的分析，说明这一理论已难以适应时代的要求，也难以反映当代审美的现实，完全需要在此基础上加以突破，实现由认识论到存在论的转换。但突破不是抛弃，而是在充分肯定实践美学历史地位的前提下，保留其有价值的内容，力创新说。

二

当代存在论美学观最重要的理论内涵是以胡塞尔所开创的现象学方法作为其哲学与方法论指导，从而使其从传统的主客二元对立的认识论模式跨越到"主体间性"的现代哲学—美学轨道。这种跨越或转换所具有的重要的理论与实践意义

①〔苏〕高尔基：《论文学》，孟昌等译，人民文学出版社1978年版，第160页。

愈来愈显示在人们面前，并且已经和将要产生极其重要的影响。

胡塞尔所开创的当代现象学与其说是一种哲学理论，还不如说是一种哲学方法。诚如当代存在论美学的奠基者海德格尔所说，"'现象学'这个词本来意味着一个方法概念"，"'现象学'这个名称表达出一条原理；这条原理可以表述为：'走向事情本身！'——这句座右铭反对一切飘浮无据的虚构与偶发之见，反对采纳不过貌似经过证明的概念，反对任何伪问题——虽然它们往往一代复一代地大事铺张其为'问题'"①。这就是说，通过将一切实体（包括客体对象与主体观念）加以"悬搁"的途径，回到认识活动中最原初的意向性，使现象在意向性过程中显现其本质，从而达到"本质直观"。这也就是所谓"现象学的还原"。在这个"走向事情本身"或是"现象学的还原"的过程中，主观的意向性具有巨大的构成作用。因此，"构成的主观性"成为胡塞尔现象学的首要主题。从这种现象学的"走向事情本身"的哲学方法中，我们在看到其哲学突破的同时，也看到了明显的唯我论色彩，并因此受到当时理论界的尖锐批评。对此，胡塞尔本人亦有明显的觉察，并在 1931 年出版的《笛卡尔的沉思》中提出"主体间性"（又译交互主体性）理论加以补充。他在该书的第五沉思中说道："当我这个沉思着的自我通过现象学的悬搁而把自己还原为我自己的绝对经验的自我时，我是否会成为一个独存的我（Solus ipse）？而当我以现象学的名义进行一种前后一贯的自我解释时，我是否仍然是这个独存的我？因而，一门宣称要解决客观存在问题而又要作

① [德]马丁·海德格尔：《存在与时间》，陈嘉映、王庆节译，生活·读书·新知三联书店 1987 年版，第 35 页。

为哲学表现出来的现象学,是否已经烙上了先验唯我论的痕迹。"①对于自己的发问,他接着作了解答。他说:"所以,无论如何,在我之内,在我的先验地还原了的纯粹的意识生活领域之内,我所经验到的这个世界连同他人在内,按照经验的意义,可以说,并不是我个人综合的产物,而只是一个外在于我的世界,一个交互主体性的世界,是为每个人在此存在着的世界,是每个人都能理解其客观对象(Objekten)的世界。"②他还进一步对这种主体间性(交互主体性)作了解释。他说:"我自己并不愿意把这个自我看作为一个独存的我,而且,即使在对构造的各种作用获得了一个最初理解之后,我仍然始终会把一切构造性的持存都看作为只是这个惟一自我的本己内容。"③也就是说,他认为,在意向性活动中,自我与自我构造的一切现象也都是与我同格的(即惟一自我的本己内容),因而意向性活动中的一切关系都成为"主体间"的关系。这里仍然渗透着浓郁的先验唯我论的色彩,但哲学上的突破已显而易见。由以上简述可知,现象学方法在哲学与美学领域的确具有划时代的突破意义。即突破了古希腊以来到近代以实证科学为代表的主客对立的认识论知识体系,开始实现由机械论到整体论、由认识论到存在论、由人类中心主义到非人类中心主义的哲学与美学的革命。现象学方法所特有的通过"悬搁"进行"现象学还原"的方法,与美学作为"感性学"的学科性质,以及

---

① [德]胡塞尔:《笛卡尔式的沉思》,张廷国译,中国城市出版社 2002 年版,第 122 页。
② [德]胡塞尔:《笛卡尔式的沉思》,张廷国译,中国城市出版社 2002 年版,第 125 页。
③ [德]胡塞尔:《笛卡尔式的沉思》,张廷国译,中国城市出版社 2002 年版,第 204—205 页。

审美过程中主体必须同对象保持距离的非功利"静观"态度特别
契合。胡塞尔指出,"现象学的直观与'纯粹'艺术中的美学直观
是相近的"①。在海德格尔改造了的"存在论现象学"之中,现象
的显现过程,真理的敞开过程,主体的阐释过程,与审美存在的形
成过程都是一致的。伽达默尔也曾认为,解释学在内容上尤其适
用于美学。正是从这个意义上,存在论现象学哲学观也就是存在
论现象学美学观。由于存在论现象学哲学观在当代哲学世界观
转折中处于前沿的位置,因此,当代存在论美学观具有了当代主
导性世界观的地位。它标示着人们以一种"悬搁"功利的"主体间
性"的态度去获得审美的生存方式。这就是当代人类应有的一种
最根本的生存态度。正如克尔凯郭尔所说,人们应"以审美的眼
光看待生活,而不仅仅在诗情画意中享受审美"②。众所周知,原
始时代主导性的世界观是巫术世界观,农耕时代主导性的世界观
是宗教世界观,工业时代主导性的世界观是工具理性世界观,而
当代作为信息时代主导性的世界观则是以当代存在论美学观为
代表的审美的世界观。这种审美的世界观要求人们以"悬搁"功
利的"主体间性"的态度对待自然、社会与人自身,使之进入一种
和谐协调、普遍共生的审美生存状态。这对于解决当今社会现代
化过程中的一系列二律背反,促使人类社会的健康发展具有极其
重要的意义。

　　海德格尔对胡塞尔的"先验现象学"加以发展,使之成为"存
在论现象学"。他说:"存在论只有作为现象学才是可能的。现象

①《胡塞尔选集》,倪梁康选编,上海三联书店 1997 年版,第 1203 页。
②《一个诱惑者的日记——克尔凯郭尔文选》,徐信华、余灵灵译,上海三联
　书店 1992 年版,第 405 页。

学的现象概念意指这样的显现者:存在者的存在和这种存在的意义,变化和衍化物。"①在这里,海德格尔把胡塞尔先验现象学中由先验主体构造的意识现象代之以存在,并使现象学成为对于存在的意义的追寻,从而建立了自己的"存在论现象学"。海德格尔的"走向事情本身"即是回到"存在",其"悬搁"的则是存在者。人只是存在者中之一种,海氏把他叫做"此在",其不同之处是"对存在的领悟本身就是此在的存在规定"②。也就是说,人(此在)这种存在者有能力领悟自己的存在,可以说具有一种自我的认识能力,而其他的树木、花草、岩石、建筑等存在者则不具有这种能力。这就是说,当代存在论美学观的出发点即是作为此在的存在。回到人的存在,就是回到了原初,回到了人的真正起点,也就回到了美学的真正起点。这完全不同于传统美学的从某种美学定义出发,或是从人与现实的审美关系出发等等。事实上,审美恰恰是人性的表现,是人原初的追求,人与动物的最初区别。杜夫海纳将审美称作"它处于根源部位上,处于人类在与万物混杂中感受到自己与世界的亲密关系的这一点上"③。我国古代的《乐记》也将能否欣赏音乐、分辨音律作为人与禽兽的区别,所谓"知声而不知音者,禽兽是也"。可见,所谓审美即是人同动物的根本区别,是人性的表现。最初的审美活动实际上就是一种人性的教化、文明的养成。因此,审美恰是人区别于动物的一种

①[德]马丁·海德格尔:《存在与时间》,陈嘉映、王庆节译,生活·读书·新知三联书店1987年版,第45页。

②[德]马丁·海德格尔:《存在与时间》,陈嘉映、王庆节译,生活·读书·新知三联书店1987年版,第16页。

③[法]杜夫海纳:《美学与哲学》,孙非译,中国社会科学出版社1985年版,第8页。

特有的生存状态。从人的生存状态的角度审视审美,研究审美,就是对审美本性的一种恢复,也是对美学学科本来面貌的一种恢复。当代存在论美学观对此在的存在意义的追问,即其审美本性的探寻,实际上是一种具有崭新意义的人道主义,是一种区别于传统"人类中心主义"的人在世界(关系)中审美地存在的人道主义精神。正如海德格尔所说,这是"一种可能的人类学及其存在论基础"①。

关于审美对象,传统美学总是把它界定为一种客观的实体,或是自然物,或是艺术作品等等,而且特别强调了审美对象具有不以人的意志为转移的美的客观性。但是以现象学为方法的当代存在论美学观却完全否定了审美对象作为物质或精神的实体性,而把审美对象作为意向性过程中的一种意识现象(存在),通过现象学还原,在主观构成性中显现。胡塞尔在1913年所作的《纯粹现象学通论》中通过对杜勒铜板画《骑士、死和魔鬼》的分析,阐述自己对审美对象的理解。他认为,审美对象既不是存在的,又不是非存在的。这就是说,审美对象不是物质实体对象,须借助主体的知觉和想象显现,因此"不是存在的"。同时,审美对象又不是纯粹理念的精神实体,要以感觉材料为基础,通过意识活动赋予其意义,因此,"又不是非存在的"。对于胡塞尔的阐述,杜夫海纳说了一句更为明确的话:"美的对象就是在感性的高峰实现感性与意义的完全一致,并因此引起感性与理解力的自由协调的对象。"②也就是说,审美对象是

---

① [德]马丁·海德格尔:《存在与时间》,陈嘉映、王庆节译,生活·读书·新知三联书店 1987 年版,第 22 页。

② [法]杜夫海纳:《美学与哲学》,孙非译,中国社会科学出版社 1985 年版,第 24—25 页。

意向性活动中凭借主体的感性能力对存在意义的充分揭示,从而达到两者的"完全一致"。在这里,起关键作用的还是主体的感性能力、审美的知觉,无论对象本身的情况如何,只要主体的感性能力、审美的知觉没有对其感知,那就不能构成审美对象。杜夫海纳指出:"艺术作品则不然,它只激起知觉。如果作品有效果,那么刺激就强烈。这是否说没有'现象的存在'呢?是否说博物馆的最后一位参观者走出之后大门一关,画就不再存在了呢?不是。它的存在并没有被感知。这对任何对象都是如此。我们只能说:那时它再也不作为审美对象而存在,只作为东西而存在。如果人们愿意的话,也可以说它作为作品,就是说仅仅作为可能的审美对象而存在。"①这一段话说得非常精彩。它告诉我们,审美对象只有在审美的过程中,面对具有审美知觉能力的人,并正在进行审美知觉活动时才能成立。它是一种关系中的存在,没有了审美活动不可能有审美对象,但并不否认它作为作品———一种可能的审美对象而存在。马克思不是也讲过"对于没有音乐感的耳朵说来,最美的音乐也毫无意义,不是对象"吗?② 那么,既然审美对象的成立主要由主体的审美意向活动中的审美知觉决定,那么审美还有没有普遍有效性或共通性呢? 对于这一问题,康德是通过"主观共通感"加以解决的。当代现象学在一开始走的也是这条道路。也就是说,主观判断的普遍性决定了审美的客观性和普遍有效性。阐释学美学家伽达默尔则从审美与艺术所具有的"交往理解"与"同戏"等人类学共同特点来阐释艺术作为人的

①[法]杜夫海纳:《美学与哲学》,孙非译,中国社会科学出版社 1985 年版,第 55 页。
②《马克思恩格斯全集》第 42 卷,人民出版社 1979 年版,第 126 页。

基本存在方式必将具有共通性的道理。这实际上已经是"主体间性"（交互主体性）理论的一种深化，应该说更符合当代存在论美学的理论本性。

关于艺术的本质，传统美学有艺术是现实的摹仿和反映等等表述。但当代存在论美学放弃这种传统观点，从存在论现象学的独特视角，将艺术界定为真理（存在）由遮蔽、解蔽和澄明。正如海德格尔所说，"艺术的本质或许就是：'存在者的真理自行设置入作品'"①。他进一步解释道："在艺术作品中，存有者之真理已经自行设置入作品中了。在这里，'设置'（Setaen）说的是：带向持立。一个存在者，一双农鞋，在作品中走进了它的存在的光亮中。存在者之存在进入其闪耀的恒定中了。"②在这里，"存在者之真理已经自行设置入作品"与"存在者之存在进入其闪耀的恒定中"含义相同。所谓"真理"并不是通常所说的对事物认识的正确性，而是指把存在者的存在从隐蔽状态中显现出来，揭示出来，加以敞开。这是一种现象学的方法。因而，从这个意义上说，"真理"就是"存在"。所谓"自行设置入"也不是放进去，而是存在自动显现自己。这样，可以将海德格尔的这句话简要地理解为：艺术就是在作品中加以显现的存在者的存在。海氏以梵·高的著名油画《农鞋》为例，说明这不是一件普通的农具，它的艺术的本质属性与描绘的惟妙惟肖无关，而与作品对存在者存在的显现有关。这个存在就是真理，也就是艺术的本质。海德格尔进一步指出：

---

① ［德］马丁·海德格尔：《林中路》，孙周兴译，上海译文出版社 2005 年版，第 18 页。

② ［德］马丁·海德格尔：《林中路》，孙周兴译，上海译文出版社 2005 年版，第 18 页。

"作品建立一个世界并制造大地,同时就完成了这种争执。作品之作品存在就在于世界与大地的争执的实现过程中。"①在这里,世界是同大地相对的。"大地"原指地球、自然现象、物质媒介等,具有封闭性,而"世界"则指人的生存世界,具有开放性,两者对立斗争就是真理的显现过程。大地与世界的内在矛盾构成了艺术发展的内在矛盾,不同于古典美学中感性与理性的矛盾,而是存在显现过程中的矛盾,是封闭与敞开、隐蔽与显现的矛盾,实际上是通过比喻的诗性语言反映了存在的两种状态。在这两种状态的斗争中,存在得以显现,艺术得以具有重大的人生价值。但这一"大地与世界争执"的理论仍是强调世界对大地的统帅,未能完全摆脱"人类中心主义"的影响。只在 20 世纪 50 年代后期,海德格尔提出"天地人神四方游戏说"才真正摆脱了"人类中心主义"的理论束缚,使其美学思想成为当代存在论美学观的典范表述。他于 1959 年 6 月 6 日在慕尼黑库维利斯首府剧院举办的荷尔德林协会所作的演讲中指出:"于是就有四种声音在鸣响:天空、大地、人、神。在这四种声音中,命运把整个无限的关系聚集起来。但是,四方中的任何一方都不是片面地自为地持立和运行的。在这个意义上,就没有任何一方是有限的。若没有其他三方,任何一方都不存在。它们无限地相互保持,成为它们之所是,根据无限的关系而成为这个整体本身。因此,大地和天空以及它们的关联,归属于四方的更为丰富的关系。"②真理(存在)就在这天地人

---

① [德]马丁·海德格尔:《林中路》,孙周兴译,上海译文出版社 2005 年版,第 31 页。

② [德]马丁·海德格尔:《荷尔德林诗的阐释》,孙周兴译,商务印书馆 2000 年版,第 210 页。

神之相互依存的整体中显现出来,实现人类的审美的存在。可以说,"天地人神四方游戏说"实际上是对"主体间性"(交互主体性)理论的进一步具体化和深化,将"主体间性"理论同当代存在论美学观相结合。因而,这一理论在当代美学发展中具有极其重要的作用。正是基于"天地人神四方游戏说"达到真理的敞开这一艺术的本质,海德格尔提出了自己的当代存在论美学理想,那就是人类应该"诗意地栖居"。他引用诗人荷尔德林的诗句:"充满劳绩,然而人诗意地栖居在这片大地上",指出:"一切劳作和活动,建造和照料,都是'文化'。而文化始终只是并且永远就是一种栖居的结果。这种栖居却是诗意的。"①海氏认为,人的存在的根基从根本上说就应该是"诗意的",所谓"诗意的"就是尽可能地去神思(寻找到)神祇(存在)的现在和一切存在物的亲近处。因此,所谓"诗意的"就是天命与人的现实状况的统一,天人合一。正是从这个意义上,诗意的生活成为人类追求的目标,"诗是支撑着历史的根基"②。诗,也就是艺术,成为海德格尔寻求人生理想的根本途径。他的艺术的理想、美的理想,也就是人类理想的存在、审美的生存,成为其社会人生的理想。"人类应该诗意地栖居于这片大地",是哲人海德格尔苦苦追寻的目标,也是他的美学目标。

在传统美学之中,艺术想象是艺术审美活动的重要形式,是由现实美到艺术美的必要途径。当代存在论美学观从人的存在

①〔德〕马丁·海德格尔:《荷尔德林诗的阐释》,商务印书馆2000年12月版,第106—107页。
②胡经之主编:《西方文艺理论名著选编》下卷,北京大学出版社1989年版,第583页。

的全新维度来理解艺术想象,将艺术想象看作是人的审美的存在的最重要方式。萨特是将想象与自由联系在一起研究的,认为人要摆脱虚无荒谬的现实世界,获得绝对自由,唯有通过艺术。他说:艺术是"由一个自由来重新把握的世界"①。其原因在于,艺术能唤起人们的想象。他说:"现实的东西绝不是美的,美是一种只适合于意象的东西的价值,而且这种价值在其基本结构上又是指对世界的否定。"②想象则是一种意向性的活动,尽管想象要凭借对象的形象的浮现,但主观的构成性却在想象中起到巨大的作用。现象学方法认为,艺术想象中的这种主观构成性是完全凭借于感性的,是一种感性的组织、感性的统一原则。杜夫海纳指出:"审美对象的第一种意义,也是音乐对象和文学对象或绘画对象的共同意义,根本不是那种求助于推理并把理智当作理想对象(它是一种逻辑算法的意义)来使用的意义。它是一种完全内在于感性的意义,因此,应该在感性水平上去体验。然而,它也能很好地完成意义的这种统一与阐明的职能。"③在艺术想象中,通过感性去阐明意识经验或存在的意义,这就是一种"归纳性的感性"。正是因为在现象学方法中艺术想象自始至终是不脱离感性而不求助于理智的,所以,可以说,现象学恢复了美学作为"感性学"(Aestheticae)的本来面目。萨特还认为,艺术想象通过创作与欣赏的结合来完成,"作品只有被阅读时才是

---

① 转引自朱立元主编《西方现代美学史》,上海文艺出版社 1993 年版,第 542 页。

② [法]萨特:《想象心理学》,褚朔维译,光明日报出版社 1998 年版,第 292 页。

③ [法]杜夫海纳:《美学与哲学》,孙非译,中国社会科学出版社 1985 年版,第 64 页。

存在的"①。艺术家在艺术想象中否定现实世界的表面现象,同时也重新把握其深层的存在的意义,就在这样的过程中获得了美的感受。萨特认为,"美不是由素材的形式决定的,而应该是由存在的浓密度决定的"②。萨特把想象归结为人的一种获得自由的存在方式,以及现象学突出想象感性的组织作用,值得我们深思,但由此导致对现实的完全否定则是不正确的。

　　实际上,从海德格尔开始就将阐释学引入现象学,成为阐释学现象学,这是当代存在论美学的重要理论资源之一。海德格尔认为,由于存在论现象学将"此在"即人的存在意义的追寻引入现象学,而解释则是追寻人的存在意义的重要方法,所以,"此在的现象学就是诠译学(Hermeneutik)",是一种"历史学性质的精神科学的方法论"③。也就是说,"此在"作为"此时此地存在着的人",就显示出了时间性和历史性,它所具有的存在的意义就具有了历史的生成性,只有在历史的生成中才能理解一切意识经验。作为海氏的学生,伽达默尔发展了这种解释学现象学,并将它同美学紧密结合,形成一种新的当代存在论美学形态——解释学美学。伽氏认为,"解释学在内容上尤其适用于美学"④。这就是说,解释学同艺术文本在审美接受中存在及其历史生成紧密相

---

① 转引自〔日〕今道友信《存在主义美学》,崔相录、王生平译,辽宁人民出版社 1987 年版,第 200 页。
② 转引自〔日〕今道友信《存在主义美学》,崔相录、王生平译,辽宁人民出版社 1987 年版,第 231 页。
③ 〔德〕马丁·海德格尔:《存在与时间》,陈嘉映、王庆节译,生活·读书·新知三联书店 1987 年版,第 47 页。
④ 〔德〕伽尔默尔:《真理与方法》,王才勇译,辽宁人民出版社 1987 年版,第 242 页。

关。这就在很大程度上克服了传统美学偏重文本忽视接受、偏重作者忽视读者的倾向,为方兴未艾的接受美学开辟了广阔的天地。伽氏还进一步把"理解"作为人的一种存在方式,提到了"本体论"的高度。他说:"理解并不是主体诸多行为方式中的一种,而是此在自身的存在方式。"①伽氏在其解释学美学中提出了著名的"视界融合"和"效果历史"的原则。所谓"视界融合"就是在理解过程中将过去和现在两种视界交融在一起,达到一种包容双方的新的视界。这一原则包含了历时与共时、过去与现在、自我与他者等诸多丰富内容,但更多的是过去和现在的关系,即从现在出发,包容历史,形成新的理解。所谓"效果历史",即是认为一切理解的对象都是历史的存在,而历史既不是纯粹客观的事件,也不是纯粹主观的意识,而是历史的真实与历史的理解二者相互作用的结果,这就是效果。显然,"效果历史"也包含着丰富的内容,但主要是自我与他者的关系。这不是一种传统认识论的主客二元关系,而是一种现象学中的"主体间性",是一种"自身与他者的统一物,是一种关系"。因为观者与文本都是反映了"此在"的存在状态,是一种你与我之间(主体之间)平等对话的关系。

三

　　当代存在论美学观应该借鉴大量的古代与现代的理论资源。从古代来说,应该借鉴西方古典存在论哲学—美学资源。首先是借鉴公元前 6 世纪古希腊哲学的资源,如哲学家阿那克西曼德提

---

① [德]伽达默尔:《真理与方法》,王才勇译,辽宁人民出版社 1987 年版,"第二版序言"第 37 页。

出万物循环规律与人的生存的关系，对当代存在论不无启发。再就是借鉴康德以来的西方近代哲学家关于艺术与人的生存关系的思考。例如，康德关于美是无目的的合目的性的形式的理论，把作为彼岸世界的信仰领域引入审美，探讨了审美与人的存在的关系。席勒有关美育与异化的探索，也涉及人的存在领域。尼采所倡导的酒神精神，实际上也是崇尚一种生命力激扬的生存状态。叔本华关于艺术是人生花朵的理论，也将艺术与人生相联系。当代，福柯的生存美学理论也会给我们以深刻启发。福柯面对前资本主义对身体的奴役和现代资本主义从内部即从精神上对身体的控制，包括监督、惩罚、规训等，提出"自我呵护"的著名命题。他说："呵护自我具有道德上的优先权。"这就是说，他认为，人的关注重点由关注自然到关注理性，再到关注非理性，当前应更加关注自身，使人与自身的关系具有本体论的优先权。为此，他提出，"我们必须把我们自己创造成为一件艺术品"。由我们自身的艺术化发展到把我们每个人的生活都"变为一件艺术品"①。这实际上是建立在对现代化负面影响反思超越的基础上，要求建立一种从自我开始的艺术化（审美的）生存方式。

在这里，我要特别提到 20 世纪 70 年代以来逐步兴盛的当代生态哲学与美学对当代存在论美学观所提供的十分重要的借鉴作用。1985 年，法国社会学家 J.M.费里指出，"生态学以及有关的一切，预示着一种受美学理论支配的现代化新浪潮的出现"②。这种新的美学新浪潮在西方当代表现为以文艺批评实践形态出

①［英］路易丝·麦克尼：《福柯》，贾湜译，黑龙江人民出版社 1999 年版，第172、164、165 页。
②转引自鲁枢元《生态文艺学》，陕西人民教育出版社 2000 年版，第 27 页。

现的生态批评繁荣发展,在我国则表现为 20 世纪 90 年代前后兴
起的生态文艺学与生态美学。生态美学是一种包含人与自然、社
会以及自身的生态审美关系、符合生态规律的存在论美学。这种
理论的产生有其社会与理论的背景。现代化过程中因工业化与
农业化肥、农药的滥用和过分获取资源所造成的严重环境污染和
资源的枯竭于 20 世纪 70 年代之后凸显了出来,使人的生存面临
更大的威胁。加之城市化加速和竞争的激烈所造成的精神疾患
的迅速蔓延等等,都要求人类从自己长期生存发展的利益出发,
必须确立一种人与自然、社会以及自身和谐协调发展的新的世界
观。从理论角度看,20 世纪 70 年代以来,逐步产生了一种抛弃传
统“人类中心主义”的新的生态生存论哲学观。长期以来,我们在
宇宙观上都是抱着“人类中心主义”的观点。公元前 5 世纪,古希
腊哲学家普罗泰戈拉提出著名的“人是万物的尺度”的观点。尽
管这一观点在当时实际上是一种感觉主义的真理观,许多人仍是
将其作为“人类中心主义”的准则。欧洲文艺复兴与启蒙运动针
对中世纪的“神本主义”提出“人本主义”,包含着人比动植物更高
贵、更高级,人是自然的主人等“人类中心主义”观点,进而引申出
“控制自然”“人定胜天”“让自然低头”等等口号原则。这些“人类
中心主义”的理论观点和原则都将人与自然的关系看作敌对的、
改造与被改造、役使与被役使的关系。这种“人类中心主义”的理
论及在其指导下的实践是造成生态环境受到严重破坏并直接威
胁到人类生存的重要原因。正是面对这种严重的事实,许多有识
之士在 20 世纪中期才提出了生态哲学及与之相关的生态美学。
1973 年,挪威著名哲学家阿伦·奈斯提出“深层生态学”,主要在
生态问题上对“为什么”“怎么样”等问题进行“深层追问”,使生态
学进入了深层的哲学智慧与人生价值的层面,成为完全崭新的生

态哲学与生态伦理学。阿伦·奈斯的"深层生态学"提出了著名的"生态自我"的观点。这种"生态自我"是克服了狭义的"本我"的人与自然及他人的"普遍共生"①，由此形成极富价值的"生命平等对话"的"生态智慧"，正好与当代"主体间性"理论相契合。与此相应，美国哲学家大卫·雷·格里芬提出"生态论的存在观"②这一哲学思想。这种"生态论存在观"实际上就是当代存在论哲学的组成部分，以其为理论基础的生态存在论美学观实际上也就是当代存在论美学观的组成部分，而且丰富了当代存在论美学观的内涵。从"存在"的内涵来说，将其扩大到"人—自然—社会"这样一个系统整体之中。从"存在"的内部关系来说，将其界定为关系中的存在，是关系网络中的一个交汇点，人与自然也是一种平等对话的关系。从观照"存在"的视角方面也进一步拓宽，空间上看到人与地球的休戚与共，时间上看到人的发展的历史连续，从而坚持可持续发展观。从审美价值内涵来说，一改低沉消极心理，立足建设更加美好的物质与精神家园。

四

当代存在论美学观目前仍在探索与形成当中，而它作为当代西方哲学—美学理论形态之一，自身具有不可免的片面性，因而其局限是十分明显的。

首先，这一理论自身尚不完善。许多基本的理论问题还有待

①参见雷毅《深层生态学思想研究》，清华大学出版社 2001 年版，第 48 页。
②[美]大卫·雷·格里芬：《后现代精神》，王成兵译，中央编译出版社 1998
年版，第 224 页。

于进一步解决。包括同传统存在论的关系问题,基本范畴问题,特别是如何将这一理论进一步落实到具体的审美实践与艺术实践等等,均有待于进一步探索。加上,当代存在论本身存在许多自相矛盾,难以统一之处。这一理论所具有的后现代解构特点与现象学方法的借用又不可免地导致对唯物主义实践论的远离,从而使其在哲学的根基上尚欠牢固。同时,这一理论是一种外来的理论形态。还有一个更为艰难的同中国实际结合加以本土化的问题。另外,有些重要的理论问题还有待于解决,包括人的存在与科技、现代化的关系问题等等。因此,我们面对西方当代存在论哲学—美学理论不能生吞活剥地加以接受,而应以马克思主义为指导,紧密结合中国国情,建设具有中国特色的以唯物实践观为指导的当代存在论美学观。首先要奠定唯物实践观在当代存在论美学观建设中的指导地位,发掘并坚持马克思的实践存在论观点。马克思充分肯定了人的存在的重要性。他首先充分肯定了有生命个人的存在。他在《德意志意识形态》中指出:"任何人类历史的第一个前提无疑是有生命的个人的存在。"①同时,他还十分明确地提出了物质生产在人类生存中的作用。他说:"所以我们首先应当确定一切人类生存的第一个前提也是历史的第一个前提,这个前提就是:人们为了能够'创造历史',必须能够生活。但是为了生活,首先就需要衣、食、住以及其他东西。因此第一个历史活动就是生产满足这些需要的资料,即生产物质生活本身。"②他十分强调存在的实践性,"通过实践创造对象世界,即改

①《马克思恩格斯选集》第1卷,人民出版社1972年版,第24页。
②《马克思恩格斯选集》第1卷,人民出版社1972年版,第32页。

造无机界,证明人是有意识的类存在物"①。对于存在的社会性,他也作了充分的论述。他说:"个人是社会存在物。"②存在的社会性不仅表现于直接同别人的实际交往表现出来和深得确证的那种活动和享受,而且表现在科学之类的活动。由此可见,马克思在此强调了存在的"实际交往性",这已包含了"主体间性"(交互主体性)的理论内涵。他还特别强调了人是一种"感性的存在物"。他说:"因此,人作为对象性的、感性的存在物,是一个受动的存在物;因为它感到自己是受动的,所以是一个有激情的存在物。激情、热情是人强烈追求自己的对象的本质力量。"③但是,人的感性的存在,并不是纯感性的、完全的自然存在物,而是经过"人化的",是"人的自然存在物"④。通过以上简要的论述可知,马克思有关实践存在论的理论是十分丰富的,我们应该予以很好地研究,将其同当代存在论美学观相结合。当然,我们在这里强调马克思主义唯物实践观,包括实践存在论的指导作用,是从哲学前提的角度讲的。也就是说,在当代存在论的研究中应该坚持唯物实践观的哲学前提,而不能重犯过去以哲学观取代美学观的错误。例如,我们说社会实践是人的最重要的存在方式,但决不是说"社会实践"本身就是美。因此,这种以唯物实践观为指导的当代存在论美学观同传统的实践美学还是有着根本区别的。

当代存在论美学观的研究开辟了中西美学交流对话的广阔

---

①《马克思恩格斯全集》第 42 卷,人民出版社 1979 年版,第 126 页。
②《马克思恩格斯全集》第 42 卷,人民出版社 1979 年版,第 96 页。
③《马克思恩格斯全集》第 42 卷,人民出版社 1979 年版,第 122 页。
④《马克思恩格斯全集》第 42 卷,人民出版社 1979 年版,第 169 页。

天地。因为,我国古代哲学与美学理论从其理论形态来说实际上
就是一种存在论哲学与美学,主要围绕天人关系与人生问题展开
哲学与美学的探讨。从现有的材料来看,海德格尔存在论哲学与
美学思想的形成就受到中国道家思想的深刻影响。1930 年,海德
格尔就在论著中援引《庄子》的观点。1946 年,海氏即将老子的
《道德经》作为一个课题研究,在他的书房里则挂有"天道"的条
幅①。他 1959 年提出"天地人神四方游戏说",也肯定受到中国道
家"天人合一"学说的影响。而且,当代西方生态论存在观哲学与
美学思想的形成,也吸收了大量的中国古代、特别是道家的生态
智慧。因此,当代存在论美学观的建立的确在美学研究领域为打
破"欧洲中心主义",建立中西美学的平等对话提供了极好的条
件。当代存在论美学观的建设也有赖于吸收中国传统文化中有
关存在观的哲学与美学遗产。首先是中国古代"天人合一"的哲
学思想,尽管有从"天道"出发与"人道"出发的区分,但其所阐述
的"道"却没有西方的主客二分,而是"天人之际"、交融统一,应该
成为思考人在与世界宇宙、自然万物关系中存在的出发点。庄子
的"心斋""坐忘",所谓"堕肢体,黜聪明。离形去知,同于大通"
(《庄子·大宗师》),应该说同现象学的"悬搁"与"现象还原"有相
近的意思。中国传统"意境"说的所谓"诗家之景,如蓝田日暖,良
玉生烟,可望而不可置于眉睫之前也。象外之象,景外之景,岂容
易可谭哉"(司空图《与极浦书》),王夫之的"现量说",即所谓"'现
量',现者,有'现在'义,有'现成'"义,有'显现真实'义。'现在',
不缘过去作影:'现成',一触即觉,不假思量计较;'显现真实',乃

———————
①参见李平《被逐出神学的人:海德格尔》,四川人民出版社 2000 年 5 月版,
　　第 229—238 页。

彼之体性本自如此,显现无疑,不参虚妄"①。这些表述同现象学中现象显现之义相近,值得互比参考。渗透于中国古代艺术中的艺术精神,特别是古代诗画,则更多是一种"象外之象,景外之景"的人的生存意义。这样的例子在中国传统艺术中实在是比比皆是,举不胜举,应该成为思考与建设当代存在论美学观的重要资源。

　　以上,我写出了自己对于建设当代存在论美学观的思考与学习心得,片面之处在所难免,只是作为当前美学理论创新中多声部合唱中的一种声音,提出来以求教于美学界同仁。

---

①(明)王夫之:《相宗络索》,《船山全书》第13册,岳麓书社2011年版,第536页。

是"判断先于快感",还是"判断与快感相伴"?——对康德美学一个重要命题的重新阐释①

近 30 年来,康德美学一直对我国美学的发展影响巨大。特别是康德在《判断力批判》上卷"审美判断力批判"第 9 节提出的"判断先于快感"的重要命题,我们更是将其看做是审美的"铁律"。康德指出:"在鉴赏判断里是否快乐的情感先于对对象的判定还是判定先于前者","这个问题的解决是鉴赏判断的关键,因此值得十分注意"。② 康德认为,这是划清单纯的官能快感与审美快感的分界线。朱光潜认为,"这问题确实是理解康德美学的关键"③。李泽厚认为,"判断在先还是愉快在先,是由愉快而判断,还是由判断生愉快,对审美便是要害所在"④。由此,"判断先于快感"已经成为我们进行美学研究与艺术分析的重要理论准则。但新世纪以来,这一理论命题却不可免地遇到了挑战。

首先是日益发展的以影视与网络为其载体的"大众文化",已

---

① 原载《文艺争鸣》2007 年第 11 期。
② [德]康德:《判断力批判》上,宗白华译,商务印书馆 1964 年版,第 54 页。
③ 朱光潜:《西方美学史》下,人民文学出版社 1963 年版,第 363 页。
④ 李泽厚:《批判哲学的批判》修订本,人民出版社 1984 年版,第 375 页。

经将娱乐与快感放到了首位,而将判断放到了其次。在理论研究中,对于身体快感的强调愈来愈加增强。最近被译介到国内的美国著名美学家理查德·舒斯特曼的《实用主义美学》一书提出了"身体美学"的命题,明显地强调了身体快感在审美中的首要作用。他说:"身体美学可以先暂时定义为:对一个人身体——作为感觉审美欣赏(aesthesis)及创造性的自我塑造场所——经验和作用的批判的、改善的研究。"①他在用此理论解读作为当代西方流行艺术的"拉谱"时适当地肯定了这种当代后现代艺术的背离永恒性、普遍性与审美性的特征。他说:"这些特征包括:重复使用而不是独特原创,折中混合的风格,热情拥抱新技术和大众文化,挑战审美自律和艺术纯粹的现代主义观念,以及强调地方化和暂时性而不是假定的普遍与永恒。"②除此之外,还有某些强调"身体写作"的所谓"新理念"等等。

　　我本人对于康德的"判断先于快感"的美学命题一直是比较信奉的,认为这是康德对于英国经验论美学的继承与突破,划清了审美与生理快感的界线,同时又坚持了审美所必然包含的身体经验因素,具有较多的理论合理性与对于艺术现实的阐释能力。因此,我曾经多次撰文对其加以阐释。但是,面对日渐迅速变化的理论与艺术现实,我认为,应该将康德的"判断先于快感"调整为"判断与快感相伴"。首先,这是由康德美学的时代历史局限性决定的。因为,尽管康德是一位划时代的哲学与美学大家,他的

---

① [美]理查德·舒斯特曼:《实用主义美学——生活之美,艺术之思》,彭锋译,商务印书馆 2002 年版,第 354 页。

② [美]理查德·舒斯特曼:《实用主义美学——生活之美,艺术之思》,彭锋译,商务印书馆 2002 年版,第 268 页。

美学理论直到今天仍有其重要的价值。但他毕竟生活在启蒙主义的历史条件之下,难以摆脱工具理性与主客二分思维模式的束缚。他将审美界定为"无目的的合目的性的形式",充分揭示了审美之中无目的与合目的、感性与理性、真与善以及判断与快感的内在矛盾,并试图加以调和。但这种调和还是不得不借助于某种神秘的"先验原理"。他提出"判断先于快感",明显地说明其没有跳出理性与感性、身与心二分对立的哲学与美学框架,并在实际上与其"相互对立却并不矛盾"的"二律背反"之解决相违背。实际上,从 1831 年黑格尔逝世之后,西方哲学与美学界就开始突破以康德与黑格尔为代表的主客二分哲学与美学理论及其相应的思维模式。从叔本华、尼采为代表的意志论美学,到克罗齐的表现论美学,再到现象学美学、存在论美学、实用主义美学与阐释论美学等等,基本上都是以克服主客二分为其理论主旨之一。从审美的本性来说,它不是一种认识活动,不以知识的追求为其目标;它是人的一种生存方式,并以审美的生存为其指归。杜威认为,在人的审美活动中不存在感性与理性以及身与心的分离,人是作为"活的生物"参与审美,并形成完整的"一个经验"。他说:"当其决定任何可被称为一个经验的要素被高高地提升到知觉的阈限之上,并且为着自身原因而显现之时,一个对象就特别并主要是审美的,它产生审美知觉所特有的享受。"①而且,他认为,只要不是一个完整的经验就不是审美的。他说:"人们也许会做得精力充沛,受得深刻而强烈。但是,除非它们相互联系并在知觉中成为一个整体,所做的东西就不是审美的。"②对于割裂身心、贬抑

————————

① [美]杜威:《艺术即经验》,高建平译,商务印书馆 2005 年版,第 61 页。
② [美]杜威:《艺术即经验》,高建平译,商务印书馆 2005 年版,第 55 页。

感性的理论,他也给予了有力的批判。他说:"为什么将高等的、理想的经验之物与其基本的生命之根联结起来的企图常常被看成是背离它们的本性,否定它们的价值? 为什么当美的艺术的高等成果与日常生活,与我们同所有活着的生物所共有的生活将联结起来时,人们就会感到反感? 为什么生活被当成是一个低级趣味的事,或者最多不过是世俗感受之物,随时可以下降到色欲及粗恶残酷的水平? 要完整地回答这个问题,就要写一部道德史,阐明导致蔑视身体,恐惧感官,将灵与肉对立起来的状况。"①我国古代论述艺术的审美经验的理论很多,也都是力主情理一致、形神兼备的。唐代司空图力倡著名的"韵味说",以人的味觉形容审美的感觉特性,而更加深刻的意韵就蕴含在这感觉的"韵味"之中,所谓"味在咸酸之外"。他说:"文之难,而诗之难尤难。古今之喻多矣,而愚以为辨于味,而后可以言诗也。……华之人以充饥而遽辍者,知其咸酸之外,醇美者有所乏耳。"又说:"今足下之诗,时辈固有难色,倘复以全美为工,即知味外之旨矣。"②我们再回过头来看康德"判断先于快感"的美学观念,其实,这还是一种西方古典形态的美学观念,没有跳出"高贵的单纯,静默的伟大"这种古典的静态的形式的和谐美。它实际上是一种保持相当距离的静态的审美评判。当代,以现象学美学为代表的美学理念强调一种主观的能动的构成作用。因此,康德的这种静态的保持距离的美学理论不仅不适合各种当代大众文化形态,而且对于日渐勃兴的生态美学观也不适应。因为,当代生态美学观强

<hr>

① [美]杜威:《艺术即经验》,高建平译,商务印书馆2005年版,第20页。
② (唐)司空图:《与李生论诗书》,见郭绍虞、王文生主编《中国历代文论选》第2册,上海古籍出版社1979年版,第196、197页。

调人在与自然环境的关系中生存,强调眼耳鼻舌身等各种感官都参与审美。美国著名当代环境美学家阿诺德·伯林特力主一种"参与美学",就是对于康德的古典的静观美学的反拨。总之,无论从西方美学的历史发展来看,还是从其自身的合理性来看,康德的"判断先于快感"这一美学观念都是有着明显的局限性的。

但是,我们是否又可以反过来说是"快感先于判断"呢？当然不能,因为这又会走上身与心以及感性与理性二分对立之路。杜威是非常重视快感在审美中的作用的,他认为审美经验是人作为"活的生物"与环境交互作用的结果,而感官就直接参与这种交互作用。他说:"由于感觉器官及其相连的动力机制是这种参与的手段,任何一次,并且每一次对这些感觉器官,不管是理论上的,还是实践上的贬低,都既是一种狭窄而沉闷的生活经验的原因,也是它的结果。所有心灵与身体,灵魂与物质,精神与肉体的对立,从根本上讲,都源于对生活会产生什么的恐惧。"①由此可见,杜威对于审美中感觉与快感的重视,但他也决不同意"快感先于判断",而是特别强调审美经验的"完满性"与"理想性"。他说:"由于这种经常放弃现在而投向过去和未来,那种当下所完成的,将自己投入到对过去的回忆和对未来的期待的经验,逐渐构成了一种审美理想。"又说:审美经验"与这些经验不同,我们在所经验到的物质走完其历程而达到完满时,就拥有了一个经验"。② 即便是试图突破杜威的舒斯特曼,也没有完全否定杜威有关审美完满性的观点。他于今年 4 月 26 日应邀到山东大学文艺美学研究

①［美］杜威:《艺术即经验》,高建平译,商务印书馆 2005 年版,第 22 页。
②［美］杜威:《艺术即经验》,高建平译,商务印书馆 2005 年版,第 18、37 页。

中心进行学术访问,在此期间,我们与他进行了有关学术对话。在对话中,谈到他对杜威审美完满性的评价。他表示,他是杜威审美完满性与统一性价值的赞赏者,但他担心对完满性的强调会导致对差异性的扼杀,他主张完满性与差异性的统一。当代现象学美学是以"悬隔"实体的途径突破传统美学主客、身心以及感性与理性的二分对立,并对审美的快感特征给予充分重视的。它是以审美知觉的构成作用作为基点来构筑自己的美学理论的,因此,特别强调了作为知觉组成部分的感觉与快感的地位。法国著名审美现象学理论家杜夫海纳认为,审美对象的"根本现实性首先存在于感性之中"①。在他看来,审美的感性就是对象,就是主体,就是此在,因而,感性具有本体的存在的意义。他认为,离开了感性就离开了审美。他还认为,以感性作为基点的审美知觉在审美过程中具有重要的构成作用,而在其呈现阶段则表现为肉体。他说,"主体至少在三个方面是构成因素:第一,在呈现阶段,通过梅洛-庞蒂所说的肉体先验,这种先验勾画出肉体自身所体验的世界结构。"②由此说明,现象学美学家杜夫海纳对于感性与肉体的重视。但杜夫海纳并没有将感性与肉体放到第一的、决定性的位置,而是同时强调了感性的训练与精神的提升。他认为,审美尽管是从肉体开始的,但又不仅是从肉体开始的,如果审美仅仅为肉体而存在,只会给人以肉体的刺激与激动。这甚至对艺术是一种危险。他说:"一方面,肉体必须经过训练才能用于审美经

①[法]米·杜夫海纳:《审美经验现象学》,韩树站译,文化艺术出版社 1992 年版,第 74 页。
②[法]米·杜夫海纳:《审美经验现象学》,韩树站译,文化艺术出版社 1992 年版,第 484 页。

验；另一方面，艺术作品本身尽管是为肉体创作的，也不单是为它而创作的，而且有时还首先使肉体感到困惑。"①这里所谓"使肉体感到困惑"，就是指有时要拒绝甚至对抗肉体。再就是，这里所说的对于肉体的训练，我们在马克思的《1844年经济学哲学手稿》中也看到"有音乐感的耳朵和感受形式美的眼睛"等类似的论述。不仅如此，杜夫海纳还强调审美经验需要理解力，甚至更进一步地强调审美经验的本体的存在论的意义。他说，"赋予审美经验以本体论的意义，就是承认情感先验的宇宙论方面和存在方面都是以存在为基础的。也就是说，存在具有它赋予现实的和它迫使人们说出的那种意义"②。这就是说，现象学美学认为，审美经验最后的导向是对于人的生存状况的改善与提升，走向人的审美的生存。从中国古代美学理论来说，也从来没有将快感与感性放到首要的位置。众所周知的"情志说"就特别强调"诗言志"，成为中国古典诗学的重要传统。而侧重于作家的"养气说"，力倡"我善养吾浩然之气"，力倡作家所必具的高尚精神修养。凡此种种，都说明绝对的快感说在中国传统美学中是没有地位的。从作品来看，几乎所有的优秀和比较优秀的作品，都是情与理、快感与判断的有机统一。中国古代诗学中有所谓"一切景语皆情语"之说，阐明了中国古代艺术情境交融的特点。曹雪芹在谈到自己的《红楼梦》创作时所说的"十年辛苦不寻常，字字读来都是血"，说明其作品是情与理的交融统一，字字句句都渗透着自己对生活的体悟与

①［法］米·杜夫海纳：《审美经验现象学》，韩树站译，文化艺术出版社1992年版，第380页。

②［法］米·杜夫海纳：《审美经验现象学》，韩树站译，文化艺术出版社1992年版，第581页。

情感。即便是当代的后现代艺术,例如杜尚的小便器《泉》,也不是纯快感的产物。这些后现代艺术作品作为一种行为艺术,可以说伴随着这种艺术行为的是一种艺术的观念。杜尚的小便器《泉》就是旨在阐明一种新的有关艺术的观念。那就是,所谓艺术,在他们看来与美无关,而是某种艺术制度,甚至是阐释的结果。也就是说,在他制定的这种艺术制度中,或者在他的阐释中,这件物品就成为艺术品。这应该说还是阐明了某种值得思考的观念的。而某些宣扬恐怖与血腥的行为艺术,我个人认为是不能肯定的。

康德美学的重大贡献是试图通过二律背反的途径将感性派对于感性快感的强调与理性派对于理性绝对性的强调加以调和,因而提出"无目的的合目的的形式"的著名美学命题,充分揭示了审美的内在矛盾,彰显了审美的内在张力与魅力,被黑格尔称作是说出了"关于美的第一个合理的字眼"①。但"判断先于快感"的命题在某种程度上违背了这种二律背反的原则,说明康德归根结底没有跳出理性派的束缚。让我们改造这一命题,提出"判断与快感相伴",从而使审美的内在张力与魅力进一步凸显,也使理论的阐释力进一步增强。

---

① 参见[英]鲍桑葵《美学史》,张今译,商务印书馆1985年版,第344页。

海德格尔的生态审美观

美国现代生态理论家早就将海德格尔看作是现代"具有生态观的形而上学理论家",也就是生态哲学家。这个判断是非常准确的。我在研读海氏的哲学美学论著时,在思考他的"天地神人四方游戏说"过程中,有三点发现:一是海德格尔是当代西方最重要的生态理论家与生态美学家,"天地神人四方游戏说"就是当代的生态审美观;二是海氏思想前后期有一个转变;三是海氏的哲学美学思想受到东方特别是中国古代"天人合一"等哲学观的影响。事实证明,海氏是当代西方最重要的生态哲学家与生态美学家,他的论著为当代西方生态哲学与生态美学提供了特别多的资源。我们曾在很多地方提到他,内容特别丰富,值得我们很好地研究与继承发展。

第一,在哲学观上,海氏凭借现象学方法构筑了一个"人在世界之中"的生态整体观点。海德格尔的哲学观在前面我们已经有所涉及,这里,需明确指出的是,他凭借现象学方法实际上已构筑了一个"人在世界之中"的生态整体观。

大家都知道,海氏的哲学出发点是反对西方传统哲学二元对立思维模式,反对科技主义的机械认识论,反对"人类中心主义"。他反对西方传统哲学中将存在者与存在分裂开来,只见存在者不见存在的旧的哲学观点。这种哲学观点实际上就是一种主客二分的，由主体反映客体的人类中心主义观点。他认为，主客二分是对于人的在世模式的一种传统的同时也是错误的表达，他所确立的人的在世模式，是一种现代的生存论的在世模式，即此在与世界的在世模式。这种在世模式的表达就是"人在世界之中"。这是他在《存在与时间》这部论著中提出的。对于这个"在之中"，他运用现象学与生存论的方法进行了全新的阐释。在他看来，这个"在之中"不是传统的一个事物在另一个事物之中。例如，山东大学文艺美学研究中心在文史楼之中，文史楼在山东大学新校之中，山东大学新校在历城区中，等等，可以无穷无尽地推演下去，这仍然是一种形而上学的认识论方法，人与环境是可以分离的，也可以是对立的，因为我可以马上离开文艺美学研究中心这个地方，而不受任何影响。但他认为，他所说的"在之中"是"我居住于世界，我把世界作为如此这般之所而依寓之、逗留之"①。这里的"居住""依寓""逗留"，是指人与这个自然生态环境已经融为一体，不可须臾分离，如鱼之离不开水，人之离不开空气。用我们的理解，就是人与包含自然生态的环境构成一个血肉交融的生态整体。这就是一种具有哲学色彩的当代存在论的生态整体观。前期，海氏在有关"世界与大地的争执"中、真理得以敞开的论述中还残留者某些人类中心主义的痕迹，但后期，大约以 1936 年为始，到 20 世纪中期愈加明显，开始从东方智慧中吸取大量营养，提出著名的"天地神人四方游戏说"。现在，首先介绍一下他写于 1950 年 10 月的《语言》。在这篇文章中，海氏对特拉克尔的诗《冬夜》作了阐释，并提出了"四方游戏"。

①［德］马丁·海德格尔：《存在与时间》，陈嘉映、王庆节译，生活·读书·新知三联书店 1987 年版，第 67 页。

《冬夜》诗云：

> 雪花在窗外轻轻拂扬，晚祷的钟声悠悠鸣响，
> 屋子已准备完好，餐桌上为众人摆下了盛筵。
> 只有少量漫游者，从幽暗路径走向大门。
> 金光闪烁的恩惠之树，吮吸着大地中的寒露。
> 漫游者静静地跨进；痛苦已把门槛化成石头。
> 在清澄光华的照映中，是桌上的面包和美酒。

海氏分析道："落雪把人带入暮色苍茫的天空之下，晚祷钟声的鸣响把终有一死的人带到神面前。屋子和桌子把人与大地结合起来。这些被命名的物，也即被召唤的物，把天、地、人、神四方聚集于自身。这四方是一种原始统一的并存。物让四方的四重整体（das Geviert der Vier）栖留于自身。这种聚集着的让栖留（versammelndes Verweilenlassen）乃是物之物化（das Dingen der Dinge）。我们把在物之物化中栖留着的天、地、人、神的统一的四重整体称为世界（Welt）。"①海氏认为，《冬夜》这首诗中所有被命名的物体，都通过自己的物之物性的充分发挥而形成一个密不可分的整体，使天地神人构成四重整体的世界，使终有一死者得以依寓与栖居。雪花、晚祷、屋子、餐桌、盛筵、大门、寒露、恩惠的树、门槛、面包和酒，以及冬夜中的漫游者已经融化为一，构成整体，形成漫游者一个独特的得以栖居的冬夜。情境独特，语言独特，非常宜人。雪花飘飘，晚钟声声，寒露闪烁，痛苦如石。但没有这特有的冬夜情境，语言就会消失，而漫游者也不可能成为活生生的"此在"。

第二，在语言观上，以大地与语言关系的基本理论构筑了大地是人的生成的根基的重要观点。

---

① 《海德格尔选集》，孙周兴选编，上海三联书店1996年版，第992页。

　　海氏的一个重要观点就是"语言是存在之家"①。也就是说，在他看来，人是在语言中才得以生成的，语言是"此在"，是人的最基本的存在方式。他为什么这样说呢？其中一个非常重要的原因就是，他认为，语言与自然生态密切相关。语言是自然生态，是大地对人的特有馈赠。俗话说，一方水土养一方人。其实，一方水土也孕育了一方语言，而人恰恰就是在这特有的语言中繁衍生长。在他与一个日本人的对话中，对方提到日语中用 koto ba（汉字：言叶）表示"语言"，"从这个词来看，语言就是：来自 Koto 的花瓣。"海氏表示浓厚的兴趣，他说："来自 koto 的花瓣。当这个词语开始道说之际，想象力要漫游而纵身于未曾经验的领域中。"②海氏之所以感兴趣，是因为日语用与大地以及自然生态密切相关的花瓣来形容语言，他认为这样的想象力实在是太妙了，会将人带向从未有过的经验领域，而正是这个领域揭示了语言与大地，以及自然生态的紧密关系。他说："方言的差异并不单单而且并不首先在于语言器官的运动方式的不同。在方言中各各不同地说话的是地方（Landschaft），也就是大地（Erde）。而口不光是在某个被当作有机体的身体上的一个器官，倒是身体和口都归属于大地的涌动和生长——我们终有一死的人就成长于这个大地的涌动和生长中，我们从大地那里获得了我们的根基和稳靠性。当然，如果我们失去了大地，我们也就失去了根基。"③在海氏看来，语言是存在之家，而语言又是大地的馈赠，从而大地成了人

---

①《海德格尔选集》，孙周兴选编，上海三联书店 1996 年版，第 451 页。
②《海德格尔选集》，孙周兴选编，上海三联书店 1996 年版，第 1152、1152—
　　1153 页。
③《海德格尔选集》，孙周兴选编，上海三联书店 1996 年版，第 1109 页。

的生成的最具稳靠性的根基。这种从语言与大地的关系出发，对大地对人的基础性关系的论述，可以说是别开生面的，也是非常深刻的，是海氏生态观的重要方面。

第三，在审美观上，以"艺术是真理的自行置入"，建立了人与自然平等游戏的家园意识。

在海氏的存在论哲学与美学中，真善美是存在的根基，具有内在的一致性，而不是分裂的。因此，他认为，所谓美与艺术就是"真理的自行置入"。他在《艺术作品的本源》一文中说："艺术作品以自己的方式开启存在者之存在。在作品中发生着这样一种开启，也即解蔽（Entbtrgen），也就是存在者之真理。在艺术作品中，存在者之真理自行设置入作品中了。艺术就是自行设置入作品中。"①这里的"置入"不是放入，而是掩藏在事物深处的存在（真理）逐步地由遮蔽走向解蔽。当然，这种解蔽不同于技术世界凭借技术对自然万物的掘发与破坏。这种开发似乎也能达到解蔽与利用的目的，但用海氏的话说这是对自然万物的一种促逼，即破坏、压制。而审美与艺术的解蔽，则是一种自由解放，是一种保护、爱惜，是使自然万物回归大地。他说，"作品回归之处，作品在这种自身回归中让其出现的东西，我们曾称之为大地。大地用是涌现着－庇护着的东西。大地是无所促迫的无碍无累和不屈不挠的东西。立于大地之上并在大地之中，历史性的人类建立了他们在世界之中的栖居。"②在这里，海氏阐述了所谓"置入"就是

①［德］马丁·海德格尔：《林中路》，孙周兴译，上海译文出版社2005年版，第21页。
②［德］马丁·海德格尔：《林中路》，孙周兴译，上海译文出版社2005年版，第28页。

让万物回归大地,使之得到应有的庇护,并得到无碍无累的涌现,从而使人类建立自己在世界中的栖居。那么,真理如何才能做到自行置入与无碍无累的解蔽呢? 在海氏的存在论中,有一个关键性因素,就是作为终有一死者的"此在",即人,通过人的理解、阐释及其与自然为友的行动,保护自然,热爱万物,使万物之本性由遮蔽走向澄明之境。当然,人的这种阐释必须在天地神人四方游戏的世界之中,否则是不可能的。他说:"我们把这四方的纯一性称为四重整体(das Geriert)。终有一死的人通过栖居而在四重整体中存在。但栖居的基本特征乃是保护。终有一死者把四重整体保护在其本质之中,由此而得以栖居。相应地,栖居着的保护也是四重的。终有一死者栖居着,因为他们拯救大地——'拯救'一词在此取莱辛还识得的那种古老意义。拯救不仅是使某物摆脱危险;拯救的真正意思是把某物释放到它本己的本质之中。拯救大地远非利用大地,甚或是耗尽大地。对大地的拯救并不是控制大地,也不是征服大地——后者不过是无限制的掠夺的一个步骤而已。"①由此可见,终有一死者正是在这种"四方游戏"世界之中保护万物,拯救大地,回归大地。用海氏引用荷尔德林的语言说,就是"返乡",回到自己的物质的与精神的家园,这才是真正的审美的状态。因此,从根本上说,海德格尔的美学观是一种远离故乡的游子的回乡之歌,是真正的生态审美观。

(写于 2008 年 6 月)

---

① [德]马丁·海德格尔:《演讲与论文集》,生活·读书·新知三联书店 2005年版,第 158 页。

试论人的生态本性与
生态存在论审美观[①]

生态美学是 1994 年由中国学者首次提出的[②]。2001 年,在西安召开的全国第一届生态美学研讨会上,受国内外诸多学者的启发,我提出了"生态存在论审美观"。在我看来,生态美学是一种生态存在论审美观,本身还不能构成一个新的美学学科分支,只能是美学学科在当代新的发展、新的延伸和新的丰富。很明显,生态存在论审美观是建立在当代生态文明时代生态存在论哲学观的基础之上的。正是从当代生态存在论哲学观的独特视角,我们才拨开迷雾,真正认识到人所具有的生态本性与生态存在论审美观,并由此产生了一种由人的生态本性出发、包含着生态维度和生态存在论审美观的新人文精神。从这一新的理论视角出发,有必要对当代哲学理论、美学理论等给予必要的价值重估。

一

20 世纪 60 年代以来,人类社会和思想观念发生了巨大的变

---

①原载《人文杂志》2005 年第 3 期。
②李欣复:《论生态美学》,《南京社会科学》1994 年第 12 期。

化。从人类社会方面来说，工业文明的畸形发展，造成了生态环境的重大污染破坏。这在严重危及人类生存发展的同时，也促使人类对现代工业文明进行必要的反思与探索超越之路。目前，人类社会正处于由工业文明到后工业文明或生态文明的过渡阶段。1962 年，美国著名生态学家蕾切尔·卡逊（Rachel Carson）在《寂静的春天》一书中，以"万物复苏繁茂生长的春天走向寂静"的深刻寓意对传统工业文明造成的严重环境污染进行了有力的揭露和批判，引起巨大反响。1970 年，美国举办了第一个"地球日"，它标志着"生态学时代"的到来。1972 年，联合国召开首届人类环境会议，发布《人类环境宣言》。1991 年，美国著名世界观察研究所发表《世界情况报告》，指出："世界正处于历史性的转折点，一个新的时代即将来临。"在这个新的时代中，"拯救地球的战斗"将"成为建立世界新秩序的主旋律"。① 我国从 20 世纪 70 年代以来开始逐步重视起生态问题，先后提出了可持续发展战略与科学发展观，并将生态文明作为社会经济发展的重要目标之一。社会的转型和生态文明时代的到来，必将引起思想理论观念上的重大变化，其重要表征就是长期以来一直被忽视、被漠视的自然维度开始进入到当代学术思想的视野之中。

众所周知，工业革命和启蒙运动以来，工具理性和"人类中心主义"在思想理论领域占据绝对优势，自然处于被主宰的地位。但自 20 世纪 60 年代以来，这种情况开始发生很大的变化，人类思想理论的焦点逐渐转移向自然和环境，各种生态理论层出不穷。"人类中心主义"观念受到严重挑战，自然的地位逐步提高，乃至被提高到关乎人类生存的本体论高度。当代生态存在论哲

---

① 参见余谋昌《生态伦理学》，首都师范大学出版社 1999 年版，第 115 页。

学观以及有关理论的产生与发展,是其最重要的代表。1973 年,挪威哲学家阿伦·奈斯(Arne Naess)提出"深层生态学"理论,将生态维度引入哲学、价值理论、政治学和伦理学领域,阐述了"生态自我""生态平等"与"生态共生"等一系列生态哲学和生态伦理学观念。1995 年,美国生态理论家霍尔姆斯·罗尔斯顿Ⅲ(Holmes Rolston Ⅲ)出版《哲学走向荒野》一书,提出哲学的"荒野转向"(Wildturn),他指出,"衡量一种哲学是否深刻的尺度之一,就是看它是否把自然看作与文化是互补的,而给予她以应有的尊重"①,从而正式确立了"自然维度"在当代哲学中的重要地位。同样是在 20 世纪 90 年代,美国著名生态理论家大卫·雷·格里芬(Griffin D.R.)提出更具当代性的"生态论的存在观"②,将生态问题与人的生存问题紧密联系起来,生态存在论哲学作为哲学学科的前沿方向开始引起人们的高度重视。中国生态理论家余谋昌对当代生态理论的存在论内涵也有极好的阐发,他反复强调说:"人的生命和自然界是相互依存的,人与自然作为完整的系统,人对自然的态度也就是对自己的态度,人对自然做了什么也就是对自己做了什么,人对自然的损害也就是对自己的损害";"环境问题的实质是人的问题,保护地球是人类生存的中心问题"。③ 除了学术界以外,胡锦涛同志在阐述科学发展观时也深刻地指出:"良好的生态环境是社会生产力持续发展和人们生存

----

①[美]霍尔姆斯·罗尔斯顿Ⅲ:《哲学走向荒野》,刘耳、叶平译,吉林人民出版社 2000 年版,第 11 页。

②[美]大卫·雷·格里芬编:《后现代精神》,中央编译出版社 1998 年版,第 224 页。

③余谋昌:《生态伦理学》,首都师范大学出版社 1999 年版,第 87、136 页。

质量不断提高的重要基础。"①将生态环境看作是中国社会发展与人的生存质量提高的重要基础。这对于我们重新认识经济学、哲学领域中的一系列问题,具有重要的理论意义与指导作用。

总之,生态文明时代的到来,生态存在论哲学观的提出,为我们更加深入地认识人的本性、人文精神的内涵,以及一系列哲学美学问题,不仅提供了时代的条件与前提,同时也提供了更加先进的理论观念。

二

生态存在论哲学观开辟了把握人的本性的新视角。众所周知,把握人的本性是人类精神生活的永恒主题。古希腊德尔斐神庙的墙上就镌刻着"认识你自己"的铭文。但自古以来,在把握人的本性上却有着两种截然不同的路径。一是目前在许多领域仍然盛行的认识论路径,它以认识、把握人的抽象本质为最高使命。在这种路径下,有人是理性的动物、人是感性的动物、人是政治的动物、人的本质是人本主义之"爱"等说法。② 它们的片面性在于,对人的本性的把握完全脱离了现实生活实际。因为,在现实生活世界中从来不存在具有上述抽象"本质"的人。恩斯特·卡西尔(Ernst Cassirer)试图从功能性的角度去突破认识论的局限,

① 胡锦涛:《在中央人口资源环境工作座谈会上的讲话》,《光明日报》2004 年 4 月 5 日。
② 以上是一种概括性的归纳,具体包括:柏拉图认为人分有了"理念";亚里士多德认为"人是政治的动物";英国经验论哲学把人的本质归结为"感性""感觉";费尔巴哈认为人的本质是人本主义的"爱"。

他把人的本性归结为创造和使用符号的动物。他说："如果有什么关于人的本性或'本质'的定义的话，那么这种定义只能被理解为一种功能性的定义，而不能是一种实体性的定义。我们不能以任何构成人的形而上学本质的内在原则来给人下定义；我们也不能用可以靠经验的观察来确定的天生能力或本能来给人下定义。人的突出特征，人与众不同的标志，既不是他的形而上学本性也不是他的物理本性，而是人的劳作（work）。正是这种劳作，正是这种人类活动的体系，规定和划定了'人性'的圆周。语言、神话、宗教、艺术、科学、历史，都是这个圆的组成部分和各个扇面。"①卡西尔从创造和使用符号的"功能性"角度界定人的本性，应该说是一种突破性的尝试，但却没有从根本上突破本质主义的束缚。因为，所谓创造和使用符号的能力仍然是对人的本性的一种抽象描述，而实际上，在活生生的生命活动与创造、使用符号的抽象主体，仍然是不能完全画等号的。前者比后者要丰富、具体得多。

　　与认识论的本质主义路径相反，现代西方哲学家马丁·海德格尔（Martin Heidegger）提出一种"存在论与现象学的"方法，他说："存在论与现象学不是两门不同的哲学学科而并列于其它属于哲学的学科。"②这在某种程度上是对存在论现象学的发展，它突破了认识论主客二分的本质主义窠臼，采取将一切实体性内容"悬置"从而"回到事情本身"的方法，直接面对"存在"本身。在这样一种哲学观与世界观中，人所面对的就不是"感性""理性""政

①〔德〕恩斯特·卡西尔：《人论》，甘阳译，上海译文出版社1985年版，第87页。

②〔德〕马丁·海德格尔：《存在与时间》，陈嘉映、王庆节译，生活·读书·新知三联书店1987年版，第47页。

治""爱""符号"之类的实体,而是人的"存在"本身;不是社会与自然的对立,而是生命与自然的原初性的融合。海德格尔对人的本性的认识与把握具有明显的现世性,也为当代生态存在论哲学与美学观提供了丰富的思想资源。海德格尔认为:"此在的任何一种存在样式都是由此在在世这种基本机制一道规定了的。"①德国哲学家沃尔夫冈·韦尔施指出:"人类的定义恰恰是现世之人(与世界休戚相关之人),而非人类之人(以人类自身为中心之人)。"②所谓"现世性"就是指所有的人都是现实生活之人,而不是抽象的存在物。这种现实生活之人一时一刻也不可能离开自然和生态环境,是自然和生态环境中的存在者。这种对人的本性的把握还具有某种整体性。也就是说,不存在感性与理性、社会与自然二分对立之人,所有的生命都只能生存在万物相互交融的生态系统之中。正如罗尔斯顿所指出的,"我们的人性并非在我们自身内部,而是在于我们与世界的对话中。我们的完整性是通过与作为我们的敌手兼伙伴的环境的互动而获得的,因而有赖于环境相应地也保有其完整性"③。这种对人性的把握还具有某种人文性。也就是说,真正的人性是充满着人文情怀的,而不应该是冷冰冰的工具理性,在其中深层存在的正是充满人文情怀的当代生态理念。与理性生命理念不同,当代生态理念充满着有史以来最强烈的人文情怀。如,1972年的联合国人类环境会议就提

---

① [德]马丁·海德格尔:《存在与时间》,陈嘉映、王庆节译,生活·读书·新知三联书店1987年版,第145页。

② [德]沃尔夫冈·威尔施:《如何超越人类中心主义?》,朱林译,《民族艺术研究》2004年第5期。

③ [美]霍尔姆斯·罗尔斯顿Ⅲ:《哲学走向荒野》,刘耳、叶平译,吉林人民出版社2000年版,第92—93页。

出："只有一个地球,人类要对地球这颗小小的行星表示关怀。"
1991年,联合国环境规划署等国际机构在制定《保护地球——可
持续生存战略》时指出："进行自然资源保护,将我们的行动限制
在地球的承受能力之内,同时也要进行发展,以便使各地的人能
享受到长期、健康和完美的生活。"

从生态存在论哲学观的独特视角,可以把当代人的生态本性
概括为三方面。第一,人的生态本原性。人类来自于自然,自然
是人类生命之源,也是人类永享幸福生活最重要的保障之一。这
一点非常重要,长期以来,人们在观念上更多地强调的是人与自
然的相异性,而忽视了它们之间的相同性,这就很容易造成两者
在实践上的敌对与分裂。正如恩格斯所说："特别从本世纪自然
科学大踏步前进以来,我们就愈来愈能够认识到,因而也学会支
配至少是我们最普通的生产行为所引起的比较远的自然影响。
但是这种事情发生得愈多,人们愈会重新地不仅感觉到,而且也
认识到自身和自然界的一致,而那种把精神和物质、人类和自然、
灵魂和肉体对立起来的荒谬的、反自然的观点,也就愈不可能存
在了……"①第二,人的生态环链性。人的生态本性中包含的一
个重要内容是,人是整个生态环链中不可缺少的一环。人人都具
有生态环链性,个体一旦离开生态环链,就会失去他作为生命的
基本条件,从而走向死亡。蕾切尔·卡逊在《寂静的春天》中具体
论述了作为生命基本条件的生态环链性。她说："这个环链从浮
游生物的像尘土一样微小的绿色细胞开始,通过很小的水蚤进入
噬食浮游生物的鱼体,而鱼又被其它的鱼、鸟、貂、浣熊所吃掉,这

①《马克思恩格斯选集》第3卷,人民出版社1972年版,第518页。

是一个从生命到生命的无穷的物质循环过程。"①生态环链性是人的生态本性之基本内容，一方面，它反映了人与自然万物的共同性与密切关系。人与万物均为生物环链之一环，相对平等，他们须臾相连，一刻也不能分开。另一方面，它还包含着人与自然万物的相异性方面。因为人与自然万物又分别处于生态环链的不同环节，各有其不同的地位与功能。长期以来，人们完全从人与自然的相异性来界定人的本性，严重忽略了人与自然万物的共同性与密切关系。工业文明那种征服自然、掠夺自然的实践方式，正是以此为内在生产观念的。一旦意识到生物环链中人与自然的相同性，并根据它的基本原理来界定人的本性，人与自然的关系，不仅更加符合人的本性，也会使人类的思想与活动具有更高的科学性。第三，人的生态自觉性。人类作为生态环链之中唯一有理性的动物，他不能像动物那样只顾自己的生存，而对自然万物不管不问。人类不仅要维护好自己的生存，而且应该凭借自己的理性自觉维护生态环链的良好循环，维护其他生命的正常生存，只有这样，人类才能最终维护好自己的美好生存。罗尔斯顿认为，人类与非人类存在物的真正区别是，动物和植物只关心自己的生命、后代及其同类；而人类却能以更为宽广的胸襟维护所有生命和非人类存在物。他说，人类在生物系统中位于食物链和金字塔的顶端，"具有完美性"，但也正是因为这个原因，"他们展现这种完美的一个途径"是"看护地球"②。从生态存在论出发做出的对人的本性的新阐释，对于包括美学在内的当代

---

① [美]蕾切尔·卡逊：《寂静的春天》，吕瑞兰、李长生译，吉林人民出版社1997年版，第39页。

② [美]霍尔姆斯·罗尔斯顿Ⅲ：《环境伦理学：大自然的价值以及人对大自然的义务》，杨通进译，中国社会科学出版社2000年版，第461页。

人文学科必然要产生重要影响,为它们调整内在观念与学科框架提供新的哲学基础。

三

现在,我们进一步探讨人的生态本性对当代美学研究的重要影响。长期以来,自然在美学中是没有地位的。柏拉图提出"美即理念"说,将包括自然事物在内的现实世界排除在美学之外。黑格尔将自己的美学称为"艺术哲学",将自然作为前美学阶段。当代生态文明时代的到来,生态存在论哲学观的提出和人的生态本性的确认,必然会将自然维度引入美学领域,极大提高自然在美学中的地位,这是对当代美学极为重要的改造和丰富。

从当代生态存在论的独特视角出发,生态哲学、人学和美学才必然地结合在一起,构成当代生态存在论审美观。在当代存在论哲学语境中,存在的澄明与真理、与美是一致的,它们的逻辑关系可以阐释为,"真理"是"存在"由遮蔽状态走向澄明之境,而这种"存在"的显现也就是"美"。另一方面,在当代生态哲学对人与自然亲和关系的特别强调中,也必然包含着极为浓郁的美学内涵。著名生态学者何塞·卢岑贝格在谈到地球——犹如大地女神盖亚一样——具有生机勃勃的生命时曾说,它有一种"美学意义上令人惊叹不已的观察与体悟"①。由此可见,在当代生态哲学与美学之间存在的内在一致性。在某种意义上讲,当代生态存在论审美观与海德格尔后期美学理论有着一种渊源关系。按照

①[巴西]卢岑贝格:《自然不可改良:经济全球化与环保科学》,黄凤祝译,生活·读书·新知三联书店1999年版,第63页。

现代西方哲学史家的一般看法,以 20 世纪 40 年代前后为界,海德格尔美学思想经历了一个明显的变化过程。在前期,海氏是通过"世界与大地"的争执去实现"存在"的澄明的,所以,仍然没能完全摆脱"人类中心主义"的束缚;到后期,则由"人类中心主义"过渡到生态整体主义,提出了著名的"天地神人四方游戏说"。也正是因为这个后期的重要转向,西方理论界才将海氏誉为"生态主义的形而上学家"①。

　　海德格尔后期美学思想,生态存在论审美观已经相当明显。它可以概括为这样三个方面。

　　第一,真理自行揭示之生态本真美。对于真理,哲学史上有符合说和揭示说两种观点。前者是传统认识论的观点,主张主客二分,真理是通过认识产生的思想与某种实体的一种符合。这是一种本质主义的抽象理论。而后者则是当代存在论的真理观,认为所谓符合说是混淆了存在者和存在,它反对本质主义的主客二分法,认为"真理"是存在自身通过遮蔽走向澄明的过程,它不是通过主体的意识活动达成的,而是存在自行揭示自身、自行显现自身的过程。正是在这种存在主义真理观的指导下,海氏提出了美是真理的自行揭示、自行置入的重要观点。他说:"美是作为敞开的真理的一种显露方式。"②又说:"在艺术作品中,存在者之真理自行设置入作品中了。"③这里所说的"敞开""置入"都是指存

① 参见王诺《欧美生态文学》,北京大学出版社 2003 年版,第 44 页。
② [德]马丁·海德格尔:《诗·语言·思》,彭富春译,文化艺术出版社 1991 年版,第 8 页。
③ [德]马丁·海德格尔:《林中路》,孙周兴译,上海译文出版社 2005 年版,第 21 页。

在之由遮蔽通过解蔽而走向澄明之境。他所谓的"真理"也完全不同于认识论语境中的抽象"本质",正如海氏在解释梵·高的油画《鞋》与古希腊神殿时所指出的那样,所谓"存在"不是人的意识中的一个灰色的影像,而是一种与具体的存在者、与时间境域中具体展开的一切密不可分的有机整体。这与生态学视野中的人的存在,或者说与人的生态本性是完全一致的。正如美国的生态理论家小约翰·B.科布指出,"生态学教导给我们的一个非常简单的道理是,事物不能够从与其他事物的关系中分离出去。它们可能会从一组自然的关系中被转移到一组人为的关系当中(例如实验室),但当这些关系改变后,事物本身亦发生变化"。① 因此,可以说,在海氏的"本真生存"之意中明显包含着人的生态本性。人的生态本性的核心内涵是人的生物环链性,人作为生物环链之一环是须臾不能离开这个生物环链的,正如梵·高《鞋》不能离开农妇的日常生活,古希腊神殿不能脱离众神与朝圣的人群一样,一旦离开,就没有了"存在",也没有了"美"。

　　第二,天地神人四方游戏之生态存在美。海氏哲学尽管从一开始就试图突破主客二分的认识论范式,但很显然,他早期并没有完全摆脱人类中心主义的影响,而是相当的程度上保留着传统形而上学的明显痕迹。其中最明显的例子是,他将"世界"界定为"开放",把"大地"界定为"封闭","世界"优于"大地",两者处于矛盾状态中。而且,正因为这个矛盾,存在才获得了由遮蔽走向澄明的可能。这种"世界"与"大地"的二元对立,无疑打上明显的人

①[美]小约翰·B.科布:《生态学、科学和宗教:走向一种后现代史观》,见大卫·雷·格里芬编《后现代科学》,马季方译,中央编译出版社2004年版,第149页。

类中心主义烙印。他甚至还说:"自然作为对一定的在世界之内照面的存在者的存在结构的范畴上的总体把握,是绝不能使世界之为世界被理解的。"①由于这个原因,尽管他批评传统认识论从存在者的角度出发去把握人与世界,因而迷失了自己,遗忘了存在,但由于受人类中心主义的影响,他并不能找到真正的存在。只在他完成了从人类中心主义向生态整体主义的过渡之后,对于"存在"的理解才上升到一种全新的境界。1958 年,海氏在《语言的本质》一文中指出:"时间—游戏—空间的同一东西(das Selbige)在到时和设置空间之际为四个世界地带'相互面对'开辟道路,这四个世界地带就是天、地、神、人—世界游戏(Weltspieal)。"②这就是著名的"天地神人四方游戏说"。此后,海氏还在多篇文章中从不同个角度谈到"四方游戏说",成为其后期哲学与美学理论的一大亮点。"四方游戏说"内涵丰富。首先,"四方"包含了宇宙、大地、存在和人,自然理所当然地被纳入其中。"游戏"在西方美学中历来有"无所束缚,交互融合,自由自在"的内涵,它说明本来相互矛盾的"四方"在此已达到浑融一体的境界。这里的"相互面对"是对"游戏"性质的进一步补充,意在说明四者在交往中达到彻底平等的地步。此外,海氏还用"婚礼""亲密性"等来阐述四者之自由、平等与和谐。这就充分体现了人的生态本性,特别是人的生态环链性、生态平等性。同时,它也是具有现世性的活生生的人之现实生存状态。只有在这种生存状态中,人才能走向真正的澄明之境。如果说处于"世界统治大地"

---

① [德]马丁·海德格尔:《存在与时间》,陈嘉映、王庆节译,生活·读书·新
　知三联书店 1987 年版,第 81 页。
②《海德格尔选集》,孙周兴选编,上海三联书店 1996 年版,第 1118 页。

中之人,绝对不会有真正自由之生存,也绝对不会真正追寻到存在并走向澄明之境,那么,可以说,只有"四方游戏"之人才使人的本真存在得以走向澄明。这是因为,处于"世界与大地"矛盾之中的人迷失了他的生态本性,而只有在"四方游戏"之结构中,他才找回了与世界万物和谐相处的生态本性。

第三,诗意地栖居之生态理想美。海氏是一个理想主义者,把他的所有的期望寄托在人类对于未来的创造,寄托在美的理想之上。其原因是,他对于他所处的时代的深感失望。他认为,资本主义发展到 20 世纪,由于过度迷信科技的力量,过度追求利润的增长,因而导致了自然环境的严重破坏,人的生存状态的恶化。他将这种情况比喻为技术的"促逼"。他说:"这片大地上的人类受到了现代技术之本质连同这种技术本身的无条件的统治地位的促逼,去把世界整体当作一个单调的、由一个终极的世界公式来保障的、因而可计算的储存物(Bestand)来加以订造。向着这样一种订造的促逼把一切都指定入一种独一无二的拉扯之中。这种拉扯的阴谋诡计把那种无限关系的构造夷为平地。"①这就是说,由于对科技的过分迷信,导致工具理性的无限膨胀,将世界的整体性、人类生活的无限丰富的关系性统统加以抹杀、夷为平地。无可否认,海氏有某种片面性,他没有看到现代科技的重要地位及其对于社会发展的重要贡献,但另一方面,我们也不能不佩服他对当代现实的深刻认识。科学技术本身的确是伟大的,但对它过分依赖和迷信的后果也同样是可怕的,它直接导致了工具理性的恶性膨胀和人文精神的严重缺失,其结果之一就是生态环

---

① [德]马丁·海德格尔:《荷尔德林诗的阐释》,孙周兴译,商务印书馆 2000年版,第 221 页。

境受到严重破坏,并直接威胁到人类的现实生存。海氏将之喻为人类的茫茫黑夜,也许有点悲观,但人类对这样的文化危机如果还不警醒,难道不是真的掉进茫茫黑夜而难以自拔吗?

同西方的许多大理论家一样,海氏也把自己的希望寄托给古希腊,认为古希腊那种人与自然的和谐一致是人的本质的体现,而当代人与自然的对立则是人的本质的失落。他说:"希腊本身就在大地和天空的闪现中,在把神掩蔽起来的神圣者中,在作诗着运思着的人类本质中,走近人之本质,在一个惟一的位置那里达到人之本质,而在这个位置上,人诗意的漫游已经获得了宁静,为的是在这里把一切都保藏入追忆之中。"①海氏在这里把大地、天空、神和人类的和谐统一作为人之本质,并与人的"诗意的漫游"联系在一起。然而,由于这只是古希腊的情形,所以它又只能包藏在"追忆之中"。在这里,他实际上已经阐述了人的生态本性,并将其与人的"诗意的漫游"的审美理想联系起来。人的生态本性直接体现在他多次提出的"诗意地栖居"②命题之中,所谓"诗意地栖居"是相对于"技术地栖居"而言的。前者是一种审美的生活方式,后者则是前者的异化,它背离了人的生态本性,是非人性的,也是非美的。只有突破现实的"技术地栖居"方式,才能实现人的"诗意地栖居"的审美的、本真的生存方式。这既是海氏的美的理想,也是他对生态理想美的不懈追求。

从生态本真美、生态存在美和生态理想美三个层面看,海德

---

① [德]马丁・海德格尔:《荷尔德林诗的阐释》,孙周兴译,商务印书馆2000年版,第199页。

② [德]马丁・海德格尔:《荷尔德林诗的阐释》,孙周兴译,商务印书馆2000年版,第198页。

格尔晚期的美学思想,已经将自然维度纳入审美领域,对于当代
生态存在论审美观来说,是具有极其重要的理论与现实意义的。

四

　　提出人的生态本性和生态存在论美学,也面临着一系列挑战
和难题。其中,最主要的是它与当前倡导的"以人为本"的人文主
义精神是什么关系?强调了生态是否就会导致漠视人的生存?
在这些问题上,存在着相当尖锐的不同意见。以美国前副总统阿
尔·戈尔为例,尽管他一方面是具有强烈环保意识的政治家,甚
至写过环保论著《濒临失衡的地球》,但另一方面,他对当代深层
生态学理论却持反对的态度,视之为一种"反人类"的危险理论。
他说:"有个名叫'深层生态主义者'的团体现在名声日隆。它用
一种灾病来比喻人与自然关系。按照这一说法,人类的作用有如
病原体,是一种使地球出疹发烧的细菌,威胁着地球基本的生命
机能。""他们犯了一个相反的错误,即几乎完全从物质意义上来
定义人与地球的关系——仿佛我们只是些人形皮囊,命里注定要
干本能的坏事,不具有智慧或自由意志来理解和改变自己的生存
方式。"①戈尔的看法具有代表性,就是以为提倡生态学以及与之
相关的理论会违背"以人为本"观念,甚至是与人类为敌。我们认
为,以戈尔为代表的批评者,并没有真正理解深层生态学或其他
相关的生态理论的深刻内涵。真正的科学生态理论是一种整体
主义的生物环链理论,它将人的生存发展与自然联系在一起进行

---

①〔美〕阿尔·戈尔:《濒临失衡的地球——生态与人类精神》,陈嘉映等译,
　　中央编译出版社 2011 年版,第 167、168 页。

考虑。可以说，当代深层生态学、生态存在论哲学观和生态整体主义，以及我们提出的人的生态本性论与生态存在论审美观等，本身就是真正具有当代性的人的生存理论，它充分体现了当代世界的新人文精神。所以，有的理论家干脆将当代生态理论称作"生态人文主义"。它既与传统的人文主义有联系，同时又增添了新的时代内容，其中最主要的就是把自然维度纳入人文主义精神的框架之中，在传统"以人为本"的人文精神（如希腊名言"人是万物的尺度"、文艺复兴时期对人性解放的呼唤和对人的感性欲望的歌颂、培根的"知识就是力量"，康德的"人为自然立法"等）与当代的"生态存在论哲学观"（包括人的生态本性理论和生态存在论审美观等）之间建立了一种对话、交流渠道。这是符合时代需要的理论创新，它蕴含着新时代人类长远美好生存的重要内涵，是人文主义精神在新时代的延伸和发展。

具体说来，人的生态本性理论及当代生态存在论哲学—美学，它们特有的新人文主义内容主要表现在这样几个方面。

第一，由人的平等扩张到人与自然的相对平等。"公正"与"平等"是人文主义精神的基本内涵。当代生态理论力主"生态平等"，将人文主义的"公正平等"原则扩张到自然领域。有的论者据此批评当代生态理论排除了人类吃喝穿用等基本的生存权利，因此具有明显的反人类色彩。这其实是一种误解，因为当代生态理论所说的"生态平等"不是绝对平等，而是相对平等，也就是生物环链之中的平等。它的意思是，包括人在内的生物环链之上的所有存在物，既享有在自己所处生物环链位置上的生存发展权利，同时也不应超越这样的权利。深层生态学的提出者阿伦·奈斯所说的"原则上的生物圈平等主义"，讲的就是这个意思。他说："对于生态工作者来说，生存与发展的平等权利是一种在直觉上明晰的价值公理。它所限制的是对人类自身生活质量有害的人类中心主义。人类的生活质量部分地依赖于从与其他生命形式密切合作中所获得的深层次的愉悦和满足。那种忽视我们的依赖并建立主仆关系的企图促使人自身走向异化。"①

　　第二,人的生存权之扩大到环境权。人文主义的重要内容就是人的生存权,力主人生而具有生存发展之权利。这种生存权长期限于人的生活、工作与政治权利等方面,而当代生态理论却将这种生存权扩大到人的环境权。这恰是当代生态理论所具有的新人文精神内涵。美国于1969年颁布的《国家环境政策法》明确规定:"每个人都应当享受健康的环境,同时每个人也有责任对维护和改善环境作出贡献。"1970年,《东京宣言》明确提出:"把每个人享有的健康和福利等不受侵害的环境权和当代人传给后代的遗产应是一种富有自然美的自然资源的权利,作为一种基本人权,在法律体系中确定下来。"1972年,联合国《人类环境宣言》指出:"人类有权在一种能够过尊严和福利的生活环境中,享有自由、平等和充足的生活条件的基本权利,并且负有保护和改善这一代和将来的世世代代的环境的庄严责任。"1973年,在维也纳制定的《欧洲自然资源和人权草案》中,环境权作为一项新的人权得到了肯定。很明显,当代环境权包含享有美好环境和保护美好环境两方面的权利。前者为了当代和人类自身,而后者则是为了后代和其他生命与非生命物体,全面地概括了人的环境权利。

　　第三,将人的价值扩大到自然的价值。价值从来都是表述对象与人的利益之间的关系,维护人的价值向来是人文主义必不可缺的重要内容。但长期以来,人们对于自然的价值却相当忽视,

----

①转引自雷毅《深层生态学研究》,清华大学出版社2001年版,第51页。

似乎河流、海洋、空气和水是天然存在的,本身不具有什么价值。当代生态理论突破了这一点,将人的价值扩大到自然领域,充分肯定了自然所具有的重大的不可代替的价值。1992年,罗尔斯顿在中国社科院哲学所的讲演中将自然的价值概括为13种之多:支持生命的价值,经济价值,科学价值,娱乐价值,基因多样性价值,自然史和文化史价值,文化象征价值,性格培养价值,治疗价值,辩证的价值,自然界稳定和开放的价值,尊重生命的价值,科学和宗教的价值等等。① 自然价值的确认,对于进一步维护人的美好生存具有极为重要的意义,是人文精神的新的拓展。

第四,将对于人类的关爱拓展到对其他物种的关爱。这是人的仁爱精神的延伸。人文主义具有强烈的关爱人类,特别是关爱弱者的仁爱精神与悲悯情怀。当代生态理论将这种仁爱精神和悲悯情怀扩大到其他物种,力主关爱其他物种,反对破坏自然和虐待动物等不人道行为。1992年,联合国发布的《保护地球——可持续生存的战略》提出有关环境道德的原则,其中包括"人类的发展不应该威胁自然的整体性和其他物种的生存,人们应该像样地对待所有生物,保护它们免受摧残,避免折磨和不必要的屠杀"②。

第五,由对于人类的当下关怀扩大到对于人类前途命运的终极关怀。人文主义历来主张对人的前途命运的终极关怀,但却没有包含自然维度。当代生态理论将自然维度包含在终结关怀之中,使之具有更深刻丰富的内涵。特别是当代提出的可持续发展

①参见余谋昌《生态伦理学》,首都师范大学出版社1999年版,第66—68页。
②转引自余谋昌《生态伦理学》,首都师范大学出版社1999年版,第146页。

理论,就是从人类的长远发展出发,是终极关怀理论的丰富与发展。

　　总之,生态存在论哲学—美学和有关人的生态本性的理论尽管突破了传统人类中心主义,但却不是对于人类的反动,而恰是新时代对人类之生存发展更具深度和广度的一种关爱,是新时代包含自然维度的新人文精神。

发现人的生态审美本性与新的
生态审美观的建设①

　　从 2001 年起进行当代生态审美观研究以来，我们一直面临着生态观、人文观与审美观如何能够统一的诘难，在回应这一诘难时也总是感觉有几分吃力。2007 年秋，我有机会到武汉大学梁子湖生态实习基地参观学习。这个基地的众多实验中，有一个湖水生态比较实验对我启发颇大。基地制造了两方水体，一方是梁子湖原生态的自然水体，有泥、虫、水草、小鱼、大鱼等等。这个水体是活的，有生命的，内在循环的，因而是洁净、甘甜，并且也是美好的。而另一个水体则为死水，布满了各种蓝藻，冒着水泡，散发着臭味。这个水体是不美好的。我从中体悟到审美与自然生命力有着密切的关系，对于蓬勃生命力的亲和是人的天性之一，人与自然生态的审美关系也是人的重要本性之一。由此，我以为，从人的生态审美本性的角度就能够很好地阐释生态观、人文观与审美观的统一。

一

　　人类的历史就是不断发现自身本性的历史。古希腊德尔斐

---

①原载《社会科学辑刊》2008 年第 6 期。

神殿的铭文就是"认识你自己"。这里的"认识"也可以理解为"发现",也就是说,人类的历史也就是人类不断发现自己本性的历史。近日读梁启超《〈欧洲文艺复兴史〉序》一文,受到很大启发。他在该书中指出,"及读此书,见其论欧洲文艺复兴所得之结果二:'一曰人之发现,二曰世界之发现'"①。我觉得,用"发现"一词比用"死了"一词更加积极正面。例如,尼采说"上帝死了",那就不如说"人的非理性的发现";福柯说"人死了",不如说"人的'主体间性'的发现"。事实证明,"发现"更有积极的建设的意义。进入20世纪60年代以后,由于环境污染的日渐严重和自然生态的日渐重要,人类社会开始逐步发现了自己的生态审美本性。众所周知,人类曾经发现了自己的理性、社会性、非理性、符号创造性与主体间性等等本性,但其实人类还具有生态审美本性。当代生态批评家哈罗德·弗洛姆说道,生态问题是一个关系到"当代人类自我定义的核心的和哲学与本体论问题"②。人的生态审美本性的表现就是人对自然万物蓬勃生命力的一种审美的经验,其内涵包括人对自然的本源的亲和性、人与自然须臾不分的共生性、人对自然生命律动的感受性,以及人在改造自然中与对象的交融性等等。

　　但是,长期以来,由于工具理性的过分泛滥,人的生态审美本性被遮蔽,人与自然处于可怕又可悲的不正常的对立状态。黑格尔将美学界定为"艺术哲学",自然美在很大程度上被排除在美学之外。其不良影响一直延续至今。现在到了恢复人的这种生态

①梁启超:《饮冰室合集》第4卷,中华书局1989年版,第43页。
②[美]切瑞尔·格罗菲尔德主编:《生态批评读本》,美国乔治亚大学出版社1996年版,第16页。

审美本性的时候了。其实，马克思主义经典作家早就在一定的程度上论述过人的这种生态审美本性。马克思在著名的《1844年经济学哲学手稿》中就直接提出了"人直接是自然存在物"的观点，并深刻地论述了在人的实践活动中自然的"人化"与人的"对象化"共存的事实。他说："说人是肉体的、有自然力的、有生命的、现实的、感性的、对象性的存在物，这就等于说，人有现实的、感性的对象作为自己的本质即自己的生命表现的对象；或者说，人只有凭借现实的、感性的对象才能表现自己的生命。"①马克思在《德意志意识形态》第一卷手稿中有力地批判了费尔巴哈的历史唯心主义及其刻意分离人与自然的关系来谈论人的本质的做法。马克思认为，人是在与自然的关系中来展开自己的本质的。他形象地以鱼与水的关系来比喻人与自然的关系，指出："鱼的'本质'是它的'存在'，即水。河鱼的'本质'是河水。但是，一旦这条河被工业支配，一旦它被染料和其他废料污染，河里有轮船行驶，一旦河水被引入只要把水排出去就能使鱼失去生存环境的水渠，这条河的水就不再是鱼的'本质'了，它已经成为不适合鱼生存的环境。"②马克思在这里十分形象并恰当地以鱼与水的关系比喻人与自然的关系，并由此阐释人的本质。马克思的论述告诉我们，犹如鱼无法离开洁净的水一样，人也同样不能离开良好的自然生态环境。因而，人的本质是与良好的自然生态环境紧密相连的。恩格斯在著名的《自然辩证法》中特别地强调了人与自然的一致性。他说："人们愈会重新地不仅感觉到，而且也认识到自身和自然界的一致，而那种把精神和物质、人类和自然、灵魂和肉体对立

①《马克思恩格斯全集》第42卷，人民出版社1979年版，第168页。
②《马克思恩格斯全集》第42卷，人民出版社1979年版，第369页。

起来的荒谬的、反自然的观点,也就愈不可能存在了。"①可见,马克思主义经典理论家对于人与自然生态的本源的亲和的本质关系是有充分认识到并加以论证了的。

二

　　从历史上看,中西方历史上对于人的生态审美本性也都有着比较深入的论述。中国古代先民长期生活于农耕社会,繁衍栖息于广袤的黄土高原,因而,人与自然的关系是先民遇到的最重要的关系,所谓"究天人之际,通古今之变"。也就是在这样的文化背景下,中国古代诞育了以反映人的生态的生命的审美本性为其主要内涵的美学思想。我国古代的易学就提供了这种"生生之为易"的哲学与美学思想。《周易·系辞上》指出:"生生之谓易,成象之谓乾,效法之谓坤,通变之为事,极数知来之谓占,阴阳不测之谓神。"易的根本之点就是"生生",亦即在"天人关系"宏阔背景下人与万物的生命与生存。《周易·系辞下》还进一步提出:"天地之大德曰生,圣人之大宝曰位",将生态、生存与生命视为天地给予人类的最高恩惠,视珍视万物生命为人类最高的行为准则。《周易·文言》指出:"元者,善之长也;亨者,嘉之会也;利者,义之和也;贞者,事之干也。"这就意味着,天地万物与人类美好的生命状态就是"元亨利贞"等人与万物生命力蓬勃的生长与美好地生存状态。要做到这一点,就要求天地、乾坤、阴阳符合生态规律的运行,所谓"天地交而万物通也,上下交而其志同也"(《周易·泰·彖》)。这就是象征着吉祥的"泰",相反的则是"天地不交而

---

①《马克思恩格斯选集》第 3 卷,人民出版社 1972 年版,第 518 页。

万物不通也,上下不交而天下无邦也"(《周易·否·彖》),这就是象征着灾难的"否"。易学认为,这种符合生态规律的天地自然运行就是一种"美"。《周易·文言》指出:"阴虽有美,含之以从王事,弗敢成也。地道也,妻道也,臣道也,地道无成而代有终也","君子黄中通理,正位居体,美在其中,而畅于四支,发于事业,美之至也。"对这两段话的解释很多,在我看来,它们是着重用以阐释坤卦卦辞"坤,元亨,利牝马之贞。君子有攸往,先迷,后得主,利。西南得朋,东北丧朋。安吉贞"中的"元亨"与"安吉贞"的。它所强调的是阴阳乾坤各在其位,各尽其职,认为这样即使先迷失道路也会得到主人接待而大为有利,即使一度失去朋友最后也会得到朋友而平安吉祥顺利。第一段话是说坤卦所包含的"美"在于充分发挥其安于天道之下的、处于"妻位"与"臣位"的协助的、辅佐的地位与作用。第二句话表面上说的是穿衣服的得体,黄裳在内外加罩衣,实际上还是用以比喻阴阳乾坤的"正位居体",只有做到这一点,才能"上下交而万物通""天地变化,草木蕃",人与万物生命力蓬勃生长,于是"畅于四支""发于事业",成为至高之美。在这里,"美"始终与阴阳乾坤的各安其位的"正位居体"以及"上下交通"这样的自然生态的运行紧密联系,并表现为生命力的蓬勃生长,旺盛有力。这就是我国古代早期对于生态的生命的审美本性的表述,也就是我国具有代表性的"中和"之美。在这里,所谓"中和",就是天地、乾坤各在其位,因而风调雨顺,万物繁茂,充满生命力。正如《礼记·中庸》所说,"中也者,天下之大本也;和也者,天下之达道也。致中和,天地位焉,万物育焉"。天地阴阳正位,万物才能繁茂昌盛。由此可见,我国古代的中和之美,从根本上说,就是万物繁茂昌盛的生态与生命之美。这种生态的生命的美学观一以贯之,影响深远。庄子的养生说,包含"保身""全身""养亲"与"尽年"的内容,也与生命的美学密切相关(《庄子·养生主》)。曹丕在文论领域提出的"养气"说,指出:"文以气为主,气之清浊有体,不可力强而致。譬诸音乐,曲度虽均,节奏同检,至于引气不齐,巧拙有素,虽在父兄,不能以移子弟。"(《典论·论文》)这里的"气",即包含生命气韵之意,气之清浊强弱直接与音乐艺术的巧拙有素密切相关,是一种中国古代的生命美学理论。刘勰提出"物色"说,所谓"诗人感物,联类不穷,流连万象之际,沉吟视听之区;写气图貌,既随物以婉转;属采附声,亦与心而徘徊"(《文心雕龙·物色》),并以《诗经》所用的"灼灼、依依、杲杲、瀌瀌、喈喈、喓喓"等生动形象的词汇说明艺术创作中诗人艺术创作中感物联类,流连万象,写气图貌,赋予对象以生命力的情形。谢赫在绘画"六法"中明确提出"气韵生动"之说,将生命力的体现作为绘画成功的重要标准之一。唐代王昌龄在《诗格》中提出影响深远的"意境"说,所谓"搜求于象,心入于境,神会于物,因心而得",将艺术创作中通过情与象、意与境、神与物交融汇合而创作出充满生命力的艺术作品的情形表现无遗。当代美学家宗白华在总结中国古代美学传统的基础上力倡"生命美学"。他说:"艺术本来就是人类……艺术家……精神生命底向外的发展,灌注到自然的物质中,使他精神化,理想化。"又说:"中国画所表现的境界特征,可以说是根基于中国民族的哲学,即《易经》的宇宙观:阴阳二气化生万物,万物皆禀天地之气以生,一切物体可以说是一种'气积'。(庄子:天,积气也)这生生不已的阴阳二气织成一种有节奏的生命。"①凡此种种,都说明我国古代存在着悠久的生态的生命的美学传统。

①宗白华:《艺境》,北京大学出版社1987年版,第7、118页。

　　西方由其特定的自然历史文化背景决定了抽象的逻辑推理的发达,因而,审美从一开始就被推向了与自然生态相对脱节的纯理性思考。于是,产生了"美是理念""美是对称""美是感性认识的完善""美是理念的感性显现""美是无目的的合目的性"等等在一定程度上离开人的生态审美本性的美学理论界说。1725年,意大利理论家维柯(G. Vico, 1668-1744)在其《新科学》一书中将作为其"新科学的万能钥匙"的原始形态的"诗性思维"看做一种原始形态的生态审美思维。他坚持一种人类学的方法,即认为"各民族的共同本性就会成为(或涉及)每一民族在起源、发展、成熟、衰颓和死亡中都要展示的一种发育学模式"。由此,他得出"诗性的思维"是人的共同本性的结论。他在阐释原始的"诗性的玄学"与"诗性的思维"时说:"这些原始人没有推理的能力,却浑身是强旺的感觉力和生动的想象力。这种玄学就是他们的诗,诗就是他们生而就有一种功能(因为他们生而就有这种感官和想象力)。"①在这里,维柯特别地强调了"生而就有"的"强旺的感觉力和生动的想象力"等生命的本性的特质。他将这种"诗性的思维"表述为一种将自然万物当做"活人"的想象力。他说,原始人类"按照自己的观念,使自己感到惊奇的事物各有一种实体存在,正象儿童们把无生命的东西拿在手里跟它们游戏交谈,仿佛它们就是些活人"②。这就是一种以自然为"同类"的生态审美思维。1794年,席勒(Johann Christoph Friedrich Schler, 1759-1805)在著名的《美育书简》中将审美看作人的本性,但由其理性主义立场

---

① [意]维柯:《新科学》,朱光潜译,人民文学出版社1986年版,第13、161—162页。
② [意]维柯:《新科学》,朱光潜译,人民文学出版社1986年版,第162页。

决定,他不可能从生态的生命的角度论述审美。从 1936 年开始,海德格尔力图构筑自己的"天地神人四方游戏"的生态审美观,将自然生态与人的关系看做是"此在与世界"的机缘性关系,是"此在"在世的本真状态,其生命性表现为"此在"即人在时间与空间中的存在,认为"存在在世界之中"①。这里所谓的"世界"就是"天地神人"四方游戏的"生态系统"。这是一种生态的生命的哲学与美学。

以下,我要特别介绍几位西方理论家在人的生态审美本性论述中的贡献。一位是俄国著名民主主义思想家车尔尼雪夫斯基(1828 — 1889)。他于 1855 年出版《艺术与现实的审美关系》,有力地论述了唯物主义美学思想。在书中,他提出著名的"美是生活"的命题,批判了黑格尔"美是理念的感性显现"的观点。他进而将"生活"界定为"生命",认为"凡是我们可以找到使人想起生活的一切,尤其是我们可以看到生命表现的一切,都使我们感到惊叹,把我们引入一种欢乐的、充满无私享受的精神境界,这种境界我们就叫做审美享受"②。他还把"美"具体界定为"旺盛健康的生活",认为"青年农民或农家少女都有非常鲜嫩红润的面色——这照普通人民的理解,就是美的第一个条件"③。由此可见,车氏是将生命的生态的健康之美作为美的第一条件的。

---

① [德]马丁·海德格尔:《存在与时间》,陈嘉映、王庆节译,生活·读书·新知三联书店 1987 年版,第 17 页。
② 《车尔尼雪夫斯基论文学》中卷,辛未艾译,上海译文出版社 1979 年版,第 23 页。
③ [俄]车尔尼雪夫斯基:《艺术与现实的审美关系》,周扬译,人民文学出版社 1979 年版,第 6 页。

另一位就是美国著名哲学家与教育家杜威（John Dewey，1859-1952）。他在 1934 年出版的《艺术即经验》一书中提出，自己的意图是克服当时普遍存在的主客、灵肉分离的倾向。他说，要回答"为什么将高等的、理想的经验之物与其基本的生命之根联结起来的企图常常被看成是背离它们的本性，否定它们的价值"这样的问题，"就要写一部道德史，阐明导致蔑视身体，恐惧感官，将灵与肉对立起来的状况"。就此，他提出了审美主体是"活的生物"的崭新概念，认为所谓审美即是人这个"活的生物"与他生活的世界相互作用所产生的"一个完满的经验"。他具体描述道："人在使用自然的材料和能量时，具有扩张他自己的生命的意图，他依照他自己的机体结构——脑、感觉器官，以及肌肉系统——而这么做。艺术是人类能够有意识地，从而在意义层面上，恢复作为活的生物的标志的感觉、需要、冲动以及行动间联合的活的、具体的证明。"他还特别强调了自然生态在审美中的本源性作用。他说："自然是人类的母亲，是人类的居住地，尽管有时它是继母，是一个并不善待自己的家。文明延续和文化持续——并且有时向前发展——的事实，证明人类的希望和目的在自然中找到了基础和支持。"①

法国的著名现象学美学家梅洛-庞蒂（Maurice Merleau-Ponty，1908-1961）作为现象学哲学与美学家，从现象学的特殊角度论述了"身体"的本体意义及其在审美中的重要地位，并论述了身体与空间的关系。他说："'身体图式'是一种表示我的身体在世界上存在的方式。"又说："我的身体在我看来不但不是空

---

①［美］杜威：《艺术即经验》，高建平译，商务印书馆 2005 年版，第 20、26、28 页。

间的一部分，而且如果我没有身体的话，在我看来也就没有空间。"也就是说，他认为，"身体空间和外部空间构成了一个实际系统。"①在这里，实际上他主张在审美之中人的身体与自然生态构成一个有机的系统。这是人的生态审美本性的另一种表述。

我还要提到另一位继承了身体理论的美学家，就是美国的新实用主义美学家理查德·舒斯特曼（Richard Shusterman）。他在《实用主义美学》一书中提出"身体美学"的概念，这是新时代的感官与哲思统一的生命美学形态。他说："身体美学可以先暂时定义为：对一个人的身体——作为感觉审美欣赏（aesthesis）及创造性的自我塑造场所——经验和作用的批判的、改善的研究。因此，它也致力于构成身体关怀或对身体的改善的知识、谈论、实践以及身体上的训练。"②在这里，他没有用"bodyesthetics"，而是借用古希腊词汇用了"somaesthetics"，就包含灵肉统一之意。那么，他提出身体美学的意图何在呢？他自己说道，一是为了复兴鲍姆嘉登将美学当作既包含理论也包含实践练习的改善生命的认知学科的观念；二是终结鲍氏灾难性的带进美学中的对身体的否定；三是身体美学能够对许多至关重要的哲学关怀做出重要贡献，从而使哲学恢复它最初作为一种生活艺术的角色。很明显，舒氏的"身体美学"包含生态的生命美学的内涵。诚如舒氏所说，"我们可以很容易发现，身体美学对感觉敏锐性、肌肉运

①［法］莫里斯·梅洛-庞蒂：《知觉现象学》，姜志辉译，商务印书馆2001年
　　版，第138、139、140页。
②［美］理查德·舒斯特曼：《实用主义美学——生活之美，艺术之思》，彭锋
　　译，商务印书馆2002年版，第354页。

动和根据经验的意识的改善,怎样富有成效地有助于诸如音乐、绘画和舞蹈(最卓越的身体审美的艺术)之类的传统艺术的理解和实践,怎样增进我们对我们穿行和栖息的自然和建筑环境的欣赏"①。

　　当然,在西方,当代环境美学与生态批评理论也提供了一系列极为重要的生态的生命的审美理论的资源。特别是美国美学家阿诺德·伯林特的"参与美学",力倡运用眼耳鼻舌身全方位地参与到审美感受之中,获得一种生命快感与哲思,提升相结合的审美愉悦。英国科学家拉伍洛克提出的著名的"盖亚定则",将大地比喻为地母盖亚,看做是养育了人类的母亲。这些资源对于我们建设新时期的生态审美观都有极为重要的借鉴作用。

三

　　现在的问题是如何以有关人的生态审美本性理论为指导,在新的世纪建设当代形态的生态审美观? 我认为,最重要的是,有关人的生态审美本性理论是建立新的生态人文主义的理论基础。这种新的生态人文主义又是建设新的生态审美观的理论指导。因为,启蒙主义以来,通常的人文主义是"人类中心主义"的,在此前提下人与自然生态处于宿命的对立状态,不可能将生态观、人文观与审美观三者统一起来。新的建立在人的生态审美本性基础之上的生态人文主义能够将以上三者加以统一。诚如美国明

---

① [美]理查德·舒斯特曼:《实用主义美学——生活之美,艺术之思》,彭锋译,商务印书馆 2002 年版,第 368 页。

尼苏达大学生态学、进化与行为教授菲利普·雷加尔（Philip Regal）所说，"如果说关于人类状况的知识是人文主义之要义的话，那么，理解人类所存在的更大的系统对于人文主义者来说就是非常重要的。……'生态人文主义'隐含着对于个体之间、个体与社会机构之间以及个体与非人类环境之间关联模式的洞察"①。这是雷加尔在美国 2002 年出版的《生态人文主义论集》中所写的话。所谓"生态人文主义"（Ecohumanism）是在生态危机日益严重的情况下出现的激进生态主义者对于自然绝对价值的过分强调，并与传统的人类中心主义展开激烈的争论。在这种情况下，"生态人文主义"能克服这两种理论倾向的偏颇，并将两者加以统一。生态人文主义得以成立的根据就是人的生态审美本性。也就是我们在上文所说的，人天生具有一种对自然生态亲和热爱，并由此获得美好生存的愿望。这种"生态人文主义"正是新的生态审美观建设的哲学与理论的依据。

在此前提下，新的生态审美观包括这样两个层面的内涵。从文化方面来说，有这样一些内容。主要是人的相对价值与自然的相对价值的统一。这也是我们通过"生态人文主义"对绝对生态主义与人类中心主义的一种调和。因为，绝对的生态主义主张自然生态的绝对价值，必然导致对于人的需求与价值的彻底否定，从而走向对于人的否定。这是一条走不通的路。人类中心主义将人的需求与价值加以无限制的扩大，从而造成对于自然生态的严重破坏。历史已经证明，这必将危害到人类自身的利益，也是一条走不通的路。正确的道路只有一条，那就是在生态人文主义

---

① Regal, Philip, J. Ecohumanism: Refining the Concept, in Robert B. Tapp, eds.*Ecohumanism*.Prometheus Books, 2002, p.62.

的原则下只承认两方价值的相对性，并将其加以统一。这才是一条"共生"的可行之路。在这种"共生"原则指导下，在社会发展上贯彻社会经济发展与环境保护"双赢"的方针，走建设环境友好型社会之路。在代际关系上，要贯彻代际平等原则，兼顾当代与后代利益，真正做到可持续发展；在审美理论建设的层面，特别强调审美所包含的蓬勃生命力的内涵。作为审美对象，应该是蓬勃生命力的灌注与对于生命反思的统一。新的生态审美观力主一种灌注着蓬勃生命力的美学理念，是一种绿色的生命的美学，使人获得诗意栖居的美学。但这种生命力的灌注应该伴随着对于生命的反思，蕴藏着对于生命价值的可贵哲思。如齐白石之画，即便是几条小鱼，也在充满生命力的嬉戏中渗透着画家可贵的童趣；再如泰戈尔的诗，在对自然动物的描写中，流露着诗人的终极关怀精神；又犹如贝多芬的《命运交响曲》，以不断变速的乐调，叩击着命运，高歌着生命；在审美经验的形成上，是生命感官的全方位参与与对象潜在审美质的统一。这种新的生态的生命的美学迥异于古典的静观美学，在审美中它不仅凭借眼耳等感觉器官，而且凭借眼耳鼻舌身所有的感觉器官参与到审美之中。这是一种生命的感受，是一种寻找身心家园的审美之旅。当你徜徉在青山绿水之间，难道你在为无限美景赏心悦目之时，不也同时感受到清新空气的沁人心脾与甘洌的泉水为你带来的快感吗？而污浊的环境、呛人的气体与嘈杂的噪声不也同样在刺激眼耳的同时伤害鼻舌身其他的感官吗？当然，对象的审美潜质也是不可缺少的条件。放足于清洁美丽的海滨与置身于拥挤的大都会的感受必然迥异，面对美丽的开屏的孔雀与面对毛毛虫的感觉当然不同。美丽的蓬勃的生命必然给予人以生命的美感；在美学理论的构建上，当代新的生态审美观必然要吸收东方，特别是中国元素。除了我们已经熟知的海德格尔"四方游戏"说对道家的吸收之外,我们认为,中国古代的"生生之谓易"的古典生命哲学理论"坤厚载物"的大地伦理学以及"气韵生动"的艺术理论等,都应成为当代生态审美观建设的有效资源,需要我们进一步发掘利用。

后现代语境下的当代
存在论美学

　　存在论美学在 20 世纪初期一度兴盛,后逐步被分析美学所取代。但"二战"之后,特别是 20 世纪 70 年代以来,存在论美学再度复兴,逐步成为主流美学思潮之一,一直影响至今。这种当代形态的存在论美学实际是后现代经济文化的产物,具有许多新的内涵。不仅在西方当代美学发展中有其重要地位,而且对中国当代美学发展也具有重要意义。

一

　　当代存在论美学是在后现代经济与文化的背景下产生的。迄今为止,人类社会历经了早期文明(原始部落文明)、古代文明(农业文明)、现代文明(工业文明)和后现代文明(后工业文明)四个阶段。后现代文明,一般以 20 世纪 50 年代后期美国社会结构中从事技术与管理的白领人员超过从事体力劳动的蓝领人员为其标志。法国著名后现代理论家让-弗朗索瓦·利奥塔于 1970 年所著《后现代状况》一书指出,从工业时代到后工业时代至少在 50 年代末期这一转变就已形成。所谓后现代,在经济上是以信息产业主导为其标志,知识取代机器与资本在经济发展中起到决定性作用。在文化上,后现代则意味着网络文化与大众文化迅速崛起,文化产业迅速发展。在思想上,后现代是对近代以来的现代理论体系,包括主体性、工具理性与结构主义哲学的一种解构与超越。从总体上看,后现代实际上是对现代性的一种反思与超越。因为,近代以来的经济与思想文化领域的现代化运动极大促进了人类社会的发展,经济繁荣,生活富裕,文明程度提高。但现代化也不可避免地有其负面影响,特别是现代化进程中不可缺少的市场化、工业化、城市化与科技的巨大作用等,更犹如双刃剑而在促进社会前进的同时带来消极面。例如,市场拜物盛行、工具理性膨胀、人与自然矛盾加剧、环境恶化、资源匮乏以及精神疾患漫延等等。凡此种种,都直接危及人类的生存状态,乃至阻碍社会进一步发展。正是在这样的情况下,20世纪50年代以后,哲学思想与理论领域出现对现代化进行反思与超越的后现代思潮。后现代有以法国的德里达、福柯、拉康为代表的解构的后现代与以美国的大卫·雷·格里芬、大卫·伯姆为代表的建设的后现代。前者侧重于摧毁与解构,后者侧重于超越、修正与建设,旨在建设一种新的避免了现代性弊端同时又更具积极意义的后现代世界观。抛弃工具理性、主体性与结构主义哲学等人类中心主义理论,主张人、自然与社会系统的统一的当代存在论哲学观,就是这种后现代世界观的代表性形态。当然,对于这种包括后现代经济文化特点与后现代世界观在内的后现代理论,也有许多不同的看法。德国当代哲学家哈贝马斯就坚持用现代性对抗后现代性,不同意全面否定启蒙主义理论,并从整体上否定现代主义价值观。实际上,哈贝马斯也承认现代化,特别是资本主义社会所出现的社会危机以及工具理性等现代理论的弊端,但他不赞成采取彻底解构的途径,而主张借助改良的道路,运用人性与社会交往理论加以修补。国内有些学者认为,我国目前只是现代化的中期,属于社会主义初级阶段,不仅肩负着进一步发展现代化的重任,而且肩负着克服前现代性的任务,所以,后现代在我国不是现实的存在。这种看法不无道理,但并不全面客观。的确,一方面,我国正处于现代化中期,现代性还需大力提倡。但另一方面,市场化、工业化、城市化与科技发展所形成的市场与金钱拜物、工具理性膨胀、环境恶化、精神疾患蔓延等等弊端在我国同样突出的存在,同样极大地威胁到人的现实生存状态。正是在这样的情况下,我国政府才坚持物质文明与精神文明两手抓和可持续发展的战略方针。因此,我国在现代化的过程中同样存在后现代的社会与文化现象,当代后现代理论在我国同样有其适用性。

　　正是在这种后现代的经济文化背景与世界观的条件下,才在西方出现当代存在论美学。其实早在 20 世纪初期,西方即已出现以萨特、梅洛-庞蒂、加缪与雅斯贝尔斯为代表的存在主义哲学—美学理论。但这些理论未能摆脱西方现代理论的影响,表现出一切从自我出发的浓郁的"人类中心主义"色彩。甚至海德格尔早期的有关"大地与世界争执"的理论,强调世界对大地的统帅,也未能摆脱"人类中心主义"的影响。只在 20 世纪 50 年代后期到 20 世纪 60 年代前后,海德格尔提出"天地神人四方游戏说",才真正摆脱了"人类中心主义"的理论束缚,使其美学思想成为当代存在论美学的典范表述。他于 1959 年 6 月 6 日在慕尼黑库维利斯首府剧院举办的荷尔德林协会上作的演讲报告中指出:"于是就有四种声音在鸣响:天空、大地、人、神。在这四种声音中,命运把整个无限的关系聚集起来。但是,四方中的任何一方都不是片面地自为地持立和运行的。在这个意义上,就没有任何一方是有限的。若没有其他三方,任何一方都不是存在。它们无限地相互保持,成为它们之所是,根据无限的关系而成为这个整体本身。因此,大地和天空以及它们的关联,归属于四方的更为丰富的关系。"①

二

　　当代存在论美学的提出决不是偶然的,而有其经济、社会与思想文化的根据。

　　首先是改变当代人类生存状态日益非美化这一现实需要的呼唤。当代社会在现代化的进程中出现一系列二律背反的情形。具体表现为发展与生存、当代与后代、富国与穷国、科技与人文、物质与精神等一系列尖锐矛盾。总起来,表现为物质生活的富裕与生存状态非美化的尖锐矛盾。那就是说,现代化、工业化、城市化、市场化与科技的发展,一方面极大地改善了人类的物质生活,使之逐步走向富裕,但同时,现代化的进程又直接威胁到人类的生存。从现在看,大体分三个阶段。那就是现代化初期出现机器与产品走向奴役生产者的"异化"现象;资本主义市场经济的发展产生瓜分产品、资源与殖民地的战争,凭借科技制造的极具杀伤性的武器运用于战争,特别是"二战"中原子弹的使用更是人类的空前灾难;20世纪70年以来,由现代化、工业化的发展与盲目追求经济利益,导致人与自然矛盾尖锐,环境恶化、资源匮乏,直接威胁到人类及其子孙后代的生存。这些矛盾的解决,除了依靠经济、政治与道德的手段,还要借助美学的作用。因为,美是一种不借

―――――――――――

① [德]马丁·海德格尔:《荷尔德林诗的阐释》,孙周兴译,商务印书馆2000年版,第210页。

助外力而发自内心的情感的力量,是人的自觉自愿的内在的要求,具有不可替代的巨大的作用。所以,改善当代日益严重的人类生存状态非美化的现实需要,成为当代存在论美学产生的现实土壤。

其次,当代哲学的发展又为当代存在论美学的诞生提供了理论的根据。20世纪以来,西方现代哲学以科学主义与人文主义两条线索交替发展。20世纪50年代以后,科学主义的分析哲学逐步式微,而人文主义的哲学思想逐步兴盛。特别是20世纪70年代以来各种文化哲学的兴盛,更从多个文化层面考察人性与深层精神生活,从而为当代存在论哲学—美学的发展提供了丰富的理论营养。胡塞尔现象学方法在当代的发展又给当代存在论哲学—美学提供了方法论的武器。因为,胡塞现象学方法是用整体性意识反对传统的主客二元对立的思维模式,用存在论代替认识论,特别是现象学方法中的交互主体性(主体间性)理论更成为当代存在论哲学—美学的理论精髓。深层生态学理论更使当代存在论哲学—美学具有了丰富的内涵与崭新的面貌。1973年,挪威哲学家阿伦·奈斯将对世界观、价值观的深刻追问引入生态学研究,创立深层生态学,打破"人类中心主义"传统,提出"自我实现"与"生态中心主义平等"两个最高原则,成为当代存在论哲学—美学的重要内容。正是在此基础上,美国著名后现代理论家大卫·雷·格里芬提出著名的"生态论存在观"①哲学,成为当代存在论哲学的重要理论形态,同时也是当代存在论美学的重要哲学根据。

再次,当代存在论美学的产生也是美学学科自身发展的需要。20世纪70年代以来,美学研究逐步向文化领域延伸。文化

---

①[美]大卫·雷·格里芬:《后现代精神》,王成兵译,中央编译出版社1998年版,第224页。

的视角即是人的生存视角,表明人类进一步加深了对自身生存状态的关心,从而使存在论美学进一步凸显出来。中国当代美学领域也面临着对实践美学的突破,当代存在论美学的强烈的现实性与包容性使其成为可能取代实践美学的最佳选择。

当代存在论美学的产生还借用了大量的传统存在论哲学—美学资源。首先是借鉴了公元前6世纪古希腊哲学家阿那克西曼德之箴言,阿氏提出万物循环规律与人的生存的关系,对当代存在论不无启发。再就是,康德以来的西方近代哲学家关于艺术与人的生存关系的思考。例如,康德关于美是无目的的合目的性形式的理论,把作为彼岸世界的信仰领域引入审美,探讨了审美与人的存在的关系。席勒有关美育与异化的探索,也涉及人的存在领域。尼采所倡导的酒神精神,实际上也是人的生命力激扬的生存状态。叔本华关于艺术是人生花朵的理论,也是将艺术与人生联系。以上理论都给当代存在论以营养。中国古代道家"天人合一"的思想受到了西方当代存在论哲学—美学理论家的重视。海德格尔的"天地神人四方游戏说"就明显地吸取了道家理论精华。当代西方生态哲学家更从东方智慧中吸取大量营养,他们从不讳言中国道家思想和印度佛教理论在当代生态哲学与美学建设中的重大价值。这也预示着美学领域长期占统治地位的"欧洲中心主义"必将被中西平等交流对话所取代。

当然,当代存在论哲学—美学更是20世纪初期传统存在论哲学—美学发展的必然结果,两者有着直接的渊源关系。当代存在论哲学—美学对传统存在论哲学—美学给予重要的改造,主要是抛弃了传统存在论哲学—美学之中"人类中心主义"的理论内涵,代之以"人—自然—社会"系统共存的崭新观点。具体说来,当代存在论哲学—美学对传统存在论哲学—美学的继承主要表现在这样三个方面：一是方法上继承其现象学整体意识的方法，抛弃传统的主客二分的思维模式。这是非常重要的。因为主客二分的传统思维模式以探讨事物的本质为名将主体与客体、感性与理性分裂，最后导致美学研究走上死胡同。传统存在论哲学—美学则已突破了这种传统的方法，采取现象学的整体意识方法，即抛弃了传统的本质追问而去探究作为整体的对象在意识中的显现过程。正是运用这样的方法研究人的存在问题，才取得了重要的突破。对于这种现象学的整体意识的方法，当代存在论哲学—美学是完全接受的。再就是对于传统存在论有关"存在"这一基本范畴的继承。传统存在论的"存在"这一基本范畴，也具有十分丰富的内涵，表明传统存在论哲学—美学理论突破了长期占统治地位的认识论哲学—美学范式。认识论美学离开审美的本性，孤立地探讨美在理念或美在现实，最后使审美等同于科学与道德活动。但存在论美学却打破了这种僵化的认识论范式，完全立足于审美的特性，回到人的原初状态，从人为什么存在与如何存在这样最基本的问题出发，从人与动物最原初的区别为有没有审美活动开始，确定审美的生存这样一个最基本的美学范式。席勒在《美育书简》中认为，审美活动是人摆脱自然的欲望同对象发生的第一个自由的关系。他认为，只有当人做审美的游戏的时候，"他才是完整的人"①。因此，审美的存在这样一个最基本的美学范畴，在当代存在论哲学—美学中还是应该保留的。只是传统存在论哲学—美学有关审美存在的内涵没有完全摆脱"人类中心主义"与"自我中心"的理论束缚，还笼罩着消极灰暗的理论色彩。因为，这一理论的三个核心思想："存在先于本质""人是绝对

---

① ［德］席勒：《美育书简》，徐恒醇译，中国文联出版社 1984 年版，第 90 页。

自由"，以及"他人是地狱"等都有欠妥之处。所谓"存在先于本质"，强调自我规定本质；"人是绝对自由"，强调自我选择，自我设计；"他人是地狱"，强调所谓存在就是人与人之间的冲突，所面对的是虚无荒谬的世界。当代存在论哲学—美学，以"主体间性"理论强调人只是"关系中的存在"，以"系统协调"的生态存在观强调人的自由只存在于人与自然、社会的"普遍共生"的关系之中。而且，以积极的"可持续发展"的态度去创建现实的审美的存在。传统存在论哲学—美学把想象放在十分重要的位置，认为现实的东西绝对不是美的，美是一种只适合想象的东西的价值。这种价值论在其基本结构上又是指对现实世界的否定。在这种理论中，想象同自由紧密相联，两者实际上互为条件，自由是想象得以进行的基本条件，而想象又是自由的必要条件。对于这种想象理论，当代存在论美学当然应该有选择的吸收，想象是人的审美的存在的主要方式，也是文学艺术创作的最重要途径，它的整体意识性的特色充分反映了审美的基本特性。但当代"普遍共生"的生态存在论哲学观从人与自然、社会"普遍共生"的角度反对因强调想象而导致对现实世界的彻底否定，认为审美的确主要凭借想象，但也同自然、社会，特别是三者间系统协调的关系密切相关。当代存在论美学的具体形态除了我们在上文已经提到的海德格尔1959年前后提出的"天地神人四方游戏"说之外，还有福柯的"生存美学"理论。福柯面对前资本主义对身体的奴役和现代资本主义从内部即从精神上对身体的控制（监督、惩罚、规范），提出了"自我呵护"的著名命题。他说："呵护自我具有道德上的优先权。"①这就是说，他认

---

① ［英］路易丝·麦克尼：《福柯》，贾湜译，黑龙江人民出版社1999年版，第172页。

为,人的关注重点由关注自然,到关注理性,再到关注非理性,当前应更加关注自身,使人与自身的关系具有本体论的优先权。为此,他提出:"我们必须把我们自己创造成为一件艺术品。"由我们自身的艺术化发展到把我们每个人的生活都"变为一件艺术品"。① 这实际上是建立在对现代性负面影响控诉批判的基础上,要求建立一种从自我开始的艺术化(审美的)生存方式。再就是,20世纪70年代以来的生态美学。1985年,法国社会学家 J.M.费里指出:"生态学以及有关的一切,预示着一种受美学理论支配的现代化新浪潮的出现。"②这种美学理论在西方当代表现为文艺实践的生态批评,而在我国则表现为20世纪90年代前后兴起的生态文艺学与生态美学。生态美学是一种包括人与自然、社会以及自身的生态审美关系,是一种符合生态规律的存在论美学。

三

由于当代存在论美学目前仍在形成当中,加上西方诸多当代哲学—美学理论形态自身不可避免的片面性,因而其局限是十分明显的。首先,这一理论自身极不完善。许多基本理论问题并未解决,包括同传统存在论的关系问题,基本范畴问题,特别是如何将这一理论落实到具体的审美实践与艺术实践问题等等,均有待于进一步探索。这一理论所具有的后现代解构特点与现象学方法的借用又不可免地导致了对唯物主义实践论的否定,从而使其

①［英］路易丝·麦克尼:《福柯》,贾湜译,黑龙江人民出版社1999年版,第164、165页。
②转引自鲁枢元《生态文艺学》,陕西人民教育出版社2000年版,第27页。

失去牢固的根基。同时,许多敏感的理论问题也未得到解决,包括人的存在与科技、现代化的关系等等。因此,我们面对西方当代存在论哲学—美学理论,不能生吞活剥地加以接收,而应以马克思主义为指导,紧密结合中国国情,建设具有中国特色的、以唯物实践观为指导的当代存在论美学。

　　首先要奠定唯物实践观在当代存在论美学中的指导性地位。这种指导性地位就是坚持以唯物实践观作为当代存在论美学的哲学前提。也就是说,这一美学理论在物质与精神的关系上坚持物质第一的观点,在认识论领域坚持社会实践是认识的唯一基础与真理的唯一标准的观点。而且,坚持认为"社会实践"是人类最重要、最基本的存在方式。但在具体的当代存在论美学领域,唯物实践观不再取代具体的具有独立性的美学规律。例如,我们说社会实践是人的最重要存在方式,但决不是说"社会实践"本身就是美。因此,这种以唯物实践观为指导的当代存在论美学观同传统的实践美学是有着根本区别的。当代存在论美学的基本范畴是审美存在,而不是实践美学的"人的本质力量对象化"。所谓审美存在,是指人当下的存在状况,是关系中的存在,而非实体的存在。它包含了自然—社会—人整体协调的内容,是物质与精神、现实与理想、此岸与彼岸、世俗与诗意、科学与人文的二律背反,但又侧重于后者。审美存在是当代存在论美学的基本出发点,同时也是审美的理想、艺术的本质特性。审美存在的内涵就是人的本真存在的遮蔽与解蔽。存在论美学是将真理界定为人的本真的存在,因而真理与美是同格的。正如海德格尔所说,"艺术就是自行置入作品的真理"①。因此,审美存在的内在矛盾就是对真

――――――――

① 参见朱立元《现代西方美学史》,上海文艺出版社1993年版,第530页。

理的遮蔽与解蔽，所以对于对象本真的解蔽程度就成为美的标准，也成为一部文艺作品之所以具有永久魅力的原因之所在。正如萨特所说，"美不是由素材的形式决定的，而应该是由存在的浓密度决定的"①。当然，所谓解蔽就是拨开笼罩真理的各种雾障。西方存在论美学的解蔽是完全局限于精神领域的。海德格尔将其界定为解读，并用对梵·高的油画《鞋》作为通过解读实现解蔽达到把握本真的例证。这表明，西方存在论理论家对现实的完全失望，因而把审美存在的理想完全寄托于精神领域。应该说，这是不正确的。我们认为，所谓解蔽首先是现实生活中对于遮蔽真理的各种雾障的清除，包括市场拜物、工具理性、环境污染、精神疾患等等方面。这应该是基础与前提。基于此，精神领域的解蔽才有可能，人的审美生存才会更加现实。审美存在与艺术的关系是任何美学理论不容忽视的一个重要问题，也恰是当代存在论美学的薄弱环节。毫无疑义，文学艺术是审美存在的最重要的形式。人就在文学艺术活动中摆脱现实生活中非美的存在，获得审美的存在。这主要依靠艺术的想象。艺术想象是审美存在的最重要途径，人在想象中可以摆脱日常生活中各种非美因素的干扰，获得充分的自由。因此，艺术想象是对非美的现实生活的补偿。但我们不同意存在论美学家认为艺术想象也是对现实世界彻底否定的观念。在他们看来，审美的存在只有在文学艺术活动中，在艺术想象的过程中才有可能。这种看法应该说是不全面的，不能因为审美存在同艺术紧密相联，就从而否定审美存在同现实的密切相关。因为艺术活动不仅要以现实为基础，而且艺术

---

① 转引自［日］今道友信《存在主义美学》，崔相录、王生平译，辽宁人民出版社 1987 年版，第 231 页。

活动也必然反作用于现实。现在我们回过头来看,艺术想象贯串于艺术创作、传播、接受的全过程,涉及现实与艺术、非美与审美、情与景、言与意等多重矛盾。艺术创作的过程,实际上就是美的形象的创造与审美存在统一的过程。也就是说,在存在论美学中,美的形象的创造并不是目的,而只是手段,作者通过美的形象的创造,实现由遮蔽到解蔽,从而达到审美的生存,这才是艺术创造的目的所在。而所谓艺术的传播,表面上是要解决物质媒介与美的形象的矛盾,实质也是通过艺术的想象,凭借娴熟的技巧,在创造性活动中消解物的特性,实现解蔽,从而达到审美的存在。艺术的接受常同解读相联系,也要凭借艺术的想象,但解读与想象本身都是一种审美存在的方式。事实上,文学接受中的解读必须通过艺术想象的途径,因而同想象是统一的。但接受的一个更重要的内涵就是育人。也就是通过艺术作品的手段,培育审美的生存的一代新人。这就是我们通常所说的美育。事实证明,美育不仅在教育中成为重要的环节之一,而且在整个人类社会进步中都有着巨大的作用。因为,美育是最根本的世界观的教育。在当代,面临新世纪的种种挑战和人的非美化现实,人的最根本的世界观就是以审美的态度对待自然、社会、他人与自身。同时,美育也是最基本的教育,也就是说,美育是教育一个人如何做人。因此,它是一种人的最原初的养成教育。因为,审美与艺术是人与动物最基本的区别。动物把自己同自然混为一体,决无爱美之心和艺术的追求。只有人,一旦同动物区分开来,就产生了爱美之心和艺术的追求。所以,审美与艺术可以说是人性中最基本的内涵。因此,美育就是教人如何摆脱物性而具有人性的教育,也是对人进行最原初的精神慰藉与提升,常能收到奇效。

　　当代存在论美学肩负着十分繁重的任务,首先,应该通过当代存在论审美观念的教育和艺术作品的传播接受,对现实生活起到应有的积极作用。那就是,通过以上途径有利于清除现实生活中真理的雾障,逐步地由遮蔽到澄明,使人不仅在艺术中获得审美的生存,而且在现实生活中也能获得更多审美的生存。同时,当代存在论美学还应起到推动美学学科建设的作用。从目前看,以唯物实践观为指导的当代存在论美学在某种程度上包含了实践美学的合理成分,已显现出超越实践美学的极大可能。

但存在论美学在审美实践与艺术实践方面相对薄弱,又不太有利于这种超越。因此,当代存在论美学还应立足于建设,进一步丰富自己的内涵,特别是在审美实践与艺术实践方面进行更多的理论建设,使之更加完备,真正担当起建设新世纪美学学科的重任。当然,当代存在论美学仍然发源于西方,因而还有一个使之本土化的重大课题。那就要充分吸收中国古代一系列有价值的美学思想,包括"天人合一"的东方智慧、"中和论"美学思想,以及我国古代一系列有关人生美学的精华。同时,还要从我国传统文学艺术中吸收优秀的极富民族特色的艺术精神。诸如我国古代有关人生的艺术和艺术的人生的种种理论观点,像养气论、气韵说、品味说、意境说等等。将这些传统文化的精华充实到当代存在论美学体系之中,使之成为富有中国民族特色,同时又具普适性的崭新的美学理论体系。

(写于 2002 年 9 月)

当代文学的重要任务：集中体现
当代存在论美学精神

一、现代性的内涵：提升人的
生存层次

现代性是一个理论的、历史的与地域的范畴。它是一个来自西方的概念，人类早在文艺复兴时期即已开始了关于现代性问题的探索，但深层次的思考应该是从工业革命后开始的。我国从近代才开始对现代化性问题的探索，当代更加明确提出"四个现代化"的任务和实现中华民族伟大复兴的目标。将文学同现代性相联系，既是时代的召唤，又是文学自身社会责任之所在和永葆青春之动力。现代性具有丰富而复杂的内涵，从理论的层面上，所谓现代性实质上是社会与人的改造，也就是提升社会与人的层次，促使其加速进步；从历史的层面上，现代性又是一个历史的概念。一方面，它针对传统性而言，另一方面，现代性又是一个历史发展的过程，在不同的历史发展阶段，传统性与现代性都有不同内涵。我们今天所讲的现代性，应该是具有强烈现实针对性的现代性，特指已经迈入 21 世纪的中国当代的现代性课题。当然，现代性更是一个具有地域特点的范畴，我们中国学人所讲的现代性主要是指中国的现代性，但从世界的关联性和当前经济全球化背景来看,中国的现代性又同世界的现代发展紧密相联。因此,中国本土的现代性又受到世界的影响,特别是西方发达国家的影响,必须具有世界的视野。

现代性的难点与重点是对其中一系列二律背反的协调。它不是一个平面的范畴,而是一个包含着一系列内在矛盾或二律背反命题的范畴。例如,物质文明和精神文明、科技与人文、经济发展与人的改善、现代与后现代等等。其最核心的内涵是物质文明与精神文明,即物质现代化与精神现代化的两个维度相互之间相反相成。将各种二律背反的命题加以协调,特别是将物质文明与精神文明加以协调,这是现代性的难题与重点。邓小平同志提出"两手抓,两手都要硬",我国在《社会主义精神文明建设决定》中提出社会主义市场经济与为人民服务道德建设兼容问题。这些都是将两者协调的重要探索。

解决现代性难点的重要途径是人的现代性——人的生存层次的提升。所有的现代性最后都落脚于人的现代性,这是解决现代性之中一系列二律背反的最重要途径。因为,物质文明与精神文明最后都落脚于人的文明,而物质文明与精神文明的协调也依靠现代文明人的创造性活动。人的现代性归根结底是人的生存层次的提升。从西方来说,其现代性经过了从中世纪到现代社会,再到后现代社会,即从神的存在到人的理性存在,再到人的当代存在这样的发展历程。从我国来说,从近代以来,经历了农业社会、半封建半殖民地社会,再到社会主义社会的现代化发展历程,而人的存在也经历了由"天人合一"到"救亡图存",到"大公无私",再到"效益优先,兼顾公平"的发展过程。当前的"效益优先,兼顾公平"原则,既将人的个人生存提到优先位置,又兼顾到社会群体生存状况的改善,是一种具有强列当代性的人的生存原则。

文学的特殊功能——从审美的途径提升人的生存层次。人的生存层次的提高有着多种途径，包括经济的、政治的、法律的、道德的、文化的等等，但文学却是不可取代的特有途径。尼采说，艺术"是生命的伟大兴奋剂"。鲁迅也曾说，文艺是"引导国民精神的前途的灯火"。因为，文学是一种语言艺术，是美的物化形态，能给人以深刻的美的教育。美的教育是一种超功利的教育，也是一种提升人的生命层次的教育，旨在确立人的审美的态度，营造人的审美的生存状态。最近，北京大学原常务副校长王义遒教授在香港召开的两岸三地素质教育会上说，他在访问美国各著名大学时，了解到许多教育家和科学家都认为当代人才培养不仅需要知识、能力，而且更需要确立一种正确的态度（attitude）。我认为，其中最重要的就是审美的态度，即审美地对待社会、自然与自身的态度。这也就是人的审美的生存。这是人的一种生存方式，也是一种人生境界，恰是现代性最深层的内涵。

二、当代文学的重要任务——集中体现当代存在论美学精神

现代性的当代挑战是人的生存状态非美化问题。人类在整个现代化的过程中都面临着人的生存状态美化与非美化的二律背反。虽然现代化极大地改善了人的生存状态，但同时却又导致了人的生存状态非美化。这也恰似一把双刃剑，到20世纪中期以后，愈加尖锐。这就是西方现在所称后现代状况。后现代从时间上来说是现代之后，而不是现代后期。从内涵上来说，有以福柯、德里达为代表的解构的后现代，也有以大卫·雷·格里芬为代表的建构的后现代。对于中国，从经济形态来看，目前仍在

现代化过程中。从文化形态看,如果将"后现代"理解为对现代性的反思,那么,中国不仅应从西方后现代状况得到借鉴,而且本身也同样存在类似于西方的后现代现象。因此,从文化的角度,后现代理论同样适用于中国,当然也有一个本土化过程。作为后现代状况的重要特征就是人的生存状态非美化问题日趋严重。主要表现在六个方面:第一,科技主义泛滥,一味推崇工具理性,否定人文精神;第二,新型战争的巨大破坏与核武器的威胁;第三,市场经济的负面影响,主要是市场拜物、金钱万能的负面作用;第四,环境的严重恶化;第五,文化道德转型给人类带来的巨大压力,我国主要面临由计划经济到市场经济,以及由农村化到城市化的转型;第六,国际范围内帝国主义的经济与文化渗透。对于中国来说,这种生存危机在我国表现为三次大的冲击:20 世纪 30—40 年代的侵略战争威胁,20 世纪 70 年代以来的巨大环境压力,世纪之交由社会转型与"入世"带来的社会与精神压力。这就形成了我国目前罹患心理疾病者不少于 1600 万人的情况。

同这种当下人的生存状态非美化趋势相对应,我们提出新的当代形态的存在论美学。这种美学理论针对当代社会现实,吸收中国实践美学与西方当代生态存在论哲学的有价值成分,对传统存在论美学加以改造。它是一种正在形成的新的美学理论形态。其基本内涵是:第一,以社会实践为理论基础。因为社会实践是人类存在的前提,而且社会实践也是人类最基本的存在方式。第二,吸收西方当代生态生存论哲学的理论精华。主要是吸收以美国大卫·雷·格里芬为代表的西方当代生态哲学家提出的生态存在论哲学。这种哲学是对笛卡尔—牛顿主客对立二元论、机械论世界观的彻底突破,坚持"人—自然—社会"共生共存的系统整体论观点。第三，同传统的以萨特为代表的存在论美学相比，将"存在"的范围扩大到"人—自然—社会"的系统整体之中，并以"主体间性"即关系中的存在，克服"他人是地狱"的人我敌对观点，在观照存在的视角上拓展到宇宙空间和可持续发展；在存在的价值内涵上，以积极的建设性态度克服了传统存在论的"恶心"的消极负面情绪。第四，吸收中国传统存在论美学的精华。主要是吸收天人合一的"中和论"美学的精华、人与自然审美统一的存在方式，以及意境说、品味说等艺术人生化的有关理论。第五，这是一种极具当代性的人文主义精神，是对人类命运的一种终极关怀态度。主要是通过一种审美的生存的美学精神的倡导，来协调现代化过程中物质与精神、科学与人文、现代与传统等一系列看似对立的二律背反。因为，只有文学艺术及其所蕴含的美学精神才能包含以上诸多方面，才使人的存在成为诗意的存在。这种诗意的存在既是人的美好的栖息方式，也是对世俗存在的一种改造与提升。

　　当代文学应该集中体现当代存在论美学精神，这一点已在上文论及。但如何体现呢？我想，仍然离不开"写什么"和"怎样写"的问题。所谓"写什么"，主要是题材问题。应该选择关系到当代人类生存状态的有关题材，诸如科技、战争、市场、环境、文化与国际关系等同人的存在的关系，特别对人的心理和精神生活的巨大影响。当然，重要的是"怎样写"的问题，也就是要贯彻体现当代存在论美学的有关精神，如，系统整体性美学精神、建设性美学精神等等。但是，更重要的是要具有当代意义的人文关怀精神。在当代的现实背景下，关怀人类的命运，关怀人的生存状态，并以积极的态度去改善人类的命运和人的生存状态，建设美好的物质家园与精神家园。

三、在当代存在论美学指导下，
面对一系列当代文学现象

关于生态批评。这是 20 世纪 90 年代中期兴起的一种批评方法，是生态美学原则在文学批评中的运用，是一种崭新的批评视角与方法。这种批评方法较好地贯彻了当代存在论美学中系统整体性的原则和关爱生命的精神。但对生态批评中有关"世界的复魅"及自然美的客观性等等观点，应加以有分析地吸收。

关于文化研究。20 世纪 70 年代末 80 年代初，西方美学与文艺学领域发生"文化转向"，由对文学艺术的"内在规律"的探讨，转向关注政治、社会、文化、经济、性别、种族、新老殖民主义等文化问题。这种"文化转向"，从 20 世纪 90 年代开始在我国兴盛起来。这恰恰说明，社会问题，特别是人的生存问题愈来愈走到社会的前沿，引起人们广泛的重视。也再次说明，我国文化中存在着后现代现象。但是，对于当前文化研究中取消文学研究和审美视角的现象，应该予以引导。在文学艺术领域中，文化研究始终不应离开当代存在论美学的轨道。

关于大众文化。20 世纪 90 年代中后期以来，由于文化的内涵扩大到日常的消费行为和消费产品，因而出现大众文化。大众文化是相对于精英文化而言的，在当代市场经济条件下，无疑具有大众性、娱乐性、商业性等等特点。大众文化已经成为当代人的一种生存方式，这是无法回避的事实。但对大众文化的低俗化倾向，要以当代存在论美学加以必要的引导，使之以建设美好的精神家园为其旨归。

关于网络文化。这是 20 世纪 90 年代后半期，随着多媒体技术的发展而出现的现代层面的文化形态。网络的平等性与互动性给广大群众提供了空前广阔的主动参与及施展才华的空间。在文化领域也为信息的迅捷传播和全球性的资源共享开辟了广阔的天地。但作为现代的文化形态,还是应以当代存在论美学加以引导,使之克服沉湎于"虚拟时空"、西方信息霸权以及"过度自由"等等弊端。

(2002 年 9 月完成)

美学学科的理论创新与当代
存在论美学观的建立①

创新是一个民族前进的不竭的动力,也是一个学科发展的永久的动力。我国美学学科的发展必须走创新之路。要创新就必须突破前人,这是一个规律。我国美学学科的现状是有一些新的进展,但无大的突破,仍处于徘徊彷徨的局面。阻碍我们前进并需要突破的是什么呢? 我认为,就是多年来对我们影响深远的认识论美学。这种认识论美学主要是在西方传统知识论基础上建立的以主客二分为其特点的理论体系。这一理论体系以主体与客体、理性与感性的对立统一为其理论内涵,以反映并认识现实为其理论旨归,构筑了包括美的客观本质论、审美反映论、艺术典型论等一系列范畴体系。这一理论体系因其使用了一些经典作家的用语而具有了某种表面的权威性,而其自身所具有的理论的周延性又使我们一时难以用别的理论替代。但事实上,这种认识论美学是西方传统知识论的翻版,是同马克思主义理论的革命的、批判的、与时俱进的品格不相容的。其致命的弱点是以哲学的普遍规律代替了美学学科的特殊规律,从而在一定的程度上取消了美学学科;这一理论还从本质主义的主客二分思维模式出发,以抽象的美的本质的

---

① 原载《文艺研究》2003 年第 2 期。

追寻为其目的,完全忽视了美学作为人学反映人性的基本追求的根本特点;同时,这一理论还深受科学主义影响,追求一种从概念到概念的逻辑推演,从而大大地弱化了美学作为人文学科必须灌注深切的人文关怀精神的本质属性。因此,我认为,当前对认识论美学的突破是十分重要而紧迫的课题。而认识论美学自身的僵化及其知识的陈旧、同中国当前现实生活与艺术的严重脱节,又给我们美学理论的创新以广阔的天地。

综观中外理论家实现理论创新的历史,综合比较是一条基本的途径。所谓综合比较,就是在古今中外各种美学理论的基础之上,从当前的社会与理论现实需要出发,加以比较梳理,综合吸收其合理内核,力创新说。本人经过反复的学习思考,提出建立当代形态的存在论美学观,致力于实现由认识论到存在论的过渡。我以此作为引玉之砖,以求教于美学界同行。我想,我们在美的本质的探寻之路上已经走过两千多年了,为什么至今还迷惑不解呢? 恐怕是把简单的问题复杂化了,还是应该采取最简明的回到原初的方法。所谓回到原初,就是回到人的存在这一最基本的问题之上。诚如马克思与恩格斯在《德意志意识形态》中所说,"任何人类历史的第一个前提无疑是有生命的个人的存在"①。"个人的存在"这一最基本、最原初的问题,包括为什么存在、怎样存在以及存在的怎样等诸多内涵,涉及哲学、宗教学、伦理学与社会学等诸多领域,"存在的怎样"这一人在存在中的感受与体验就主要属于美学领域。

当代形态的存在论美学观的提出决不是偶然的心血来潮和标新立异,而有其经济社会、思想文化与学科自身的根据。首先是改变当代人类生存状态的日益非美化这一现实需要的呼唤。当代社

---

① 《马克思恩格斯选集》第 2 卷,人民出版社 1972 年版,第 24 页。

会在现代化进程中出现了一系列二律背反的情形，具体表现为发展与生存、当代与后代、富国与强国、科技与人文、物质与精神等一系列尖锐矛盾，而总起来表现为物质生活的富裕与生存状态非美化的尖锐矛盾。也就是说，现代化、工业化、城市化、市场化与科技的发展，一方面极大地改善了人类的物质生活，使之逐步走向富裕，另一方面，现代化的进程也带来了严重的负面影响，诸如工具理性泛滥、市场拜物盛行、战争的严重灾难、环境的严重污染与资源枯竭、精神疾患蔓延等等，直接威胁到人类的生存，使之处于一种非美化的生存状态。这些矛盾的解决，除了依靠经济、政治与道德的手段，还要借助美学的作用。因为，美是一种不借助外力而发自内心的情感力量，是人的自觉自愿的内在的要求，具有不可替代的巨大的作用。因此，改善当代日益严重的人类生存状态非美化的现实需要，成为当代存在论美学观提出的现实土壤。

当代形态的存在论美学观的建立也是美学学科自身发展的需要。众所周知，我国近代以来，随着西学东渐的潮流逐步建立了美学的学科体系。一百多年来，尽管各种美学理论名目繁多，但无疑以认识论美学处于独尊的地位。无论是前期的典型论美学，还是后期的实践论美学，大体都属于认识论美学的范围，以认识或反映社会生活的本质为其宗旨。这样就使美学与哲学、伦理学难有根本的区分。虽然增加了"形象的反映""审美的反映"等种种限制词，但仍难以说清美学学科自身的学科特性。其实，审美虽然同认识密切相关，但审美并不等同于认识，这应该是最基本的常识。我们欣赏梅兰芳的《贵妃醉酒》，并不是要借此获取有关杨贵妃的某种知识，而是对梅派唱腔和优美舞姿的欣赏。在欣赏中，不知不觉地进入一种赏心悦目、怡然自得的审美的生存状态，乃至于百看不厌。由此可知，审美其实是一种不同于认识的人性的基本要求。席勒在《美育书简》中认为,审美活动是人摆脱自然的欲望同对象发生的第一个自由的关系,并认为只有当人做审美的游戏的时候"他才完全是人"①。弗洛伊德将包括审美在内的文化作为人从动物性原欲中摆脱出来的"升华作用"。他说:"研究人类文明的历史学家一致相信,这种舍性目的而就新目的的性动机及力量,也就是升华作用,曾为文化的成就,带来了无穷的能源。"②我国古代的《乐记》也将能否欣赏音乐、分辨音律作为人与禽兽的区别,所谓"知声而不知音者,禽兽是也"。由此可见,所谓审美是人同动物的根本区别,是人性的表现,而最初的审美活动实际就是一种人性的教化、文明的养成。因此,审美就是人所区别于动物的一种特有的生存状态。从人的生存状态的角度审视审美、研究审美,恰是对审美本性的一种恢复,也是对美学学科本来面貌的一种恢复。

同时,当代形态存在论美学观的提出也是当代存在论哲学与美学理论发展的必然结果。众所周知,存在主义哲学与美学理论滥觞于19世纪后期现代化过程中一系列二律背反逐步激化的背景之下,而兴盛于20世纪中叶"二战"之后人类生存状况严重恶化的情况之下。萨特面对存在虚无化的现实,提出以审美的艺术想象来获取自由的途径,认为艺术是"由一个自由来重新把握世界"③。海德格尔进一步从本体论的高度论述审美的存在,提出人类应该"诗意地栖居"的著名命题④。1959年6月6日,海氏在

①参见朱光潜《西方美学史》下卷,人民文学出版社1963年版,第450页。
②[奥]弗洛伊德:《爱情心理学》,林克明译,作家出版社1986年版,第59页。
③参见朱立元《现代西方美学史》,上海文艺出版社1993年版,第542页。
④[德]马丁·海德格尔:《荷尔德林诗的阐释》,孙周兴译,商务印书馆2000年版,第46页。

著名的荷尔德林协会的演讲中提出"天地人神四方游戏说",指出"在这四种声音中命运把整个无限的关系聚集起来"①。此时,海氏才彻底摆脱了"人类中心主义"的束缚,使"四方游戏说"成为当代存在论哲学与美学的典范表述。此后,存在论哲学与美学作为一种理论思潮逐步式微,但作为一种理论思想却渗透于西方当代各种人文主义的哲学与美学理论之中。特别是 20 世纪 70 年代之后逐步盛行的文化诗学、大卫·格里芬的"生态论存在观"②哲学与美学、福柯的"生存美学"等等都灌注着当代存在论哲学与美学精神。我们可以这样认为,当代存在论哲学与美学理论是具有很强的前沿性与包容性的理论形态,它犹如海绵一般吸收了当代诸多理论的有益成分,从而成为阐释审美现象的理论工具。

当代存在论美学观包含着极其丰富的内涵。它不是从认识论的角度把审美作为认识或反映现实的一种手段,而是从本体论的高度把审美作为人的最根本的生存方式。诚如尼采所说,"只有作为审美现象,生存和世界才是永远有充分理由的"③。这种根本的审美生存方式,使审美成为当代人的一种最根本的生存态度,即世界观。正如克尔凯郭尔所说,人们应"以审美的眼光看待生活,而不仅仅在诗情画意中享受审美"④。这种作为最根本的

---

① [德]马丁·海德格尔:《荷尔德林诗的阐释》,孙周兴译,商务印书馆 2000 年版,第 210 页。

② [美]大卫·雷·格里芬等:《后现代精神》,中央编译出版社 1998 年版,第 224 页。

③ [德]尼采:《悲剧的诞生》,周国平译,生活·读书·新知三联书店 1986 年版,第 21 页。

④《一个诱惑者的日记——克尔凯郭尔文选》,徐信华、余灵灵译,上海三联书店 1992 年版,第 405 页。

生存态度的审美世界观就是当代主导性世界观。事实证明,原始时代主导性的世界观是巫术世界观,农耕时代主导性的世界观是宗教世界观,工业时代主导性的世界观是工具理性世界观,而当代作为信息时代主导性的世界观则应是审美的世界观。这种世界观决定了人们以审美的态度对待自然、社会与人自身,努力进入一种和谐协调、普遍共生的审美的生存状态。

当代存在论美学观在方法上摒弃主客二元对立的思维模式,运用胡塞尔整体意识的现象学还原方法来审视审美现象。它不是通过感性探寻理性,通过客体探寻主体,通过艺术形象探寻作品主题,通过个性探寻共性,而是直接面对审美现象,把审美过程中的感性形象和艺术想象作为整体,作为本原,作为人的存在本身来把握。更为重要的是,这种现象学还原方法不仅克服了纯自然主义倾向,而且克服了"唯我论"和"人类中心主义"倾向。因为,现象学方法所包括的"主体间性"理论排除孤立的自我存在,主张一种"彼此互为对方的存在"①。

当代存在论美学观以审美存在作为其基本范畴。所谓审美存在是指人的当下的存在状况,是一种关系中的存在,而非孤立的实体的存在。它同时又是审美的理想,其内涵就是本真存在的遮蔽与解蔽。当代存在论美学是将真理界定为人的本真的存在的,因而真理与美是同格的。正如海德格尔所说,"艺术就是自行置入作品的真理"②。因此,审美存在的内在矛盾就是对真理的遮蔽与解蔽,所以对于对象本真的解蔽程度就成为美的标准,也

---

①[德]胡塞尔:《笛卡尔式的沉思》,张廷国译,中国城市出版社 2002 年版,第 177 页。

②参见朱立元《现代西方美学史》,上海文艺出版社 1993 年版,第 856 页。

成为一部文艺作品之所以具有永久魅力的原因之所在。正如萨特所说,"美不是由素材的形式决定的,而应该是由存在的浓密度决定的"①。

当代存在论美学观的建立还十分有利于在新的世纪进一步发扬我国传统审美文化。众所周知,当前发展民族文化、弘扬民族精神成为十分紧迫的课题。当代存在论美学观的建立有利于我国传统审美文化遗产的发掘和现代转化。我国古代没有西方那样的逻各斯中心主义,而是遵奉"天人合一""位育中和""阴阳相生"这样的天与人、主与客、物与我浑然一体的哲学理论,因而在文艺观上出现了养气论、气韵说、品味说、意境说等多种理论。这些理论都不是逻辑实证式的概念,而是一种对人的审美状态的描述性话语,实际上是一种古代存在论美学形态。例如,司空图讲到意境时说:"诗家之景,如蓝田日暖,良玉生烟,可望而不可置于眉睫之前也。象外之象,景外之景,岂容易可谭哉?"(《与极浦书》)这实际是用多种比喻揭示诗歌创作与欣赏中所达到的只可意会不可言传的美妙的审美生存体验,形象而生动,决不是西方的共性与个性统一的典型理论可以相比的。中国古代的存在论哲学与美学的东方智慧已逐渐为西方理论界所重视与吸收。不仅海德格尔"天地人神四方游戏"说吸收了我国古代"天人合一"思想,而且,我国古代尤其是道家关于人与自然协调和谐的生态智慧也引起西方众多理论家的高度重视。总之,当代存在论美学观的建立必将逐步改变美学领域"欧洲中心主义"的现状,走向中西美学平等交往对话的新的时代。这当然还有待于我们对传统

①参见[日]今道友信《存在主义美学》,崔相录、王生平译,辽宁人民出版社1987年版,第231页。

文化做大量艰苦细致的发掘、整理与转化的工作。

　　总的说来，当代存在论美学观基本上还是一种来自西方的理论形态，欠缺与不成熟之处难以避免，要将其运用于中国还必须进一步做好诸多方面的工作。首先要以马克思主义理论为指导对其进行必要的清理与改造，同时要紧密结合中国的国情，包括传统文化，特别是当代现实，对其进行必要的本土化转化。而且，我始终强调，这种当代形态的存在论美学观只是我个人提出的一种理论主张，作为当前美学建设与创新多声部合唱中的一种声音，以期得到同行与方家的批评。

当代存在论美学的
提出及其发展

　　当代美学发展呈多元共存之势，各种观点并列，难有突破。但有一点是学术界诸多同仁的共识，那就是应取综合比较的方法，将古今中外各种美学见解加以综合吸收，才能独创新见。正是在这种综合比较方法的指导下，我提出以当代存在论美学为基点，对当代各种美学见解加以综合吸收，在此基础上创建以马克思主义实践观为指导的符合中国国情的当代存在论美学。

　　存在主义美学在西方 20 世纪初即已形成，绵延发展至今。但从总体上看，可分为传统存在主义美学与当代存在主义美学，其分界线为德国存在主义理论家海德格尔 1959 年 6 月 6 日在慕尼黑库维利斯首府剧院举办的有关荷尔德林的演讲中提出"天地神人四方游戏说"。他将审美的存在界定为天地神人"无限的关系而成为这个整体自身"。这意味着，西方存在主义美学观开始克服传统存在论"人类中心主义"和崇尚"自我"的弊端，力主"关系中的存在""整体的存在"，从而走向当代形态，并显现其反映当代人类要求的普适性特点。

　　我们之所以看中这种当代存在论美学，认为有批判继承、吸收引进之必要，首先是这一理论反映了人的存在这一人性之最原初状态，人类社会最基本的问题，审美的存在正是从存在的状态这样一个维度描述人自身的情感体验。同时,这一理论也特别有利于我国现代化深入发展中一系列矛盾的解决。如,生存与发展、当代与后代、物质与精神、自然与人类、科技与人文等一系列矛盾,而最根本的是经济社会发展与人的生存状态非美化共存的尖锐矛盾。目前,解决这些矛盾已迫在眉睫,不解决或解决的不好,必将影响我国现代化的深层发展。解决的途径有经济、政治、道德与审美等多种。所谓审美的途径,就是从最深层的情感的领域给人以精神的慰藉与教化,使之确立审美地对待自然、社会与人自身的态度,即做到审美的生存。

　　当代存在论美学的建设需要以马克思主义实践观为指导对古今中外多种资源进行整合。首先,必须坚持马克思主义实践观的指导,用以改造当代存在论美学观。按照马克思主义实践观,对于人的存在应"把它们当作人的感性活动,当作实践去理解,不是从主观方面去理解",并要确立物质生产是人的存在的"第一前提"的观点。但要防止实践美学那样以实践规律代替审美规律的弊端,坚持实践观的指导作用但并不是代替。其次,要批判地借鉴西方当代存在论美学的有关资源,当然首先是以海德格尔、伽达默尔为代表的当代存在论美学的重要思想,包括"天地神人四方游戏说"、艺术即自行置入作品的真理、理解本体、审美教化是造就人类自然素质和能力的特有方式等等一系列观点;此外,还要批判地借鉴胡塞尔现象学抛弃主客二元对立模式,运用的整体性意识方法和交互主体性(主体间性)的概念;批判地借鉴福柯"生存美学"及其"自我呵护""把我们自己创造成艺术品"的思想;批判地借鉴阿伦·奈斯与大卫·雷·格里芬所倡导的当代生态哲学——美学观念,包括反对"人类中心主义"、倡导"人——自然——社会""普遍共生""系统整体"的观点;批判地借鉴从20世纪 70 年代发展起来的西方文化诗学理论，继承发展其从文化，亦即从人的生存的层面对文学艺术的深入关注和探索。最后，十分重要的是当代存在论美学的发展必须借鉴吸收中国古代与现代的理论资源，使之做到中西交融，适合中国国情。当然，首先是中国古代"天人合一"的哲学观和"致中和"的美学观。"中和"包含着"天人合一""阴阳相生""和而不同"的丰富内涵，是极其深刻的东方哲学，既深刻地揭示了世界发展的根本动因，同时又揭示了万物与人基本的生存状态。同时，要很好地继承中国古代人生艺术化、艺术人生化的艺术精神，包括诗教、乐教、养气、气韵、品味、意境等等迥异于西方但同人的生存状况紧密相联的艺术范畴。当然，对中国传统的继承还包括我国现当代同人的生存密切相关的美学与艺术理论，包括梁启超、王国维、蔡元培"以情育人"的启蒙主义美育理论，鲁迅、茅盾为代表的左翼文人"为人生的艺术"的传统，特别是毛泽东提出的"文艺为人民"的重要理论。当代资源也包括当代诸多对"后实践美学"的探讨。

总之，在以上综合比较、批判继承的基础上可期形成一种具有崭新形态的当代存在论美学。不仅实现美学领域的某种突破，而且力图使美学贴近现实生活，对我国现代化大业有所助益。

（2002 年 10 月完成）

关于当前美学、文艺学学科
理论创新的几点思考

最近学习有关理论创新及与时俱进的精神，所受启发很大，现结合美学、文艺学学科建设谈几点看法。

关于突破前人。要创新就必须突破前人，这是一个规律。当前美学、文艺学学科的现状是有发展、少突破，还应进一步解放思想，有新的突破。当前阻碍我们发展并需要突破的到底是什么呢？我认为，就是多年来对我们影响深远的认识论美学、认识论文艺学。我这里讲的是以认识论取代或变相取代的美学与文艺学，并不反对以马克思主义认识论为指导。譬如主客二元对立，在认识论领域是成立的，但在审美与文艺领域就很难成立。唯物、唯心的两条哲学路线问题不能简单地用于美学、文艺学。至于影响我们多年的实践论美学、反映论文艺学之所以难有突破，也与此有关。现在已有大量事实证明，审美与文艺同认识论紧密相关，但审美与文艺绝不仅仅是通常的认识，而包含着独有的以情感体验为特征的丰富的社会心理与文化的内涵。我国古代美学、西方自康德以来的美学也大都不是认识论美学和文艺学，这已经是常识。再就是，要突破逻辑实证主义和本质主义的影响，强化美学与文艺学作为人文学科关注现实人生、关怀人类前途命运的学科本性。

　　关于与时俱进。我觉得创新的核心是与时俱进,这句话说得特别好。这里所说的"时"是创新的前提与基础,即指当下的现实,包括社会现实、文艺现实、学科自身的现实。这就是创新的出发点,并不是我们长期争论的是从西方文论出发还是从中国传统文论出发的问题。所谓"进",即指前进、发展,也就是要建设、重在建设。我觉得,尽管多年来我们有前进发展,但建设不够,空泛的议论较多,总是讨论"失语症"、以什么为出发点等等。我以为,还是要鼓励建设。好在已有王国维、蔡元培、朱光潜、宗白华、钱锺书等一批大师级人物给我们树立了建设的榜样。当前,应在以马克思主义为指导的大的前提下,鼓励学术界同仁潜心于建设。建设可以是多元的,应该鼓励探索,允许失误。自己感到错了就再重来,当然要真诚坦荡。只要是从现实出发,在理论建构上可以以中国传统文论为基础,也可以以西方文论为基础,当然也可以以当前的理论现实为基础。五花八门,多种多样,互相比较,竞争切磋,真正形成百家争鸣、百花齐放、和而不同的局面。20世纪的西方美学与文艺学领域就是一种百花齐放的局面,有值得我们借鉴之处。只有这样,才能形成按学科自身的发展规律实行优胜劣汰。

　　关于民族精神。在当前全球化的语境下,面对中华民族伟大复兴的光荣历史使命,倡导继承与弘扬民族精神是十分重要的。但在美学与文艺学领域如何进行,可以说已经争论了一百多年。我认为,目前不必争论要不要的问题,而是着眼于建设、立足于做。从多年的经验来看,还是从宏观着手为好,不应拘泥于具体概念、范畴的转换。从宏观着手,就是从中国古代迥异于西方的独特的美学精神、文学精神、民族精神着手。中国古代是以"天人合一""位育中和"为哲学基础的"中和论"美学精神,西方则是以

"主客二分"的逻各斯中心为哲学基础的"和谐论"美学精神。这两种美学精神犹如中医与西医,是有着严格区别的。中国的"中和论"美学精神已逐步受到西方学者重视,如海德格尔1959年所提"天地神人"四方游戏说,20世纪60年代以来西方的生态哲学、生态美学与生态批评对道家"道法自然"的吸收等等,已呈现出中西美学融合的趋势。我觉得,应该将这种"中和论"美学精神灌注到我们的学科建设之中,紧密结合当代现实加以批判地继承,逐步形成具有中国民族特色,同时又具当代形态的美学理论。

关于当代以马克思主义实践观为指导的存在论美学。前面说到理论创新要有所突破。经过相当长一段时间的思考,我提出在原有实践论美学的理论成果基础之上,建设以马克思主义实践观为指导的当代存在论美学。这一美学不是从人的认识出发,而是从生存问题这一人性的最原初的问题出发,从人的追求生存的审美状态的本性出发,以人的现实的审美存在为其基本范畴与美学理想,吸收古今中西美学资源加以建设。这一美学思想具有强烈的现实性,紧密针对当前现代化过程中种种负面影响,诸如工具理性泛滥、市场拜物盛行与城市化浪潮冲击下精神疾患蔓延,以及环境严重污染、资源枯竭等种种人的非美的现实生存状态。这正是现实对当代存在论美学的呼唤,也是我们美学、文艺学学科给现实以强烈的人文关怀的社会历史责任之所在。这一美学思想也具有极大的开放性,既包容了西方当代现象学、存在主义、解释学美学精华,又同中国传统的"天人合一""神人以和""文质彬彬"的哲学与美学境界相契合。同时,还借助了存在论哲学与史学的丰富材料,做到了王元化先生所说古今、中西、文史哲三结合的精神。

关于学科制度创新。在理论创新的前提下就相应的需要学科制度创新,建立一种符合学科发展规律,有利于理论创新的制度与评价体系。当前,束缚理论创新的制度性因素主要有三个方面:一是以适合理工科发展的工具理性制度规范人文学科。例如,对数量、刊物级别、经费的种种规定,以及同待遇、晋职的挂钩,还有烦琐的评估制度等等。二是种种非学术因素对学科发展的影响,例如,权力本位对学术工作的干扰,权力因素对学科评定,晋职和晋升影响过大,从而妨碍学术公平。还有人情、小圈子等社会不正之风的干扰。我们呼吁建立符合人文学科及其学术发展规律的管理与评价制度,建议进一步强化学术标准,倡导公平竞争,排除各种非学术因素干扰,以利于包括美学与文艺学在内的人文学科的发展。三是建立一种有利于人文学者学术创新和自律的制度,支持原创性成果,鼓励严谨求实的学风,克服学术泡沫和浮躁风气,形成良好的学术环境。

(2002 年 12 月完成)

现代化过程中的二律
背反与审美救赎

当前的时代是充满希望的时代,也是充满问题的时代。希望与问题都指向一个聚焦点,那就是现代化过程中一系列二律背反(悖论)。例如,当代与后代,科技与人文,人与自然,效率与公平,市场原则与道德原则,城市化与焦虑症,网络与孤独,大众文化与低俗倾向,物质文明与精神文明,等等。这一系列二律背反所造成的结果,一方面是经济发展,物质丰富,社会进步,而另一方面则是工具理性泛滥,市场拜物盛行,环境恶化资源枯竭与精神疾患蔓延,等等。总之,集中起来说就是,人的生存状态的美化与非美化共存。西方现代有"文明的危机"一说,也是指现代化过程中"文明"与"危机"相反而并存的事实。在现代化过程中解决这一系列二律背反已经成为十分紧迫的课题,这就是我国一再提出但又一时难以解决的一系列物质文明与精神文明两手抓、两手都要硬的课题。

其实,资本主义现代化存在着更为剧烈的二律背反问题,对于这一点,马克思做了十分尖锐而深刻的揭露与批判。如大家都熟悉的马克思早期对资本主义异化的批判,后来对资本主义剥削的批判,马克思说资本的每一个毛孔都流淌着血和肮脏的东西,以及有关资本主义社会生产资料私有制与生产社会化矛盾的论述等等。我国所进行的社会主义现代化从制度的范围已在很大程度上为这一系列二律背反的解决提供了必要的前提。这就是社会主义制度的优越性。但犹如人的成长跨越不了任何一个阶段一样,社会主义社会的现代化也难以避免现代化过程中一系列必然出现的二律背反。实践证明,这一系列二律背反,正是现代化过程中一系列严峻的挑战,如不逐步加以解决,必将影响现代化进程与社会稳定。

如何解决这一系列二律背反呢?除了政治、经济与法律的手段之外,审美教育是当代实行社会救赎的重要途径。所谓审美教育,就是运用审美的手段培养广大人民,特别是青年一代确立审美的世界观。把审美教育作为救世的手段之一,是不是会重蹈马尔库塞审美乌托邦的覆辙呢?我认为,我们所说的当代审美教育与马尔库塞所论的"审美向度"的培养相比,有着全新的内容与意义。我可以从两个方面加以说明:首先,时代发生了重要变化。马尔库塞写作《单向度的人》主要针对的是工业时代状况,而人类从 20 世纪 50 年末开始已逐步迈入以信息技术为标志的后工业时代。在这样的时代,作为社会发展最关键的因素已由农耕时代的资源和工业时代的资本发展到掌握知识的人才。这是一种新的人本主义,掌握知识的人决定了经济与社会的发展,改变人的世界观也就在很大程度上决定了经济与社会的发展方向,因而审美的世界观成为后工业时代主导性的世界观。原始时代主导性的世界观是巫术世界观,农耕时代主导性的世界观是宗教世界观,工业时代主导性的世界观是工具理性世界观,而当代作为后工业的信息时代,主导性的世界观则是审美的世界观。因为,在当代,主客二元对立的机械论世界观与人类中心主义世界观已经过时,而必然地代之以有机系统整体的生态世界观,也可以说是当代的审美世界观。其次,从审美世界观的内涵说,在当代,审美的世界观同以前相比,从内涵上获得了极大丰富,具有了崭新的面貌。这种审美的世界观已不仅是传统美学的"和谐"与马克思讲的"按照美的规律建造",而是以人的审美的生存为核心内容,包含了现象学"关系中存在"的"主体间性"理论、存在主义"诗意地栖居"的理论、生态哲学的人与自然、社会"普遍共生"的理论、福柯有关"自我呵护"的理论,特别是吸收了当代教育学有关培养"知识、能力、态度,关键是态度"的理论。所谓"关键是态度",我们将其深化,主张关键在"审美的态度",也就是审美的世界观。这种审美的世界观或者说审美的态度涵盖了人与自然、社会、人自身等多个层面。从人与自然的关系说,应该审美的对待自然,摒弃传统的"人类中心主义"观点,树立"人—自然—社会"系统发展的观点;从人与社会的关系说,应该审美的对待社会,摒弃人与人是兽性的自然主义理论与"他人是地狱"的传统存在主义灰暗的理论,以高尚的人道主义的审美态度关爱社会与他人;从人与人自身的关系来说,应该审美的对待人自身,改变人类很少关心自身、特别是自身心理的状况,做到"自我呵护",实现身与心、情与意的和谐协调发展,培养提升人的情感力和文化品位。

　　实践证明,审美的世界观一旦成为当代社会主导性的世界观,社会就能进入可持续发展的健康轨道。可持续发展就能促使当代与后代、人与自然、物质和精神等一系列二律背反得以相对解决,从而使社会处于相对和谐协调平衡的发展状况。这也就是社会处于一种符合审美规律的发展。同时,人类在审美的世界观的指导下也会获得内与外、身与心的和谐协调的审美的生存,即诗意地栖居。当然,物质与精神、美与非美的二律背反是绝对的,而其解决则是相对的。这正是人类为社会进步与美的理想的实现永不止歇、永无止境的奋斗过程。

(2003 年 1 月完成)

附　录

人类是否应该"敬畏自然"？^①

人类是否应该"敬畏自然"？这个问题在"生态文明建设"已经成为现实紧迫需要的今天应该不成问题。但其实，它不仅在理论认识上，而且在现实实践上都仍然是一个问题。记得不久前，在 2006 年就曾经发生过人类是否要"敬畏自然"的一场争论。一些重要学者就极力批判"人类应该敬畏自然"的观念，并认为这是与"以人为本"相背的，等等。其实，这是一种理论的误解。我们今天讲的人类"敬畏自然"，与原始时代人类对于自然的恐惧膜拜乃至图腾崇拜是完全不同的。这是我们在经过工业革命之后在对人与自然关系的反思的基础上对于人与自然关系的一种新的理解。工业革命时期，人类因工业的成就与科技的发展对自己的理性能力产生盲目的迷信，提出"我思故我在"与"人为自然立法"等过分自信的观念，我国也曾有过"战天斗地"与"人有多大胆，地有多大产"等不切实际的口号。但是，工业革命在给人类带来福音与进步的同时，也为人类带来生态破坏与环境污染等严重弊端，直接威胁到人类的前途命运。人类不能再继续过去那种只顾发展不顾其他，以及无限制地开发自然的老路了。1962 年，美国著名环境理论家蕾切尔·卡逊在《寂静的春天》一书中针对农药

①原载《人民政协报》2008 年 4 月 7 日。

公害问题发出了"人类走在十字路口上，我们应该保住我们的地球"的警告。这就告诉我们，在新的时代，人类应该建立一种将人与自然加以统一的新的生态人文主义。这种生态人文主义是要将人的相对价值与自然的相对价值、人类社会的经济社会发展与自然生态保护，以及当代人的利益与后代人的利益加以统一，做到"双赢"。这就是我们现在强调的"生态文明建设"与"环境友好型社会建设"的目标。也就是说，我们现在所说的"敬畏自然"，在情感上是对自然母亲的一种本源性热爱，在实践上是对自然规律的尊重，并力图做到人与自然的"共生"与"双赢"。这应该是当代"以人为本"的重要内涵。事实证明，人类只有与自然"共生"，自己才能获得美好生存。当代"以人为本"观念必须包含"生态的维度"，这是时代与现实的需要。缺乏"生态维度"的"以人为本"，不仅是背离时代要求的，而且是对于人类有害的、落后的。特别重要的是，在我们中国生态资源特别紧缺、环境问题特别严重的现实情况下，适度地保持人对自然的"敬畏"是更加有其必要的。我国实际上是自然环境资源紧缺型社会，人口众多，人的"生态足迹"有限，人均共享的生态资源都在世界人均水平之下。我国的人均森林覆盖率只有不到 14％，是世界人均水平的一半；我国的人均淡水占有量是世界人均水平的四分之一；我国的荒漠化土地面积已经相当于 14 个广东省。我国目前的环境污染情况也达到十分严重的境地，我国领导人曾说，发达国家 200 年间陆续发生的环境问题在我国近 20 年中集中发生了。至于"非典"的肆虐、松花江的污染、太湖蓝藻等等一件件与生态环境破坏相关的事件，更让国人记忆犹新，甚至是惊心动魄。难道在这样的情况下，我们还能随心所欲地对待自然而不应对其保持适度的"敬畏"吗？

　　现在十分重要的是，如何将对自然保持适度"敬畏"的理念与

"生态文明建设"和"环境友好型社会建设的"目标相互结合并落到实处，同时真正在实际工作中体现这种精神。试看我们现实生活中存在的种种与此违背的事实，真的使人万分痛心。有的地方将茂密的森林砍伐，种上用作纸浆原料的小叶桉，不仅破坏了生态体系，而且使其他植物无法生长；有的美丽的海湾修了海底通道还不过瘾，还要再修跨海大桥，破坏了内海的生态系统和海弯的环流；在我国的母亲河上已经开发了大型水电站不算，还要再在源头修水电站，从源头开始污染我们的母亲河，改变江水的流速和自净能力；美丽的滨海城市本来应以发展旅游与高新技术为主，但却以增加生产总值为目的大力发展重化工业，必将使碧海蓝天不复存在；有的滨海城市以发展旅游业为借口在海边大肆修建硬化的通衢大道，使对于维护海岸和海洋生态起到防护作用的海洋生物遭到毁灭性的破坏，后果的严重难以预料；我国的垃圾分类处理一直没有得到实施，不仅塑料袋飞扬造成令人恐怖的"白色污染"，而且电池等有毒废物遍布大地，必将戕害广大人民。我国近年在经济蓬勃发展的同时付出的生态代价十分昂贵，据权威部门统计，我国每年因环境污染造成的经济损失占 GDP 的10％左右，这个数字已经够惊人了……凡此种种都说明，我们的现实状况距离生态文明建设的要求还很远很远，现在已经到了必须惊醒的时候了！在如此严峻的现实下，难道我们还能以自然的"主宰"的"人类中心主义"的态度去对待自然吗？难道我们还不应对自然保持适度的"尊重"与"敬畏"吗？

当代人类对自然的适度"敬畏"，或者说对于自然的部分"复魅"，并不是要回到人类的蒙昧时期，让人类臣服于自然，而是在经过工业革命之后，在科技理论指导下对自然的适度"敬畏"与部分"复魅"。也就是适度恢复自然的神圣性、部分的神秘性与潜在的审美性。所谓"自然的神圣性",就是恢复人来自自然最后要回归自然的本源性。正是这种本源性使得人对自然具有一种天然的亲和性,将自然称作人类的母亲。我们应该像爱护自己的母亲那样去爱护自然,保护自然。这就是当代著名的将自然称作"地母"的"盖亚定则"。所谓"部分的神秘性",是说人类对于自然秘密的认识是不断深化的但又永远无法穷尽,正如恩格斯在讲到宇宙的起源时所连用的两个"不知道"。是的,直到目前为止,我们对于宇宙起源问题仍然在继续探索的过程之中,还有其他许多自然的秘密需要我们继续探索。所谓"潜在的审美性",是说人类的审美需要人类的审美能力与自然对象的审美属性两个相关的条件。单有其中的一个条件无法完成对于自然的审美。这就承认了自然自身审美属性的重要,意识到审美不完全是人的主体决定的,不是所谓单纯"对象化"的结果,而必须有自然自身的审美属性。

最后,让我们共同记住恩格斯在著名的《自然辩证法》中讲过的两段话:

> 我们连同我们的肉、血和头脑都是属于自然界,存在于自然界的。

> 人们愈会重新地不仅感觉到,而且也认识到自身和自然界的一致,而那种把精神和物质、人类和自然、灵魂和肉体对立起来的荒谬的、反自然的观点,也就愈不可能存在了。

让我们愈来愈走近
生态文明①

　　党的十七大首次在我国提出建设生态文明的目标,真是大得人心! 事实证明,生态文明建设既符合经济社会发展规律,也符合广大人民的根本利益。邓小平同志说,贫穷不是社会主义。那么我们也可以由此推出,环境污染也不是社会主义! 因为,一个环境污染的国家不仅不可能实现可持续发展,而且还会严重危及广大人民群众的生命健康。历史上的许多文明形态就是由于生态的破坏而宣告灭亡或走向衰落。在一个环境污染的国度,人民的生存都难以为继,那里还有可能走向幸福美满的社会主义呢? 中华民族从鸦片战争以来是一个苦难的民族,但也是一个奋起的民族,多少代人都期盼着民族的复兴、人民的解放。1949 年,新中国的成立,标志着中国人民站起来了。1978 年开始的改革开放,使中国人民走上了富裕的道路。我们中国人民永远会感念这一切。但由于我们缺乏经验,我们 30 年来的现代化建设,在取得巨大成绩的同时,也付出了巨大的环境代价。西方发达国家 200 年间陆续出现的环境污染问题,在我国的短时间里集中发生了。问题的严重性,我们可以通过官方公布的数字与我们的切身感受两

---

① 原载《人民政协报》2009 年 2 月 2 日。

个方面来说明。我国有关方面公布：我国"主要污染物排放量远远超过环境容量，环境污染严重。全国 26％的地表水国家重点监控断面劣于水环境Ⅴ类标准，62％的断面达不到Ⅲ类标准；流经城市 90％的河段受到不同程度的污染，75％的湖泊出现富营养化；30％的重点城市饮用水源地达不到Ⅲ类标准，近岸海洋环境质量不容乐观；46％的社区城市空气质量达不到二级标准，一些大中城市灰霾天数有所增加，酸雨污染程度没有减轻"。这些数据已经告诉，我们环境污染够严重了！从我们个人的感受来说，环境污染也时时向我们亮起黄牌，甚至是红牌！我们周围的亲人与友人又有多少人罹患的疾病与死亡与环境污染有关，我们自己所患的某些疾病就是环境污染所导致。我从前年查体时，医生就说我患有甲状腺结节的病，其病因与水的污染有关。至于我们在灰霾天气中的气闷，在沙尘暴中的无奈，近海美味鱼类的不敢食用，已经是大家的共同感受！人们常说，我们不敢相信在 30 年的时间中我们就能达到这样富裕的程度。同样，我们也不敢相信，我们周围的环境污染已经如此严重！

好在党和国家十分英明地提出生态文明建设这一造福国家与人民的发展大计，而且采取了有力措施，取得了明显成效。2008 年 3 月 5 日，温家宝同志在政府工作报告中指出："节约资源和保护环境从认识到实践都发生了重要转变。"报告还对解决环境污染问题提出了更加具体的政策措施。但严重的环境污染问题并不是在短时期内就能解决的，我们还要充分认识到问题的严重性与解决问题的艰难性，更加认真地学习党中央的科学发展观和有关建设生态文明的精神，踏踏实实地加以贯彻落实。要按照党中央科学发展观的要求确立正确的经济社会发展观念，改变原有的单纯经济增长观，转变到发展与环保双赢的轨道上来。在这一方面,各级领导干部应该率先做到。但恰恰是很多领导干部受传统发展模式影响严重。据《中国青年报》2006 年 11 月 13 日报道,某省环保局公布的一项问卷调查称,有高达 91.95％的市长和厅局长认为,加大环保力度会影响经济增长。这说明,这些地位空前重要的领导同志更加需要改变观念。只有他们的观念改变了,才能真正落实党中央有关环境保护的各项措施。

我们还应进一步加强全民性的环境保护教育。首先是环境保护要进课堂,各级大中小学都要开设环境保护课程,各级领导干部都应到党校接受系统的环境保护教育。教育部应该立即组织编写有关环境保护教育的教材,宣传部门应该编写生态文明干部读本。在具体措施上,应该立即实行垃圾分类收集与处理制度,将废旧电池等有毒废品与其他废品分开处理,避免毒害人民群众。还应对于环境污染事故严肃处理,实行重罚。我曾经参加省人大的法制委员会工作,感到对于环境污染事故处罚过轻,因而有关企业与部门不惧怕处罚。如果在经济与人事两个方面对导致环境污染的企业及其主要领导处以重罚,甚至刑之以法,有关环境保护的规定肯定能够落实。当然,目前正在酝酿的环境特别税应尽快出台,运用经济手段调剂自然环境的消耗与补偿。

总之,在生态文明建设方面我们还有许多事情要做,我们的路还很长很长。但只要我们真正从科学发展观的核心“以人为本”出发,将维护人民的福祉放到空前重要的地位,我们的生态文明建设目标一定能够逐步得到落实,我们祖国的山会更绿,水会更清,天会更蓝,人民会更加幸福健康。

让我们愈来愈加走近生态文明,每个人都行动起来,伸出我们的手,贡献我们的力量,为了祖国,为了民族,为了孩子,为了未来!

生态文明建设——一个
适应现实紧迫需要的
重大战略决策①

党的十七大报告提出"生态文明建设"问题,关系到中华民族的长远生存发展,具有空前重要的战略意义,适应了现实的紧迫需要。

从现代化经济建设的角度来说,生态文明建设体现了长远的可持续发展的方向和"又好又快"的发展方针。我国新时期以来,由于实行改革开放方针,经济发展呈现长期快速发展的势头,但单向度的经济快速发展却又造成了严重的环境污染,导致了严重的经济损失,西方发达国家在200多年间陆续出现的环境污染问题在我国的近30年中集中发生了。其结果就是,我国每年因环境污染所造成的经济损失约占GDP的10%。这个数量是非常巨大的,而且还有逐步扩大之势。如果任其发展蔓延,我国经济发展的成果必将损失殆尽,我国的现代化将会受到严重阻碍,中华民族的伟大复兴有付之东流的可能。生态文明建设的目的,就是要走环境友好型发展之路,立足于循环经济的发展,实现经济发展与环境保护的双赢。

---

① 原载《中国绿色时报》2008年1月11日。

　　从人的生存发展的角度来说,生态文明建设充分体现了"科学发展观"中"以人为本"的思想,能确保我国人民在美好的环境中审美地栖居。自然是人类之家,是人类美好栖居之源。联合国《人类环境宣言》就将在美好的环境中有尊严地生活作为人人都应享有的环境权加以确立,属于人权的一个有机组成部分。但在我国,由于单纯经济的发展道路导致了近年来环境危机频发。从松花江的污染、淮河的污染、太湖蓝藻泛滥、沿海的赤潮,到珠江口咸水回流;从波及全国的"非典",到禽流感、艾滋病感染人数的攀升等。这一切都直接威胁到人民群众的健康与生命安危。而且,我国是一个资源紧缺型国家,以占世界9％的土地养活占世界22％的人口,森林覆盖率不到国土的14％,淡水为世界人均的四分之一。也就是说,我国以960万平方公里的土地养活了13亿人口,人均的生态资源非常有限。如果人们的消费水平持续增高或者人口持续增长,那么我们的有限国土将难以承载这些人口所需要的营养,并化解所排出的废物。这样,更严重的生态灾难将会发生。这是一种极为可怕的景象。生态文明建设就是首先从人的美好健康生存出发,尊重人人所应享有的环境权,遵循自然环境是人们美好栖居的基础的规律,实现环境保护与开发同时并举,并将人的生存放在优先地位的方针。在现代化发展的同时,实现天蓝、水清与人美。

　　从当代文化建设的角度来说,生态文明建设将造就培养以审美的态度对待自然的一代新人作为其重要目标,使中华民族成员成为具有高素质的一代新人。众所周知,环境问题归根结底是一个文化问题,是人的生存方式问题、人的素质问题。十七大报告提出"基本形成节约能源资源和保护生态环境的产业结构、增长方式、消费模式",以及要使"生态文明观念在全社会牢固树立"。

这里讲的,就是人们的生存方式以及对待自然应有的态度。这是最重要的。因为,生态文明是一种不同于工业文明的新的文明形态,理应有不同于工业文明的理论与观念,有不同于工业文明的生存方式。这就是由人类中心主义到生态整体,以及由人与环境对立到人与环境友好的重要转变。只有实现了这样的转变,生态文明建设才能真正落到实处。如果不是这样,即使有了再好的政策与发展方针,但如果人们对于自然的正确态度没有确立起来,那么环境问题不仅仍然解决不了,而且会持续发展蔓延,愈演愈烈。同时,从文化的角度,还有一个积极参与国际环境问题对话的问题。目前,生态与环境保护成为国际文化对话的重要领域。生态文明建设必将促使我国理论界很好地探索我国作为幅员辽阔、人口众多与资源紧缺的国家所应有的环境保护之路,并进一步发掘我国独有的古代生态智慧,在国际生态环境文化建设中做出我国特有的贡献。

在生态文明建设中,我们要特别地强调森林在自然环境保护中的特殊作用。森林是大地之肺,在地球这个有机的生命体中具有举足轻重的作用。因为,树木通过特有的光合作用吸收太阳的能源,然后吸收二氧化碳,释放出人们赖以生存的氧气,有的树木还能结出人们需要的果实。例如,热带雨林就对地球与人类的生存关系重大,被称为地球之肺。甚至每一棵树都有其特殊的价值,有其光合作用、吸纳二氧化碳与呼出氧气的特殊作用,不是简单的木材价格所能计算。在这里,我们要特别提出原始森林的特殊价值,那就是保护物种多样性与生态系统丰富性的价值。原始森林的毁坏不仅是资源的丧失,而且是物种多样性与生态系统丰富性的丧失,后果是非常严重的。有一个岛,我国最美丽的岛屿之一,为了提供生产造纸的纸浆,竟然将大片的原始森林砍伐,种上大片大片的小叶桉,臭气所及,周围的草木都消失殆尽。何况,造纸还会进一步污染环境,后果非常严重。

　　让我们在生态文明思想指导下爱护森林,保护森林,与森林为友,使我们的祖国充满绿色,使我们的心田充满绿色。